软件开发视频大讲堂

SQL 语言从入门到精通

明日科技　编著

清華大學出版社
北　京

内 容 简 介

《SQL 语言从入门到精通》从初学者角度出发，通过通俗易懂的语言、丰富多彩的实例，详细介绍了在开发中使用 SQL 语言必须掌握的技术。全书分为 3 篇共 18 章，内容包括 SQL 语言基础、SQL 查询基础、复杂查询、数据排序、SQL 函数的使用、分组统计、子查询、多表查询、添加数据、修改和删除数据、视图、存储过程、触发器、游标、索引、事务、管理数据库与数据表、数据库安全。所有知识都结合具体实例进行介绍，涉及的程序代码给出了详细的注释，读者可以轻松领会 SQL 语言的精髓，快速提高开发技能。

另外，本书除了纸质内容，还配备了数据库在线开发资源库，主要内容如下：

☑ 同步教学微课：共 89 集，时长 16 小时

☑ 技术资源库：412 个技术要点

☑ 技巧资源库：192 个开发技巧

☑ 实例资源库：117 个应用实例

☑ 项目资源库：20 个实战项目

☑ 源码资源库：124 项源代码

☑ 视频资源库：467 集学习视频

☑ PPT 电子教案

本书既适合作为软件开发入门者的自学用书，也适合作为高等院校相关专业的教学参考书，还可供开发人员查阅和参考。

图书在版编目（CIP）数据

SQL 语言从入门到精通 / 明日科技编著. —北京：清华大学出版社，2023.5 (2024.5 重印)
（软件开发视频大讲堂）
ISBN 978-7-302-63461-4

Ⅰ. ①S… Ⅱ. ①明… Ⅲ. ①SQL 语言－数据库管理系统 Ⅳ. ①TP311.132.3

中国国家版本馆 CIP 数据核字（2023）第 080649 号

责任编辑： 贾小红
封面设计： 刘 超
版式设计： 文森时代
责任校对： 马军令
责任印制： 沈 露

出版发行： 清华大学出版社
网 址： https://www.tup.com.cn，https://www.wqxuetang.com
地 址： 北京清华大学学研大厦 A 座 **邮 编：** 100084
社 总 机： 010-83470000 **邮 购：** 010-62786544
投稿与读者服务： 010-62776969，c-service@tup.tsinghua.edu.cn
质量反馈： 010-62772015，zhiliang@tup.tsinghua.edu.cn
印 装 者： 北京嘉实印刷有限公司
经 销： 全国新华书店
开 本： 203mm×260mm **印 张：** 20.25 **字 数：** 563 千字
版 次： 2023 年 6 月第 1 版 **印 次：** 2024 年 5 月第 2 次印刷
定 价： 89.80 元

产品编号：101080-01

如何使用本书开发资源库

本书赠送价值 999 元的“数据库在线开发资源库”一年的免费使用权限，结合图书和开发资源库，读者可快速提升编程水平和解决实际问题的能力。

1. VIP 会员注册

刮开并扫描图书封底的防盗码，按提示绑定手机微信，然后扫描右侧二维码，打开明日科技账号注册页面，填写注册信息后将自动获取一年（自注册之日起）的数据库在线开发资源库的 VIP 使用权限。

数据库
开发资源库

读者在注册、使用开发资源库时有任何问题，均可咨询明日科技官网页面上的客服电话。

2. 纸质书和开发资源库的配合学习流程

数据库开发资源库中提供了技术资源库（412 个技术要点）、技巧资源库（192 个开发技巧）、实例资源库（117 个应用实例）、项目资源库（20 个实战项目）、源码资源库（124 项源代码）、视频资源库（467 集学习视频），共计六大类、1332 项学习资源。学会、练熟、用好这些资源，读者可在最短的时间内快速提升自己，从一名新手晋升为一名数据库开发工程师。

《SQL 语言从入门到精通》纸质书和“数据库在线开发资源库”的配合学习流程如下。

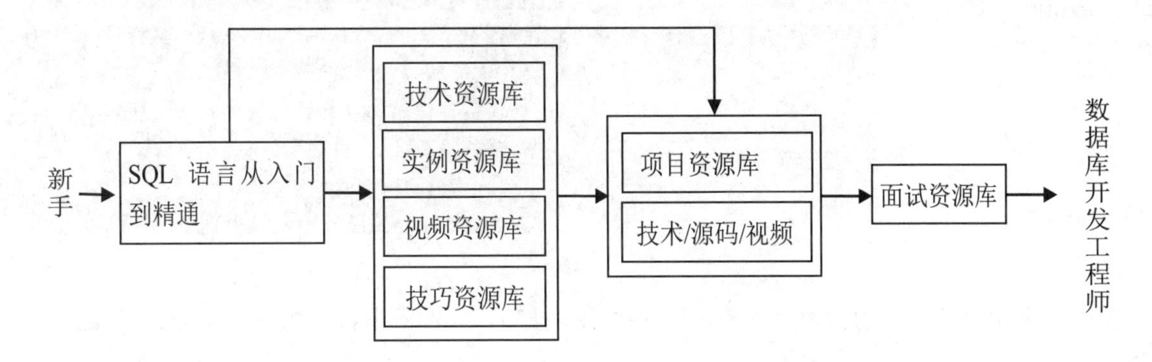

3. 开发资源库的使用方法

在学习到本书某一章节时，可利用实例资源库对应内容提供的大量热点实例和关键实例，巩固所学编程技能，提升编程兴趣和信心。

开发过程中，总有一些易混淆、易出错的地方，利用技巧资源库可快速扫除盲区，掌握更多实战技巧，精准避坑。需要查阅某个技术点时，可利用技术资源库锁定对应知识点，随时随地深入学习。

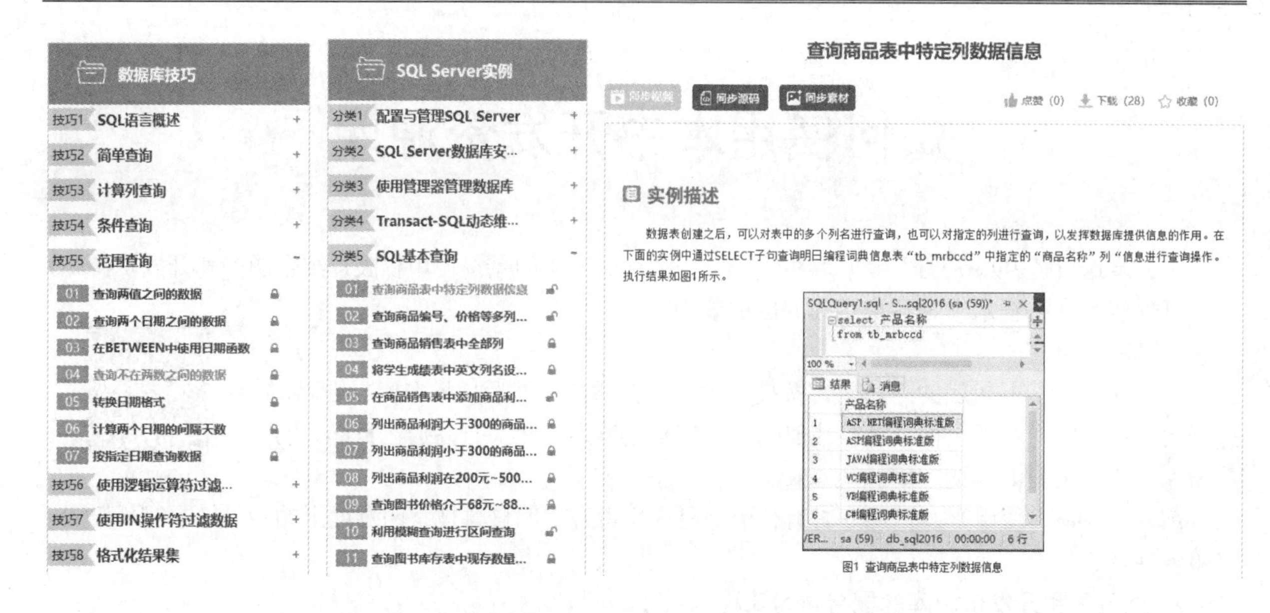

学习完本书后，读者可通过项目资源库中的经典项目全面提升个人的综合编程技能和解决实际开发问题的能力，为成为数据库开发工程师打下坚实的基础。

另外，利用页面上方的搜索栏，还可以对技术、技巧、实例、项目、源码、视频等资源进行快速查阅。

万事俱备后，读者该到软件开发的主战场上接受洗礼了。本书资源包中提供了各种主流数据库相关的面试真题，是求职面试的绝佳指南。读者可扫描图书封底的“文泉云盘”二维码获取。

前 言

Preface

丛书说明：“软件开发视频大讲堂”丛书第1版于2008年8月出版，因其编写细腻、易学实用、配备海量学习资源和全程视频等，在软件开发类图书市场上产生了很大反响，绝大部分品种在全国软件开发零售图书排行榜中名列前茅，2009年多个品种被评为“全国优秀畅销书”。

“软件开发视频大讲堂”丛书第2版于2010年8月出版，第3版于2012年8月出版，第4版于2016年10月出版，第5版于2019年3月出版，第6版于2021年7月出版。十五年间反复锤炼，打造经典。丛书迄今累计重印680多次，销售400多万册，不仅深受广大程序员的喜爱，还被百余所高校选为计算机、软件等相关专业的教学参考用书。

“软件开发视频大讲堂”丛书第7版在继承前6版所有优点的基础上，进行了大幅度的修订。第一，根据当前的技术趋势与热点需求调整品种，拓宽了程序员岗位就业技能用书；第二，对图书内容进行了深度更新、优化，如优化了内容布置，弥补了讲解疏漏，将开发环境和工具更新为新版本，增加了对新技术点的剖析，将项目替换为更能体现当今IT开发现状的热门项目等，使其更与时俱进，更适合读者学习；第三，改进了教学微课视频，为读者提供更好的学习体验；第四，升级了开发资源库，提供了程序员“入门学习→技巧掌握→实例训练→项目开发→求职面试”等各阶段的海量学习资源；第五，为了方便教学，制作了全新的教学课件PPT。

SQL语言是针对数据库的一门语言，它可以创建数据库、数据表，可以针对数据库进行增、删、改、查等操作，可以进行创建视图、存储过程、触发器等一系列数据库操作。

本书内容

本书提供了从SQL语言入门到数据库开发高手所必需的各类知识，共分为3篇，大体结构如下图所示。

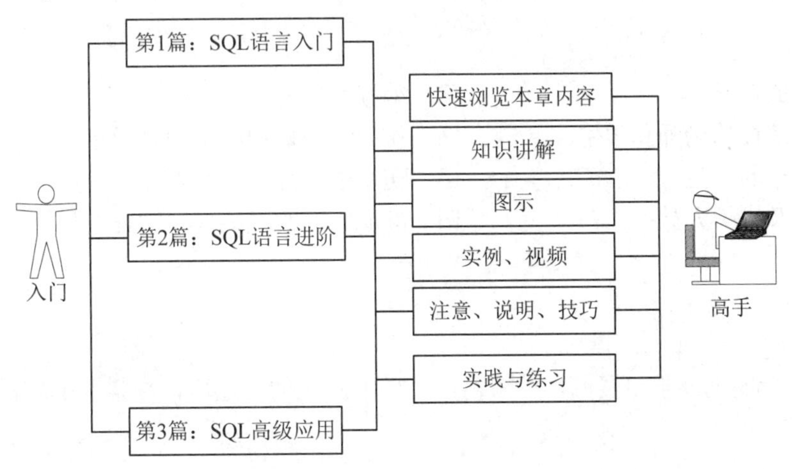

第 1 篇：SQL 语言入门。本篇介绍了 SQL 语言基础、SQL 查询基础、复杂查询、数据排序、SQL 函数的使用等基础知识，并结合大量的图示、举例、视频等帮助读者快速掌握 SQL 语言，为以后的学习奠定坚实的基础。

第 2 篇：SQL 语言进阶。本篇介绍了分组统计、子查询、多表查询、添加数据、修改和删除数据等。学习完这一部分，读者能够了解和熟悉 SQL 查询、子查询等复杂查询和添加修改删除数据库数据的方法。

第 3 篇：SQL 高级应用。本篇介绍了视图、存储过程、触发器、游标、索引、事务、管理数据库与数据表、数据库安全等。学习完这一部分，读者能够使用视图、存储过程、触发器、游标、事务等编写 SQL 语句，不仅可以优化查询，还可以提高数据访问速度，也可以使用索引优化数据库查询。另外对于数据库管理及安全也能够得心应手。

本书特点

- ☑ **由浅入深，循序渐进：**本书以初、中级程序员为对象，先从 SQL 语言基础讲起，接着讲解 SQL 语言的核心技术，然后介绍 SQL 的高级应用。讲解过程步骤详尽，版式新颖，让读者在阅读中一目了然，从而快速掌握书中内容。
- ☑ **微课视频，讲解详尽：**为便于读者直观感受程序开发的全过程，书中重要章节配备了视频讲解（共 89 集，时长 16 小时），使用手机扫描章节标题一侧的二维码，即可观看学习。便于初学者快速入门，感受编程的快乐，获得成就感，进一步增强学习的信心。
- ☑ **基础示例+实践练习，实战为王：**通过例子学习是最好的学习方式，本书核心知识讲解通过实际应用+实践练习的模式详尽透彻地讲述了实际开发中所需的各类知识。全书共计有 290 个应用实例，36 个实践练习，为初学者打造“学习 1 小时，训练 10 小时”的强化实战学习环境。
- ☑ **精彩栏目，贴心提醒：**本书根据学习需要在正文中设计了很多“注意”“说明”“技巧”等小栏目，让读者在学习的过程中更轻松地理解相关知识点及概念，更快地掌握个别技术的应用技巧。

读者对象

- ☑ 初学编程的自学者
- ☑ 编程爱好者
- ☑ 大、中专院校的老师和学生
- ☑ 相关培训机构的老师和学员
- ☑ 做毕业设计的学生
- ☑ 初、中级程序开发人员
- ☑ 程序测试及维护人员
- ☑ 参加实习的“菜鸟”级程序员

本书学习资源

本书提供了大量的辅助学习资源，读者需刮开图书封底的防盗码，扫描并绑定微信后，获取学习权限。

☑　同步教学微课

学习书中知识时，扫描章节名称处的二维码，可在线观看教学视频。

☑　在线开发资源库

本书配备了强大的数据库开发资源库，包括技术资源库、技巧资源库、实例资源库、项目资源库、源码资源库、视频资源库。扫描右侧二维码，可登录明日科技网站，获取数据库开发资源库一年的免费使用权限。

数据库
开发资源库

☑　学习答疑

关注清大文森学堂公众号，可获取本书的源代码、PPT 课件、视频等资源，加入本书的学习交流群，参加图书直播答疑。

读者扫描图书封底的“文泉云盘”二维码，或登录清华大学出版社网站（www.tup.com.cn），可在对应图书页面下查阅各类学习资源的获取方式。

清大文森学堂

致读者

本书由明日科技数据库开发团队组织编写。明日科技是一家专业从事软件开发、教育培训及软件开发教育资源整合的高科技公司，其编写的教材既注重选取软件开发中的必需、常用内容，又注重内容的易学、方便及相关知识的拓展，深受读者喜爱。其编写的教材多次荣获“全行业优秀畅销品种”“中国大学出版社优秀畅销书”等奖项，多个品种长期位居同类图书销售排行榜的前列。

在本书编写的过程中，我们以科学、严谨的态度，力求精益求精，但疏漏之处在所难免，敬请广大读者批评指正。

感谢您购买本书，希望本书能成为您编程路上的领航者。

“零门槛”学编程，一切皆有可能。

祝读书快乐！

编　者

2023 年 5 月

目　录

Contents

第1篇　SQL语言入门

第 2 篇　SQL 语言进阶

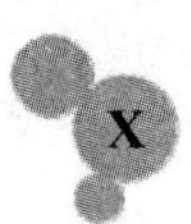

第3篇　SQL高级应用

第 1 篇

SQL 语言入门

本篇介绍了 SQL 语言基础、SQL 查询基础、复杂查询、数据排序、SQL 函数的使用等 SQL 基础知识，并结合大量的图示、举例、视频等，帮助读者快速掌握 SQL 语言基础，为进一步学习奠定坚实的基础。

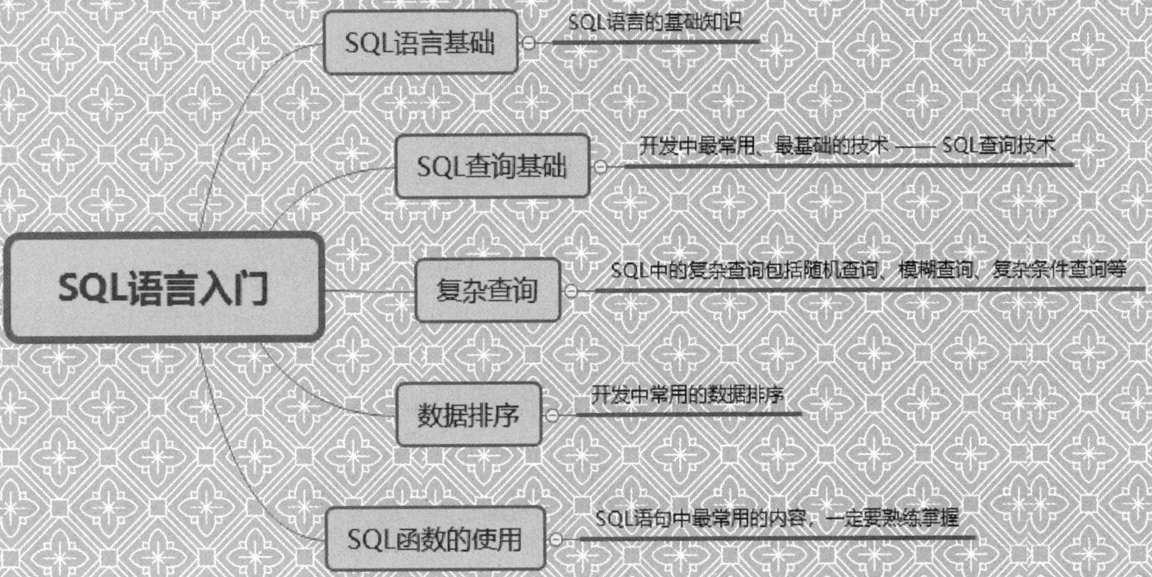

SQL语言入门
- SQL语言基础：SQL语言的基础知识
- SQL查询基础：开发中最常用、最基础的技术 —— SQL查询技术
- 复杂查询：SQL中的复杂查询包括随机查询、模糊查询、复杂条件查询等
- 数据排序：开发中常用的数据排序
- SQL函数的使用：SQL语句中最常用的内容，一定要熟练掌握

第 1 章

SQL 语言基础

本章主要介绍 SQL 语言的相关概念，包括 SQL 语言简介、常见的数据类型、常量、变量和运算符。通过本章的学习，读者应该掌握 SQL 语言的基础概念，以及常见的关系数据库。

本章知识架构及重难点如下：

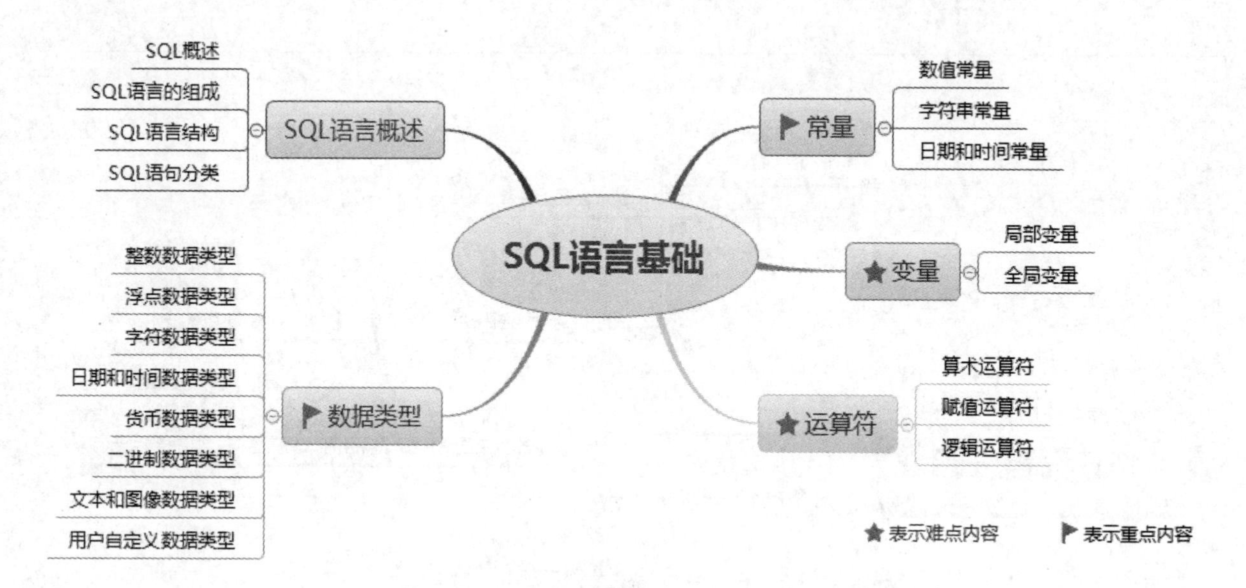

1.1 SQL 语言概述

1.1.1 SQL 概述

SQL（Structured Query Language 结构化查询语言）语言在 1974 年由 Boyce 和 Chamberlin 提出。1975—1979 年，IBM 公司 San Jose Research Laboratory 研制的关系数据库管理系统（原形系统 System R）实现了这种语言。

SQL 是一种组织、管理和检索计算机数据库存储数据的工具。SQL 是一种计算机语言，可以用来与数据库交互。事实上，SQL 使用的是一种特殊类型的数据库，即关系数据库。

SQL 本身不是一个数据库管理系统，也不是一个独立的产品，而是数据库管理系统不可缺少的组成部分，它是与 DBMS 通信的一种语言和工具。由于其功能丰富，语言简洁，使用方法灵活，因此倍受用户和计算机业界的青睐，被众多计算机公司和软件公司采用。经过多年的发展，SQL 语言已成为关系数据库的标准语言。

1.1.2　SQL 语言的组成

SQL 语言是具有强大查询功能的数据库语言。除此以外，SQL 还可以控制 DBMS 为其用户提供的所有功能，介绍如下。

- ☑ 数据定义语言（DDL，Data Definition Language）：SQL 允许用户定义存储数据的结构和组织，以及存储数据项之间的关系。
- ☑ 数据检索语言：SQL 允许用户或应用程序从数据库中检索存储的数据并使用它。
- ☑ 数据操纵语言（DML，Data Manipulation Language）：SQL 允许用户或应用程序通过添加新数据、删除旧数据和修改以前存储的数据对数据库进行更新。
- ☑ 数据控制语言（DCL，Data Control Language）：可以使用 SQL 来限制用户检索、添加和修改数据的能力，保护存储的数据不被未授权的用户所访问。
- ☑ 数据共享：可以使用 SQL 来协调多个并发用户共享数据，确保用户不会相互干扰。
- ☑ 数据完整性：SQL 在数据库中定义完整性约束条件，使它不会因不一致的更新或系统失败而遭到破坏。

因此，SQL 是一种综合性语言，用来控制数据库并与数据库管理系统进行交互。SQL 是数据库子语言，包含大约 40 条专用于数据库管理任务的语句。

数据操作类 SQL 语句如表 1.1 所示。

表 1.1　数据操作类 SQL 语句

运　算　符	行　　为
SELECT	从数据库表中检索数据行和列
INSERT	把新的数据记录添加到数据库中
DELETE	从数据库中删除数据记录
UPDATE	修改现有的数据库中的数据

数据定义类 SQL 语句如表 1.2 所示。

表 1.2　数据定义类 SQL 语句

运　算　符	行　　为
CREATE TABLE	在一个数据库中创建一个数据库表
DROP TABLE	从数据库中删除一个表
ALTER TABLE	修改一个现存表的结构
CREATE VIEW	把一个新的视图添加到数据库中
DROP VIEW	从数据库中删除视图
CREATE INDEX	为数据库表中的一个字段创建索引
DROP INDEX	从数据库表的一个字段中删除索引
CREATE PROCEDURE	在一个数据库中创建一个存储过程

续表

运 算 符	行 为
DROP PROCEDURE	从数据库中删除存储过程
CREATE TRIGGER	创建一个触发器
DROP TRIGGER	从数据库中删除触发器
CREATE SCHEMA	向数据库添加一个新模式
DROP SCHEMA	从数据库中删除一个模式
CREATE DOMAIN	创建一个数据值域
ALTER DOMAIN	改变域定义
DROP DOMAIN	从数据库中删除一个域

数据控制类 SQL 语句如表 1.3 所示。

表 1.3　数据控制类 SQL 语句

运 算 符	行 为
GRANT	授予用户访问权限
DENY	拒绝用户访问
REVOKE	删除用户访问权限

事务控制类 SQL 语句如表 1.4 所示。

表 1.4　事务控制类 SQL 语句

运 算 符	行 为
COMMIT	结束当前事务
ROLLBACK	终止当前事务
SET TRANSACTION	定义当前事务数据访问特征

程序化 SQL 语句如表 1.5 所示。

表 1.5　程序化 SQL 语句

运 算 符	行 为
DECLARE	定义查询游标
EXPLAN	描述查询数据访问计划
OPEN	检索查询结果打开一个游标
FETCH	检索一条查询结果记录
CLOSE	关闭游标
PREPARE	为动态执行准备 SQL 语句
EXECUTE	动态执行 SQL 语句
DESCRIBE	描述准备好的查询

1.1.3　SQL 语句结构

每条 SQL 语句均由一个谓词（Verb）开始，该谓词描述这条语句要产生的动作，如 SELECT 或

UPDATE 关键字。谓词后紧接着一条或多条子句（Clause），子句中给出了被谓词作用的数据或提供谓词动作的详细信息。每一条子句由一个关键字开始，SELECT 谓词后为 FROM 关键字。下面介绍 SELECT 语句的主要结构。语法格式如下：

```
SELECT  子句
[INTO 子句]
FROM 子句
[WHERE 子句]
[GROUP  BY 子句]
[HAVING  子句]
[ORDER BY 子句]
```

【例 1.1】在 db_mrsql 数据库中，使用 SELECT 关键字查询药品销售表 tb_sell，并且使用 ORDER BY 关键字按照“药品编号”的降序排列来显示该表中的相关信息。运行结果如图 1.1 所示。（**实例位置：资源包\TM\sl\1\1**）

SQL 语句如下：

```
--使用 SELECT 关键字查询药品销售表 tb_sell，并且使用 order by 关键字按照“药品编号”的降序排列显示该表中的相关信息
SELECT * FROM tb_sell ORDER BY 药品编号 DESC
```

结果　消息

	药品编号	药品名称	药品数量	价格	状态	金额
1	1003	退烧药	10	50	1	500
2	1002	骨伤膏药	10	16	1	160
3	1001	感冒药	20	3	0	60

图 1.1　查询药品销售表中的信息

1.1.4　SQL 语句分类

SQL 语句分为 7 类，具体如下。

☑ 变量说明语句：用来说明变量的命令。

☑ 数据定义语言：用来建立数据库、数据库对象和定义列。大部分是以 CREATE 或 DROP 开头的命令，如 CREATE TABLE、CREATE VIEW 和 DROP TABLE 等。

☑ 数据操纵语言：用来操纵数据库中数据的命令，如 SELECT、INSERT、UPDATE 和 DELETE 等。

☑ 数据控制语言：用来控制数据库组件的存取许可、存取权限等命令，如 GRANT、REVOKE 等。

☑ 流程控制语言：用于控制应用程序流程的语句，如 IF WHILE 和 CASE 等。

☑ 内嵌函数：说明变量的命令。

☑ 其他命令：嵌于命令中使用的标准函数。

1.2　数 据 类 型

1.2.1　整数数据类型

整数数据类型是 SQL 语言中最常用的数据类型之一，包括 int、smallint、tinyint 和 bigint 多种数据

类型，它可以存储一定范围的整数。

1．int（integer）

int 数据类型可存储-2^{31}～$2^{31}-1$（−2 147 483 648～2 147 483 647）的所有正负整型数据，存储空间为 4 个字节。32 位的存储空间其中一位表示整型数据值的正负号，其他 31 位表示整型数据值的长度和大小。

2．smallint

smallint 数据类型可存储-2^{15}～$2^{15}-1$（−32 768～32 767）的所有正负整型数据，存储空间为 2 个字节，是比 int 数据类型存储容量小的数据类型。

3．tinyint

tinyint 数据类型可存储 0～255 的所有正整型数据，存储空间为 1 个字节。

4．bigint

bigint 数据类型可存储-2^{63}～$2^{63}-1$（−9 223 372 036 854 775 808～9 223 372 036 854 775 807）的所有正负整型数据，存储空间为 8 个字节。

注意

bigint 数据类型可以应用在任何一个可以应用 int 数据类型的地方。通常，当需要用整数表示，但又超越 int 数据类型范围的情况下，可以使用 bigint。但是，系统并不会自动在超越 int 数据类型范围的情况下，把 int 数据类型自动转化为 bigint 数据类型。

1.2.2 浮点数据类型

浮点数据类型用来存储必须精确计算的正负小数。浮点数据类型的优点是能够存储大范围的数字。缺点是容易发生舍入误差。例如，如果某列的精度是 30，大于 30 的位数可以存储，但却不能保证其精度。舍入误差只能影响一个数超过精度的右边各位，所以在精度范围内数据是准确的。

1．real

real 数据类型可存储−3.40e38～3.40e38 的所有精度正负小数。一个 real 类型的数据占用 4 个字节的存储空间。

2．float

float 数据类型可存储−1.79e308～1.79e308 的浮点精度数字。一个 float 类型的数据占用 8 个字节的存储空间。float 数据类型定义的形式为：

```
float [ (n) ]
```

其中，n 用于存储科学记数法为 float 型数据尾数的位数，其大小为 1～53。

3．decimal（numeric）

decimal 数据类型的存储数据范围是−e38～e38−1 的固定精度和小数位的数字数据。一个 decimal 类型的数据占用 2～17 个字节。decimal 数据类型定义的形式为：

```
decimal[(p[, s])]
```

其中，p 是指精度，指定小数点左边和右边可以存储的十进制数字的最大个数。精度必须是 1～38 的值。s 是小数位数，小数位数必须介于 0～精度 p。

4．numeric

numeric 数据类型与 decimal 数据类型完全相同，表示数据的范围、所占的存储空间及定义的形式都一样。

1.2.3　字符数据类型

字符数据类型用来存储数字符号、字母以及特殊符号。使用字符型数据时，一般要给数据加上单引号或双引号。

1．char

char 数据类型使用固定长度来存储字符，最大长度为 8000 个字符。char 数据类型的定义形式为：

```
char[(n)]
```

其中，n 表示所有字符占用的存储空间，以字节为单位。n 必须是一个 1～8000 的数值。若不指定 n 值，则系统默认为 1。

利用 char 数据类型来定义表列或者定义变量时，应该给定数据的最大长度。如果实际数据的字符长度小于给定的最大长度，则多余的字节会以空格填充；如果实际数据的字符长度超过给定的最大长度，则超过的字符将会被截断。在使用字符型常量为字符数据类型赋值时，必须使用双引号或单引号将字符型常量括起来，如'Happy' '乐'。

注意

使用 char 数据类型的最大好处在于可以精确计算数据占用的空间。计算机占用的空间非常重要。在一些庞大的系统里定义一些表列长度时几个字节的差距，也许意味着上百兆数据空间的节省或浪费。

2．nchar

nchar 用来定义固定长度的 Unicode 数据，最大长度为 4000 个字符。与 char 类型相似，nchar 数据类型的定义形式为：

```
nchar{[n]}
```

其中，n 表示所有字符占用的存储空间，以字节为单位。n 必须是一个 1～4000 的数值。

nchar 类型采用 Unicode 标准的数据类型，多占用一倍的存储空间。使用 Unicode 标准的好处是因其使用 2 个字节做存储单位，故其中一个存储单位的容量就大大增加了，可以将多种语言文字囊括在内，如在一个数据列中可以同时出现中文、英文、法文和德文等，而不会出现编码冲突。

3．varchar

varchar 用来存储最长 8000 个字符的变长字符数据。与 char 数据类型不同，varchar 数据类型的存储空间随存储在表列中每一个数据的字符数的不同而变化。

例如，如果定义表列为 varchar(20)，那么存储在该列的数据最长为 20 个字节。但是，在每列数据没有达到 20 个字节时，并不会在多余的字节上填充空格。

varchar 数据类型的定义形式为：

```
varchar[(n)]
```

其中，n 表示所有字符占用的存储空间，以字节为单位。n 必须是一个 1～8000 的数值。若输入的数据过长，SQL 将会截掉其超出的部分。

说明

当存储在表列中的数据值的大小经常变化时，使用 varchar 数据类型可以有效地节省空间。

4．nvarchar

用来定义可变长度的二进制数据，最大长度为 4000 个字符。nvarchar 数据类型的定义形式为：

```
Nvarchar[(n)]
```

其中，n 表示所有字符占用的存储空间，以字节为单位。n 必须是一个 1～4000 的数据。nvarchar 与 nchar 的区别和 varchar 与 char 的区别类似。

1.2.4　日期和时间数据类型

日期和时间数据类型可以存储日期和时间的组合数据，包括 datetime 和 salldatetime 两类。

1．datetime

datetime 数据类型所占用的存储空间为 8 个字节，其中前 4 个字节用于存储 1900 年 1 月 1 日以前或以后的天数，数值分正负，正数表示在此日期之后的日期，负数表示在此日期之前的日期；后 4 个字节用于存储从此日零时起所指定的时间经过的毫秒数。如果在输入数据时省略了时间部分，则系统将 12:00:00:000AM 作为时间默认值；如果省略了日期部分，则系统将 1900 年 1 月 1 日作为日期默认值。

datetime 数据类型用于存储日期和时间的结合体，它可以存储从公元 1753 年 1 月 1 日零时起到公元 9999 年 12 月 31 日 23 时 59 分 59 秒之间的所有日期和时间，其精确度可达 1.33 毫秒。

2．smalldatetime

smalldatetime 数据类型使用 4 个字节存储数据。其中前 2 个字节存储从 1900 年 1 月 1 日以后的天数，后 2 个字节存储此日零时起所指定的时间经过的分钟数。

smalldatetime 数据类型与 datetime 数据类型相似，但日期时间范围较小，为从 1900 年 1 月 1 日到

2079 年 6 月 6 日。此数据类型精度较低，只能精确到分钟，分钟个位上为根据秒数四舍五入的值，即以 30 秒为界四舍五入。例如，当 datetime 时间为 14:38:30.283 时，smalldatetime 认为是 14:39:00。

1.2.5　货币数据类型

货币数据类型用于存储货币值。在使用货币数据类型时，应在数据前加上货币符号，系统才能辨识其为哪国的货币，如果不加货币符号，则默认为“￥”。

1．money

money 数据类型使用 8 个字节存储。货币数据值为 -2^{63}～$2^{63}-1$（-9 223 372 036 854 775 808～9 223 372 036 854 775 807）。数据精度为万分之一货币单位。

2．smallmoney

smallmoney 货币数据值为-2 147 483 648～2 147 483 647，存储空间为 4 个字节。其存储的货币值范围比 money 数据类型小。

1.2.6　二进制数据类型

二进制数据是一些用十六进制来表示的数据。例如，十进制数据 245 表示成十六进制数据应该是 F5。在 SQL 中，使用两种数据类型存储二进制数据，分别是 binary 和 varbinary。

1．binary

binary 数据类型用于存储二进制数据。在使用时必须指定 binary 类型数据的大小，至少应为 1 个字节。binary 数据类型占用 n+4 个字节的存储空间。其定义形式为：

```
binary (n)
```

n 表示数据的长度，取值为 1～8000。

在输入数据时，必须在数据前加上字符“0x”，作为二进制数据类型标识。例如，要输入“very”则应输入“0xvery”。如果输入的数据过长，系统将会自动截掉其超出部分。如果输入的数据位数为奇数，则系统会在起始符号“0x”后添加一个 0，如上述的“0xvery”会被系统自动变为“0x0very”。

2．varbinary

varbinary 数据类型用于存储可变长度的二进制数据，存储长度等于实际数值长度加上 4 个字节。varbinary 数据类型的定义形式如下：

```
varbinary (n)
```

n 的取值也为 1～8000，如果输入的数据过长，系统将会截掉超出部分。

1.2.7　文本和图像数据类型

前面介绍的几种数据类型存储的容量有限，当需要存储大量字符及二进制数据时，就需要使用文

本和图像数据类型。SQL 提供了 text、ntext 和 image 3 种文本和图像数据类型。

1．text

text 数据类型用于存储大量文本数据，其容量理论上为 1～2^{31}−1（2 147 483 647）个字节，在实际应用时需要视硬盘的存储空间而定。

在 SQL 中，通常将 text 和 image 类型的数据直接存放到表的数据中，而不是存放到不同的数据页中。这就减少了存储 text 和 image 数据的空间，并相应减少了磁盘处理这类数据的 I/O 数量。

2．ntext

ntext 数据类型与 text 类型相似。不同的是，ntext 类型采用 UNICODE 标准字符集。因此，其理论容量为 2^{30}−1（1 073 741 823）个字节。

3．image

image 数据类型是可变长度的二进制数据类型，最大长度为 2^{31}−1 个字符。通常用来存储图形等对象连接与嵌入 OLE（Object Linking and Embedding）对象。在输入数据时与 binary 数据类型一样，必须在数据前加上字符“0x”作为二进制标识。

1.2.8 用户自定义数据类型

用户自定义数据类型并不是真正的数据类型，它只是提供了一种加强数据库内部元素和基本数据类型之间一致性的机制。通过使用用户自定义数据类型能够简化对常用规则和默认值的管理。

在 SQL Server 数据库中，可以使用系统数据类型 sp_addtype 创建用户自定义数据类型。语法格式如下：

```
sp_addtype[@typename=]type，
[@phystype=]system_data_type
[，[@nulltype=]'null_type']
[，[@owner=]'owner_name']
```

参数说明如下。

☑ [@typename=]type：指定待创建的用户自定义数据类型的名称。用户自定义数据类型名称必须遵循标识符的命名规则，而且在数据库中唯一。

☑ [@phystype=]system_data_type：指定用户自定义数据类型所依赖的系统数据类型。

☑ [@nulltype=]'null_type'：指定用户自定义数据类型的可空属性，即用户自定义数据类型处理空值的方式。取值为 NULL，NOT NULL 或 NONULL。

【例 1.2】 使用系统数据类型 sp_addtype 创建用户自定义数据类型。（**实例位置：资源包\TM\sl\1\2**）

SQL 语句如下：

```
use db_mrsql --使用 db_mrsql 数据库
--使用 sp_addtype 创建用来存储邮政编码信息的 postalcode 用户的定义数据类型
EXEC sp_addtype mrVarChar,'varchar(20)','not null'
```

执行此 SQL 语句，将创建自定义数据类型“mrVarChar”。

注意

如果已经使用 Management Studio 创建了同名的用户自定义类型，那么执行此 SQL 代码时会出现如图 1.2 所示的错误。

消息

消息 219，级别 16，状态 1，第 1 行
类型 'dbo.mrVarChar' 已存在，或者您没有创建它的权限。

100 %

图 1.2　创建同名自定义数据类型时报错

创建了用户自定义数据类型后，就可以像系统数据类型一样使用它。例如，在 db_mrsoft 数据库的表中创建新的字段，为字段“学生姓名”指定数据类型时，可以在下拉列表框中选择刚刚创建的数据类型 mrVarChar，如图 1.3 所示。

列名	数据类型	允许 Null 值
学生编号	int	☐
学生姓名	mrVarChar:varchar(20)	☑
学生性别	char(2)	☑
所在班级	varchar(20)	☑
学生成绩	float	☑
		☐

图 1.3　创建字段时选择 mrVarChar 数据类型

另外，根据需要，还可以修改和删除用户自定义的数据类型。使用系统存储过程 sp_droptype 可删除用户定义的数据类型。

1.3　常　　量

内存中存储的始终恒定的量叫作常量。SQL 同样规定了数字、字符串、日期时间和符号常量的格式。

1.3.1　数值常量

（1）整数和小数常量在 SQL 中被写成普通的小数数字，前面可加正负号。

例如：500，−45，11.23。

（2）在数字常量的各数位之间不能加逗号。

例如：456 456 这个数字不能表示为 456,456。

（3）浮点常量使用符号 e 来指定。

例如：5.5e3，−6.23e2，7.8e−3。其中，e 被读作“乘 10 的几次幂”。

1.3.2 字符串常量

（1）SQL 规定字符串常量要包含在单引号内。

例如：'HELLO'。

（2）如果一个字符串常量文本中包含了一个单引号，则在这个常量内写作两个连续的单引号。

例如："' COME ON' ' 0.5 千米'" 表示"COME ON ' 0.5 千米"。

1.3.3 日期和时间常量

（1）表示日期、时间和时间间隔的常量值被指定为字符串常量。下面的书写是合法的。

例如：'2008-03-10 '，'05/08/2010'。

（2）日期和时间根据国家不同，书写方式也不同。

例如：美国为 mm/dd/yyyy；欧洲为 dd.mm.yyyy；日本为 yyyy-mm-dd 等。

1.4 变 量

内存中存储的可以变化的量叫作变量。为了在内存中存储信息，用户必须指定存储信息的单元，并为该存储单元命名，以方便获取信息，这就是变量的功能。SQL 语句可以使用两种变量：一种是局部变量（Local Variable），另外一种是全局变量（Global Variable）。局部变量和全局变量的主要区别在于存储的数据作用范围不同。

1.4.1 局部变量

局部变量是用户可以自定义的变量，它的作用范围仅限于程序内部。局部变量的名称由用户自行定义，符合标识符命名规则，以@开头。

1. 声明局部变量

局部变量的声明需要使用 DECLARE 语句。语法格式如下：

```
DECLARE
{
@varible_name     datatype     [ ,... n   ]
}
```

参数说明如下。

☑ @varible_name：局部变量的名称，必须以@开头，变量名形式符合 SQL 标识符的命名方式。

☑ datatype：局部变量的数据类型，可以是除 text、ntext 或者 image 类型以外所有的系统数据类型和用户自定义数据类型。一般来说，如果没有特殊的用途，建议使用系统提供的数据类型，这样做可以减少维护应用程序的工作量。

例如，声明局部变量@ stuid，SQL 语句如下：

```
DECLARE   @stuid   int
```

2．为局部变量赋值

为局部变量赋值的方式一般有两种：一种是使用 SELECT 语句，一种是使用 SET 语句。

使用 SELECT 语句为变量赋值的语法格式如下：

```
SELECT @varible_name = expression
[FROM   table_name [ ,... n ]
WHERE   clause]
```

参数说明如下。

☑　@varible_name：局部变量的名称。

☑　table_name：数据表的名称。

说明

上面的 SELECT 语句的作用是为了给变量赋值，而不是为了从表中查询数据。使用 SELECT 语句赋值时，不一定非要使用 FROM 关键字和 WHERE 子句。

【例 1.3】 把查询内容赋值给局部变量。（**实例位置：资源包\TM\sl\1\3**）

在 db_mrsql 数据库中，使用 SELECT 查询学生姓名是“田丽”的学生所在班级的信息情况，并将查询到的信息赋值给局部变量@class，并把该局部变量的值用 PRINT 关键字显示出来。SQL 语句如下：

```
use db_mrsql                                    --使用 db_mrsql 数据库
DECLARE @class varchar(20)                      --声明一个局部变量
SELECT   @class=班级
FROM tb_student
WHERE  姓名='田丽'
PRINT '田丽同学所在班级为:'+@class              --使用 PRINT 关键字显示局部变量的值
```

执行此 SQL 语句，运行结果如图 1.4 所示。

消息

田丽同学所在班级为:三年四班

完成时间: 2022-12-05T10:58:07.4197779+08:00

图 1.4　把查询内容赋值给局部变量

除以上 SELECT 语句的应用外，还需要注意 SELECT 语句赋值和查询不能混淆。

例如，声明一个局部变量@ b，使用 SELECT 关键字为该变量赋值，SQL 语句如下：

```
DECLARE @b int                                  --声明一个局部变量名是@b
SELECT @b=1                                     --使用 SELECT 关键字为该变量赋值
```

另一种为局部变量赋值的方式是使用 SET 语句。使用 SET 语句对变量赋值的常用语法如下：

```
{ SET @varible_name = expression }
 [ ,... n ]
```

其中，@varible_name 为局部变量的名称。

下面是一个简单的赋值语句：

```
DECLARE @x   char(20)
SET @x = 'I Love word'
```

另外，还可以为多个变量一起赋值，相应的 SQL 语句如下：

```
DECLARE   @x   char(10), @y   char(10),@z   char(10)          --使用 DECLARE 关键字声明 3 个变量
SELECT @b='I', @c='like',@a='dog'                           --使用 SELECT 关键字为这 3 个变量赋值
```

注意

数据库语言和编程语言有一些关键字，关键字是在某一环境下能够促使某一操作发生的字符组。为避免冲突和产生错误，在命名表、列、变量以及其他对象时应避免使用关键字。

1.4.2 全局变量

全局变量是 SQL Server 系统内部事先定义好的变量，不用用户参与定义，对用户而言是只读的。其作用范围并不局限于某一程序，而是任何程序均可随时调用。全局变量通常用于存储 SQL Server 的配置设定值和功能统计数据。

SQL Server 一共提供了 30 多个全局变量，本节只对一些常用变量的功能和使用方法进行介绍。全局变量的名称都是以@@开头的。

1. @@CONNECTIONS

@@CONNECTIONS 用于记录自最后一次服务器启动以来，所有针对本服务器进行的连接数目，包括没有连接成功的尝试。

使用@@CONNECTIONS，系统管理员可以很容易地得到当天所有试图连接本服务器的连接数目。

2. @@CUP_BUSY

@@CUP_BUSY 用于记录自最近一次服务器启动以来，以 ms 为单位的 CPU 工作时间。

3. @@CURSOR_ROWS

@@CURSOR_ROWS 用于返回在本次服务器连接中，打开游标取出数据行的数目。

4. @@DBTS

@@DBTS 用于返回当前数据库中 timestamp 数据类型的当前值。

5. @@ERROR

@@ERROR 用于返回执行上一条 SQL 语句所返回的错误代码。

在 SQL Server 服务器执行完一条语句后，如果该语句执行成功，则将返回@@ERROR 的值为 0；如果该语句执行过程中发生错误，则将返回错误的信息，而@@ERROR 将返回相应的错误编号，该编号将一直保持下去，直到下一条语句执行为止。

由于@@ERROR 在每一条语句执行后被清除并且重置，因此应在语句验证后立即检查它，或将其

保存到一个局部变量中以备事后查看。

6. @@FETCH_STATUS

@@FETCH_STATUS 用于返回上一次使用游标 FETCH 操作所返回的状态值。返回值描述如表 1.6 所示。

表 1.6　@@FETCH_STATUS 返回值的描述

返 回 值	描 述
0	FETCH 语句成功
−1	FETCH 语句失败或此行不在结果集中
−2	被提取的行不存在或返回值已经丢失

例如，到了最后一行数据后，还要接着提取下一行数据，则返回值为−2。

7. @@IDENTITY

@@IDENTITY 用于返回最近一次插入的 identity 列的数值，返回值是 numeric。

【例 1.4】　使用 select　@@identity 显示新行的标识值。（**实例位置：资源包\TM\sl\1\4**）

SQL 语句如下：

```
use db_mrsql--使用 db_mrsql 数据库
--使用@@identity 显示插入“学生编号”的数值情况
INSERT INTO tb_student03
VALUES('王自在','男','4101 班','90')
SELECT @@identity AS '学生编号'
```

执行此 SQL 语句，运行结果如图 1.5 所示。

图 1.5　显示新行的标识值

8. @@IDLE

@@IDLE 用于返回以 ms 为单位计算的 SQL Server 服务器自最近一次启动以来处于停顿状态的时间。

9. @@IO_BUSY

@@IO_BUSY 用于返回以 ms 为单位计算的 SQL Server 服务器自最近一次启动以来用在输入和输出上的时间。

10. @@LOCK_TIMEOUT

@@LOCK_TIMEOUT 用于返回当前对数据锁定的超时设置。

11. @@PACK_RECEIVED

@@PACK_RECEIVED 用于返回 SQL Server 服务器自最近一次启动以来从网络上接收数据分组的数目。

12. @@PACK_SENT

@@PACK_SENT 用于返回 SQL Server 服务器自最近一次启动以来向网络上发送数据分组的数目。

13．@@PROCID

@@PROCID 用于返回当前存储过程的 ID 标识。

14．@@REMSERVER

@@REMSERVER 用于返回在登录记录中记载远程 SQL Server 服务器的名字。

15．@@ROWCOUNT

@@ROWCOUNT 用于返回上一条 SQL 语句所影响到数据行的数目。对所有不影响数据库数据的 SQL 语句，该全局变量返回的结果是 0。在进行数据库编程时，经常要检测@@ROWCOUNT 的返回值，以便明确所执行的操作是否实现了目标。

16．@@SPID

@@SPID 用于返回当前服务器进程的 ID 标识。

17．@@TOTAL_ERRORS

@@TOTAL_ERRORS 用于返回自 SQL Server 服务器启动以来所遇到读写错误的总数。

18．@@TOTAL_READ

@@TOTAL_READ 用于返回自 SQL Server 服务器启动以来读磁盘的次数。

19．@@TOTAL_WRITE

@@TOTAL_WRITE 用于返回自 SQL Server 服务器启动以来写磁盘的次数。

20．@@TRANCOUNT

@@TRANCOUNT 用于返回当前连接中处于活动状态事务的数目。

21．@@VERSION

@@VERSION 用于返回当前 SQL Server 服务器的安装日期、版本以及处理器的类型。

1.5 运 算 符

运算符是一种符号，用来进行常量、变量或者列之间的数学运算和比较操作，它是 SQL 语句中很重要的部分。运算符包括算术运算符、赋值运算符、比较运算符、逻辑运算符、位运算符和连接运算符等。

1.5.1 算术运算符

算术运算符在两个表达式上执行数学运算，这两个表达式可以是数字数据类型分类的任何数据

类型。

算术运算符包括：+（加）、-（减）、×（乘）、/（除）、%（取余）。

例如：5-3=2，3%5=3。

【例 1.5】 利用“%”运算符求 50 对 80 取余的值。（**实例位置：资源包\TM\sl\1\5**）

在 db_mrsql 数据库中，使用 DECLARE 关键字声明 3 个整型变量，使用 SELECT 关键字为变量@A 和变量@B 分别赋值“50”和“80”。然后使用 SET 关键字为变量@c 赋值，将变量@A 对@B 取余的结果赋给变量@C。最后使用 PRINT 关键字输出变量@C 的信息内容。SQL 语句如下：

```
use db_mrsql                                  --使用 db_mrsql 数据库
DECLARE @A int ,@B int,@C int                 --声明 3 个整型变量
--使用 select 关键字为变量@A 和变量@B 分别赋值为“50”和“80”
SELECT @A=50,@B=80
--使用 SET 关键字为变量@c 赋值，将变量@A 对@B 取余的结果赋给变量@C
SET @C=@A%@B
PRINT @C                                      --使用 PRINT 关键字输出变量@C 的信息内容
```

执行此 SQL 语句，运行结果如图 1.6 所示。

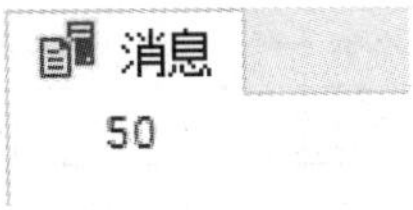

消息
50

图 1.6　50 对 80 取余的值

注意

取余运算两边的表达式必须是整型数据。

1.5.2　赋值运算符

SQL 中的赋值运算符为“=”。在下面的示例中，先创建“@studentname”变量，然后使用赋值运算符将“@studentname”设置成一个由表达式返回的值。

【例 1.6】 使用 SET 关键字为变量赋值。（**实例位置：资源包\TM\sl\1\6**）

在 db_mrsql 数据库中，使用 DECLARE 关键字声明一个变量@studentname，并使用 SET 关键字为该变量赋值，最后使用 PRINT 关键字输出该变量的值。SQL 语句如下：

```
use db_mrsql                                  --使用 db_mrsql 数据库
DECLARE @studentname   char(20)               --使用 declare 声明一个变量
--使用 set 关键字为@studentname 变量赋值为“Jack”
SET @studentname='Jack'
PRINT '字符串的值为:'+@studentname
```

执行此 SQL 语句，运行结果如图 1.7 所示。

消息
字符串的值为:Jack

图 1.7　使用 SET 关键字进行赋值

另外，还可以使用 SELECT 语句进行赋值。

【例 1.7】 使用 SELECT 语句进行赋值。（**实例位置：资源包\TM\sl\1\7**）

在 db_mrsql 数据库中，使用 DECLARE 关键字声明一个变量@studentname，使用 SELECT 语句进

行赋值，最后使用 PRINT 关键字输出该值。SQL 语句如下：

```
USE db_mrsql                              --使用 db_mrsql 数据库
DECLARE @studentname char(20)             --使用 declare 声明一个变量
SELECT @studentname='Luck'                --使用 select 关键字为该变量赋值
PRINT @studentname                        --使用 PRINT 关键字输出变量的值
```

执行此 SQL 语句，运行结果如图 1.8 所示。

消息
Luck

图 1.8　使用 SELECT 语句进行赋值

1.5.3　逻辑运算符

逻辑运算符可对某个条件进行测试，以获得其真假情况。逻辑运算符和比较运算符一样，返回带有 TRUE 或 FALSE 值的布尔数据类型。SQL 支持的逻辑运算符如表 1.7 所示。

表 1.7　SQL 支持的逻辑运算符

运 算 符	行　为
ALL	如果一个比较集中全部都是 TRUE，则值为 TRUE
AND	如果两个布尔表达式均为 TRUE，则值为 TRUE
ANY	如果一个比较集中任何一个为 TRUE，则值为 TRUE
BETWEEN	如果操作数在某个范围内，则值为 TRUE
EXISTS	如果子查询包含任何行，则值为 TRUE
IN	如果操作数与一个表达式列表中的某个值相等，则值为 TRUE
LIKE	如果操作数匹配某个模式，则值为 TRUE
NOT	对任何其他布尔运算符的值取反
OR	如果任何一个布尔表达式是 TRUE，则值为 TRUE
SOME	如果一个比较集中的某些为 TRUE，则值为 TRUE

例如：20>10 AND 7>6 的运算结果为 TRUE。

【例 1.8】 查询所在班级为 4108 班且成绩大于 60 分的学生信息。（**实例位置：资源包\TM\sl\1\8**）

在 db_mrsql 数据库的学生信息表 tb_student03 中，查询学生所在班级为 4108 班且学生成绩大于 60 分的学生的基本信息。SQL 语句如下：

```
use db_mrsql                              --使用 db_mrsql 数据库
--查询所在班级为 4108 班并且学生成绩大于 60 分的学生的基本信息
SELECT *
FROM tb_student03
WHERE  所在班级='4108 班' AND  学生成绩>'60'
```

执行此 SQL 语句，运行结果如图 1.9 所示。

结果　消息

	学生编号	学生姓名	学生性别	所在班级	学生成绩
1	1002	张小利	女	4108班	70

图 1.9　查询所在班级为 4108 班且成绩大于 60 分的学生信息

需要注意的是，当 NOT、AND 和 OR 出现在同一表达式中，其优先级从高到低分别为 NOT、AND 和 OR。例如：

```
1>2 OR 106>100 AND NOT 8>7
```

这里，首先计算 NOT 8>7，其结果 FALSE；然后计算 106>100 AND FALSE，其结果 FALSE；最后计算 1>2 OR FALSE，最终结果仍为 FALSE。

1.6　实践与练习

1．数据库主要支持的数据类型有哪些？（**答案位置：资源包\TM\sl\1\1**）

2．“abc”属于什么类型？（**答案位置：资源包\TM\sl\1\2**）

第 2 章

SQL 查询基础

本章主要介绍 SQL 的基本查询语句，包括简单的查询语句、计算列查询、条件查询、范围查询，以及使用逻辑运算符查询。SELECT 语句在 SQL 中是使用频率比较高的语句，也是比较重要的语句。SELECT 语句用于从数据库或视图中查询满足需求的数据。SELECT 语句的完整语法比较复杂，本章介绍简单的查询。

本章知识架构及重难点如下：

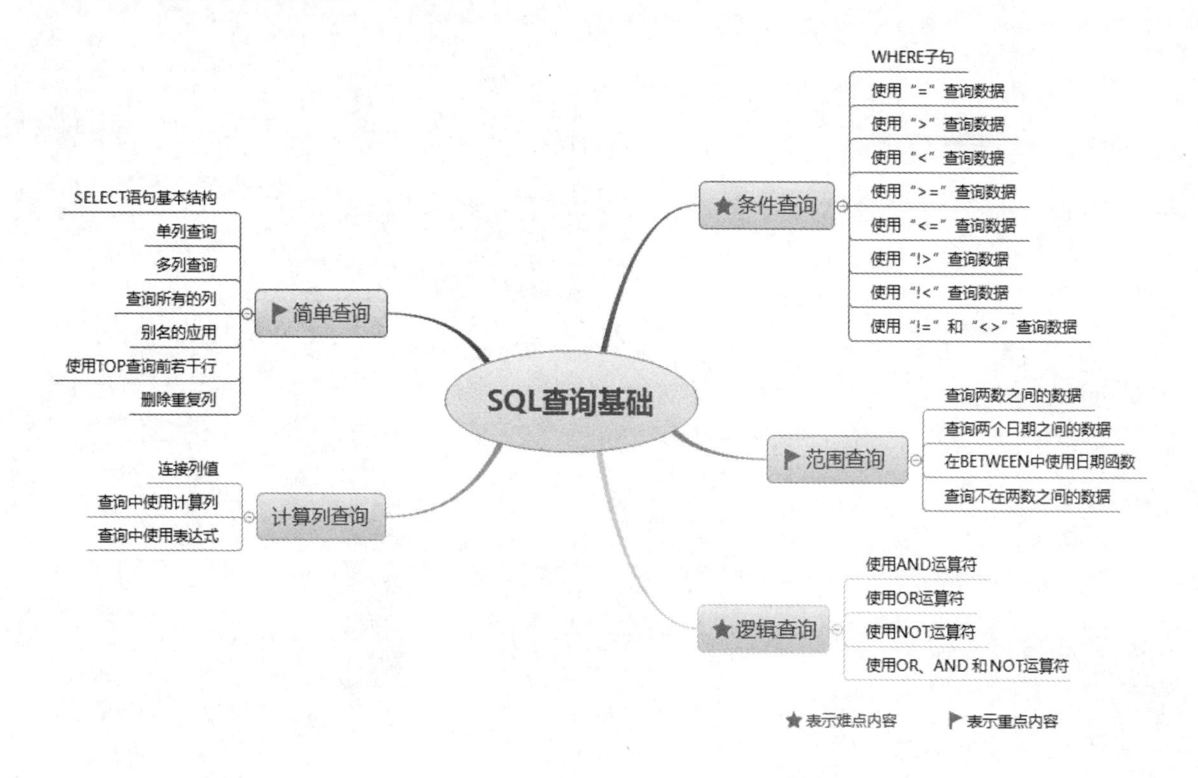

2.1　简 单 查 询

本节将介绍 SELECT 语句的基本结构，并使用 SELECT 语句完成比较简单的查询命令，使读者对 SELECT 语句有一个简单的了解。

2.1.1　SELECT 语句基本结构

SELECT 语句是在 SQL 中常用到的语句，也是比较重要的语句。使用 SELECT 语句可以从数据表中或视图中进行查询，并将查询结果以表格的形式返回，以表格返回的结果也可以称为结果集。SELECT 语句的主要结构如下：

```
SELECT select_list
[ INTO new_table ]
FROM table_source
[ WHERE search_condition ]
[ GROUP BY group_by_expression ]
[ HAVING search_condition ]
[ ORDER BY order_expression [ASC| DESC ]]
```

参数说明如下。

☑ select_list：指定需要查询返回的列。多个列之间使用逗号分隔。在选择列时也可以使用“*”符号来表示返回表中的所有列。

☑ INTO new_table：创建新表并将查询行插入新表中。new_table 指定新表的名称。

☑ FROM table_source：指定需要查询的表。这些来源表可能包括基表、视图和连接表。FROM 子句还可以包含连接说明，该说明定义了 SQL Server 在表之间进行导航的特定路径。

☑ WHERE search_condition：指定用于限制返回的行的搜索条件。

☑ GROUP BY group_by_expression：根据 group_by_expression 列中的值将结果集分成组。例如，student 表在“性别”中有两个值，GROUP BY ShipVia 子句将结果集分成两组，每组对应于 ShipVia 的一个值。

☑ HAVING search_condition：指定组或聚合的搜索条件。逻辑上讲，HAVING 子句从中间结果集对行进行筛选，这些中间结果集是用 SELECT 语句中的 FROM、WHERE 或 GROUP BY 子句创建的。HAVING 子句通常与 GROUP BY 子句一起使用，尽管 HAVING 子句前面不必有 GROUP BY 子句。

☑ ORDER BY order_expression[ASC | DESC]：定义结果集中的行排列的顺序。order_ expression 指定组成排序列表的结果集的列。ASC 和 DESC 关键字用于指定行是按升序还是按降序排序。ORDER BY 之所以重要，是因为关系理论规定除非已经指定 ORDER BY，否则不能假设结果集中的行带有任何序列。如果结果集行的顺序对于 SELECT 语句来说很重要，那么在该语句中就必须使用 ORDER BY 子句。

2.1.2　单列查询

SELECT 语句可以对表或视图中某一列的数据进行查询。其语法格式如下：

```
SELECT select_list FROM table_source
```

☑ select_list：需要查询的列名。

☑ table_source：需要查询的表名。

【例 2.1】 查询单列数据。（**实例位置：资源包\TM\sl\2\1**）

在 tb_commodity02 数据表中，使用 SELECT 语句对“商品名称”列进行查询。SQL 语句如下：

```
SELECT 商品名称 FROM tb_commodity02
```

运行结果如图 2.1 所示。

结果 消息

	商品名称
1	笔记本电脑
2	电脑
3	手机
4	ps2游戏机
5	平板电脑

图 2.1 查询单列数据

注意

在 SQL 中，SQL 关键字的大小写是不敏感的，因此使用 Select、SELECT 或 select 都会得到一样的查询效果，而不会报错。

2.1.3 多列查询

使用 SELECT 语句进行多列查询时，只需要列出多个列名，列名之间使用逗号分隔。在查询结果中列的顺序，将以在 SELECT 语句中指定列名的先后顺序显示。查询多个列的语法格式如下：

```
SELECT select_list,…,select_list FROM table_source
```

☑ select_list：需要查询的多列列名。

☑ table_source：需要查询的表名。

【例 2.2】 查询多列数据。（**实例位置：资源包\TM\sl\2\2**）

在 tb_commodity02 数据表中，使用 SELECT 语句对“编号”列、“商品名称”列和“商品价格”列进行查询。SQL 语句如下：

```
SELECT 编号,商品名称,商品价格 FROM tb_commodity02
```

运行结果如图 2.2 所示。

结果 消息

	编号	商品名称	商品价格
1	1	笔记本电脑	4500.00
2	2	电脑	2350.00
3	3	手机	5500.00
4	4	ps2游戏机	2000.00
5	5	平板电脑	1800.00

图 2.2 查询多列数据

2.1.4 查询所有的列

查询数据表时，有时需要对表中所有的列进行查询。如果表中的列过多，在 SELECT 语句中指定所有的列会十分麻烦，这时可以使用“*”符号来代替所有的列。查询所有列的语法格式如下：

```
SELECT * FROM table_source
```

☑ “*”：表示所有的列。

☑ table_source：需要查询的表名。

【例 2.3】 查询所有列数据。（**实例位置：资源包\TM\sl\2\3**）

在 tb_commodity02 数据表中，使用 SELECT 语句对所有的列进行查询。SQL 语句如下：

```
SELECT * FROM tb_commodity02
```

运行结果如图 2.3 所示。

	编号	商品名称	商品价格	商品数量
1	1	笔记本电脑	4500.00	300
2	2	电脑	2350.00	150
3	3	手机	5500.00	500
4	4	ps2游戏机	2000.00	100
5	5	平板电脑	1800.00	50

图 2.3　查询所有列数据

2.1.5　别名的应用

创建数据表时，一般会使用英文单词或英文单词缩写来设置字段名。但在查询时，列名如果以英文的形式显示，会给用户查看数据带来不便，这种情况可以使用别名来代替英文列名，增强阅读性。创建别名可以通过使用以下 4 种方法来实现。

☑　使用双引号创建别名。例如：

```
SELECT name "姓名" FROM tb_student
```

☑　使用单引号创建别名。例如：

```
SELECT name '姓名' FROM tb_student
```

☑　不使用引号创建别名。例如：

```
SELECT name 姓名 FROM tb_student
```

☑　使用 AS 关键字创建别名。例如：

```
SELECT name AS "姓名" FROM tb_student
```

通过以上 4 种方法，已经了解了如何创建别名。下面介绍给列使用别名的 4 种常用情况。

1. 当字段为英文时

使用别名来代替英文列名，可以增强表的阅读性。

【例 2.4】 在 tb_studentScore 数据表中，使用 SELECT 语句对“ID”列和“Name”列设置别名，以方便查看。（**实例位置：资源包\TM\sl\2\4**）

SQL 语句如下：

```
SELECT ID AS"编号",Name AS "姓名",ChineseScore,
MathScore,EnglishScore
FROM tb_studentScore
```

运行结果如图 2.4 所示。

2. 对多个表查询时出现相同的列名

当对多个表进行查询时，有可能会出现相同的列名，这时就可以使用别名来区分列名是属于哪个表的。

【例 2.5】 对 tb_studentScore 数据表和 tb_studentInfo03 数据表中的信息进行查询，使用 SELECT 语句对两个表中列名相同的“ID”列设置别名，以方便查看。（**实例位置：资源包\TM\sl\2\5**）

SQL 语句如下：

```
SELECT tb_studentScore.ID AS "成绩表中的编号",
tb_studentInfo03.ID AS "信息表中的编号",tb_studentScore.Name
FROM tb_studentScore,tb_studentInfo03
WHERE tb_studentInfo03.ID=tb_studentScore.ID
```

运行结果如图 2.5 所示。

	编号	姓名	ChineseScore	MathScore	EnglishScore
1	1	王一旭	80	76	92
2	2				89
3	3				76
4	4	全泽	79	86	95
5	5	苏小雨	98	97	96

设置了列别名　没有设置列别名

图 2.4　设置列别名

	成绩表中的编号	信息表中的编号	Name
1	1	1	吴珅
2	2	2	周庆阳
3	3	3	刘一梓
4	4	4	刘夏
5	5	5	张萌萌

图 2.5　多表查询中设置列别名

3. 统计结果出现的列

在表中可以对多个列进行计算，计算后会产生一个新的列。这时可以使用别名给该列设置列名，如不设置该列列名，则默认列名为“(无列名)”。

【例 2.6】 在 tb_studentScore 数据表中，使用 SELECT 语句对统计结果中出现的列设置别名。（**实例位置：资源包\TM\sl\2\6**）

SQL 语句如下：

```
SELECT ID,Name,ChineseScore,MathScore,EnglishScore,
(ChineseScore+MathScore+EnglishScore) AS "三科成绩总分数"
FROM tb_studentScore
```

运行结果如图 2.6 所示。

	ID	Name	ChineseScore	MathScore	EnglishScore	三科成绩总分数
1	1	吴珅	80	76	92	248
2	2	周庆阳	75	89		
3	3	刘一梓	89	92		
4	4	刘夏	79	86	95	260
5	5	张萌萌	98	97	96	291

三科成绩总分数列

图 2.6　在统计结果出现的列中设置列别名

4. 使用聚合函数添加的列

有时会使用聚合函数对数据进行查询，查询后会产生一个新的列。此时可以使用别名来设置该列的列名，如不设置该列列名，则默认列名为“(无列名)”。

【例 2.7】 在 tb_studentScore 数据表中，使用 SELECT 语句对使用聚合函数出现的列设置别名。（**实例位置：资源包\TM\sl\2\7**）

SQL 语句如下：

```
SELECT sum(ChineseScore) AS "全班语文成绩总分",
AVG(ChineseScore) AS "全班语文成绩平均分"
```

```
FROM tb_studentScore
```

运行结果如图 2.7 所示。

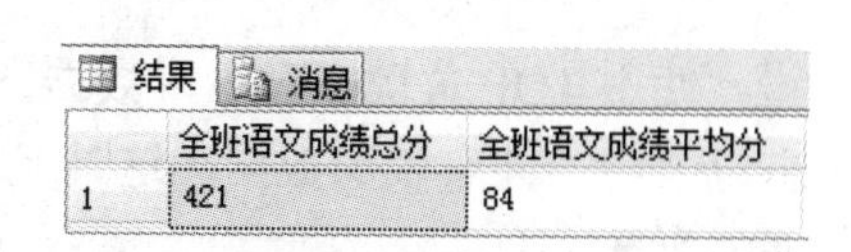

	全班语文成绩总分	全班语文成绩平均分
1	421	84

图 2.7　设置列别名

2.1.6　使用 TOP 查询前若干行

在 SELECT 子句中使用通配符“*”，可以查询数据表中所有列和所有行的数据。但是，“*”符号在有些时候会造成较大的浪费。例如，在一张数据表中存在多达 10 万行的数据，用户只想查询前 1 万行的数据，使用“*”符号会浪费掉查询 9 万行数据的时间。这个问题可以使用 TOP 关键字来解决。

TOP 关键字可以返回表中的前 n 行数据或前百分之 n 的数据。TOP 关键字的语法如下：

```
SELECT TOP n [PERCENT]
FROM table
WHERE …
ORDER BY…
```

参数说明如下。

☑　TOP n：指定从查询结果集中输出前 n 行。n 是 0～4 294 967 295 的整数。

☑　[PERCENT]：如果指定了 PERCENT，则只从结果集中输出前百分之 n 的数据。指定 PERCENT 时，n 必须是 0～100 的整数

☑　ORDER BY：如果 SELECT 语句中没有 ORDER BY 子句，TOP n 返回所有数据或满足 WHERE 子句数据的前 n 条记录。如果包含 ORDER BY 子句，将输出由 ORDER BY 子句排序后的前 n 行（或前百分之 n）数据。关键字 DESC 表示查询结果按降序排列，关键字 ASC 表示查询结果按升序排列。默认情况下，系统将查询结果按升序排列，因此关键字 ASC 可省略。

1. 查询前 n 行数据

【例 2.8】 在 tb_studentScore 数据表中，使用 SELECT 语句和 TOP 关键字查询出前 2 行学生的记录。（**实例位置：资源包\TM\sl\2\8**）

SQL 语句如下：

```
SELECT * FROM tb_studentScore
SELECT TOP 2   * FROM tb_studentScore
```

运行结果如图 2.8 所示。

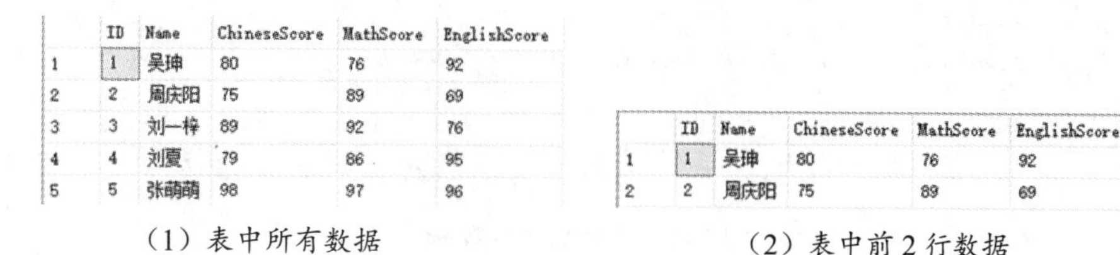

	ID	Name	ChineseScore	MathScore	EnglishScore
1	1	吴珅	80	76	92
2	2	周庆阳	75	89	69
3	3	刘一梓	89	92	76
4	4	刘夏	79	86	95
5	5	张萌萌	98	97	96

（1）表中所有数据

	ID	Name	ChineseScore	MathScore	EnglishScore
1	1	吴珅	80	76	92
2	2	周庆阳	75	89	69

（2）表中前 2 行数据

图 2.8　查询前 2 行数据

2. 查询前百分之 n 的数据

使用 TOP 关键字对表中数据查询时，有可能出现一种情况。例如，想要查询表中一半的数据而又忘记表中一共有多少数据，这时就可以在 TOP 关键字后指定 PERCENT 关键字，以百分数指定显示数据的个数。

【例 2.9】 在 tb_studentScore 数据表中，使用 SELECT 语句和 TOP 关键字查询前 60%的数据。(**实例位置：资源包\TM\sl\2\9**)

SQL 语句如下：

```
SELECT * FROM tb_studentScore
SELECT TOP 60 percent * FROM tb_studentScore
```

运行结果如图 2.9 所示。

	ID	Name	ChineseScore	MathScore	EnglishScore
1	1	吴珅	80	76	92
2	2	周庆阳	75	89	69
3	3	刘一梓	89	92	76
4	4	刘夏	79	86	95
5	5	张萌萌	98	97	96

（1）表中所有数据

	ID	Name	ChineseScore	MathScore	EnglishScore
1	1	吴珅	80	76	92
2	2	周庆阳	75	89	69
3	3	刘一梓	89	92	76

（2）表中前 60%的数据

图 2.9　查询前 60%的数据

3. 查询后 n 行数据

查询后 n 行数据，实际上是将数据表中编号列的数据以降序的方式重新排列，排列后再使用 TOP 关键字将表中的前 n 行数据查询出来。需要注意的是，在使用降序排列前，表中必须有作为编号显示的列。

【例 2.10】 在 tb_studentScore 数据表中，使用 SELECT 语句和 TOP 关键字来查询后 3 行学生的记录。(**实例位置：资源包\TM\sl\2\10**)

SQL 语句如下：

```
SELECT * FROM tb_studentScore
SELECT TOP 3 * FROM tb_studentScore ORDER BY ID DESC
```

运行结果如图 2.10 所示。

	ID	Name	ChineseScore	MathScore	EnglishScore
1	1	吴珅	80	76	92
2	2	周庆阳	75	89	69
3	3	刘一梓	89	92	76
4	4	刘夏	79	86	95
5	5	张萌萌	98	97	96

（1）表中所有数据

	ID	Name	ChineseScore	MathScore	EnglishScore
1	5	张萌萌	98	97	96
2	4	刘夏	79	86	95
3	3	刘一梓	89	92	76

（2）表中后 3 行数据

图 2.10　查询后 3 行数据

2.1.7　删除重复列

在有些情况下，数据表中会出现重复的数据。例如，在表中有两个列，第 1 列用于存储省份的名

称，第 2 列用于存储省份下的市名称，由于省份下有很多市，就会输入很多重复的省份。如果使用 SELECT 查询出各省份的名称，其中大部分省份的名称都会是重复的。解决这个问题就可以使用 DISTINCT 关键字。

DISTINCT 关键字可从 SELECT 语句的结果中除去重复的行。如果没有指定 DISTINCT 关键字，那么将返回所有行，包括重复的行。在使用 DISTINCT 关键字去除重复记录时，需将 DISTINCT 关键字放在第 1 个字段名的前边。

DISTINCT 的语法格式如下：

```
SELECT [DISTINCT | ALL]select_list FROM table_source
```

使用 DISTINCT 关键字的说明如下。

- ☑ 在 SELECT 列表中只能使用一次 DISTINCT 关键字。DISTINCT 关键字必须放在第一位，不要在其后添加逗号。例如，执行如图 2.11 所示的语句将提示出错信息。

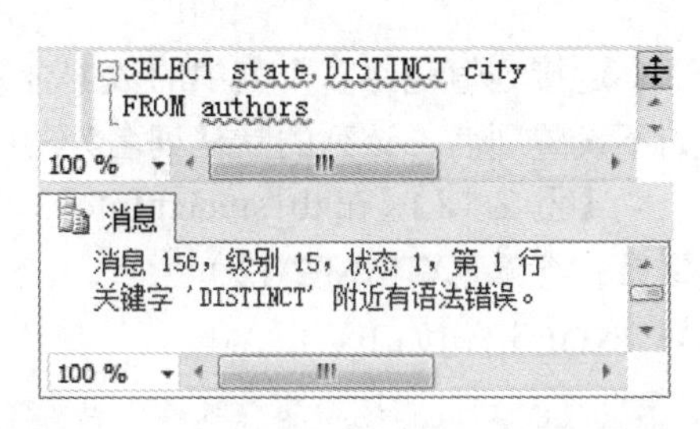

图 2.11　DISTINCT 关键字必须放在第一位

- ☑ 如果省略 DISTINCT 关键字，查询结果中不会去除重复的记录。也可以指定 ALL 关键字来明确指示要保留重复记录，但这是不必要的，因为保留重复记录是默认的行为。
- ☑ DISTINCT 关键字并不是指某一行，而是指不重复 SELECT 输出的所有行。这一点十分重要，其作用是防止相同的行出现在一个查询结果的输出中。
- ☑ DISTINCT 是 SUM、AVG 和 COUNT 函数的可选关键字。如果使用 DISTINCT 关键字，那么在计算总和、平均值或计数之前，会先去除重复的值。

在个人信息表中列出了个人的详细信息。如果想要查询出该表中职业的种类，需要使用 DISTINCT 关键字，使用此关键字可以去除重复的职业，就可以查询出职业的种类。

【例 2.11】 在 tb_individualInfo 数据表中，使用 SELECT 语句和 DISTINCT 关键字查询职业的种类。(**实例位置：资源包\TM\sl\2\11**)

SQL 语句如下：

```
SELECT * FROM tb_individualInfo
SELECT DISTINCT 职业　FROM tb_individualInfo
```

运行结果如图 2.12 所示。

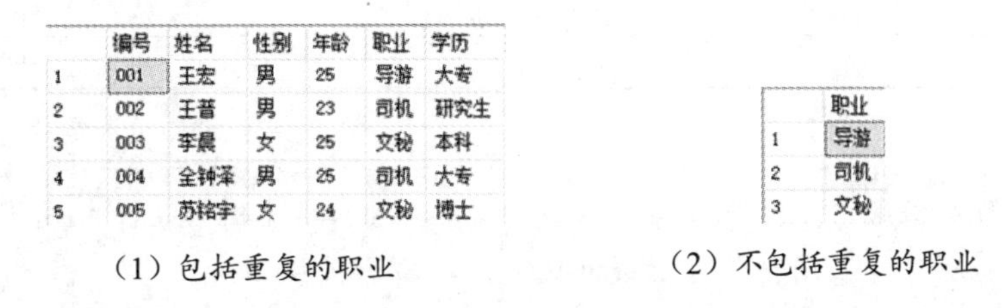

	编号	姓名	性别	年龄	职业	学历
1	001	王宏	男	25	导游	大专
2	002	王普	男	23	司机	研究生
3	003	李晨	女	25	文秘	本科
4	004	全钟泽	男	25	司机	大专
5	005	苏铭宇	女	24	文秘	博士

(1) 包括重复的职业

	职业
1	导游
2	司机
3	文秘

(2) 不包括重复的职业

图 2.12　查询职业种类

2.2 计算列查询

在使用 SELECT 语句进行查询时，有时会对列进行计算。例如，对某两个列进行相加或相减计算，得到一列新的数据。本节将会对列的计算查询、连接列值查询和使用表达式查询进行介绍。

2.2.1 连接列值

连接列值是将多个列中的数据合并到一列中。合并多个列后应该给该列设置一个别名以方便查看，如不设置别名，该列的默认列名为“(无列名)”。

【例 2.12】 在 tb_studentInfo03 数据表中，将学生的姓名列和性别列连接合并成一个新列。(**实例位置：资源包\TM\sl\2\12**)

SQL 语句如下：

```
SELECT Name+Sex as "学生信息" FROM tb_studentInfo03
```

运行结果如图 2.13 所示。

结果 消息

	学生信息
1	吴珅 男
2	周庆阳 女
3	刘一梓 女
4	刘夏 女
5	张萌萌 男

图 2.13 查看学生信息

2.2.2 查询中使用计算列

在使用 SELECT 语句查询数据时，可以使用算术运算符来辅助完成一些查询功能。例如，商品的销售金额可以用销售数量乘以商品单价获得。这种查询方式在 SQL 中会经常使用到。下面介绍几种对列进行运算的方式。

在使用计算列之前，需要先对算术运算符有一个简单的了解，其中常用的算术运算符如表 2.1 所示。

表 2.1 常用的算术运算符

运 算 符	符 号	例 子	意 义
加法	+	语文成绩+英语成绩+数学成绩	计算 3 科总成绩
减法-	–	单价–进价	计算商品利润
乘法	*	单价*销售数量	计算销售额
除法	/	总销售利润/销售数量	计算单个商品利润
求余数	%	9%2	计算余数

注意

上述运算符的优先级顺序是：先乘除（*、/、%），后加减（+、–）。相同优先级时，表达式采用从左到右的计算顺序。使用括号可以提升优先级，减少失误。

1. “–”运算符的应用

下面的示例使用“–”运算符计算出每件商品的销售利润，获得每件商品的销售利润使用单价减去

进价就可以实现。

【例 2.13】 在 tb_goods 数据表中，查询每件商品的销售利润。（**实例位置：资源包\TM\sl\2\13**）

SQL 语句如下：

```
SELECT 编号,商品名称,单价-进价 AS 销售利润 FROM tb_goods
```

运行结果如图 2.14 所示。

结果　消息

	编号	商品名称	销售利润
1	001	电视	500.00
2	002	冰箱	600.00
3	003	洗衣机	500.00
4	004	电脑	1000.00
5	005	音响	200.00

图 2.14　计算销售利润

2. “*”运算符的应用

下面的示例使用“*”运算符计算出每件商品的销售额，计算每件商品的销售额使用销售数量乘以单价就可以实现。

【例 2.14】 在 tb_goods 数据表中，查询每件商品的销售额。（**实例位置：资源包\TM\sl\2\14**）

SQL 语句如下：

```
SELECT 编号,商品名称,销售数量*单价 AS 销售额 FROM tb_goods
```

运行结果如图 2.15 所示。

3. 运算符号的综合运用

下面的示例将综合运用“*”“−”“/”“()”运算符，计算每件商品销售的利润。先计算出商品的总销售利润，再除以销售的数量将会获得每件商品的销售利润。

【例 2.15】 在 tb_goods 数据表中，查询出每件商品的销售利润。（**实例位置：资源包\TM\sl\2\15**）

SQL 语句如下：

```
SELECT 编号,商品名称,(销售数量*单价-进价*销售数量)/销售数量
AS 销售利润 FROM tb_goods
```

运行结果如图 2.16 所示。

结果　消息

	编号	商品名称	销售额
1	001	电视	51000.00
2	002	冰箱	130000.00
3	003	洗衣机	42000.00
4	004	电脑	228000.00
5	005	音响	42000.00

图 2.15　计算销售额

结果　消息

	编号	商品名称	销售利润
1	001	电视	500.00
2	002	冰箱	600.00
3	003	洗衣机	500.00
4	004	电脑	1000.00
5	005	音响	200.00

图 2.16　计算每件商品利润

2.2.3　查询中使用表达式

在 SELECT 语句中也可以使用表达式。例如，给某列数据增加一个字符串或使用表达式单独生成一个新列。下面将通过使用示例演示在查询中使用表达式。

1. 数值表达式

下面的示例通过使用数值表达式将“进价”列增加 50 元，并使用别名将该列重新命名。

【例 2.16】 在 tb_goods 数据表中，使用表达式将进价列增加 50 元。（**实例位置：资源包\TM\sl\2\16**）

SQL 语句如下：

```
SELECT 编号,商品名称,销售数量,进价+50 AS 进价,单价 FROM tb_goods
```

运行结果如图 2.17 所示。

结果 消息

	编号	商品名称	销售数量	进价	单价
1	001	电视	30	1250.00	1700.00
2	002	冰箱	50	2050.00	2600.00
3	003	洗衣机	21	1550.00	2000.00
4	004	电脑	57	3050.00	4000.00
5	005	音响	35	1050.00	1200.00

图 2.17 进价增加 50 元

2．字符表达式

下面的示例通过字符表达式为“销售数量”列中的值添加一个单位“台”，为“进价”列中的值添加一个单位“元”，最后通过使用别名将这两列重新命名。

【例 2.17】 在 tb_goods 数据表中，为“销售数量”列和“进价”列分别添加两个单位“台”和“元”。（**实例位置：资源包\TM\sl\2\17**）

SQL 语句如下：

```
SELECT 编号,商品名称,CONVERT(char(2),销售数量)+'台' AS 销售数量 ,
CONVERT(char(8),进价)+'元' AS 进价 FROM tb_goods
```

运行结果如图 2.18 所示。

3．使用表达式创建新列

下面的示例通过数值表达式和字符表达式创建两个新的列。

【例 2.18】 在 tb_goods 数据表中，使用表达式自动生成两个新列。（**实例位置：资源包\TM\sl\2\18**）

SQL 语句如下：

```
SELECT 编号,商品名称,1+1,'字符'+'串列'FROM tb_goods
```

运行结果如图 2.19 所示。

结果 消息

	编号	商品名称	销售数量	进价
1	001	电视	30台	1200.00元
2	002	冰箱	50台	2000.00元
3	003	洗衣机	21台	1500.00元
4	004	电脑	57台	3000.00元
5	005	音响	35台	1000.00元

图 2.18 添加单位

结果 消息

	编号	商品名称	(无列名)	(无列名)
1	001	电视	2	字符串列
2	002	冰箱	2	字符串列
3	003	洗衣机	2	字符串列
4	004	电脑	2	字符串列
5	005	音响	2	字符串列

图 2.19 使用表达式自动生成列

2.3 条件查询

查询表中数据时，有时不需要查询所有的数据，只需要查询满足给定条件的数据。遇到此种情况时，可以使用 WHERE 子句设定查询条件，根据条件对数据进行查询。例如，查询出满足给定编号条件的数据。下面将对 WHERE 子句进行介绍。

2.3.1　WHERE 子句

WHERE 子句用来设定检索的条件。因为一个表通常会有数千条记录，用户需要的仅是其中的一部分记录，使用 WHERE 子句指定的一系列查询条件，可以快速筛选出满足条件的记录。下面是 WHERE 子句最简单的语法：

```
SELECT<字段列表>
FROM<表名>
WHERE<条件表达式>
```

为了满足多种不同条件的查询，WHERE 子句提供了丰富的搜索条件。WHERE 子句中常用的比较运算符如表 2.2 所示。

表 2.2　常用的比较运算符

名　　称	说　　明	名　　称	说　　明
=	等于	<=	小于等于
>	大于	!>	不大于
<	小于	!<	不小于
>=	大于等于	<>或!=	不等于

2.3.2　使用“=”查询数据

等值条件用来判断指定的条件是否和表中的某条数据相同，如果相同则条件满足，将该条记录显示出来。等值条件使用“=”符号来判断。

【例 2.19】 在 tb_goods 数据表中，使用 WHERE 子句查询编号等于 003 的数据。（**实例位置：资源包\TM\sl\2\19**）

SQL 语句如下：

```
SELECT * FROM tb_goods WHERE 编号=003
```

运行结果如图 2.20 所示。

结果　消息

	编号	商品名称	销售数量	进价	单价
1	003	洗衣机	21	1500.00	2000.00

图 2.20　等值条件查询

2.3.3　使用“>”查询数据

大于条件用来判断表中大于指定条件的数据，注意表中必须有大于指定条件的数据。大于条件使用“>”符号来判断。

【例 2.20】 在 tb_goods 数据表中，使用 WHERE 子句查询销售数量大于 35 的数据。（**实例位置：资源包\TM\sl\2\20**）

SQL 语句如下：

```
SELECT * FROM tb_goods WHERE 销售数量 > 35
```

运行结果如图 2.21 所示。

结果 | 消息

	编号	商品名称	销售数量	进价	单价
1	002	冰箱	50	2000.00	2600.00
2	004	电脑	57	3000.00	4000.00

图 2.21　大于条件查询

2.3.4　使用“<”查询数据

小于条件用来判断表中小于指定条件的数据，同样表中必须有小于指定条件的数据。小于条件使用“<”符号来判断。

【例 2.21】 在 tb_goods 数据表中，使用 WHERE 子句查询销售数量小于 35 的数据。（**实例位置：资源包\TM\sl\2\21**）

SQL 语句如下：

```
SELECT * FROM tb_goods WHERE 销售数量 < 35
```

运行结果如图 2.22 所示。

结果 | 消息

	编号	商品名称	销售数量	进价	单价
1	001	电视	30	1200.00	1700.00
2	003	洗衣机	21	1500.00	2000.00

图 2.22　小于条件查询

2.3.5　使用“>=”查询数据

大于等于条件可以判断出大于或等于指定条件的数据。大于等于使用“>=”符号来判断。

【例 2.22】 在 tb_goods 数据表中，使用 WHERE 子句查询销售数量大于或等于 35 的数据。（**实例位置：资源包\TM\sl\2\22**）

SQL 语句如下：

```
SELECT * FROM tb_goods WHERE 销售数量 >= 35
```

运行结果如图 2.23 所示。

结果 | 消息

	编号	商品名称	销售数量	进价	单价
1	002	冰箱	50	2000.00	2600.00
2	004	电脑	57	3000.00	4000.00
3	005	音响	35	1000.00	1200.00

图 2.23　大于等于条件查询

2.3.6　使用“<=”查询数据

小于等于条件可以判断出小于或等于指定条件的数据。小于等于使用“<=”符号来判断。

【例 2.23】 在 tb_goods 数据表中，使用 WHERE 子句查询销售数量小于或等于 35 的数据。(**实例位置：资源包\TM\sl\2\23**)

SQL 语句如下：

```
SELECT * FROM tb_goods WHERE 销售数量 <= 35
```

运行结果如图 2.24 所示。

结果　消息

	编号	商品名称	销售数量	进价	单价
1	001	电视	30	1200.00	1700.00
2	003	洗衣机	21	1500.00	2000.00
3	005	音响	35	1000.00	1200.00

图 2.24　小于等于条件查询

2.3.7　使用“!>”查询数据

不大于条件用来判断在表中不大于指定条件的数据，这里包括等于条件的数据。不大于条件使用“!>”符号来判断。

【例 2.24】 在 tb_goods 数据表中，使用 WHERE 子句查询进价不大于 1500 元的数据。(**实例位置：资源包\TM\sl\2\24**)

SQL 语句如下：

```
SELECT * FROM tb_goods WHERE 进价 !> 1500
```

运行结果如图 2.25 所示。

结果　消息

	编号	商品名称	销售数量	进价	单价
1	001	电视	30	1200.00	1700.00
2	003	洗衣机	21	1500.00	2000.00
3	005	音响	35	1000.00	1200.00

图 2.25　不大于条件查询

2.3.8　使用“!<”查询数据

不小于条件用来判断在表中不小于指定条件的数据，这里包括等于条件的数据。不小于条件使用“!<”符号来判断。

【例 2.25】 在 tb_goods 数据表中，使用 WHERE 子句查询进价不小于 1200 元的数据。(**实例位置：资源包\TM\sl\2\25**)

SQL 语句如下：

```
SELECT * FROM tb_goods WHERE 进价 !< 1200
```

运行结果如图 2.26 所示。

结果 消息

	编号	商品名称	销售数量	进价	单价
1	001	电视	30	1200.00	1700.00
2	002	冰箱	50	2000.00	2600.00
3	003	洗衣机	21	1500.00	2000.00
4	004	电脑	57	3000.00	4000.00

图 2.26　不小于条件查询

2.3.9　使用“!=”和“<>”查询数据

不等于条件用来查询表中不满足指定条件的所有记录。不等于条件可以使用“<>”符号或“!=”符号来判断。

【例 2.26】 在 tb_goods 数据表中，使用 WHERE 子句查询商品名称不等于“冰箱”的数据。（**实例位置：资源包\TM\sl\2\26**）

SQL 语句如下：

```
SELECT * FROM tb_goods WHERE 商品名称 <> '冰箱'
SELECT * FROM tb_goods WHERE 商品名称 != '冰箱'
```

运行结果如图 2.27 所示。

	编号	商品名称	销售数量	进价	单价
1	001	电视	30	1200.00	1700.00
2	003	洗衣机	21	1500.00	2000.00
3	004	电脑	57	3000.00	4000.00
4	005	音响	35	1000.00	1200.00

（1）使用<>的查询结果

	编号	商品名称	销售数量	进价	单价
1	001	电视	30	1200.00	1700.00
2	003	洗衣机	21	1500.00	2000.00
3	004	电脑	57	3000.00	4000.00
4	005	音响	35	1000.00	1200.00

（2）使用!=的查询结果

图 2.27　不等于条件查询

2.4　范围查询

范围查询用来检索两个给定值之间的记录，通常使用 BETWEEN…AND 和 NOT…BETWEEN…AND 来指定范围条件。

使用 BETWEEN…AND 查询条件时，指定的第一个值必须小于第二个值。因为 BETWEEN…AND 实质是查询条件“大于等于第一个值，并且小于等于第二个值”的简写形式，即 BETWEEN…AND 要包括两端的值，等价于比较运算符“>=…<=”

2.4.1　查询两数之间的数据

查询两数之间的数据可以使用 BETWEEN 来实现，使用 BETWEEN 可以方便编写查询条件。下面的示例通过使用 BETWEEN 来查询进价在 1200 和 3000 之间的数据。

【例 2.27】 在 tb_goods 数据表中，查询进价在 1200 元与 3000 元之间的数据。（**实例位置：资源包\TM\sl\2\27**）

SQL 语句如下：

```
SELECT * FROM tb_goods WHERE 进价 BETWEEN 1200 AND 3000
```

运行结果如图 2.28 所示。

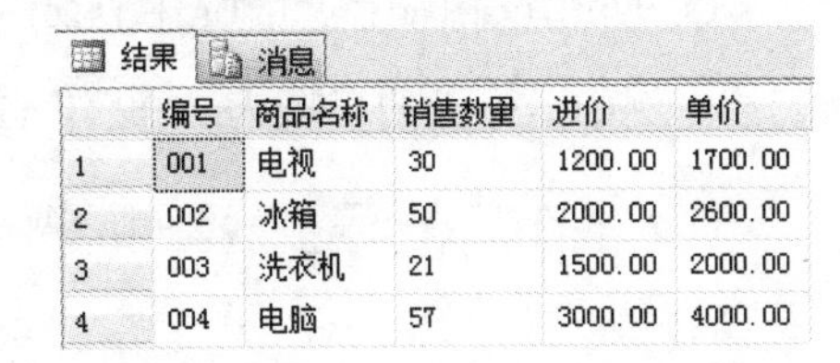

结果　消息

	编号	商品名称	销售数量	进价	单价
1	001	电视	30	1200.00	1700.00
2	002	冰箱	50	2000.00	2600.00
3	003	洗衣机	21	1500.00	2000.00
4	004	电脑	57	3000.00	4000.00

图 2.28　查询两数之间的数据

2.4.2　查询两个日期之间的数据

查询两个日期之间的数据也可以使用 BETWEEN 来实现，使用日期类型的数据作为查询的条件即可。

【例 2.28】 在 tb_landing 数据表中，查询登录时间在 2023 年 1 月 1 日和 2023 年 3 月 31 日之间的数据。（**实例位置：资源包\TM\sl\2\28**）

SQL 语句如下：

```
SELECT * FROM tb_landing
SELECT * FROM tb_landing WHERE 登录时间 BETWEEN '2023-01-01' AND '2023-03-31'
```

运行结果如图 2.29 所示。

	编号	登录名	密码	登录时间
1	1	SQ	123	2022-12-04
2	2	su	456	2023-01-21
3	3	xy	789	2022-09-19
4	4	xa	147	2022-07-16
5	5	mr	256	2023-02-17
6	6	kj	467	2022-11-17

（1）所有数据

	编号	登录名	密码	登录时间
1	2	su	456	2023-01-21
2	5	mr	256	2023-02-17

（2）指定时间范围内的数据

图 2.29　查询两个日期之间的数据

2.4.3　在 BETWEEN 中使用日期函数

下面的示例通过使用日期函数作为条件进行查询。通过使用 GETDATE()函数和 DATEADD()函数获取今天的日期和昨天的日期，再通过使用 BETWEEN 来查询在这两个日期之间的数据。

在下面的示例中获取日期后需要使用 CONVERT()函数将日期转换为“yy-mm-dd”的格式，转换格式后将不会计算时间。例如，使用如下代码：

```
SELECT GETDATE()
```

查询结果为：

```
2018-07-23 13:42:11.207
```

使用 BETWEEN 进行查询将会把时间计算在内，在使用 CONVERT()函数转换后将不会计算时间，只计算日期。

【例 2.29】 在 tb_landing 数据表中，查询登录时间在昨天和今天之间的数据。（**实例位置：资源包\TM\sl\2\29**）

SQL 语句如下：

```
SELECT * FROM tb_landing
SELECT * FROM tb_landing WHERE 登录时间 BETWEEN
CONVERT(varchar(10),DATEADD(DAY,-1,GETDATE()),120) AND
CONVERT(varchar(10),GETDATE(),120)
```

本例中，今天的日期为 2022 年 12 月 5 日，运行结果如图 2.30 所示。

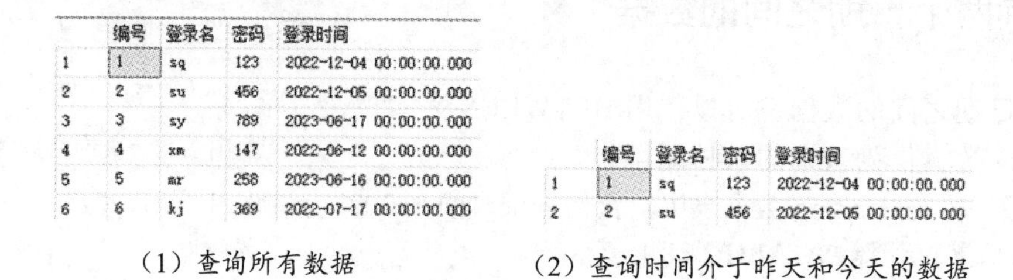

	编号	登录名	密码	登录时间
1	1	sq	123	2022-12-04 00:00:00.000
2	2	su	456	2022-12-05 00:00:00.000
3	3	sy	789	2023-06-17 00:00:00.000
4	4	xm	147	2022-06-12 00:00:00.000
5	5	mr	258	2023-06-16 00:00:00.000
6	6	kj	369	2022-07-17 00:00:00.000

（1）查询所有数据

	编号	登录名	密码	登录时间
1	1	sq	123	2022-12-04 00:00:00.000
2	2	su	456	2022-12-05 00:00:00.000

（2）查询时间介于昨天和今天的数据

图 2.30　在 BETWEEN 中使用日期函数

2.4.4　查询不在两数之间的数据

使用 BETWEEN…AND 可以查询出在一定范围内的数据，如果需要查询不在指定范围内的数据，可以使用 NOT…BETWEEN…AND 来实现。下面的示例通过使用 NOT…BETWEEN…AND 查询进价不在 2000 元与 3000 元范围内的数据。

【例 2.30】 在 tb_goods 数据表中，查询进价不在 2000 元与 3000 元之间的数据。（**实例位置：资源包\TM\sl\2\30**）

SQL 语句如下：

```
SELECT * FROM tb_goods WHERE 进价 NOT BETWEEN 2000 AND 3000
```

运行结果如图 2.31 所示。

结果　消息

	编号	商品名称	销售数量	进价	单价
1	001	电视	30	1200.00	1700.00
2	003	洗衣机	21	1500.00	2000.00
3	005	音响	35	1000.00	1200.00

图 2.31　查询不在指定范围内的数据

2.5　逻 辑 查 询

在 2.3 节中已经对如何使用 WHERE 子句进行查询进行了介绍，但其查询条件都是单一的，如等值条件查询、大于条件查询等。本节将介绍如何在 WHERE 子句中对多个条件进行使用逻辑运算符查询。

2.5.1　使用 AND 运算符

在查询表时，如果需要满足两个给出的条件，可以在 WHERE 子句中使用 AND 运算符来实现。AND 运算符表示“与”的关系，既必须满足第 1 个给定条件也必须满足第 2 个给定的条件，即两个表达式都为 TRUE 时，才会满足查询条件。AND 运算符的真值表如表 2.3 所示。

表 2.3　AND 运算符的真值表

条件 1	条件 2	结　果
True	True	True
True	False	False
False	True	False
True	Null	Null
Null	False	False

【例 2.31】 在 tb_commodity02 数据表中，查询商品价格小于 5000 元与商品价格大于 1500 元的数据。(**实例位置：资源包\TM\sl\2\31**)

SQL 语句如下：

```
SELECT * FROM tb_commodity02
SELECT * FROM tb_commodity02 WHERE 商品价格 < 5000 AND 商品价格 > 1500
```

运行结果如图 2.32 所示。

	编号	商品名称	商品价格	商品数量
1	1	笔记本电脑	4500.00	300
2	2	电脑	2350.00	150
3	3	手机	5500.00	500
4	4	ps2游戏机	2000.00	100
5	5	平板电脑	1800.00	50

（1）查询所有商品价格

	编号	商品名称	商品价格	商品数量
1	1	笔记本电脑	4500.00	300
2	2	电脑	2350.00	150
3	4	ps2游戏机	2000.00	100
4	5	平板电脑	1800.00	50

（2）查询商品价格小于 5000 元并大于 1500 元

图 2.32　使用 AND 运算符

2.5.2　使用 OR 运算符

在查询表时，如果只需要满足两个给定条件中的一个条件，可以在 WHERE 子句中使用 OR 运算符来实现。OR 运算符表示“或”的关系，在两个给定的条件中满足一个即可，即当两个表达式中有一个为 TRUE 时，便会满足查询条件。OR 运算符的真值表如表 2.4 所示。

表 2.4　OR 运算符的真值表

条件 1	条件 2	结　　果
True	True	True
True	False	True
False	True	True
True	Null	True
Null	False	False
False	False	False

【例 2.32】 在 tb_commodity02 数据表中，查询出商品名称为“电脑”或商品名称为“音响”的数据。（**实例位置：资源包\TM\sl\2\32**）

SQL 语句如下：

```
SELECT * FROM tb_commodity02
SELECT * FROM tb_commodity02 WHERE 商品名称 ='电脑' OR 商品名称 ='音响'
```

运行结果如图 2.33 所示。

	编号	商品名称	销售数量	进价	单价
1	001	电视	30	1200.00	1700.00
2	002	冰箱	50	2000.00	2600.00
3	003	洗衣机	21	1500.00	2000.00
4	004	电脑	57	3000.00	4000.00
5	005	音响	35	1000.00	1200.00

（1）所有商品

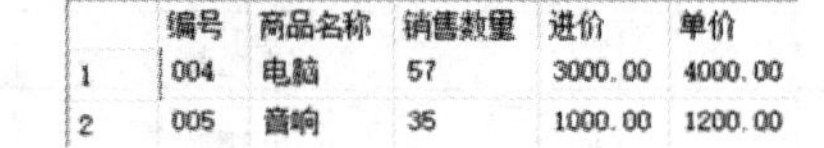

	编号	商品名称	销售数量	进价	单价
1	004	电脑	57	3000.00	4000.00
2	005	音响	35	1000.00	1200.00

（2）商品名称为“电脑”或“音响”

图 2.33　使用 OR 运算符

2.5.3　使用 NOT 运算符

在查询表时，如果需要查询不满足给定条件的数据时，可以在 WHERE 子句中使用 NOT 运算符来实现。NOT 运算符表示“非”的关系，即不满足所给定的条件。

【例 2.33】 在 tb_goods 数据表中，查询商品名称不为“电脑”的数据。（**实例位置：资源包\TM\sl\2\33**）

SQL 语句如下：

```
SELECT * FROM tb_goods
SELECT * FROM tb_goods WHERE NOT 商品名称='电脑'
```

运行结果如图 2.34 所示。

	编号	商品名称	销售数量	进价	单价
1	001	电视	30	1200.00	1700.00
2	002	冰箱	50	2000.00	2600.00
3	003	洗衣机	21	1500.00	2000.00
4	004	电脑	57	3000.00	4000.00
5	005	音响	35	1000.00	1200.00

（1）所有商品

	编号	商品名称	销售数量	进价	单价
1	001	电视	30	1200.00	1700.00
2	002	冰箱	50	2000.00	2600.00
3	003	洗衣机	21	1500.00	2000.00
4	005	音响	35	1000.00	1200.00

（2）商品名称不为“电脑”

图 2.34　使用 NOT 运算符

2.5.4　使用 OR、AND 和 NOT 运算符

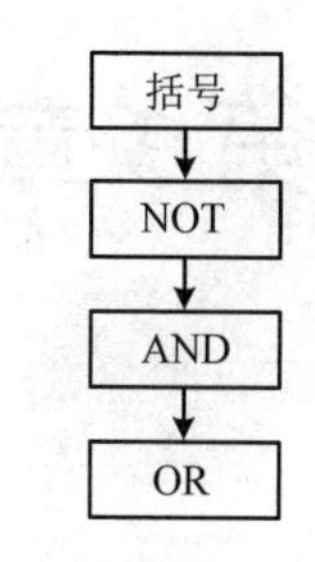

图 2.35　逻辑运算符的优先级别

在查询中也可以将 OR、AND 和 NOT 运算符综合起来使用，但此 3 个运算符拥有不同的优先顺序，如图 2.35 所示。

对运算符优先级别的了解，在使用时非常重要。如果不掌握运算符的优先级别，在使用时就达不到预期的效果。

2.6　实践与练习

1．在 tb_goods 数据表中，查询商品进价在 1000 到 2000 之间的商品信息。（**答案位置：资源包\TM\sl\2\33**）

2．在 tb_goods 数据表中，查询商品名称为“电脑”并且进价为“3000”的商品或商品名称为“冰箱”的商品，再查询商品名称为“冰箱”或“电脑”的商品并且该商品的进价为 3000。（**答案位置：资源包\TM\sl\2\34**）

第 3 章

复杂查询

在第 2 章学习后，我们已经对简单的查询有所掌握。本章将会对 SQL 中的复杂查询进行介绍。例如，使用随机查询数据、对数据进行模糊查询、复杂条件查询等。通过对复杂查询的学习将会对查询有更深的了解。

本章知识架构及重难点如下：

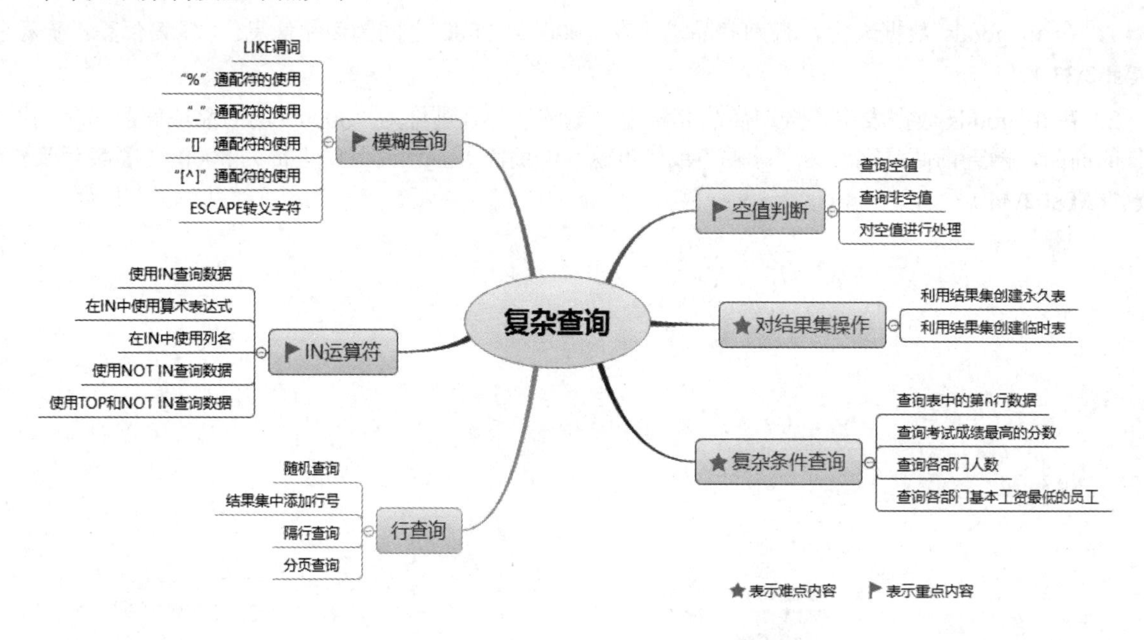

3.1 模糊查询

在对表中数据进行查询时，常常会用到模糊查询。模糊查询可以轻松地查询出比较模糊的数据。例如，查询姓名列中姓“王”的数据、查询工号中某个数字在一定范围内的数据等。本节将通过几个典型的示例介绍模糊查询的使用。

3.1.1 LIKE 谓词

模糊查询条件用来返回符合某种匹配格式的所有记录，通常使用 LIKE 或 NOT LIKE 谓词来指定模糊查询条件。LIKE 查询条件需要使用通配符在字符串内查找指定的模式，所以需要先了解通配符及其含义。通配符的含义如表 3.1 所示。

表 3.1 通配符的含义

通 配 符	说 明
%	由零个或多个字符组成的任意字符串
_	任意单个字符
[ ]	用于指定范围，例如[A-F]，表示 A 到 F 范围内的任何单个字符
[^]	表示指定范围之外的，例如[^ A-F]，表示 A 到 F 范围以外的任何单个字符

在 LIKE 谓词中使用通配符，可以指定模糊查询条件，下面介绍几个使用 LIKE 来实现模糊查询的例子。

查询某列中包含 mr 字符的数据，其中 mr 可以出现在任意位置。代码如下：

```
WHERE 列名 LIKE '%mr%'
```

查询某列中包含 mr 字符的数据，其中 mr 出现在开头位置。代码如下：

```
WHERE 列名 LIKE 'mr%'
```

查询某列中包含 mr 字符的数据，其中 mr 出现在结尾位置。代码如下：

```
WHERE 列名 LIKE '%mr'
```

查询某列中前 2 个字符为 mr、后一个字符为任意字符的数据。代码如下：

```
WHERE 列名 LIKE 'mr_'
```

查询某列中前 1 个字符为任意字符、后 2 个字符为 mr 的数据。代码如下：

```
WHERE 列名 LIKE '_mr'
```

查询某列中以 m 字符开头和以 r 字符开头的数据。代码如下：

```
WHERE 列名 LIKE '[mr]% '
```

查询某列中开头字符为 a～e 的数据，其中包括 a 和 e。代码如下：

```
WHERE 列名 LIKE '[a-e]% '
```

查询某列中不是以 m 字符和 r 字符开头的数据。代码如下：

```
WHERE 列名 LIKE '[^mr]% '
```

查询某列中开头字符不为 a～e 的数据。代码如下：

```
WHERE 列名 LIKE '[^a-e]% '
```

3.1.2 “%”通配符的使用

在对表中的数据进行查询时，有时查询条件并不清晰，而是比较模糊。例如，查询姓名列中姓“王”的数据，此时就可以使用“%”通配符将姓名列中所有姓“王”的数据显示出来。

“%”通配符表示由零个或多个字符组成的字符串。在使用 LIKE 查询时，可以在查询条件的任意位置，使用“%”通配符来代表任意长度的字符串。在查询条件中也可以使用 2 个“%”通配符进行查询。例如，在姓名列中查询带有“王”的数据，在查询条件中可以写成“%王%”进行查询。

【例 3.1】 在 tb_individualInfo 数据表中，查询姓名列中姓“王”的数据。（**实例位置：资源包\TM\sl\3\1**）

SQL 语句如下：

```
SELECT * FROM tb_individualInfo
SELECT * FROM tb_individualInfo WHERE 姓名 like'王%'
```

运行结果如图 3.1 所示。

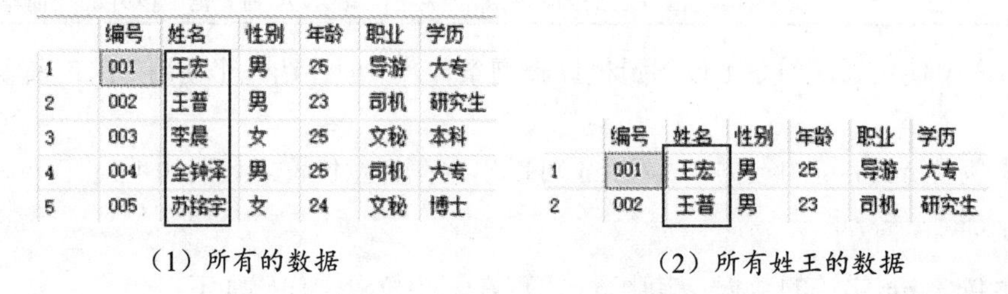

	编号	姓名	性别	年龄	职业	学历
1	001	王宏	男	25	导游	大专
2	002	王普	男	23	司机	研究生
3	003	李晨	女	25	文秘	本科
4	004	全钟泽	男	25	司机	大专
5	005	苏铭宇	女	24	文秘	博士

（1）所有的数据

	编号	姓名	性别	年龄	职业	学历
1	001	王宏	男	25	导游	大专
2	002	王普	男	23	司机	研究生

（2）所有姓王的数据

图 3.1　查找姓“王”的数据

3.1.3　“_”通配符的使用

例如，查询姓名列中一条数据，但是只记得这条数据在姓名列中前两个字为“苏铭”，最后一个字忘记了，此时可以使用“_”通配符来完成查询。“_”通配符表示任意单个字符，该通配符只能匹配一个字符。“_”通配符可以出现在查询条件的任意位置，也可以出现多个。

【例 3.2】 在 tb_individualInfo 数据表中，查询姓名的前两个字为“苏铭”的数据。（**实例位置：资源包\TM\sl\3\2**）

SQL 语句如下：

```
SELECT * FROM tb_individualInfo
SELECT * FROM tb_individualInfo WHERE 姓名 like '苏铭_'
```

运行结果如图 3.2 所示。

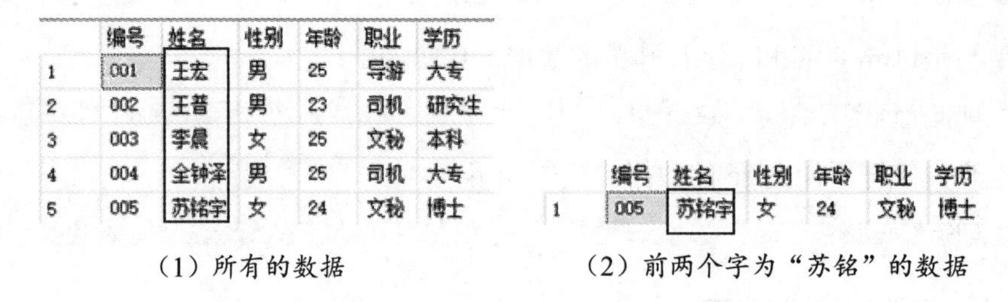

	编号	姓名	性别	年龄	职业	学历
1	001	王宏	男	25	导游	大专
2	002	王普	男	23	司机	研究生
3	003	李晨	女	25	文秘	本科
4	004	全钟泽	男	25	司机	大专
5	005	苏铭宇	女	24	文秘	博士

（1）所有的数据

	编号	姓名	性别	年龄	职业	学历
1	005	苏铭宇	女	24	文秘	博士

（2）前两个字为“苏铭”的数据

图 3.2　查找姓名前两个字为“苏铭”的数据

3.1.4　“[ ]”通配符的使用

在对表中数据进行模糊查询时，有时待查询数字或待查询字符限定在一定范围内。例如，查询某个字母位于 a～f 之间的所有数据，这种情况就可以使用“[ ]”通配符来实现。“[ ]”通配符用于指定一

定范围内的任意单个字符，包括两端数据。

【例 3.3】 在 tb_employee06 数据表中，查询工号第 5 位为 0～9 的数据。（**实例位置：资源包\TM\sl\3\3**）

SQL 语句如下：

```
SELECT * FROM tb_employee06
SELECT * FROM tb_employee06 WHERE 工号 LIKE 'A001[0-9]2'
```

运行结果如图 3.3 所示。

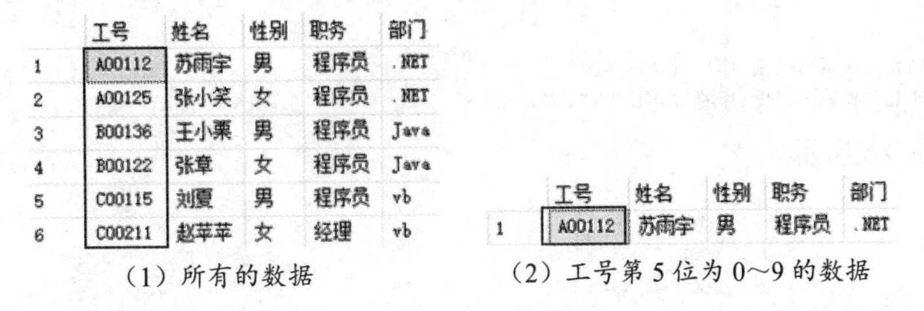

	工号	姓名	性别	职务	部门
1	A00112	苏雨宇	男	程序员	.NET
2	A00125	张小笑	女	程序员	.NET
3	B00136	王小栗	男	程序员	Java
4	B00122	张章	女	程序员	Java
5	C00115	刘夏	男	程序员	vb
6	C00211	赵苹苹	女	经理	vb

（1）所有的数据

	工号	姓名	性别	职务	部门
1	A00112	苏雨宇	男	程序员	.NET

（2）工号第 5 位为 0～9 的数据

图 3.3　查询工号

3.1.5　“[^]”通配符的使用

如果待查询的字符不在给定的范围内，这时可以使用“[^]”通配符来完成查询任务。“[^]”通配符用来查询不在指定范围内的任意单个字符。例如下面的 SQL 语句：

```
SELECT *
FROM tb_Exp
WHERE ColumnA LIKE 'M[^c]%'
```

其中，LIKE 'M[^c]%'语句将查询以字母 M 开头，并且第 2 个字母不是 c 的所有单词（如 Milk）。

【例 3.4】 在 tb_employee06 数据表中，查询工号首字母不为 A 的数据。（**实例位置：资源包\TM\sl\3\4**）

SQL 语句如下：

```
SELECT * FROM tb_employee06
SELECT * FROM tb_employee06 WHERE 工号 LIKE '[^A]%'
```

运行结果如图 3.4 所示。

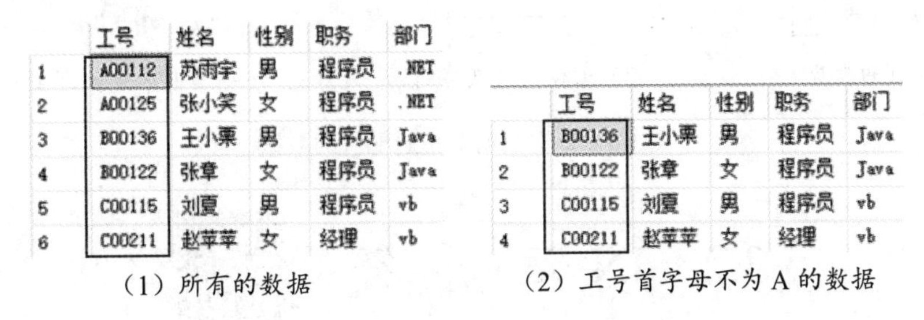

	工号	姓名	性别	职务	部门
1	A00112	苏雨宇	男	程序员	.NET
2	A00125	张小笑	女	程序员	.NET
3	B00136	王小栗	男	程序员	Java
4	B00122	张章	女	程序员	Java
5	C00115	刘夏	男	程序员	vb
6	C00211	赵苹苹	女	经理	vb

（1）所有的数据

	工号	姓名	性别	职务	部门
1	B00136	王小栗	男	程序员	Java
2	B00122	张章	女	程序员	Java
3	C00115	刘夏	男	程序员	vb
4	C00211	赵苹苹	女	经理	vb

（2）工号首字母不为 A 的数据

图 3.4　查询工号首字母不为 A 的数据

3.1.6 ESCAPE 转义字符

有时，数据中也包含着通配符。例如，表中某列可能存储着包含百分号“%”的折扣值，如果此时使用“%”通配符进行数据查询，可能会查不到想要的数据。这时可以使用 ESCAPE 转义字符来解决这个问题。

【例 3.5】 在 tb_str 数据表中，查询字符列第一位为%的数据。（**实例位置：资源包\TM\sl\3\5**）

SQL 语句如下：

```
SELECT * FROM tb_str WHERE 字符 LIKE '%%'
SELECT * FROM tb_str WHERE 字符 LIKE '\%%' escape '\'
```

运行结果如图 3.5 所示。

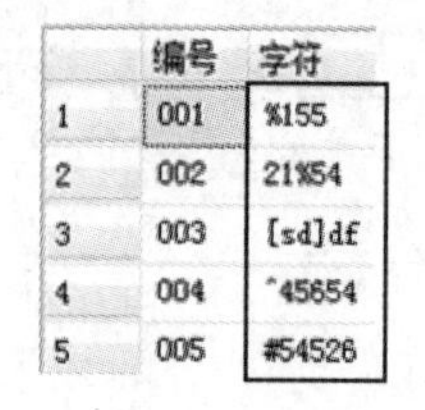

	编号	字符
1	001	%155
2	002	21%54
3	003	[sd]df
4	004	^45654
5	005	#54526

（1）所有的数据

	编号	字符
1	001	%155

（2）字符列第一位为%的数据

图 3.5 查询数据中带通配符的数据

【例 3.6】 在 tb_str 数据表中，查询字符列中数据的第 3 位为 a～z 的数据。（**实例位置：资源包\TM\sl\3\6**）

SQL 语句如下：

```
SELECT * FROM tb_str
SELECT * FROM tb_str WHERE 字符 LIKE '[s[a-z]]df'
SELECT * FROM tb_str WHERE 字符 LIKE '\[s[a-z]]df' escape '\'
```

运行结果如图 3.6 所示。

	编号	字符
1	001	%155
2	002	21%54
3	003	[sd]df
4	004	^45654
5	005	#54526

（1）所有的数据

编号	字符

（2）未使用转义字符

	编号	字符
1	003	[sd]df

（3）字符列中第 3 位为 a～z 的数据

图 3.6 查询数据中带通配符的数据

3.2 IN 运算符

当需要查询满足多个条件中任意一个条件的数据时，可以使用 OR 运算符。但当限定条件较多时，

使用OR运算符并不方便，此时可以使用IN运算符完成查询任务。例如，在表中查询省份为“吉林省”“辽宁省”“黑龙江省”的数据，使用OR运算符的实现代码如下：

```
SELECT * FROM 省市表 WHERE 省份='吉林省' OR 省份='辽宁省' OR 省份='黑龙江省'
```

以上代码比较麻烦，如使用IN运算符可以得到相同的查询结果，并且比较简洁。使用IN运算符实现的代码如下：

```
SELECT * FROM 省市表 WHERE 省份 IN ('吉林省', '辽宁省', '黑龙江省')
```

使用IN运算符查询条件的基本语法格式如下：

```
SELECT <select_list>
FROM <table_reference>
WHERE <expression> IN <value_list>
```

参数说明如下。

- ☑ select_list：需要查询的列名。
- ☑ table_reference：需要查询的表名。
- ☑ expression：指定的查询条件列。
- ☑ value_list：值列表。

在WHERE子句中使用IN运算符指定条件时，IN关键字用来显示一组中的成员关系。当有一个满足条件的值列表时，就会用到IN关键字。

3.2.1　使用IN查询数据

下面的示例在表中通过使用IN运算符，查询姓名列中“田丽”和“王自在”的数据。使用IN运算符可以简化查询条件，方便阅读代码。

【例3.7】 在tb_student数据表中，查询姓名列中“田丽”和“王自在”的数据。（**实例位置：资源包\TM\sl\3\7**）

SQL语句如下：

```
SELECT * FROM tb_student
SELECT * FROM tb_student WHERE 姓名 IN('田丽','王自在')
```

运行结果如图3.7所示。

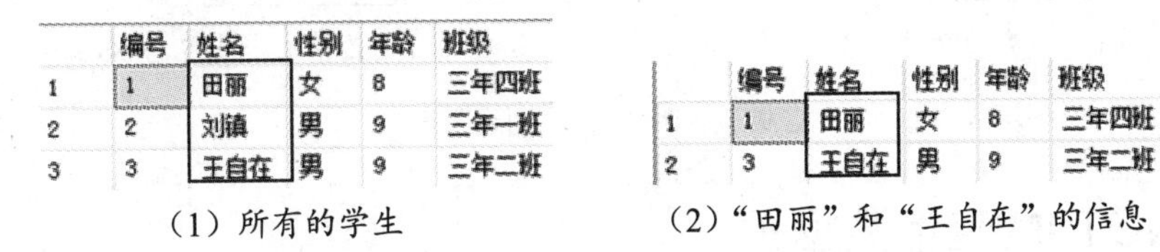

	编号	姓名	性别	年龄	班级
1	1	田丽	女	8	三年四班
2	2	刘禎	男	9	三年一班
3	3	王自在	男	9	三年二班

（1）所有的学生

	编号	姓名	性别	年龄	班级
1	1	田丽	女	8	三年四班
2	3	王自在	男	9	三年二班

（2）“田丽”和“王自在”的信息

图3.7　使用IN查询数据

3.2.2　在IN中使用算术表达式

在IN运算符中不但可以使用数值类型作为值列表，还可以使用算术表达式作为值列表。下面的示

例通过使用算术表达式来指定年龄列中的值。

【例 3.8】 在 tb_student 数据表中，查询年龄列中“6+1”和“8”的数据。(**实例位置：资源包\TM\sl\3\8**)

SQL 语句如下：

```
SELECT * FROM tb_student
SELECT * FROM tb_student WHERE 年龄 IN(6+1,8)
```

运行结果如图 3.8 所示。

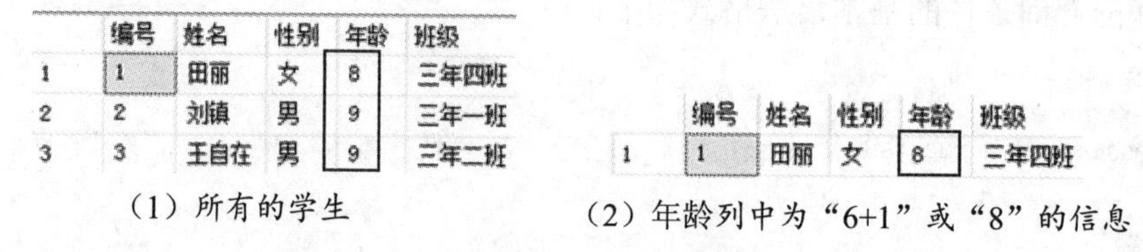

	编号	姓名	性别	年龄	班级
1	1	田丽	女	8	三年四班
2	2	刘镇	男	9	三年一班
3	3	王自在	男	9	三年二班

（1）所有的学生

	编号	姓名	性别	年龄	班级
1	1	田丽	女	8	三年四班

（2）年龄列中为“6+1”或“8”的信息

图 3.8　在 IN 中使用运算

3.2.3　在 IN 中使用列名

在使用 IN 运算符对数据进行查询时，不但可以使用数值类型和字符类型的数据作为值列表，还可以使用列名作为值列表。下面的示例用来查询在 ChineseScore 列和 MathScore 列中分数为 89 的数据。此示例使用 89 作为 IN 的查询条件将两个列名作为值列表来实现查询。

【例 3.9】 在 tb_studentScore 数据表中，查询 ChineseScore 列和 MathScore 列中分数为 89 的数据。(**实例位置：资源包\TM\sl\3\9**)

SQL 语句如下：

```
SELECT * FROM tb_studentScore
SELECT * FROM tb_studentScore WHERE 89 IN(ChineseScore,MathScore)
```

运行结果如图 3.9 所示。

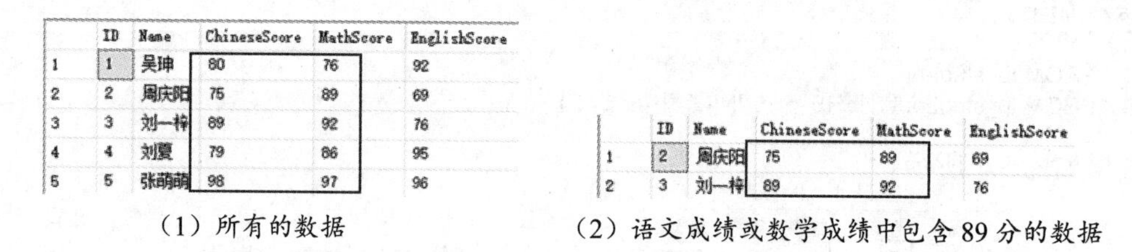

	ID	Name	ChineseScore	MathScore	EnglishScore
1	1	吴珅	80	76	92
2	2	周庆阳	75	89	69
3	3	刘一梓	89	92	76
4	4	刘夏	79	86	95
5	5	张萌萌	98	97	96

（1）所有的数据

	ID	Name	ChineseScore	MathScore	EnglishScore
1	2	周庆阳	75	89	69
2	3	刘一梓	89	92	76

（2）语文成绩或数学成绩中包含 89 分的数据

图 3.9　在 IN 中使用列进行查询

3.2.4　使用 NOT IN 查询数据

NOT IN 运算符可以查询给定条件以外的数据。语法格式如下：

```
SELECT <select_list>
FROM <table_reference>
WHERE <expression> NOT IN <value_list>
```

参数说明如下。

☑ select_list：需要查询的列名。

☑ table_reference：需要查询的表名。

☑ expression：指定的查询条件列。

☑ value_list：值列表。

【例 3.10】 在 tb_studentInfo05 数据表中，查询 Name 列中不为“苏小雨”和“刘小詹”的数据。（**实例位置：资源包\TM\sl\3\10**）

SQL 语句如下：

```
SELECT * FROM tb_studentInfo05
SELECT * FROM tb_studentInfo05 WHERE Name NOT IN('苏小雨','刘小詹')
```

运行结果如图 3.10 所示。

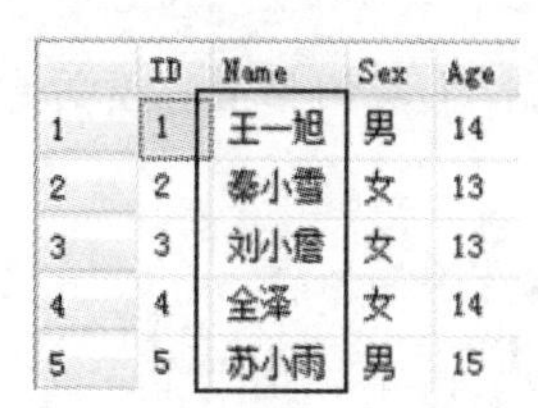

	ID	Name	Sex	Age
1	1	王一旭	男	14
2	2	秦小雪	女	13
3	3	刘小詹	女	13
4	4	全泽	女	14
5	5	苏小雨	男	15

（1）所有的学生信息

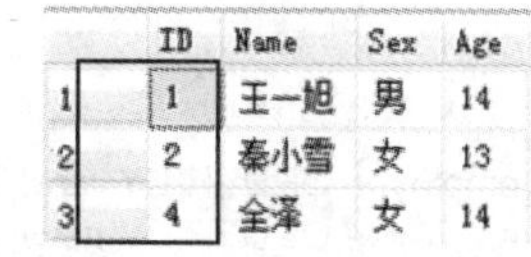

	ID	Name	Sex	Age
1	1	王一旭	男	14
2	2	秦小雪	女	13
3	4	全泽	女	14

（2）名字不是“刘小詹”和“苏小雨”的学生信息

图 3.10　查询不满足条件数据

3.2.5　使用 TOP 和 NOT IN 查询数据

综合使用 TOP 和 NOP IN，可以查询除前若干名之外的其他数据。例如，数据表中有 5 行数据，在查询中先通过使用 TOP 关键字将前 3 行数据查询出来，再使用 NOT IN 将后两行数据查询出来。

【例 3.11】 在 tb_employeePay 数据表中，查询出后两行的数据。（**实例位置：资源包\TM\sl\3\11**）

SQL 语句如下：

```
SELECT * FROM tb_employeePay
SELECT * FROM tb_employeePay WHERE 编号 NOT IN (SELECT TOP 8 编号 FROM tb_employeePay )
```

运行结果如图 3.11 所示。

	编号	工号	姓名	职务	部门	基本工资	加班费
1	1	A011	苏小雨	程序员	.NET	800.00	0.00
2	2	A008	房小伟	程序员	.NET	800.00	100.00
3	3	A015	贯小红	程序员	.NET	600.00	100.00
4	4	A001	张光羽	经理	.NET	1000.00	100.00
5	5	B001	刘木三	经理	VB	1000.00	120.00
6	6	B015	王长	程序员	VB	700.00	100.00
7	7	C002	王禾斗	经理	C#	1000.00	150.00
8	8	C008	吕又	程序员	C#	800.00	0.00
9	9	C009	梁三	程序员	C#	700.00	100.00
10	10	D010	宏力	经理	ASP	1100.00	0.00

（1）所有的数据

	编号	工号	姓名	职务	部门	基本工资	加班费
1	9	C009	梁三	程序员	C#	700.00	100.00
2	10	D010	宏力	经理	ASP	1100.00	0.00

（2）后两行的数据

图 3.11　查询出后两行的数据

3.3 行 查 询

本节主要介绍行的高级查询。例如，在查询的结果集中添加行号、随机返回某行数据等。

3.3.1 随机查询

随机查询可以在表中随机抽出几行数据，供用户查看。随机查询通过 NEWID()函数来实现，NEWID()函数是一个不确定性函数，可以生成一个唯一标识符值。在连续调用 NEWID()函数时，会返回不同的值。

【例 3.12】 在 tb_employee 数据表中，随机查询出一行数据。（**实例位置：资源包\TM\sl\3\12**）

SQL 语句如下：

```
SELECT * FROM tb_employee
SELECT TOP 1 * FROM tb_employee ORDER BY newID()
SELECT TOP 1 * FROM tb_employee ORDER BY newID()
```

运行结果如图 3.12 所示。

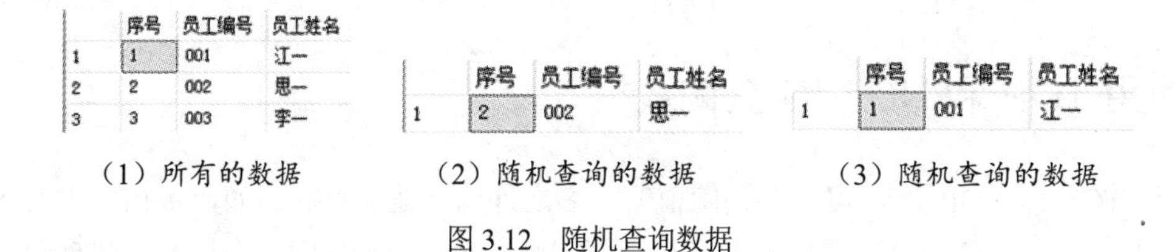

	序号	员工编号	员工姓名
1	1	001	江一
2	2	002	思一
3	3	003	李一

（1）所有的数据

	序号	员工编号	员工姓名
1	2	002	思一

（2）随机查询的数据

	序号	员工编号	员工姓名
1	1	001	江一

（3）随机查询的数据

图 3.12 随机查询数据

3.3.2 结果集中添加行号

在结果集中添加行号，可以方便用户查看。下面将使用两个示例来演示如何在结果集中添加行号。第 1 个示例通过将姓名排序后产生一个新的列来完成添加行号功能。第 2 个示例首先建立一个自动编号的字段，然后将数据存储在一个临时的数据表中，将表中数据通过查询显示出来，最后删除这个临时表。

【例 3.13】 在 tb_ employee06 数据表中，将每行的数据进行编号。（**实例位置：资源包\TM\sl\3\13**）

SQL 语句如下：

```
SELECT * FROM tb_employee06
SELECT  编号=(SELECT COUNT(姓名)FROM tb_employee06 AS A
WHERE A.姓名<=B.姓名),工号,姓名,性别,职务,部门  FROM tb_employee06 AS B ORDER BY 1
```

运行结果如图 3.13 所示。

	工号	姓名	性别	职务	部门
1	A00112	苏雨宇	男	程序员	.NET
2	A00125	张小笑	女	程序员	.NET
3	B00136	王小栗	男	程序员	Java
4	B00122	张章	女	程序员	Java
5	C00115	刘夏	男	程序员	vb
6	C00211	赵苹苹	女	经理	vb

（1）表中所有的行

	编号	工号	姓名	性别	职务	部门
1	1	C00115	刘夏	男	程序员	vb
2	2	A00112	苏雨宇	男	程序员	.NET
3	3	B00136	王小栗	男	程序员	Java
4	4	A00125	张小笑	女	程序员	.NET
5	5	B00122	张章	女	程序员	Java
6	6	C00211	赵苹苹	女	经理	vb

（2）添加一列编号

图 3.13　结果集中添加行号（1）

【例 3.14】 在 tb_employee06 数据表中，用另一种方法将每行的数据进行编号。（**实例位置：资源包\TM\sl\3\14**）

SQL 语句如下：

```
SELECT * FROM tb_employee06
SELECT 编号=IDENTITY(int,1,1),工号,姓名,性别,职务,部门 INTO #s1 FROM tb_employee06
go
SELECT * FROM #s1
DROP TABLE #s1
```

运行结果如图 3.14 所示。

	工号	姓名	性别	职务	部门
1	A00112	苏雨宇	男	程序员	.NET
2	A00125	张小笑	女	程序员	.NET
3	B00136	王小栗	男	程序员	Java
4	B00122	张章	女	程序员	Java
5	C00115	刘夏	男	程序员	vb
6	C00211	赵苹苹	女	经理	vb

（1）表中所有的行

	编号	工号	姓名	性别	职务	部门
1	1	C00115	刘夏	男	程序员	vb
2	2	A00112	苏雨宇	男	程序员	.NET
3	3	B00136	王小栗	男	程序员	Java
4	4	A00125	张小笑	女	程序员	.NET
5	5	B00122	张章	女	程序员	Java
6	6	C00211	赵苹苹	女	经理	vb

（2）添加一列编号

图 3.14　结果集中添加行号（2）

3.3.3　隔行查询

隔行查询是将表中每隔一行的数据显示出来。例如，在表中共有 10 条数据，隔行查询将会查询出所有为单数行的数据。想要实现这个功能可以使用 ROW_NUMBER OVER()函数为每一行分配一个行号，最后使用求模运算符，滤掉所有双数行的数据，就可以实现隔行查询数据。

【例 3.15】 在 tb_student02 数据表中，查询出隔行数据，并将编号为单数的数据显示出来。（**实例位置：资源包\TM\sl\3\15**）

SQL 语句如下：

```
SELECT * FROM tb_student02
SELECT 编号,姓名,性别,年龄 FROM(SELECT row_number() OVER (ORDER BY 编号)
n,编号,姓名,性别,年龄 FROM tb_student02 )x WHERE n%2=1
```

运行结果如图 3.15 所示。

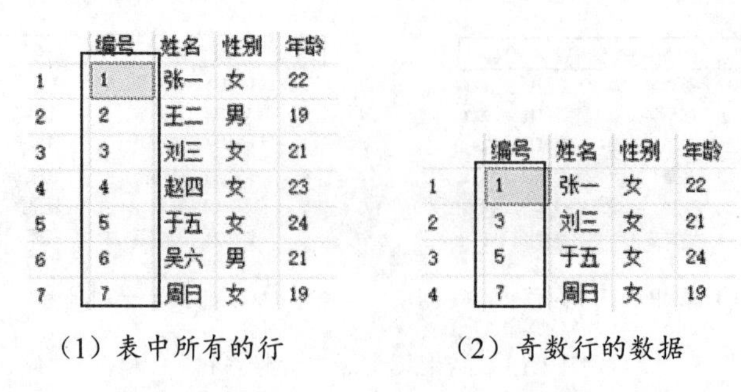

（1）表中所有的行　　（2）奇数行的数据

图 3.15　查询隔行数据

3.3.4　分页查询

使用 ROW_NUMBER OVER()函数还可以查询指定范围内的所有行数据，即分页查询。例如，查询表中第 3～6 行的所有数据，其中包括第 3 行和第 6 行数据。实现这个功能首先应使用 ROW_NUMBER OVER()函数为每一行分配一个行号，然后使用 BETWEEN…AND 来指定范围条件，将数据显示出来。

【例 3.16】 在 tb_student02 数据表中，查询出第 3～6 行的所有数据。（**实例位置：资源包\TM\sl\3\16**）

SQL 语句如下：

```
SELECT * FROM tb_student02
SELECT 编号,姓名,性别,年龄 FROM(SELECT row_number() OVER (ORDER BY 编号)
n,编号,姓名,性别,年龄 FROM tb_student02 )x WHERE n BETWEEN 3 AND 6
```

运行结果如图 3.16 所示。

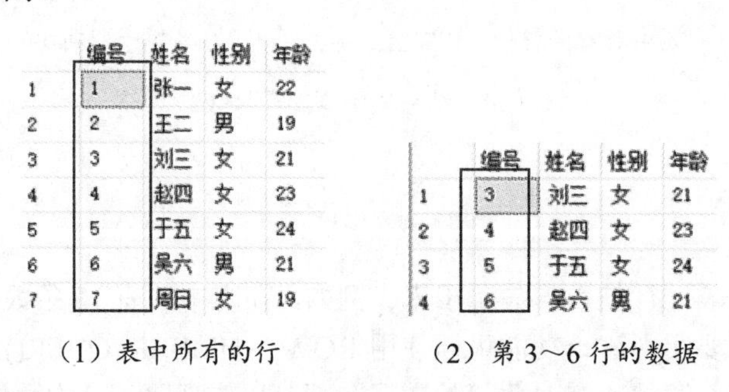

（1）表中所有的行　　（2）第 3～6 行的数据

图 3.16　查询指定范围内的所有行数据

还可以使用 OFFSET…FETCH NEXT 语句来进行分页查询。例如，在 tb_student02 数据表的结果集中，将查询结果进行分页，每页 5 行数据，取第二页的数据，代码如下：

```
SELECT * FROM tb_student02
ORDER BY 编号 OFFSET 5 ROW FETCH NEXT 5 ROW ONLY
```

运行结果如图 3.17 所示。

使用 OFFSET…FETCH NEXT 子句跳过指定数目的数据行之后，返回指定数目的数据行。上面的代码中跳过前 5 行数据，返回第 6、7 行数据，即为第 2 页的数据。

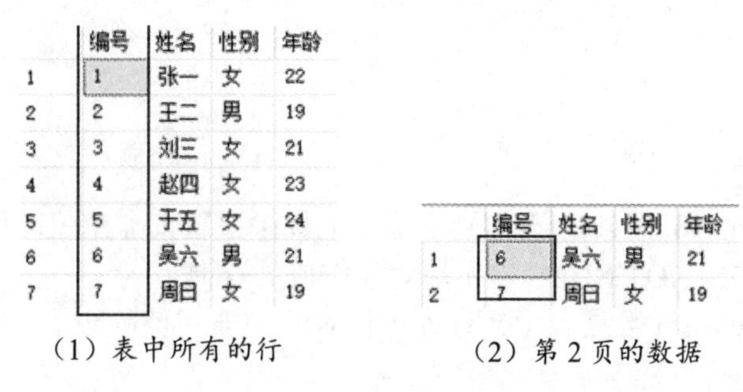

	编号	姓名	性别	年龄
1	1	张一	女	22
2	2	王二	男	19
3	3	刘三	女	21
4	4	赵四	女	23
5	5	于五	女	24
6	6	吴六	男	21
7	7	周日	女	19

（1）表中所有的行

	编号	姓名	性别	年龄
1	6	吴六	男	21
2	7	周日	女	19

（2）第 2 页的数据

图 3.17 查询第 2 页的数据

3.4 空值判断

空值从技术上来说就是“未知的值”。但空值并不包括零、一个或者多个空格组成的字符串，以及零长度的字符串。在实际应用中，空值说明还没有向数据库中输入相应的数据，或者某个特定的记录行不需要使用该列。在实际的操作中有下列几种情况可使得一列成为空值。

（1）其值未知。例如课程表中不明确具体的课程内容。

（2）其值不存在。例如在学生表中某个学生没有参加考试，所以该学生的考试成绩为空值。

（3）列对表行不可用。

本节将对空值的查询、转换为有效值等操作进行详细介绍。

3.4.1 查询空值

在表中有可能会出现空值，由于空值是未知的值，在对其进行查询时不可以像查询其他值那样使用比较或运算等。例如，在查询某列是否存在空值时不可以使用“where 列名=null”这种写法，这种写法是不正确的，此时可以使用 IS NULL 对空值进行查询。IS NULL 可以查询出某列中所有的空值。

【例 3.17】 在 tb_bookInfo 数据表中，查询出出版社列中为空值的数据。（**实例位置：资源包\TM\sl\3\17**）

SQL 语句如下：

```
SELECT * FROM tb_bookInfo
SELECT * FROM tb_bookInfo WHERE 出版社 IS NULL
```

运行结果如图 3.18 所示。

	编号	书名	作者	出版社	价格
1	01001	.NET自学手册	明日	NULL	51.00
2	02003	Java自学手册	尽头	NULL	61.00
3	03008	vb自学手册	描述	NULL	53.00
4	NULL	NULL	NULL	NULL	3.00
5	05004	英语自学手册	顺利	电月	57.00

（1）表中所有的行

	编号	书名	作者	出版社	价格
1	01001	.NET自学手册	明日	NULL	51.00
2	02003	Java自学手册	尽头	NULL	61.00
3	03008	vb自学手册	描述	NULL	53.00
4	NULL	NULL	NULL	NULL	3.00

（2）所有的空值数据

图 3.18 查找空值

3.4.2 查询非空值

在查询空值时可以使用 IS NULL 查询到空值，但如果要查询非空值时则不可以写成“where 列名 !=null”，这时可以使用 IS NOT NULL 来实现对非空值的查询。

【例 3.18】 在 tb_bookInfo 数据表中，查询出作者列中非空值的数据。（**实例位置：资源包\TM\sl\3\18**）

SQL 语句如下：

```
SELECT * FROM tb_bookInfo
SELECT * FROM tb_bookInfo WHERE 作者 IS NOT NULL
```

运行结果如图 3.19 所示。

	编号	书名	作者	出版社	价格
1	01001	.NET自学手册	明日	NULL	51.00
2	02003	Java自学手册	尽头	NULL	61.00
3	03008	vb自学手册	描述	NULL	53.00
4	NULL	NULL	NULL	NULL	3.00
5	05004	英语自学手册	顺利	电月	57.00

（1）表中所有的行

	编号	书名	作者	出版社	价格
1	01001	.NET自学手册	明日	NULL	51.00
2	02003	Java自学手册	尽头	NULL	61.00
3	03008	vb自学手册	描述	NULL	53.00
4	05004	英语自学手册	顺利	电月	57.00

（2）作者列中非空数据

图 3.19 查找非空值

3.4.3 对空值进行处理

在实际使用数据表的数据时，通常需要将空值转换为一个有效的值，以便于对数据的理解，或者防止表达式出错。SQL 提供了几个专门用来处理空值的函数。ISNULL()函数可以将空值转换为有效的值，而 NULLIF()函数可以根据指定的条件来生成空值。下面通过两个示例演示如何对空值进行处理。

【例 3.19】 在 tb_bookInfo 数据表中，将出版社列为空的数值改为“无”。（**实例位置：资源包\TM\sl\3\19**）

SQL 语句如下：

```
SELECT * FROM tb_bookInfo
SELECT 编号,书名,作者,ISNULL(出版社,'无') AS 出版社,价格 FROM tb_bookInfo
```

运行结果如图 3.20 所示。

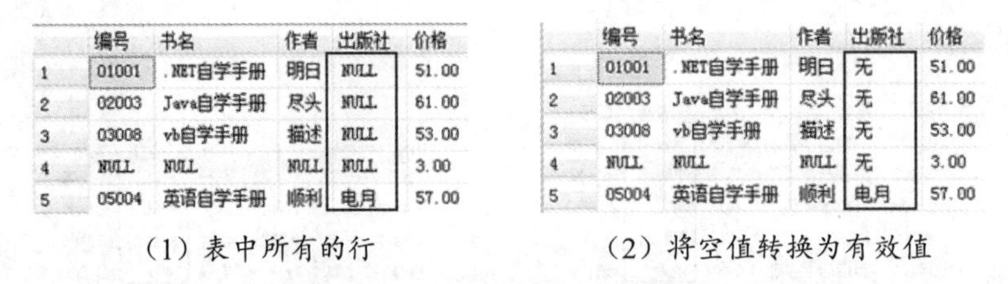

	编号	书名	作者	出版社	价格
1	01001	.NET自学手册	明日	NULL	51.00
2	02003	Java自学手册	尽头	NULL	61.00
3	03008	vb自学手册	描述	NULL	53.00
4	NULL	NULL	NULL	NULL	3.00
5	05004	英语自学手册	顺利	电月	57.00

（1）表中所有的行

	编号	书名	作者	出版社	价格
1	01001	.NET自学手册	明日	无	51.00
2	02003	Java自学手册	尽头	无	61.00
3	03008	vb自学手册	描述	无	53.00
4	NULL	NULL	NULL	无	3.00
5	05004	英语自学手册	顺利	电月	57.00

（2）将空值转换为有效值

图 3.20 将空值转换为有效值

【例 3.20】 在 tb_bookInfo 数据表中，将出版社列中“清华”数据转换为空值。（**实例位置：资源**

包\TM\sl\3\20）

SQL 语句如下：

```
SELECT * FROM tb_bookInfo
SELECT 编号,书名,作者,NULLIF(出版社,'清华') AS 出版社,价格 FROM tb_bookInfo
```

运行结果如图 3.21 所示。

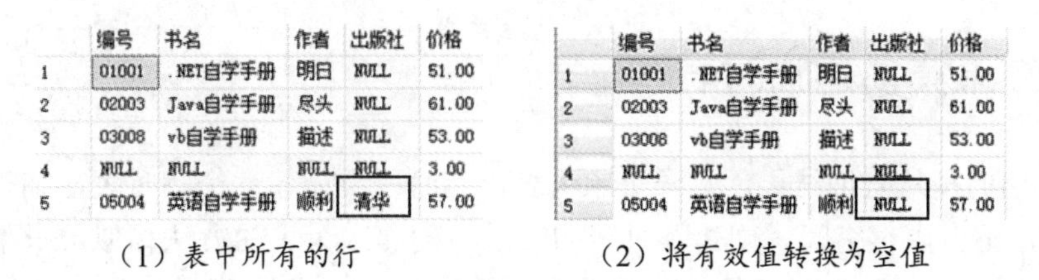

	编号	书名	作者	出版社	价格
1	01001	.NET自学手册	明日	NULL	51.00
2	02003	Java自学手册	尽头	NULL	61.00
3	03008	vb自学手册	描述	NULL	53.00
4	NULL	NULL	NULL	NULL	3.00
5	05004	英语自学手册	顺利	清华	57.00

（1）表中所有的行

	编号	书名	作者	出版社	价格
1	01001	.NET自学手册	明日	NULL	51.00
2	02003	Java自学手册	尽头	NULL	61.00
3	03008	vb自学手册	描述	NULL	53.00
4	NULL	NULL	NULL	NULL	3.00
5	05004	英语自学手册	顺利	NULL	57.00

（2）将有效值转换为空值

图 3.21　将有效值转换为空值

3.5　对结果集操作

查询的结果是有行有列的表，但只是显示在屏幕上，在关闭查询窗口之后，这些查询结果表将不存在。本节将讲述如何将这些结果保存起来，以方便继续使用。

3.5.1　利用结果集创建永久表

通过查询结果可以创建一个新表，该表可以是一个永久性表。创建一个新表可以使用 INTO 子句来实现。INTO 语法如下：

```
[ INTO new_table ]
```

根据选择列表中的列和 WHERE 子句选择的行，指定要创建的新表名。new_table 的格式通过对选择列表中的表达式进行取值来确定。new_table 中的列按选择列表指定的顺序创建。new_table 中的每列与选择列表中的相应表达式有相同的名称、数据类型和值。当选择列表中包含计算列时，新表中的相应列不是计算列。新列中的值是在执行 SELECT…INTO 语句时计算出的。

【例 3.21】 在 tb_employee 数据表中，通过查询结果创建一个新的表，该表为永久表。（**实例位置：资源包\TM\sl\3\21**）

SQL 语句如下：

```
SELECT * FROM tb_employee
SELECT * INTO tb_programmer FROM tb_employee WHERE 员工姓名='江一'
SELECT * FROM tb_programmer
```

运行结果如图 3.22 所示。

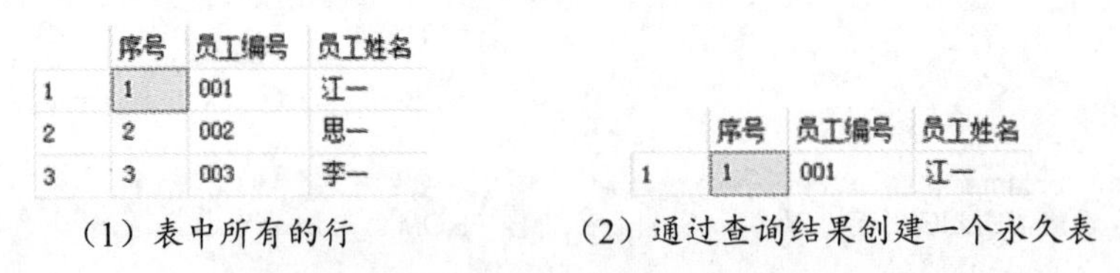

	序号	员工编号	员工姓名
1	1	001	江一
2	2	002	思一
3	3	003	李一

（1）表中所有的行

	序号	员工编号	员工姓名
1	1	001	江一

（2）通过查询结果创建一个永久表

图 3.22　使用查询结果创建永久表

3.5.2　利用结果集创建临时表

3.5.1 小节介绍的是从查询结果创建一个永久表，有时需要创建一个临时表，临时表会随数据库的关闭而自动消失，不占内存空间。创建临时表的方法与创建永久表的方法相似，只不过在新表的名称前加“#”号或“##”号。“#”号表示创建的是局部临时表；“##”号表示创建的是全局临时表。

【例 3.22】 在 tb_employee06 数据表中，通过查询结果创建一个新的表，该表为临时表。（**实例位置：资源包\TM\sl\3\22**）

SQL 语句如下：

```
SELECT * FROM tb_employee06
SELECT * INTO #DONET FROM tb_employee06 WHERE 部门='.NET'
SELECT * FROM #DONET
```

运行结果如图 3.23 所示。

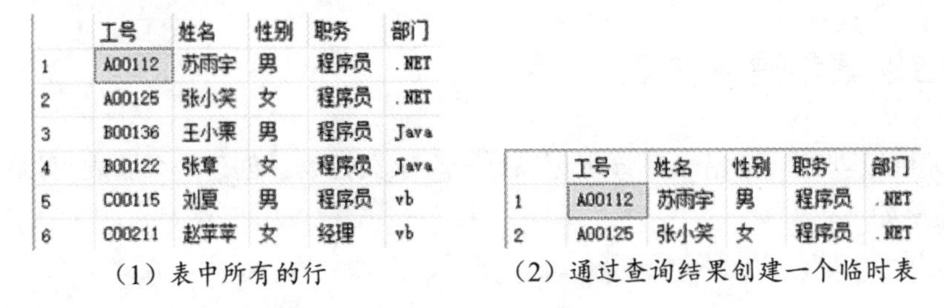

	工号	姓名	性别	职务	部门
1	A00112	苏雨宇	男	程序员	.NET
2	A00125	张小笑	女	程序员	.NET
3	B00136	王小栗	男	程序员	Java
4	B00122	张章	女	程序员	Java
5	C00115	刘夏	男	程序员	vb
6	C00211	赵苹苹	女	经理	vb

（1）表中所有的行

	工号	姓名	性别	职务	部门
1	A00112	苏雨宇	男	程序员	.NET
2	A00125	张小笑	女	程序员	.NET

（2）通过查询结果创建一个临时表

图 3.23　使用查询结果创建临时表

3.6　复杂条件查询

本节将通过几个示例介绍复杂条件查询。通过本节的学习可以对子查询、内连接等查询有简单的了解，对复杂条件的分析也有一定的了解。

3.6.1　查询表中的第 n 行数据

通过查询表中的第 n 行数据，可以快速地查询出需要查看的某行数据，节省查询的时间。

示例中先将前 n 行的数据查询出来，再将前 n−1 行的数据查询出来，最后通过使用 NOT EXISTS() 函数将第 n 行数据显示出来。

【例 3.23】 在 tb_studentScore 数据表中，查询出第 3 行的数据。（**实例位置：资源包\TM\sl\3\23**）

SQL 语句如下：

```
SELECT * FROM tb_studentScore
SELECT * FROM (SELECT TOP 3 * FROM tb_studentScore) aa
WHERE NOT EXISTS (SELECT * FROM (SELECT TOP 2 * FROM tb_studentScore)
bb WHERE aa.id=bb.id )
```

运行结果如图 3.24 所示。

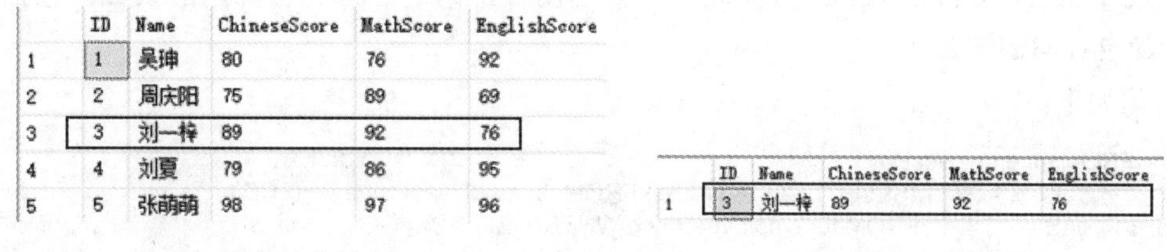

	ID	Name	ChineseScore	MathScore	EnglishScore
1	1	吴珅	80	76	92
2	2	周庆阳	75	89	69
3	3	刘一梓	89	92	76
4	4	刘夏	79	86	95
5	5	张萌萌	98	97	96

（1）表中所有的行

	ID	Name	ChineseScore	MathScore	EnglishScore
1	3	刘一梓	89	92	76

（2）第 3 行的数据

图 3.24　查询表中第 n 行数据

3.6.2　查询考试成绩最高的分数

某学校每个月都会对学生进行一次成绩测验，在学期快结束时，通过前几次的测验，查询出每个学生在几次测验中考试成绩最高的一次。下面的示例通过使用子查询查询出几次考试中成绩最高的一次，最后通过内连接将学生的所有信息显示出来。

【例 3.24】 在 tb_chineseScore06 数据表中，查询出每个学生几次月考中成绩最高的一次。（**实例位置：资源包\TM\sl\3\24**）

SQL 语句如下：

```
SELECT * FROM tb_chineseScore06
SELECT a.学号,b.考试号,a.成绩 FROM
(SELECT 学号,MAX(成绩) AS 成绩 FROM tb_chineseScore06 GROUP BY 学号)AS a
INNER JOIN tb_chineseScore06 as b
ON a.学号=b.学号 AND a.成绩=b.成绩 ORDER BY a.学号
```

运行结果如图 3.25 所示。

	学号	考试号	成绩
1	1	01001	86
2	2	01002	89
3	3	01003	98
4	4	01004	78
5	1	02002	89
6	2	02001	87
7	3	02003	92
8	4	02004	79

（1）每次月考的成绩

	学号	考试号	成绩
1	1	02002	89
2	2	01002	89
3	3	01003	98
4	4	02004	79

（2）几次月考中成绩最高的一次

图 3.25　查询考试成绩最高的分数

3.6.3 查询各部门人数

在对各部门的人员进行管理时，有时候需要对各部门的人数进行统计。例如，查询出“.NET”部门的员工共有多少人。下面的示例通过使用 SELECT 语句查询出各部门的人数，其中包括经理，并通过使用别名将该列命名为“部门人数”列。

【例 3.25】 在 tb_employeePay 数据表中，查询出各部门的经理和各部门的人数，包括经理。（**实例位置：资源包\TM\sl\3\25**）

SQL 语句如下：

```
SELECT * FROM tb_employeePay
SELECT 工号,姓名,职务,部门,(SELECT COUNT(工号) FROM tb_employeePay a WHERE
a.部门=b.部门 )AS 部门人数 FROM tb_employeePay b WHERE 职务='经理'
```

运行结果如图 3.26 所示。

	编号	工号	姓名	职务	部门	基本工资	加班费
1	1	A011	张小雨	程序员	.NET	3800.00	0.00
2	2	A008	房雪雪	程序员	.NET	4500.00	100.00
3	3	A015	张洪哲	程序员	.NET	4600.00	100.00
4	4	A001	刘光羽	经理	.NET	6000.00	100.00
5	5	B001	刘木	经理	VB	6000.00	120.00
6	6	B015	王梓树	程序员	VB	4700.00	100.00
7	7	C002	王健林	经理	C#	7000.00	150.00
8	8	C008	吕又彬	程序员	C#	4800.00	0.00

（1）表中所有的数据

	工号	姓名	职务	部门	部门人数
1	A001	刘光羽	经理	.NET	4
2	B001	刘木	经理	VB	2
3	C002	王健林	经理	C#	3
4	D010	刘宏力	经理	ASP	1

（2）各部门的经理和人数

图 3.26 查询各部门人数

3.6.4 查询各部门基本工资最低的员工

在对各部门人员做调查时，有时需要调查各部门中员工最低工资是否达到了最低基本工资的标准。下面的示例通过子查询将每个部门的基本工资最低的员工查询出来，但不包括部门经理。

【例 3.26】 在 tb_employeePay 数据表中，查询出各部门中基本工资最低的员工，不包括经理。（**实例位置：资源包\TM\sl\3\26**）

SQL 语句如下：

```
SELECT * FROM tb_employeePay
SELECT * FROM tb_employeePay a WHERE 基本工资=
(SELECT MIN(基本工资)FROM tb_employeePay b WHERE a.部门=b.部门 AND 职务!='经理' )
```

运行结果如图 3.27 所示。

	编号	工号	姓名	职务	部门	基本工资	加班费
1	1	A011	张小雨	程序员	.NET	3800.00	0.00
2	2	A008	房雪雪	程序员	.NET	4500.00	100.00
3	3	A015	张洪哲	程序员	.NET	4600.00	100.00
4	4	A001	刘光羽	经理	.NET	6000.00	100.00
5	5	B001	刘木	经理	VB	6000.00	120.00
6	6	B015	王梓树	程序员	VB	4700.00	100.00
7	7	C002	王健林	经理	C#	7000.00	150.00
8	8	C008	吕又彬	程序员	C#	4800.00	0.00

（1）所有员工的基本工资

	编号	工号	姓名	职务	部门	基本工资	加班费
1	1	A011	张小雨	程序员	.NET	3800.00	0.00
2	6	B015	王梓树	程序员	VB	4700.00	100.00
3	9	C009	梁三斯	程序员	C#	4700.00	100.00

（2）各部门中基本工资最低的员工

图 3.27 查询各部门基本工资最低的员工

3.7 实践与练习

1．在 tb_stu_score 数据表中，利用[^]通配符来实现在学生成绩表中查询数学成绩不在 90～99 分的学生信息。（**答案位置：资源包\TM\sl\3\27**）

2．在 tb_student02 数据表中，查询出第 2 行的数据。（**答案位置：资源包\TM\sl\3\28**）

第4章

数据排序

理论上讲，SELECT 语句所返回的结果集都是无序的，结果集中记录之间的顺序主要取决于物理位置。对结果集排序的唯一方法就是在 SELECT 查询中嵌入 ORDER BY 子句，ORDER BY 子句用来指定最后结果集中的行顺序。本章将介绍数据库中的数据排序技术。

本章知识架构及重难点如下：

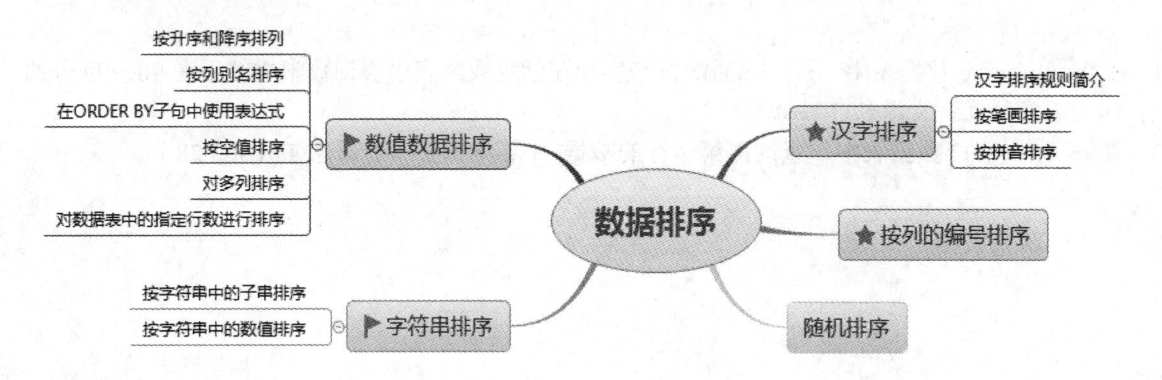

4.1 数值数据排序

4.1.1 按升序和降序排列

如果想控制每行数据在结果集中出现的顺序，可以向 SELECT 语句添加 ORDER BY 子句。ORDER BY 子句由关键字 ORDER BY 后跟一个用逗号分开的排序列表组成。

ORDER BY 子句使数据库对查询结果排序，这样就无须对自己编写的应用程序进行“手工”排序。ORDER BY 子句必须放在查询语句的末尾，其基本语法格式如下：

```
[ ORDER BY { order_by_expression [ ASC | DESC ] }   [ ,...n ] ]
```

ORDER BY 子句语法格式中各参数的说明如表 4.1 所示。

表 4.1　参数说明

参　数	说　明
order_by_expression	指定要排序的列。可以将排序列指定为列名或列的别名（可以由表名或视图名限定）和表达式，或者指定为代表选择列表内的名称、别名或表达式的位置的负整数。可以指定多个排序列。ORDER BY 子句中的排序列定义排序结果集的结构
ORDER BY	子句可以包括未出现在此选择列表中的项目。然而，如果指定 SELECT DISTINCT，或者如果 SELECT 语句包含 UNION 运算符，则排序列必定出现在选择列表中。此外，当 SELECT 语句包含 UNION 运算符时，列名或列的别名必须是在第一选择列表内指定的列名或列的别名
ASC	指定按递增顺序，从低到高对指定列中的值进行排序。默认是递增顺序
DESC	指定按递减顺序，从高到低对指定列中的值进行排序

注意

DESC 为 DESCEND 的缩写，这两个关键字在 ORDER BY 子句中都可以使用。与 DESC 相对应的是 ASC，它为 ASCEND 的缩写，这两个关键字在 ORDER BY 子句中也都可以使用。

下面通过一个具体示例，介绍如何对数据进行排序。

【例 4.1】 数据表 tb_stu02 为学生相关信息表，对学生年龄进行排序。（**实例位置：资源包\TM\sl\4\1**）

SQL 语句如下：

```
SELECT * FROM tb_stu02
ORDER BY age DESC
```

运行结果如图 4.1 所示。

	id	name	sex	age	address	speciality	class
1	xh04031021	赵渝州	男	NULL	辽宁丹东	英语	04022
2	xh04051002	周晓丝	女	29	黑龙江伊春	市场营销	04051
3	xh04021003	周光宏	男	31	辽宁沈阳	计算机软件	04031
4	xh04062017	赵光义	男	29	辽宁沈阳	英语	04188
5	xh04034432	方清一	女	NULL	吉林长春	计算机	04088
6	xh04062021	赵冬宇	男	25	山东济南	计算机	04065
7	xh04033332	季蒙蒙	女	NULL	吉林长春	英语	04188
8	xh04033332	章元	男	NULL	吉林长春	英语	04191

（1）年龄排序前

	id	name	sex	age	address	speciality	class
1	xh04021003	周光宏	男	31	辽宁沈阳	计算机软件	04031
2	xh04062017	赵光义	男	29	辽宁沈阳	英语	04188
3	xh04051002	周晓丝	女	29	黑龙江伊春	市场营销	04051
4	xh04062021	赵冬宇	男	25	山东济南	计算机	04065
5	xh04033332	季蒙蒙	女	NULL	吉林长春	英语	04188
6	xh04033332	章元	男	NULL	吉林长春	英语	04191
7	xh04031021	赵渝州	男	NULL	辽宁丹东	英语	04022
8	xh04034432	方清一	女	NULL	吉林长春	计算机	04088

（2）年龄排序后

图 4.1　按年龄降序排列（1）

如果按照学生的年龄升序排列输出结果，可以使用如下 SQL 语句：

```
SELECT * FROM tb_stu02
ORDER BY age ASC
```

如果在 ORDER BY 子句中没有指明 DESC 或 ASC，则默认为升序排列。

注意

使用 ORDER BY 子句需要注意的是，该子句一定是 SELECT 语句的最后一个子句。

4.1.2　按列别名排序

除了可以在 ORDER BY 子句中使用列名进行排序之外，还可以使用列的别名进行排序。

【例 4.2】 使用 tb_stu02 表，学生年龄的别名进行降序排列。（**实例位置：资源包\TM\sl\4\2**）

SQL 语句如下：

```
SELECT id, name, sex, age AS 年龄, address, speciality, class
FROM tb_stu02
ORDER BY 年龄 DESC
```

运行结果如图 4.2 所示。

	id	name	sex	年龄	address	speciality	class
1	xh04021003	周光宏	男	31	辽宁沈阳	计算机软件	04031
2	xh04062017	赵光义	男	29	辽宁沈阳	英语	04188
3	xh04051002	周晓丝	女	29	黑龙江伊春	市场营销	04051
4	xh04062021	赵冬宇	男	25	山东济南	计算机	04065
5	xh04033332	季蒙蒙	女	NULL	吉林长春	英语	04188
6	xh04033332	章元	男	NULL	吉林长春	英语	04191
7	xh04031021	赵渝州	男	NULL	辽宁丹东	英语	04022
8	xh04034432	方清一	女	NULL	吉林长春	计算机	04088

图 4.2　按年龄降序排列（2）

上述代码中在 SELECT 查询语句中为 age 字段命名了一个名称为“年龄”的别名，所以可以在 ORDER BY 子句中使用“年龄”别名。

在 ORDER BY 子句中使用别名值得注意的是，如果在 SELECT 查询中设置的别名包括空格，这时需要将别名使用在单引号或双引号中。请看下面的示例。

【例 4.3】 在学生信息表中根据学生年龄的别名进行降序排列，如果别名中出现空格，则需要使用双引号或单引号。（**实例位置：资源包\TM\sl\4\3**）

SQL 语句如下：

```
SELECT id, name, sex, age AS '年  龄', address, speciality, class
FROM tb_stu02
ORDER BY '年  龄' DESC
```

运行结果如图 4.3 所示。

示例中为 age 字段设置的别名为“年 龄”，即“年”和“龄”之间有空格，如果不为 age 的别名添加引号，执行上述代码将出现如图 4.4 所示的错误。

	id	name	sex	年 龄	address	speciality	class
1	xh04021003	周光宏	男	31	辽宁沈阳	计算机软件	04031
2	xh04062017	赵光义	男	29	辽宁沈阳	英语	04188
3	xh04051002	周晓丝	女	29	黑龙江伊春	市场营销	04051
4	xh04062021	赵冬宇	男	25	山东济南	计算机	04065
5	xh04033332	季蒙蒙	女	NULL	吉林长春	英语	04188
6	xh04033332	章元	男	NULL	吉林长春	英语	04191
7	xh04031021	赵渝州	男	NULL	辽宁丹东	英语	04022
8	xh04034432	方清一	女	NULL	吉林长春	计算机	04088

图 4.3　别名中带有空格的降序排列输出结果

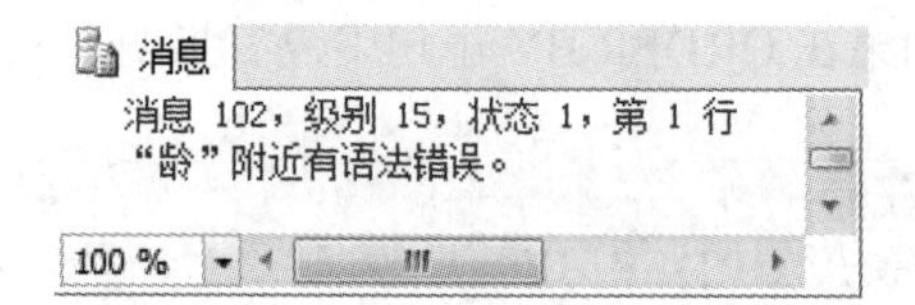

图 4.4　别名不加引号执行输出的错误

注意

在 Oracle 数据库中如果别名中带有空格，只能为别名添加双引号。

4.1.3　在 ORDER BY 子句中使用表达式

在 ORDER BY 子句中同样可以使用表达式。这些表达式可以通过对数据表中的列进行 SQL 函数操作获得。

【例 4.4】 在 ORDER BY 子句中使用获取出生日期的表达式。（**实例位置：资源包\TM\sl\4\4**）

在 tb_stu02 表中，如果希望根据出生日期进行排序，需要使用日期函数获取此学生的出生日期。SQL 语句如下：

```
SELECT id, name, sex, age AS 年龄, address, speciality, class, DATEADD(year, - (age - 1), GETDATE()) AS 出生年月
FROM tb_stu02
ORDER BY DATEADD(year, - (age - 1), GETDATE())
```

运行结果如图 4.5 所示。

	id	name	sex	年龄	address	speciality	class	出生年月
1	xh04031021	赵渝州	男	NULL	辽宁丹东	英语	04022	NULL
2	xh04034432	方青一	女	NULL	吉林长春	计算机	04088	NULL
3	xh04033332	季蒙蒙	女	NULL	吉林长春	英语	04188	NULL
4	xh04033332	章元	男	NULL	吉林长春	英语	04191	NULL
5	xh04021003	周光宏	男	31	辽宁沈阳	计算机软件	04031	1992-12-06 16:15:25.293
6	xh04062017	赵光义	男	29	辽宁沈阳	英语	04188	1994-12-06 16:15:25.293
7	xh04051002	周晓丝	女	29	黑龙江伊春	市场营销	04051	1994-12-06 16:15:25.293
8	xh04062021	赵冬宇	男	25	山东济南	计算机	04065	1998-12-06 16:15:25.293

获取出生日期

图 4.5　在 ORDER BY 子句中使用表达式

上述代码中 DATEADD(year,n,date)函数是取参数日期 date 与数值 n 的加和，然后以日期的形式返回。GETDATE()函数获取当前系统时间。由于知道学生的年龄，使用当前系统时间减去年龄就可以获取出生日期。在 DATEADD()函数中的第 2 个参数前添加一个负号，这样可以做取差操作，为了获取学生的虚岁，可以使年龄再减一，最后使用 DATEADD()函数将此差值以时间的形式返回。同时可以将此表达式放入 ORDER BY 子句中，在子句中未指明 DESC 或 ASC 则默认为升序排列。

说明

上述 SQL 语句中用到的函数只适用于 SQL Server 数据库。

4.1.4　按空值排序

空值的排序同样要使用 ORDER BY 子句。

【例 4.5】 对数据表 tb_stu02 中带有空值的 age 字段进行排序。（**实例位置：资源包\TM\sl\4\5**）

SQL 语句如下：

```
SELECT *
FROM tb_stu02
ORDER BY age DESC
```

运行结果如图 4.6 所示。

图 4.6 中的结果表明，在对空值降序排列时，NULL 值排在最后面。

如果对 tb_stu02 的 age 字段进行升序排列，运行结果如图 4.7 所示。

	id	name	sex	age	address	speciality	class
1	xh04021003	周光宏	男	31	辽宁沈阳	计算机软件	04031
2	xh04062017	赵光义	男	29	辽宁沈阳	英语	04188
3	xh04051002	周晓丝	女	29	黑龙江伊春	市场营销	04051
4	xh04062021	赵冬宇	男	25	山东济南	计算机	04065
5	xh04033332	季蒙蒙	女	NULL	吉林长春	英语	04188
6			男	NULL	吉林长春	英语	04191
7			男	NULL	辽宁丹东	英语	04022
8			女	NULL	吉林长春	计算机	04088

降序排序时，NULL 值在最后

图 4.6　降序排列后数据的输出结果

	id	name	sex	age	address	speciality	class
1	xh04031021	赵渝州	男	NULL	辽宁丹东	英语	04022
2	xh04034432	方清一	女	NULL	吉林长春	计算机	04088
3	xh04033332	季蒙蒙	女	NULL	吉林长春	英语	04188
4	xh04033332	章元	男	NULL	吉林长春	英语	04191
5	xh04062021	赵冬宇	男	25	山东济南	计算机	04065
6			女	29	黑龙江伊春	市场营销	04051
7			男	29	辽宁沈阳	英语	04188
8			男	31	辽宁沈阳	计算机软件	04031

升序排序时，NULL 值在前面

图 4.7　带有空值的字段升序排列后数据的输出结果

图 4.7 中的结果表明，在对空值升序排列时，NULL 值排在最前面。

【例 4.6】 在 Oracle 数据库中，对数据表 tb_stu02 中含有的空值字段进行排序。（**实例位置：资源包\TM\sl\4\6**）

SQL 语句如下：

```
SELECT id,name,age
FROM tb_stu02
ORDER BY age DESC
```

通过 SQL Developer 输入，运行结果如图 4.8 所示。

从图 4.8 中可以看到，在 Oracle 数据库中对空值进行了降序排列，结果与 SQL Server 中的输出结果相反，空值出现在结果的最前面。

如果在 Oracle 数据库中对空值进行升序排列，运行结果如图 4.9 所示。

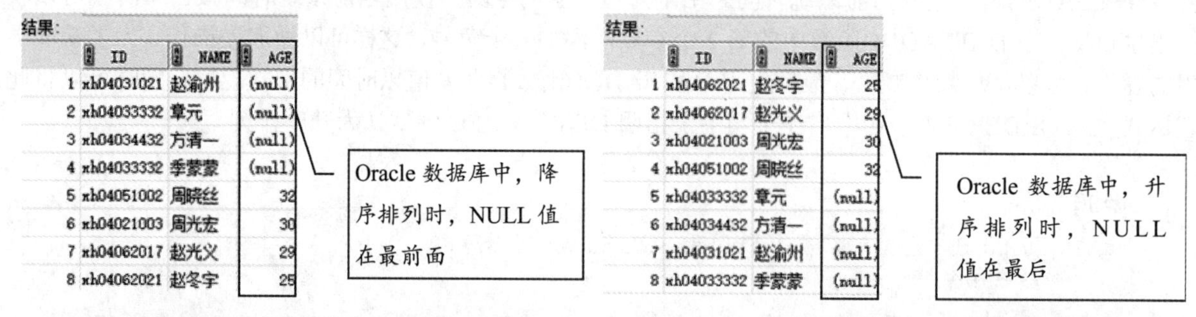

结果:

	ID	NAME	AGE
1	xh04031021	赵渝州	(null)
2	xh04033332	章元	(null)
3	xh04034432	方清一	(null)
4	xh04033332	季蒙蒙	(null)
5	xh04051002	周晓丝	32
6	xh04021003	周光宏	30
7	xh04062017	赵光义	29
8	xh04062021	赵冬宇	25

图 4.8　在 Oracle 中进行降序排列的输出结果

结果:

	ID	NAME	AGE
1	xh04062021	赵冬宇	25
2	xh04062017	赵光义	29
3	xh04021003	周光宏	30
4	xh04051002	周晓丝	32
5	xh04033332	章元	(null)
6	xh04034432	方清一	(null)
7	xh04031021	赵渝州	(null)
8	xh04033332	季蒙蒙	(null)

图 4.9　在 Oracle 中进行升序排列的输出结果

图 4.9 表明，在升序排列中，空值总是出现在结果的最后。可见，在 Oracle 数据库中将 NULL 看作最大值。

在现实开发中，数据以倒序排列显然没有问题，但字段中的空值总是排在最前面。如果前面大多数记录都是空值，显然不合适。在 Oracle 中有两个关键字可以解决上述问题，即 NULLS FIRST 和 NULLS LAST。

如果使用 NULLS LAST 关键字，并将查询结果定为降序排列，可以使用如下语句：

```
SELECT id,name,age
FROM tb_stu02
ORDER BY age DESC NULLS LAST;
```

在 Oracle 中运行上述语句，结果如图 4.10 所示。

如果使用 NULLS FIRST 关键字，可以使用如下语句：

```
SELECT id,name,age
FROM tb_stu02
ORDER BY age NULLS FIRST;
```

在 Oracle 中运行上述语句，结果如图 4.11 所示。

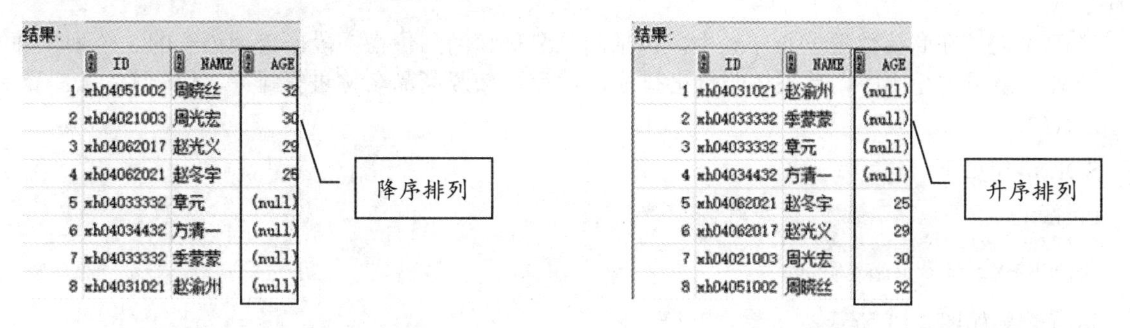

结果：

	ID	NAME	AGE
1	xh04051002	周晓丝	32
2	xh04021003	周光宏	30
3	xh04062017	赵光义	29
4	xh04062021	赵冬宇	25
5	xh04033332	章元	(null)
6	xh04034432	方清一	(null)
7	xh04033332	季蒙蒙	(null)
8	xh04031021	赵渝州	(null)

结果：

	ID	NAME	AGE
1	xh04031021	赵渝州	(null)
2	xh04033332	季蒙蒙	(null)
3	xh04033332	章元	(null)
4	xh04034432	方清一	(null)
5	xh04062021	赵冬宇	25
6	xh04062017	赵光义	29
7	xh04021003	周光宏	30
8	xh04051002	周晓丝	32

图 4.10　使用 NULLS LAST 关键字对 age 字段进行降序排列　　图 4.11　使用 NULLS FIRST 关键字对 age 字段进行升序排列

还有一个问题需要说明，当在查询语句中使用 WHERE 条件子句查询时，尽管 NULL 值满足条件，但查询结果中不列出 NULL 值一行。请看下面的例子。

依然以表 tb_stu02 为例，此时取年龄大于 25 岁的所有记录，并将记录以 age 字段进行升序排列，可以使用如下语句：

```
SELECT id,name,age
FROM tb_stu02 WHERE age > 25
ORDER BY age
```

在 Oracle 中运行上述语句，结果如图 4.12 所示。

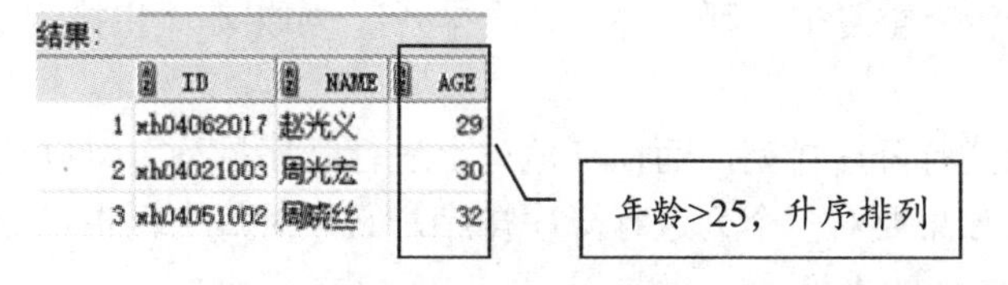

结果：

	ID	NAME	AGE
1	xh04062017	赵光义	29
2	xh04021003	周光宏	30
3	xh04051002	周晓丝	32

图 4.12　年龄大于 25 岁的所有输出结果字段进行升序排列

在图 4.12 中可以看出，虽然 NULL 值也满足大于 25 的条件，但输出结果中并没有此行。这是因为 NULL 值并不参加“字段 >25”的比较，也不参加函数的计算，这些都是 Oracle 自身制定的规则。

在 WHERE 条件中，Oracle 认为结果为 NULL 值的条件为 FALSE，带有这样条件的 SELECT 语句不返回行，并且不返回错误信息，但 NULL 值与 FALSE 是不同的。

因为空值表示缺少数据，所以空值与其他值没有可比性，不能使用“>”“<”“=”运算符号。

4.1.5 对多列排序

有时按照一列进行排序之后，如果查询的记录比较多，那么查询结果可能仍然不是很清晰，这时就可以按多个列进行排序。SQL 指定多列排序时，初级排序对查询结果进行分类并排序，第二级排序对初级排序分好类的数据进行再次排序，以此类推。

如果需要对多列的字段进行排序，可以对所有要用于排序的列加以限制。当对多列数据排序时，优先顺序应按从左到右依次降低，所以在查询语句中的 ORDER BY 子句的各个列的排列顺序很重要。

在 ORDER BY 子句中只指定一列时，通常被称为“主排序”，对另一个字段进行排序称为“次排序”。

【例 4.7】 在商品数据表 tb_pro 中，包括商品名称和商品价格字段，查询该表的 3 个列，并按其中两个列对结果进行排序，首先按照价格排序，然后再按照商品名称进行排序。（**实例位置：资源包\TM\sl\4\7**）

SQL 语句如下：

```
SELECT *
FROM tb_pro
ORDER BY prod_price, prod_name
```

运行结果如图 4.13 所示。

	prod_id	prod_price	prod_name
1	SP001	39.00	机器玩具
2	SP002	39.00	娃娃
3	SP003	39.00	筷子
4	SP004	100.00	跳舞毯

（1）排序前

	prod_id	prod_price	prod_name
1	SP001	39.00	机器玩具
2	SP003	39.00	筷子
3	SP002	39.00	娃娃
4	SP004	100.00	跳舞毯

（2）排序后

图 4.13 对多列排序输出结果

在对多列排序时，排列顺序有一定的规则，对于上述例子的输出，仅在多个行具有相同的商品价格时才会按商品名称进行排序，如果商品价格列中所有的值都是唯一的，则不会按商品名称进行排序。实质上，如果“主排列”没有重复值，则不进行“次排列”，如果在“主排列”中出现重复值，则需要进行“次排列”。

如果希望在某个列上进行降序排列，而在其他列上进行升序排列，可以使用 DESC 关键字对希望降序排列的列进行限制。如果要对多个列进行降序排序，必须对每个列指定 DESC 关键字。例如：

```
SELECT *
FROM tb_pro
ORDER BY prod_price DESC, prod_name
```

4.1.6 对数据表中的指定行数进行排序

1．在 SQL Server 数据库中对数据表中的前几行数据进行排序

SQL Server 数据库有一个显著特点，就是可以使用 TOP 关键字对结果集进行限制。在 SQL 语句中通过该关键字可以列出结果集的前几行数据。

在这里将 ORDER BY 子句和 TOP 关键字结合起来使用，首先使用 ORDER BY 子句按顺序排列前几个数据的结果集，然后再使用 TOP 关键字取前几行数据的结果集。

在介绍示例之前首先介绍一下 TOP 关键字。

采用 TOP n 返回满足 WHERE 子句的前 n 条记录。TOP 谓词的语法格式如下：

```
SELECT TOP n [PERCENT]
FROM table
WHERE …
ORDER BY…
```

PERCENT：返回总行数的百分之 n，而不是 n 行。

注意

如果在 SQL 语句中使用 TOP 关键字返回满足条件的前 n 条记录数小于记录 n，那么将返回这些记录。

【例 4.8】 获得 tb_pro 数据表中价格最高的 3 条商品信息。（**实例位置：资源包\TM\sl\4\8**）

SQL 语句如下：

```
SELECT TOP 3 *
FROM tb_pro
ORDER BY prod_price DESC
```

运行结果如图 4.14 所示。

ORDER BY 子句将根据查询结果的一个字段或多个字段对查询结果进行排序，如果一个 SELECT 查询语句既包括 TOP 关键字又包括 ORDER BY 子句，那么返回的行将会在排序后的结果中选择。整个结果集按照指定的顺序建立并返回排好序的结果集的前 n 行（数字 n 将指定从结果集中返回的数量）。

	prod_id	prod_price	prod_name
1	SP001	39.00	机器玩具
2	SP002	39.00	娃娃
3	SP003	39.00	筷子
4	SP004	100.00	跳舞毯

（1）排序前

	prod_id	prod_price	prod_name
1	SP004	100.00	跳舞毯
2	SP003	39.00	筷子
3	SP002	39.00	娃娃

（2）排序后

图 4.14 对记录中的前 3 条数据按照商品价格进行降序排列

2．在 SQL Server 数据库中对数据表中的后几行数据进行排序

在 SQL Server 中的 TOP 关键字不仅可以查询符合条件的前若干行数据，还可以查询后几行数据。

【例 4.9】 获得 tb_pro 数据表中价格最低的一条商品信息。（**实例位置：资源包\TM\sl\4\9**）

SQL 语句如下：

```
SELECT TOP 1 *
FROM tb_pro
ORDER BY prod_price
```

运行结果如图 4.15 所示。

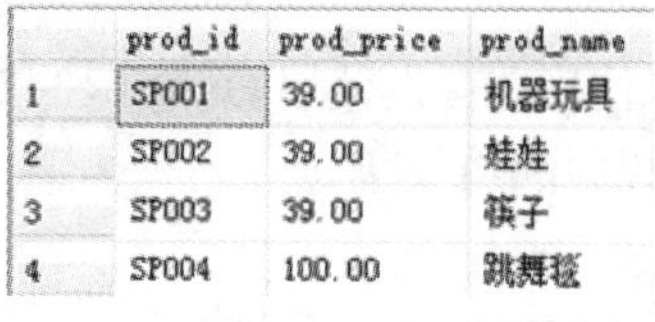

	prod_id	prod_price	prod_name
1	SP001	39.00	机器玩具
2	SP002	39.00	娃娃
3	SP003	39.00	筷子
4	SP004	100.00	跳舞毯

（1）所有的数据

	prod_id	prod_price	prod_name
1	SP002	39.00	娃娃

（2）价格最低的数据

图 4.15　获取商品价格最低的数据

上述语句实质上就是将所有的结果集都按照商品价格进行升序排列，这样第 1 条数据即为商品价格最低的商品信息数据，所以使用 TOP 关键字取得第 1 条数据。

3．在 Oracle 数据库中对数据表中的前几行数据进行排序

在 Oracle 数据库中，没有与 SQL Server 数据库相同的 TOP 关键字，如果希望对数据表中的前几行数据进行排序，需要使用 Oracle 本身自带的 rownum 属性。下面简要介绍 Oracle 系统中的 rownum 属性。

rownum 是 Oracle 系统顺序分配的，它为查询返回一个行的编号，返回第 1 行 rownum 的编号即为 1，返回第 2 行 rownum 的编号为 2，以此类推。

如果需要查询表中的第 1 行记录，可以在 WHERE 子句中使用“rownum=1”作为条件，但是如果希望查询第 2 行记录，在 WHERE 子句中使用“rownum=2”作为条件就不能获取数据表中的第 2 行记录，这是因为 rownum 都是从 1 开始的，但是 1 以上的自然数在 rownum 进行等于判断时都被认为是 FALSE 条件，所以无法以 rownum 与大于 1 的自然数进行相等判断来查询数据。

如果在 WHERE 子句中使用“rownum>2”作为条件进行查询同样也查询不到数据，这是因为 rownum 总是一个从 1 开始的伪列，所以“rownum>n”（n 为大于 1 的自然数）这个条件不成立，依然查询不到记录。如果想查询到第 2 行以后的数据，可以使用子查询的方式。以数据表 tb_pro 为例，可以使用如下语句进行查询：

```
SELECT * FROM
(SELECT rownum no,prod_id,prod_price,prod_name
FROM tb_pro)
WHERE no > 2;
```

在 Oracle 中运行上述语句，结果如图 4.16 所示。

在上述语句中，使用子查询技术，注意这里需要为 rownum 赋予别名，因为 rownum 不是某个表的列，如果不指定别名，无法知道 rownum 是子查询的列还是主查询的列。

如果想查询数据表中的前 3 行记录，可以在 WHERE 子句中使用“rownum<=3”语句实现，实质上 rownum 对于“rownum<n”（n 为大于 1 的自然数）的条件是满足的。

以数据表 tb_pro 为例，使用如下语句查询数据表中的前 3 行记录：

```
SELECT * FROM tb_pro
WHERE rownum <= 3;
```

在 Oracle 中运行上述语句，结果如图 4.17 所示。

结果:

	NO	prod_id	prod_price	prod_name
1	3	SP003	39	筷子
2	4	SP004	100	跳舞毯

图 4.16　使用 rownum 查询第 2 行以后的数据

结果:

	prod_id	prod_price	prod_name
1	SP001	39	机器玩具
2	SP002	39	娃娃
3	SP003	39	筷子

图 4.17　使用 rownum 查询前 3 行数据

在某种情况下，可能需要使用 rownum 属性查询数据表中某个区间的数据，使用 rownum 对小于某个值的查询是 TRUE 的，使用 rownum 对大于某个值的查询认为是 FALSE 的，这样可以使用子查询。依然以 tb_pro 表为例，如果需要获取数据表中第 3 行到第 4 行之间的数据（包括第 3 行与第 4 行数据），可以使用如下语句进行操作：

```
SELECT * FROM
(SELECT rownum no,prod_id,prod_price,prod_name
FROM tb_pro WHERE rownum <= 4)
WHERE no >= 3;
```

在 Oracle 中运行上述语句，结果如图 4.18 所示。

介绍完 Oracle 数据库中的 rownum 属性后，下面以 Oracle 为例，讨论如何在 Oracle 数据库中对数据表 tb_pro 的前 3 行数据进行排序。

按照在 SQL Server 数据库中使用 TOP 关键字和 ORDER BY 子句对前 3 行记录进行排序的思想，可以在 Oracle 数据库中使用如下语句：

```
SELECT *
FROM tb_pro
WHERE rownum <= 3
ORDER BY prod_price DESC;
```

在 Oracle 中运行上述语句，结果如图 4.19 所示。

结果:

	NO	prod_id	prod_price	prod_name
1	3	SP003	39	筷子
2	4	SP004	100	跳舞毯

图 4.18　使用 rownum 获取第 3 行到第 4 行的数据

结果:

	prod_id	prod_price	prod_name
1	SP001	39	机器玩具
2	SP003	39	筷子
3	SP002	39	娃娃

图 4.19　对数据表中前 3 行数据进行排序的结果

从图 4.19 中可以看到，在 Oracle 中使用 rownum 属性与在 SQL Server 中使用 TOP 关键字完全不同。在 SQL Server 中使用 TOP 关键字和 ORDER BY 子句时，ORDER BY 子句的优先级高于 TOP 关键字，即查询语句首先将数据表中所有的数据进行排序，然后再使用 TOP 关键字获取前 3 行数据。但是在 Oracle 数据库中 rownum 属性的优先级高于 ORDER BY 子句，即查询语句首先取出数据表中的前 3 行数据，然后再对这 3 行数据进行排序。这样就没有达到预期想要的效果。

下面以示例说明正确获取 tb_pro 数据表中最高价格的 3 条商品信息的方式。

【例 4.10】 在 Oracle 数据库中获取 tb_pro 数据表中价格最高的 3 条商品信息。（**实例位置：资源包\TM\sl\4\10**）

SQL 语句如下：

```
SELECT * FROM
(SELECT prod_id,prod_price,prod_name
FROM tb_pro
ORDER BY prod_price DESC)
WHERE rownum <= 3;
```

通过 SQL Developer 输入，运行结果如图 4.20 所示。

4. 在 Oracle 数据库中对数据表中后几行数据进行排序

使用 rownum 属性可以很轻松地获取数据表中任何位置的数据，连同在子查询中使用 ORDER BY 子句就可以对数据表中后几行数据进行排序。

【例 4.11】 在 Oracle 数据库中获取 tb_pro 数据表中价格最高的 1 条商品记录。（**实例位置：资源包\TM\sl\4\11**）

SQL 语句如下：

```
SELECT * FROM
(SELECT * FROM tb_pro ORDER BY prod_price DESC)
WHERE rownum=1;
```

通过 SQL Developer 输入，运行结果如图 4.21 所示。

结果:

	prod_id	prod_price	prod_name
1	SP004	100	跳舞毯
2	SP001	39	机器玩具
3	SP003	39	筷子

图 4.20　数据排序后获取前 3 行数据

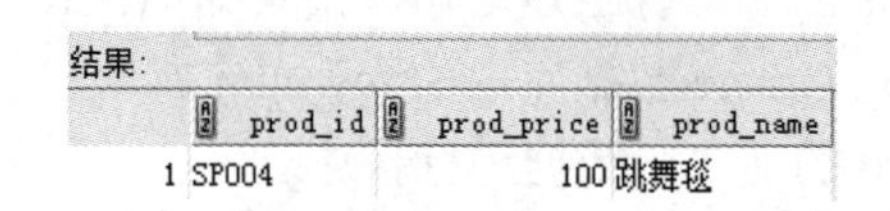
结果:

	prod_id	prod_price	prod_name
1	SP004	100	跳舞毯

图 4.21　查询价格最高的一条商品信息

上述语句首先对数据表 tb_pro 进行降序排列，然后使用 rownum 属性获取子查询中的第一行数据。

4.2　字符串排序

4.2.1　按字符串中的子串排序

1. 在 SQL Server 中按字符串中的子串排序

在数据库中如果希望对字符串中的子串进行排序，需要将 ORDER BY 子句与 SQL 函数结合起来进行操作。以下是几种按字符串子串排序的方法。

☑　使用 RIGHT()函数对字符串中最右面的子串进行排序。

☑　使用 SUBSTRING()函数对字符串中任意位置的子串进行排序。

☑　使用 STUFF()函数对字符串中任意位置的子串进行排序。

下面分别简要介绍以上 3 个函数。

（1）RIGHT()函数用于从字符串右边开始，取得字符串指定个数的字符，并返回所取得的字符。语法格式如下：

```
RIGHT (character_expression, integer_expression)
```

参数说明如下。

☑ character_expression：由字符串组成的表达式，可以是常量、变量或列。

☑ integer_expression：是起始位置，用正整数表示。如果 integer_expression 是负数，则返回一个错误。

（2）SUBSTRING()函数主要用于返回字符、binary、text 或 image 表达式的一部分。

语法格式如下：

```
SUBSTRING(expression,start,length)
```

参数说明如下。

☑ expression：是字符串、二进制字符串、text、image、列或包含列的表达式。不可以使用包含聚合函数的表达式。

☑ start：是一个整数，指定字串的开始位置。

☑ length：是一个整数，指定字串的长度（要返回的字符数或字节数）。

（3）STUFF()函数用于删除指定长度的字符并在指定的起始点插入字符。语法格式如下：

```
STUFF (character_expression , start , length , character_expression)
```

参数说明如下。

☑ character_expression：由字符数据组成的表达式。

☑ start：是一个整数，指定删除和插入的开始位置。如果 start 或 length 是负数，则返回空字符串。如果 start 比第 1 个 character_expression 长，则返回空字符串。

☑ length：是一个整数，指定要删除的字符数。如果 length 比第 1 个 character_expression 长，则最多删除到最后一个 character_expression 中的最后 1 个字符。

【例 4.12】 在 SQL Server 数据库中根据数据表 tb_order 订单号字段最后 3 位字符串进行排序查询。（**实例位置：资源包\TM\sl\4\12**）

tb_order 表是一张订单表，包括订单时间、订单金额、客户编号以及订单号等，其中订单号字符串形式是上述代码中描述的字符串。SQL 语句如下：

```
SELECT *
FROM tb_order
ORDER BY RIGHT(xh, Len(xh)-1)
```

运行结果如图 4.22 所示。

	xh	order_date	cus_no	total_money
1	Q001	2022-09-12	2	30.00
2	Q003	2023-01-15	3	40.00
3	Q005	2023-01-26	4	60.00
4	T002	2022-12-08	4	60.00
5	T004	2023-01-20	9	70.00

（1）排序前

	xh	order_date	cus_no	total_money
1	Q001	2022-09-12	2	30.00
2	T002	2022-12-08	4	60.00
3	Q003	2023-01-15	3	40.00
4	T004	2023-01-20	9	70.00
5	Q005	2023-01-26	4	60.00

（2）排序后

图 4.22　根据订单号最后 3 个字符串排序的输出结果

【例 4.13】 根据数据表 tb_order 的订单日期字段进行排序。(**实例位置：资源包\TM\sl\4\13**)

如果需要对数据表中的日期型字段进行排序，就需要使用到 SQL 中的 Year()、Month()、Day()日期函数分别取 order_date 字段中的年份、月份和日期。SQL 语句如下：

```
SELECT *
FROM tb_order
ORDER BY YEAR(order_date) DESC, MONTH(order_date) DESC, DAY(order_date) DESC
```

运行结果如图 4.23 所示。

从上述查询结果中可以看出，根据多列排序规则，首先对 order_date 字段的年份进行降序排列，当年份相同时，再按照 order_date 字段的月份进行降序排列，当月份相同时，再按照 order_date 字段的日期进行降序排列。如果记录中所有的年份都不相同，系统将不对月份进行排序操作。同理，如果记录中所有的月份都不相同，系统也将不对日期进行排序操作。

【例 4.14】 在 SQL Server 数据库中根据数据表 tb_test 的序号列的子串进行排序查询。(**实例位置：资源包\TM\sl\4\14**)

SQL 语句如下：

```
SELECT *
FROM tb_test
ORDER BY CAST(STUFF(xh, 1, 1, ' ') AS int) DESC
```

运行结果如图 4.24 所示。

	xh	order_date	cus_no	total_money
1	Q001	2022-09-12	2	30.00
2	Q003	2023-01-15	3	40.00
3	Q005	2023-01-26	4	60.00
4	T002	2022-12-08	4	60.00
5	T004	2023-01-20	9	70.00

(1) 排序前

	xh	order_date	cus_no	total_m
1	Q005	2023-01-26	4	60.00
2	T004	2023-01-20	9	70.00
3	Q003	2023-01-15	3	40.00
4	T002	2022-12-08	4	60.00
5	Q001	2022-09-12	2	30.00

(2) 排序后

图 4.23　分别按日期的年、月、日进行排序的输出结果

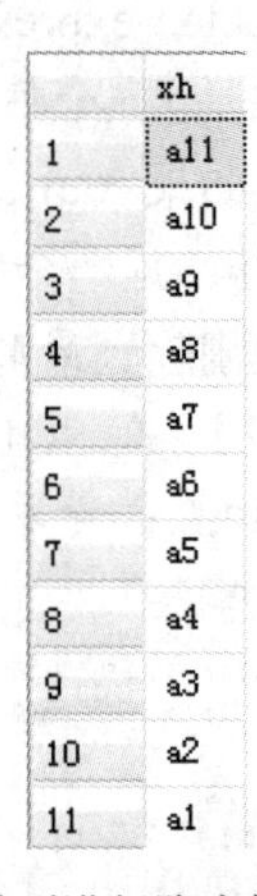

	xh
1	a11
2	a10
3	a9
4	a8
5	a7
6	a6
7	a5
8	a4
9	a3
10	a2
11	a1

图 4.24　对序号列进行降序排列的输出结果

在本示例中使用了两个函数，分别为 CAST()函数与 STUFF()函数。其中 STUFF()函数的作用是删除指定的字符并在指定的位置插入字符，“STUFF(xh,1,1,' ')”表达式的含义是从 xh 列第 1 个字符开始删除，删除一个字符，并在该处插入空字符，这样就取得字符串中第 2 个字符开始的子串。CAST()函数是将某种数据类型的表达式显式转换为另一种数据类型，这里将 xh 字段字符串中第 2 个字符开始的子串强制转换为 int 型，然后将“CAST(STUFF(xh, 1, 1, ' ') AS int)”表达式放入 ORDER BY 子句中，就可以按照 xh 列降序排列。

这里除了可以使用 STUFF()函数获取字符串的子串，也可以使用 SUBSTRING()函数获取字符串的子串，然后使用 CAST()函数将子串强制转换为 int 型，最后将表达式放入 ORDER BY 子句中。

可以使用如下语句：

```
SELECT *
FROM tb_test
ORDER BY CAST(SUBSTRING(xh, 2, LEN(xh)) AS int) DESC
```

上述语句使用 SUBSTRING()函数获取源字符串中第 2 个字符到最后一个字符的子串，使用 LEN()函数获取字符串的长度。运行上述语句的结果与图 4.24 所示的结果一致。

2. 在 Oracle 中按字符串中的子串排序

在 Oracle 数据库中获取字符串子串的函数为 SUBSTR()。语法格式如下：

```
SUBSTR(列名|表达式,m,[n])
```

该函数返回指定的子串，该子串是从字符串第 m 个字符开始长度为 n 的子串。n 值可以省略，当 n 值省略时代表获取从字符串的第 m 个字符开始一直到结尾的所有字符。

【例 4.15】 在 Oracle 数据库中根据数据表 tb_test 的序号列的子串进行排序查询。（**实例位置：资源包\TM\sl\4\15**）

在查询结果中使 xh 列以 a1, a2, a3...a11 的形式输出，SQL 语句如下：

```
SELECT*
FROM tb_test
ORDER BY CAST(substr(xh,2) as int)
```

运行结果如图 4.25 所示。

上述代码中也使用了获取子串函数以及强制转换函数，与在 SQL Server 中的查询思想相同，不同的是使用的函数形式。

结果:

	xh
1	a1
2	a2
3	a3
4	a4
5	a5
6	a6
7	a7
8	a8
9	a9
10	a10
11	a11

图 4.25　在 Oracle 中对字符串的子串排序的输出结果

4.2.2　按字符串中的数值排序

在 4.2.1 节的示例中已经涉及了字符串中数值排序的方式，即使用 CAST()函数将字符串中的子串强制转换为整型，然后在 ORDER BY 子句中对该子串进行排序操作。

除了可以使用上述方式之外，还可以使用 CHARINDEX()函数，返回字符串中指定表达式的起始位置来对字符串中的数值进行排序。请看下面的示例。

在楼盘数据表中有一个单元号字段，单元号字段中的数据形式如下：

```
三单元
二单元
一单元
四单元
```

使单元号以降序进行排列，形式如下：

```
四单元
三单元
二单元
一单元
```

这时需要使用“CHARINDEX(LEFT(dy, 1), '一二三四五六七八九十')”（dy 为单元号字段）表达式获取单元号字段中数值子串在“一二三四五六七八九十”字符串中出现的位置，这个位置按照“一二三四五六七八九十”进行排序，最后根据这个位置对单元号字段中的数值进行降序排序。

【例 4.16】根据数据表 tb_lk 的单元号字段的数值进行降序排序。（**实例位置：资源包\TM\sl\4\16**）

SQL 语句如下：

```
SELECT *
FROM tb_lk
WHERE (lh = 'A 座')
ORDER BY CHARINDEX(LEFT(dy, 1), '一二三四五六七八九十') DESC
```

运行结果如图 4.26 所示。

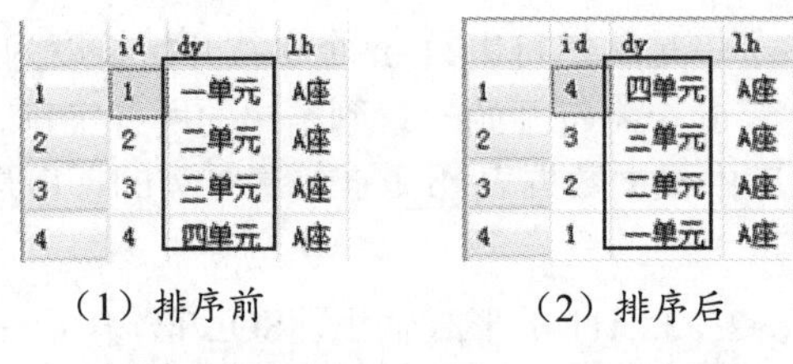

（1）排序前　　（2）排序后

图 4.26　按字符串中的字符降序排列

4.3　汉字排序

4.3.1　汉字排序规则简介

可以在查询语句中使用排序规则，使用如下 SQL 语句查询出所有的排序规则：

```
SELECT * FROM ::fn_helpcollations();
```

排序规则名称由两部分组成。

例如：

```
Chinese_PRC_CI_AI_WS
```

Chinese_PRC_是指针对简体字 UNICODE 字符集的排序规则。

排序规则的后半部分的具体含义如下。

☑ _BIN：表示二进制排序。

☑ _CI(CS)：是否区分大小写，CI 表示不区分，CS 表示区分。

☑ _AI(AS)：是否区分重音，AI 表示不区分，AS 表示区分。

☑ _KI(KS)：是否区分假名类型，KI 表示不区分，KS 表示区分。

☑ _WI(WS)：是否区分宽度，WI 表示不区分，WS 表示区分。

在上述排序规则中，如果希望将一个字母的大小写形式视为不等，应该在排序规则中选择 CS；如果希望将一个字母的重音与非重音视为不等，应该在排序规则中选择 AS；如果希望将半角字符与全角字符视为不等，应该在排序规则中选择 WS。

4.3.2　按笔画排序

在现实开发中以姓氏笔画排序的需求很多，其实在 SQL 中可以使用 ORDER BY 子句对字段中的姓氏笔画进行排序。这时需要用到上文中提到的排序规则，同时还要使用字符串函数获取姓名中的姓氏子串。

首先创建一个数据表 tb_name，其中包括姓名字段，该姓名字段数据是由汉字组成的姓名。现在需要按姓名的姓氏笔画进行排序操作。根据排序规则，汉字笔画的字符集如下：

```
Chinese_PRC_Stroke_ CS_AS_KS_WS
```

上述代码中前半部分“Chinese_PRC_Stroke”指的是按汉字笔画排序；后半部分“CS_AS_KS_WS”指的是区分大小写、重音、假名类型，并且区分宽度。

【例 4.17】 根据数据表 tb_name 的姓名字段的姓氏笔画进行排序查询。（**实例位置：资源包\TM\sl\4\17**）

SQL 语句如下：

```
SELECT *
FROM tb_name
ORDER BY LEFT(name, 1) COLLATE Chinese_PRC_Stroke_CS_AS_KS_WS DESC
```

运行结果如图 4.27 所示。

上述代码中除了使用 COLLATE()函数指定字符集之外，还使用了 LEFT()函数，用于获取姓名字段最左方的子串，即姓名中的姓氏。

	id	name
1	1	丁三
2	2	李四
3	3	王五
4	4	赵六
5	5	钱七

（1）排序前

	id	name
1	5	钱七
2	4	赵六
3	2	李四
4	3	王五
5	1	丁三

（2）排序后

图 4.27　按姓氏笔画降序排列查询结果

4.3.3　按拼音排序

在汉字排序中按拼音排序的应用也很广泛，在查询中按拼音排序与按姓氏排序方式基本相同，唯一不同的是使用的字符集不同。

按拼音排序使用的字符集如下所示：

```
Chinese_PRC_CS_AS_KS_WS
```

上述代码中前半部分“Chinese_PRC”指的是按汉字拼音排序；后半部分“CS_AS_KS_WS”指的是区分大小写、重音、假名类型，并且区分宽度。

【例 4.18】 根据数据表 tb_name 的姓名字段的姓氏拼音进行排序查询。（**实例位置：资源包\TM\sl\4\18**）

SQL 语句如下：

```
SELECT *
FROM tb_name
ORDER  BY  LEFT(name,  1)  COLLATE  Chinese_PRC_CS_AS_KS_WS
DESC
```

运行结果如图 4.28 所示。

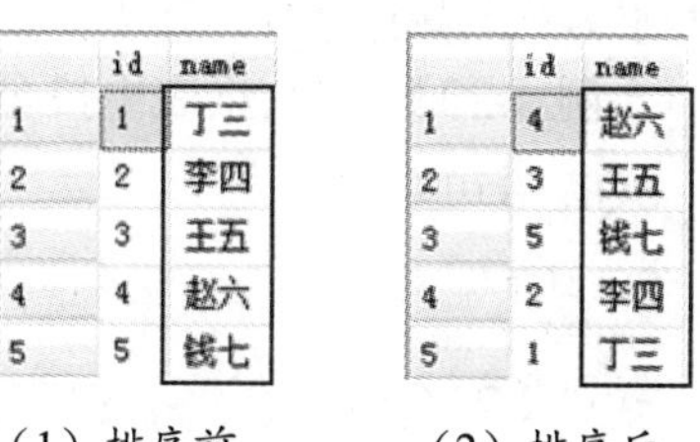

	id	name
1	1	丁三
2	2	李四
3	3	王五
4	4	赵六
5	5	钱七

（1）排序前

	id	name
1	4	赵六
2	3	王五
3	5	钱七
4	2	李四
5	1	丁三

（2）排序后

图 4.28　按姓氏拼音降序排列的输出结果

4.4　按列的编号排序

除了可以在 ORDER BY 子句中使用列名之外，还可以使用列号表示数据表的字段名称。例如，使用列号“1”表示第 1 个列名，使用列号“2”表示第 2 个列名，以此类推。

【例 4.19】 在数据表中按列的编号进行排序。（**实例位置：资源包\TM\sl\4\19**）

SQL 语句如下：

```
SELECT *
FROM tb_stu02
ORDER BY 4 DESC
```

运行结果如图 4.29 所示。

	id	name	sex	age	address	speciality	class
1	xh04021003	周光宏	男	31	辽宁沈阳	计算机软件	04031
2	xh04062017	赵光义	男	29	辽宁沈阳	英语	04188
3	xh04051002	周晓丝	女	29	黑龙江[illegible]	[illegible]	[illegible]51
4	xh04062021	赵冬宇	男	25	山东济[illegible]	计算机	[illegible]65
5	xh04033332	季蒙蒙	女	NULL	吉林长春	英语	04188
6	xh04033332	章元	男	NULL	吉林长春	英语	04191
7	xh04031021	赵渝州	男	NULL	辽宁丹东	英语	04022
8	xh04034432	方清一	女	NULL	吉林长春	计算机	04088

第 4 列降序排列

图 4.29　按列编号降序排列的输出结果

代替下面的形式：

```
SELECT *
FROM tb_stu02
ORDER BY age DESC
```

上述语句中“4”代表第 4 个列名，即表示数据表中的 age 字段。

从图 4.29 中可以看出，使用列编号进行降序排列与使用列名进行降序排列结果相同。

在 4.1.5 节中已经讲述过，在 ORDER BY 子句中可以进行多列排序操作，实质上 ORDER BY 子句除了能用多列名排序之外，还支持按多个相对位置进行排序。为了更好地理解这个内容，请看以下示例。

【例 4.20】 在数据表中按多个列的编号进行排序。（**实例位置：资源包\TM\sl\4\20**）

SQL 语句如下：

```
SELECT *
FROM tb_pro
ORDER BY 2, 3
```

运行结果如图 4.30 所示。

	prod_id	prod_price	prod_name
1	SP001	39.00	机器玩具
2	SP002	39.00	娃娃
3	SP003	39.00	筷子
4	SP004	100.00	跳舞毯

（1）排序前

	prod_id	prod_price	prod_name
1	SP001	39.00	机器玩具
2	SP003	39.00	筷子
3	SP002	39.00	娃娃
4	SP004	100.00	跳舞毯

（2）排序后

图 4.30　按多个列号升序排列的输出结果

上述代码在 ORDER BY 子句中使用了列号方式，“ORDER BY 2”表示 SELECT 清单中的第 2 列，即代表商品价格字段，而“ORDER BY 3”表示 SELECT 清单中的第 3 列，即代表商品名称。

4.5　随 机 排 序

使用 NEWID()函数可以实现随机排序。NEWID()函数创建 uniqueidentifier 类型的唯一值，所以可以在 ORDER BY 子句中使用 NEWID()函数对查询结果进行随机排序。

语法格式如下：

```
SELECT * FROM tablename ORDER BY NEWID();
```

【例 4.21】 对数据表 tb_stu02 的前 3 条记录进行随机排序。（**实例位置：资源包\TM\sl\4\21**）

SQL 语句如下：

```
SELECT *
FROM (SELECT TOP 3 *
        FROM tb_stu02
        ORDER BY newid()) DERIVEDTBL
ORDER BY age
```

运行结果如图 4.31 所示。

	id	name	sex	age	address	speciality	class
1	xh04031021	赵渝州	男	NULL	辽宁丹东	英语	04022
2	xh04051002	周晓丝	女	29	黑龙江伊春	市场营销	04051
3	xh04021003	周光宏	男	31	辽宁沈阳	计算机软件	04031

图 4.31　对数据表的前 3 条记录进行随机排序

4.6　实践与练习

1．在 SQL Server 数据库中根据数据表 tb_test 的序号列的子串进行排序查询。（**答案位置：资源包\TM\sl\4\22**）

2．根据数据表 tb_stu02 的姓名字段的姓氏拼音进行排序查询。（**答案位置：资源包\TM\sl\4\23**）

第 5 章

SQL 函数的使用

在数据库中提供了许多内置函数，按函数种类可以分为聚合函数、数学函数、字符串函数、日期和时间函数、转换函数和元数据函数等 6 种。在进行查询操作时，经常能够用到 SQL 函数，使用 SQL 函数会给查询带来很多方便，在本章中将会对不同类型的 SQL 函数进行讲解，从而能够快速地掌握 SQL 函数的使用方法。

本章知识架构及重难点如下：

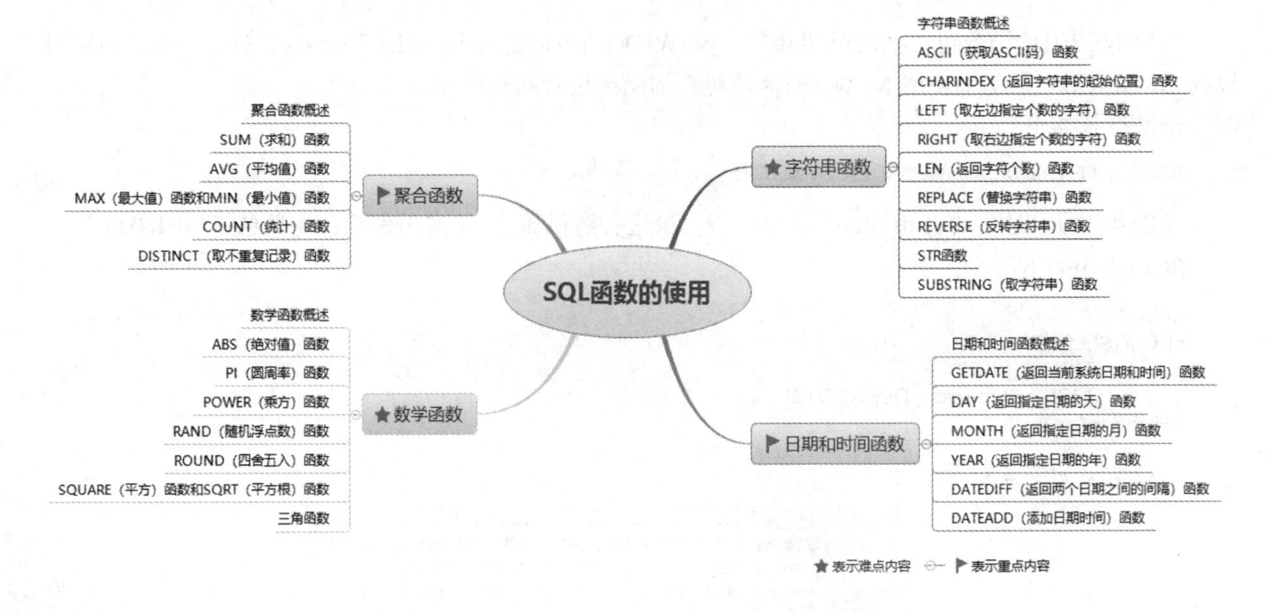

5.1 聚 合 函 数

5.1.1 聚合函数概述

聚合函数对一组值进行计算并返回单一的值，它也被称为多行函数或组合函数。聚合函数能够对整个数据集合进行计算，并返回一行包含着原始数据集合汇总结果的记录。它包括 SUM()、AVG()、COUNT()、MAX()及 MIN()函数，它们的作用是在查询结果集中生成汇总值。SQL 的聚合函数如表 5.1 所示。

表 5.1　聚合函数

聚 合 函 数	支持的数据类型	功 能 描 述
sum()	数字	对指定列中的所有非空值求和
avg()	数字	对指定列中的所有非空值求平均值
min()	数字、字符、日期	返回指定列中的最小数字、最小的字符串和最早的日期时间
max()	数字、字符、日期	返回指定列中的最大数字、最大的字符串和最近的日期时间
count（[distinct] *）	任意基于行的数据类型	统计结果集中全部记录行的数量，最多可达 2 147 483 647 行
count_big（[distinct] *）	任意基于行的数据类型	类似于 count()函数，但因其返回值使用了 bigint 数据类型，所以最多可以统计 $2^{63}-1$ 行

5.1.2　SUM（求和）函数

在 SQL 中使用 SUM()函数获取数值表达式的和。SUM()函数将表达式中所有非 NULL 的值进行相加操作，然后向结果集中返回最后得到的总和。

SUM()函数的语法格式如下：

```
SUM([DISTINCT]expression)
```

expression：可以是表达式，也可以是数据表中的一个字段名称，或者是具体数值。由于 SUM()函数是将行中一列的值加起来后返回给查询结果集，所以传递到 SUM()函数的列必须为数值数据类型。

【例 5.1】 在 tb_treatment 数据表中计算所有员工的工资总和。（**实例位置：资源包\TM\sl\5\1**）

SQL 语句如下：

```
SELECT SUM(salary) AS 所有工资总和
FROM tb_treatment
```

运行结果如图 5.1 所示。

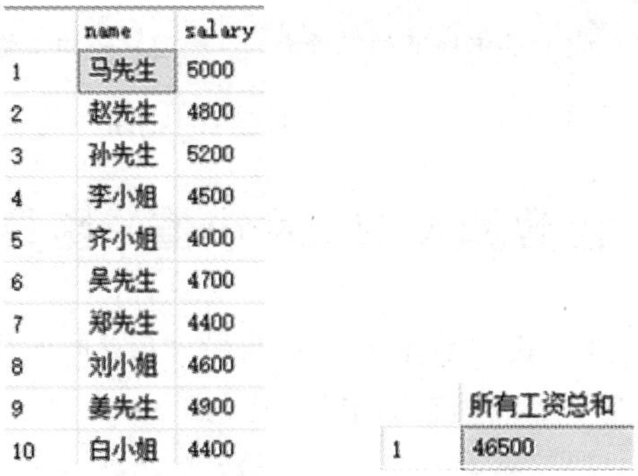

	name	salary
1	马先生	5000
2	赵先生	4800
3	孙先生	5200
4	李小姐	4500
5	齐小姐	4000
6	吴先生	4700
7	郑先生	4400
8	刘小姐	4600
9	姜先生	4900
10	白小姐	4400

（1）表中所有的工资数

	所有工资总和
1	46500

（2）工资总和

图 5.1　在 tb_treatment 数据表中计算工资总和

5.1.3　AVG（平均值）函数

通过聚合函数 AVG()可以获得指定表达式的平均值。由于 AVG()函数是将一列中的值加起来，再将和除以非 NULL 值的数目，所以 AVG()函数的参数也必须为数值类型。该函数的语法格式如下：

```
AVG ( [ ALL | DISTINCT ] expression )
```

☑ ALL：对所有值进行运算，为默认值。
☑ DISTINCT：对非重复值进行运算。
☑ expression：参与计算的表达式，必须为数值类型，并且不允许为聚合函数和子查询。

注意

AVG()函数不能与一个非数字值表达式一起使用，如果对字符串、日期、时间使用这个函数，大多数的数据库系统都会显示出错。

【例 5.2】 计算数据表 tb_treatment 所有员工的平均工资。（**实例位置：资源包\TM\sl\5\2**）

SQL 语句如下：

```
SELECT AVG(salary) AS 平均工资
FROM tb_treatment
```

运行结果如图 5.2 所示。

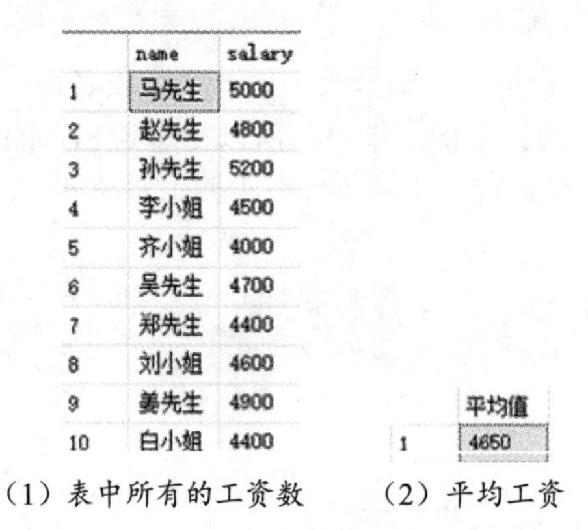

	name	salary
1	马先生	5000
2	赵先生	4800
3	孙先生	5200
4	李小姐	4500
5	齐小姐	4000
6	吴先生	4700
7	郑先生	4400
8	刘小姐	4600
9	姜先生	4900
10	白小姐	4400

	平均值
1	4650

（1）表中所有的工资数　　（2）平均工资

图 5.2　在 tb_treatment 数据表中计算平均工资

5.1.4　MAX（最大值）函数和 MIN（最小值）函数

在 SQL 中可以使用 MAX()函数获取数据集合中的最大值，同时可以使用 MIN()函数获取数据集合中的最小值。其中 MAX()函数与 MIN()函数的语法格式如下：

```
MAX([DISTINCT]expression)
MIN([DISTINCT]expression)
```

expression：MAX()和 MIN()函数的参数可以是数值、字符串和日期时间数据类型。

MAX()函数将返回与被传递的列同一数据类型的单一值。在上述语法格式中，虽然 DISTINCT 作为 MAX()函数的一个选项，但事实上它对 MAX()函数不产生影响，因为不论数据集合中的最大值出现了多少次，最大值只有一个。

【例 5.3】 在 tb_treatment 数据表中计算员工工资不包括最高工资与最低工资的平均值。（**实例位置：资源包\TM\sl\5\3**）

在数据表查询中去掉最高工资值与最低工资值后计算平均工资值。最高工资值与最低工资值的获取可以使用如下 SQL 语句：

```
SELECT MIN(salary) AS 最小值
       FROM tb_treatment
SELECT MAX(salary) AS 最大值
       FROM tb_treatment
```

运行结果如图 5.3 所示。

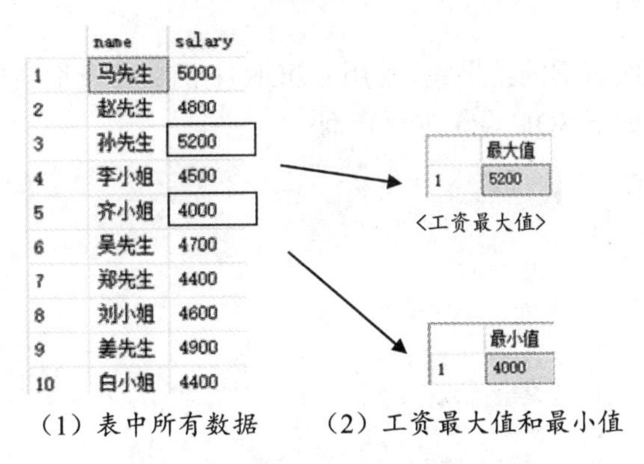

图 5.3　查询最高工资和最低工资

在图 5.3 中可以看到，源表中的最高工资值为 5200 元，最低工资值为 4000 元。

为了在去掉最高工资值与最低工资值的数据集合中查询平均工资值，需要在查询语句的 WHERE 子句中进行设置。由于聚合函数不可以进行比较操作，所以在 WHERE 子句只可以使用子查询，这里使用 IN 关键字调用最高工资值和最低工资值的子查询，并在 WHERE 子句判断 salary 字段是否在上述子查询中。

实现上述操作的 SQL 语句如下：

```
SELECT AVG(salary) AS 去掉最大值与最小值的平均值
FROM tb_treatment
WHERE salary NOT IN
       ((SELECT MIN(salary) AS 最小值
       FROM tb_treatment)
       UNION
       (SELECT MAX(salary) AS 最大值
       FROM tb_treatment))
```

为了可以在 WHERE 子句中使用两个以上的子查询，上述语句使用 UNION 关键字。使用这个关键字实质上是将两个子查询合并，使 salary 字段的判断范围变大。最后在 SELECT 语句中使用 AVG() 函数查询在 WHERE 子句中限制完成的数据集，并在这个数据集中进行获取平均值的操作。

本例的运行结果如图 5.4 所示。

	去掉最大值与最小值的平均值
1	4662

图 5.4　计算不包括最高工资和最低工资的平均工资

5.1.5　COUNT（统计）函数

COUNT()函数可以实现在 SQL 中获取结果集的行数。COUNT()函数是一种统计函数，通常将 COUNT()函数放在 SELECT 子句中。

【例 5.4】 查询数据表 tb_treatment 中所有工资高于 4500 元的员工个数。（**实例位置：资源包\TM\sl\5\4**）

在 WHERE 子句中限制查询的结果集。使用 COUNT()函数在查询结果集中统计所有工资高于 4500 元的员工人数，可以使用如下 SQL 语句进行查询：

```
SELECT COUNT(*) AS 个数
FROM tb_treatment
WHERE (salary > 4500)
```

运行结果如图 5.5 所示。

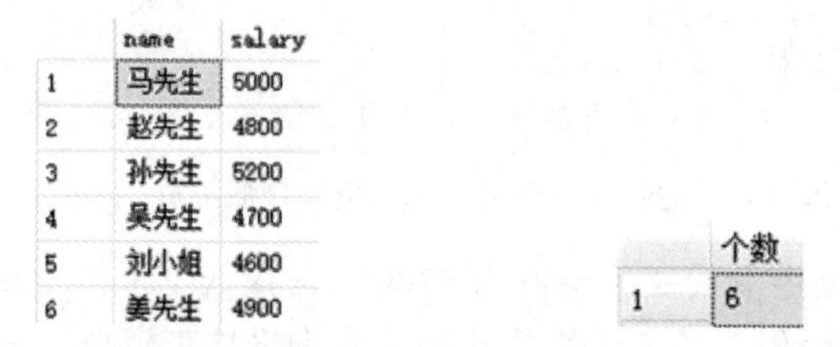

	name	salary
1	马先生	5000
2	赵先生	4800
3	孙先生	5200
4	吴先生	4700
5	刘小姐	4600
6	姜先生	4900

	个数
1	6

（1）工资高于 4500 的员工　（2）工资高于 4500 的员工人数

图 5.5　查询数据表 tb_treatment 中所有工资高于 4500 元的员工人数

5.1.6　DISTINCT（取不重复记录）函数

DISTINCT 函数，对指定的集求值，删除该集中的重复元组，然后返回结果集。语法格式如下：

```
DISTINCT(set_expression)
```

参数 set_expression 表示返回集的有效多维表达式 (MDX)。

【例 5.5】 使用 DISTINCT 函数查询 tb_employee02 表中不重复的部门。（**实例位置：资源包\TM\sl\5\5**）

SQL 语句如下：

```
SELECT * FROM tb_employee02
SELECT DISTINCT(所属部门)
FROM tb_employee02
```

运行结果如图 5.6 所示。

	编号	姓名	性别	所属部门	入司时间
1	1	王一	男	销售部	2018-01-03
2	2	李小likes	女	销售部	2018-10-04
3	3	王望望	女	开发部	2018-05-04

	所属部门
1	开发部
2	销售部

（1）表中所有数据　　（2）不重复的部门

图 5.6　查询 tb_employee02 表中不重复的部门

5.2　数 学 函 数

数学函数能够对数字表达式进行数学运算，并能够将结果返回给用户。默认情况下，传递给数学函数的数字将被解释为双精度浮点数。

5.2.1　数学函数概述

数学函数可以对数据类型为整型（integer）、实型（real）、浮点型（float）、货币型（money）和 smallmoney 的列进行操作。它的返回值是 6 位小数，如果使用出错，则返回 NULL 值并显示提示信息，通常该函数可以用在 SQL 语句的表达式中。常用的数学函数及说明如表 5.2 所示。

表 5.2　常用的数学函数及说明

函 数 名 称	说 明
ABS	返回指定数字表达式的绝对值
COS	返回指定的表达式中指定弧度的三角余弦值
COT	返回指定的表达式中指定弧度的三角余切值
PI	返回值为圆周率
POWER	将指定的表达式乘指定次方
RAND	返回 0～1 的随机 float 数
ROUND	将数字表达式四舍五入为指定的长度或精度
SIGN	返回指定表达式的零（0）、正号（+1）或负号（-1）
SIN	返回指定的表达式中指定弧度的三角正弦值
SQUARE	返回指定表达式的平方
SQRT	返回指定表达式的平方根
TAN	返回指定的表达式中指定弧度的三角正切值

注意

算术函数（如 ABS、CEILING、DEGREES、FLOOR、POWER、RADIANS 和 SIGN）返回与输入值具有相同数据类型的值。三角函数和其他函数（包括 EXP、LOG、LOG10、SQUARE 和 SQRT）将输入值转换为 float 并返回 float 值。

5.2.2 ABS（绝对值）函数

ABS 函数返回数值表达式的绝对值。语法格式如下：

```
ABS(numeric_expression)
```

参数说明如下。

☑ numeric_expression：是有符号或无符号的数值表达式。

☑ 结果类型：提交给函数的数值表达式的数据类型。

说明

如果该参数为空，则 ABS 返回的结果为空。

【例 5.6】 使用 ABS 函数求指定表达式的绝对值，运行结果如图 5.7 所示。（**实例位置：资源包\TM\sl\5\6**）

SQL 语句如下：

```
SELECT ABS(1.0) AS "1.0 的绝对值",
ABS(0.0) AS "0.0 的绝对值",
ABS(-1.0) AS "-1.0 的绝对值"
```

结果　消息

	1.0 的绝对值	0.0 的绝对值	-1.0 的绝对值
1	1.0	0.0	1.0

图 5.7　指定表达式的绝对值

5.2.3 PI（圆周率）函数

PI 函数返回 PI 的常量值。语法格式如下：

```
PI ( )
```

返回类型：float 型。

例如，使用 PI 函数返回指定 PI 的值，运行结果如图 5.8 所示。

SQL 语句如下：

```
SELECT PI() AS 圆周率
```

	圆周率
1	3.14159265358979

图 5.8　返回 PI 的值

5.2.4 POWER（乘方）函数

POWER 函数返回对数值表达式进行幂运算的结果。Power 参数的计算结果必须为整数。语法格式如下：

```
POWER(numeric_expression,power)
```

参数说明如下。

☑ numeric_expression：有效的数值表达式。

☑ power：有效的数值表达式。

【例 5.7】 使用 POWER 函数分别求 2、3、4 的乘方的结果，运行结果如图 5.9 所示。（**实例位置：资源包\TM\sl\5\7**）

SQL 语句如下：

```
SELECT POWER(2,2)AS "2 的平方结果",
POWER(3,3)AS "3 的 3 次幂结果",
POWER(4,4) AS "4 的 4 次幂结果"
```

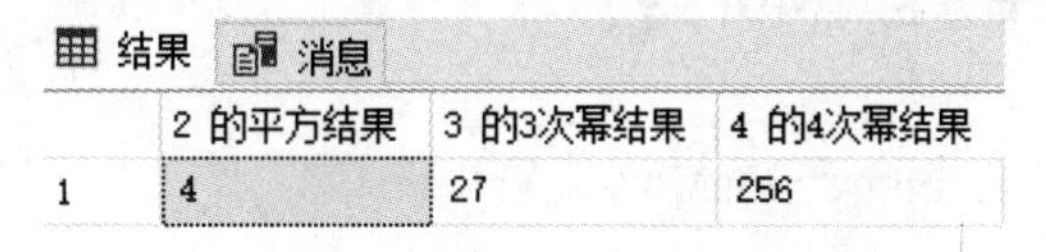

	2 的平方结果	3 的3次幂结果	4 的4次幂结果
1	4	27	256

图 5.9　计算指定数的乘方

5.2.5　RAND（随机浮点数）函数

RAND 函数返回从 0 到 1 之间的随机 float 值。语法格式如下：

```
RAND ( [ seed ] )
```

参数说明如下。

☑ seed：提供种子值的整数表达式（tinyint、smallint 或 int）。如果未指定 seed，则 Microsoft SQL Server 数据库引擎随机分配种子值。对于指定的种子值，返回的结果始终相同。

☑ 返回类型：float 类型。

【例 5.8】 使用 RAND 函数生成 3 个不同的随机数，运行结果如图 5.10 所示。（**实例位置：资源包\TM\sl\5\8**）

SQL 语句如下：

```
SELECT RAND(100), RAND(), RAND()
```

	(无列名)	(无列名)	(无列名)
1	0.715436657367485	0.28463380767982	0.0131039082850364

图 5.10　生成的 3 个不同的随机数

5.2.6　ROUND（四舍五入）函数

ROUND 函数返回一个数值，舍入到指定的长度或精度。语法格式如下：

```
ROUND ( numeric_expression , length [ ,function ] )
```

参数说明如下。

☑ numeric_expression：精确数值或近似数值数据类别（bit 数据类型除外）的表达式。

- ☑ length：numeric_expression 的舍入精度。length 必须是 tinyint、smallint 或 int 类型的表达式。如果 length 为正数，则将 numeric_expression 舍入到 length 指定的小数位数。如果 length 为负数，则将 numeric_expression 小数点左边部分舍入到 length 指定的长度。
- ☑ function：要执行的操作的类型。function 必须为 tinyint、smallint 或 int。如果省略 function 或其值为 0（默认值），则将舍入 numeric_expression。如果指定了 0 以外的值，则将截断 numeric_expression。
- ☑ 返回类型：返回与 numeric_expression 相同的类型。

【例 5.9】 使用 ROUND 函数计算指定表达式的值，运行结果如图 5.11 所示。（**实例位置：资源包\TM\sl\5\9**）

结果　消息

	(无列名)	(无列名)
1	123.9990	124.0000

图 5.11　使用 ROUND 函数计算表达式

SQL 语句如下：

```
SELECT ROUND(123.9994, 3), ROUND(123.9995, 3)
```

5.2.7　SQUARE（平方）函数和 SQRT（平方根）函数

1. SQUARE（平方）函数

SQUARE 函数返回数值表达式的平方。语法格式如下：

```
SQUARE(numeric_expression)
```

参数 numeric_expression 表示任意数值数据类型的数值表达式。

【例 5.10】 使用 SQUARE 函数计算指定表达式的值，运行结果如图 5.12 所示。（**实例位置：资源包\TM\sl\5\10**）

SQL 语句如下：

```
SELECT SQUARE (4) AS "4 的平方"
```

2. SQRT（平方根）函数

SQRT 函数返回数值表达式的平方根。语法格式如下：

```
SQRT(numeric_expression)
```

参数 numeric_expression 表示任意数值数据类型的数值表达式。

【例 5.11】 使用 SQRT 函数计算指定表达式的值，运行结果如图 5.13 所示。（**实例位置：资源包\TM\sl\5\11**）

SQL 语句如下：

```
SELECT SQRT(16) AS '16 的平方根'
```

结果　消息

	4的平方
1	16

图 5.12　使用 SQUARE 函数计算表达式

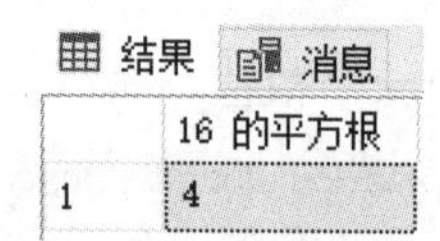

	16 的平方根
1	4

图 5.13　使用 SQRT 函数计算表达式

5.2.8　三角函数

三角函数包括 COS、COT、SIN 以及 TAN 函数，分别表示为三角余弦值、三角余切值、三角正弦值和三角正切值。下面分别对这几种三角函数进行详细讲解。

1. COS 函数

COS 函数返回指定表达式中以弧度表示的指定角的三角余弦值。语法格式如下：

```
COS ( float_expression )
```

参数说明如下。

☑　float_expression：float 类型的表达式。

☑　返回类型：float 类型

【例 5.12】 使用 COS 函数返回指定表达式的余弦值，运行结果如图 5.14 所示。（**实例位置：资源包\TM\sl\5\12**）

SQL 语句如下：

```
DECLARE @angle float
SET @angle =10
SELECT CONVERT(varchar,COS(@angle)) AS COS_
GO
```

2. COT 函数

COT 函数返回指定的 float 表达式中所指定角度（以弧度为单位）的三角余切值。语法格式如下：

```
COT ( float_expression )
```

参数说明如下。

☑　float_expression：属于 float 类型或能够隐式转换为 float 类型的表达式。

☑　返回类型：float 类型。

【例 5.13】 使用 COT 函数返回指定表达式的余切值，运行结果如图 5.15 所示。（**实例位置：资源包\TM\sl\5\13**）

SQL 语句如下：

```
DECLARE @angle float
SET @angle =10
SELECT CONVERT(varchar,COT(@angle)) AS COT_
GO
```

图 5.14　返回指定表达式的余弦值

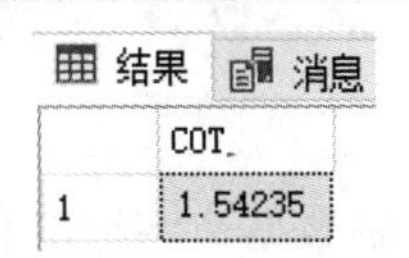

图 5.15　返回指定表达式的余切值

3. SIN 函数

SIN 函数以近似数字 (float) 表达式返回指定角度（以弧度为单位）的三角正弦值。语法格式如下：

```
SIN ( float_expression )
```

参数说明如下。

☑ float_expression：属于 float 类型或能够隐式转换为 float 类型的表达式。

☑ 返回类型：float 类型。

【例 5.14】 使用 SIN 函数返回指定表达式的正弦值，运行结果如图 5.16 所示。（**实例位置：资源包\TM\sl\5\14**）

SQL 语句如下：

```
DECLARE @angle float
SET @angle =12.5
SELECT CONVERT(varchar,SIN(@angle)) AS SIN_
GO
```

4. TAN 函数

TAN 函数返回输入表达式的正切值。

语法格式如下：

```
TAN ( float_expression )
```

参数说明如下。

☑ float_expression：是 float 类型或可隐式转换为 float 类型的表达式，解释为弧度数。

☑ 返回类型：float 类型。

【例 5.15】 使用 TAN 函数返回指定表达式的正切值，运行结果如图 5.17 所示。（**实例位置：资源包\TM\sl\5\15**）

SQL 语句如下。

```
SELECT TAN(PI()/2) AS TAN_
```

图 5.16　返回指定表达式的正弦值

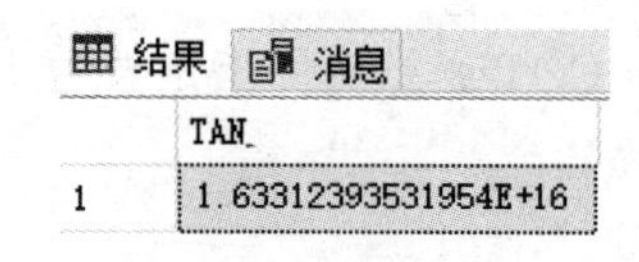

图 5.17　返回指定表达式的正切值

5.3　字符串函数

字符串函数对 N 进制数据、字符串和表达式执行不同的运算，如返回字符串的起始位置，返回字符串的个数等。本节介绍 SQL Server 中常用的字符串函数。

5.3.1　字符串函数概述

字符串函数作用于 char、varchar、binary 和 varbinary 数据类型以及可以隐式转换为 char 或 varchar 的数据类型。通常字符串函数可以用在 SQL 语句的表达式中。常用的字符串函数及说明如表 5.3 所示。

表 5.3　常用的字符串函数及说明

函 数 名 称	说　明
ASCII	返回字符表达式最左端字符的 ASCII 码值
CHARINDEX	返回字符串中指定表达式的起始位置
LEFT	从左边开始，取得字符串左边指定个数的字符
LEN	返回指定字符串的字符（而不是字节）个数
REPLACE	将指定的字符串替换为另一指定的字符串
REVERSE	反转字符串
RIGHT	从右边开始，取得字符串右边指定个数的字符
STR	返回由数字数据转换来的字符数据
SUBSTRING	返回指定个数的字符

5.3.2　ASCII（获取 ASCII 码）函数

ASCII 函数返回字符表达式中最左侧字符的 ASCII 代码值。语法格式如下：

```
ASCII ( character_expression )
```

参数说明如下。

☑　character_expression：char 或 varchar 类型的表达式。

☑　返回类型：int 类型。

说明

ASCII 码共有 127 个，其中 Microsoft Windows 不支持 1～7、11～12 和 14～31 的字符。值 8、9、10 和 13 分别转换为退格、制表、换行和回车字符。它们并没有特定的图形显示，但会依不同的应用程序而对文本显示有不同的影响。

ASCII 码值对照表如表 5.4 所示。

表 5.4 ASCII 码值对照表

ASCII 码	按　键	ASCII 码	按　键	ASCII 码	按　键	ASCII 码	按　键
0	?/FONT>	4	不支持	8	**	12	不支持
1	不支持	5	不支持	9	**	13	**
2	不支持	6	不支持	10	**	14	不支持
3	不支持	7	不支持	11	不支持	15	不支持

续表

ASCII 码	按键	ASCII 码	按键	ASCII 码	按键	ASCII 码	按键
16	不支持	44	,	72	H	100	D
17	不支持	45	-	73	I	101	E
18	不支持	46	.	74	J	102	F
19	不支持	47	/	75	K	103	G
20	不支持	48	0	76	L	104	H
21	不支持	49	1	77	M	105	I
22	不支持	50	2	78	N	106	j
23	不支持	51	3	79	O	107	k
24	不支持	52	4	80	P	108	l
25	不支持	53	5	81	Q	109	m
26	SUB	54	6	82	R	110	n
27	ESC	55	7	83	S	111	o
28	不支持	56	8	84	T	112	p
29	不支持	57	9	85	U	113	q
30	不支持	58	:	86	V	114	r
31	不支持	59	;	87	W	115	s
32	[space]	60	<	88	X	116	t
33	!	61	=	89	Y	117	u
34	"	62	>	90	Z	118	v
35	#	63	?	91	[	119	w
36	$	64	@	92	\	120	x
37	%	65	A	93	]	121	t
38	&	66	B	94	^	122	z
39	'	67	C	95	—	123	{
40	(	68	D	96	`	124	|
41	)	69	E	97	A	125	}
42	*	70	F	98	B	126	~
43	+	71	G	99	C	127	DEL

【例 5.16】 使用 ASCII 函数返回“NXT”的 ASCII 码值，运行结果如图 5.18 所示。（**实例位置：资源包\TM\sl\5\16**）

SQL 语句如下：

```
DECLARE @position int, @string char(3)
SET @position = 1
SET @string = 'NXT'
WHILE @position <= DATALENGTH(@string)
BEGIN
SELECT ASCII(SUBSTRING(@string, @position, 1)) AS ASCII 值,
CHAR(ASCII(SUBSTRING(@string, @position, 1))) AS 字符
SET @position = @position + 1
END
```

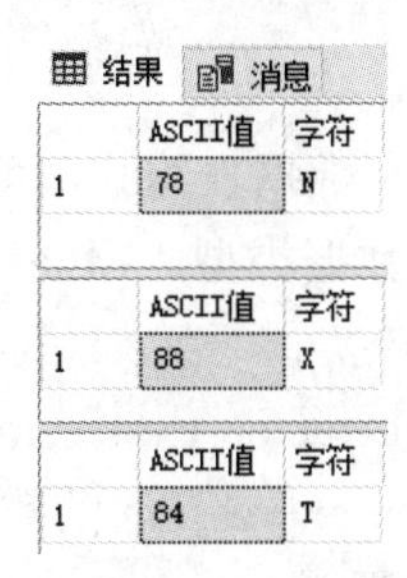

图 5.18　返回指定表达式的 ASCII 值

5.3.3　CHARINDEX（返回字符串的起始位置）函数

CHARINDEX 函数返回字符串中指定表达式的起始位置（如果找到）。搜索的起始位置为 start_location。语法格式如下：

```
CHARINDEX ( expression1 ,expression2 [ , start_location ] )
```

参数说明如下。

☑ expression1：包含待查找序列的字符表达式。expression1 最大长度限制为 8000 个字符。

☑ expression2：待搜索的字符表达式。

☑ start_location：表示搜索起始位置的整数或 bigint 表达式。如果未指定 start_location，或者 start_location 为负数或 0，则将从 expression1 的开头开始搜索。

☑ 返回类型：如果 expression2 的数据类型为 varchar(max)、nvarchar(max) 或 varbinary(max)，则为 bigint，否则为 int。

【例 5.17】 使用 CHARINDEX 函数返回指定字符串的起始位置，运行结果如图 5.19 所示。（**实例位置：资源包\TM\sl\5\17**）

SQL 语句如下：

```
SELECT * FROM tb_Customers
SELECT CHARINDEX('速查',图书名称) AS "起始位置" FROM tb_Customers
WHERE 图书编号 = ' 2023002'
```

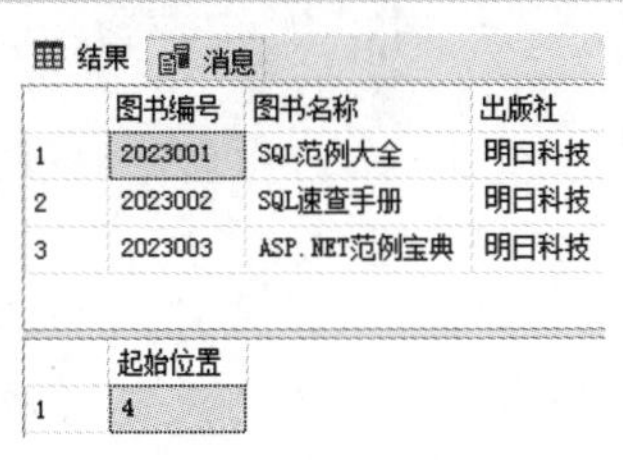

图 5.19　返回指定字符串的起始位置

5.3.4　LEFT（取左边指定个数的字符）函数

LEFT 函数返回字符串中从左边开始指定个数的字符。语法格式如下：

```
LEFT ( character_expression , integer_expression )
```

参数说明如下。

☑ character_expression：字符或二进制数据表达式，可以是常量、变量或列，也可以是任何能够隐式转换为 varchar 或 nvarchar 的数据类型，但 text 或 ntext 除外。否则，需使用 CAST 函数对 character_expression 进行显式转换。

☑ integer_expression：正整数，指定 character_expression 将返回的字符数。如果 integer_expression 为负，则将返回错误。如果 integer_expression 的数据类型为 bigint 且包含一个较大值，character_expression 必须是大型数据类型，如 varchar(max)。

返回类型如下。

☑ 当 character_expression 为非 Unicode 字符数据类型时，返回 varchar。

☑ 当 character_expression 为 Unicode 字符数据类型时，返回 nvarchar。

【例 5.18】 使用 LEFT 函数返回指定字符串的最左边 4 个字符，运行结果如图 5.20 所示。（**实例位置：资源包\TM\sl\5\18**）

SQL 语句如下：

```
SELECT LEFT('明日科技有限公司',4)
```

结果 | 消息

	(无列名)
1	明日科技

图 5.20 返回指定字符串中的最左边 4 个字符

【例 5.19】 使用 LEFT 函数查询 tb_student03 表中的姓氏（姓氏是姓名的第一位），并计算出每个姓氏的数量，运行结果如图 5.21 所示。（**实例位置：资源包\TM\sl\5\19**）

SQL 语句如下：

```
SELECT 学生编号, 学生姓名 FROM tb_student03
SELECT LEFT(学生姓名,1) AS '姓氏', COUNT(LEFT(学生姓名,1)) AS '数量'
FROM tb_student03 Group BY LEFT(学生姓名,1)
```

结果 | 消息

	学生编号	学生姓名
1	1001	李心心
2	1002	张小利
3	1003	刘凤
4	1004	王丽娇
5	1005	张子琪
6	1006	齐小天
7	1010	王自在

	姓氏	数量
1	李	1
2	刘	1
3	齐	1
4	王	2
5	张	2

图 5.21 查询表中的姓氏并计算数量

5.3.5 RIGHT（取右边指定个数的字符）函数

RIGHT 函数返回字符表达式中从起始位置（从右端开始）到指定字符位置（从右端开始计数）的部分。语法格式如下：

```
RIGHT(character_expression,integer_expression)
```

参数说明如下。

☑　character_expression：从中提取字符的字符表达式。

☑　integer_expression：返回字符数的整数表达式。

【例 5.20】　使用 RIGHT 函数查询 tb_student03 表中编号的最后 1 位，运行结果如图 5.22 所示。（**实例位置：资源包\TM\sl\5\20**）

SQL 语句如下：

```
SELECT 学生编号,学生姓名,学生性别 FROM tb_student03
SELECT RIGHT(学生编号,1) AS '编号',学生姓名,学生性别
FROM tb_student03
```

结果　消息

	学生编号	学生姓名	学生性别
1	1001	李心心	女
2	1002	张小利	女
3	1003	刘凤	女
4	1004	王丽娇	男
5	1005	张子琪	男
6	1006	齐小天	男
7	1010	王自在	男

	编号	学生姓名	学生性别
1	1	李心心	女
2	2	张小利	女
3	3	刘凤	女
4	4	王丽娇	男
5	5	张子琪	男
6	6	齐小天	男
7	0	王自在	男

图 5.22　查询表中的编号最后 1 位

5.3.6　LEN（返回字符个数）函数

LEN 函数返回字符表达式中的字符数。如果字符串中包含前导空格和尾随空格，则函数会将它们包含在计数内。LEN 对相同的单字节和双字节字符串返回相同的值。语法格式如下：

```
LEN(character_expression)
```

参数 character_expression 表示待处理的表达式。

【例 5.21】　使用 LEN 函数计算指定字符的个数，运行结果如图 5.23 所示。（**实例位置：资源包\TM\sl\5\21**）

SQL 语句如下：

```
SELECT LEN('ABCDE') AS "字符个数"
SELECT LEN('NIEXITING') AS "字符个数"
SELECT LEN('吉林省明日科技有限公司') AS "字符个数"
```

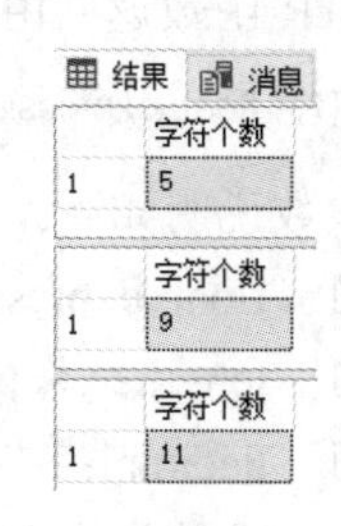

结果　消息

	字符个数
1	5

	字符个数
1	9

	字符个数
1	11

图 5.23　计算指定字符的个数

5.3.7　REPLACE（替换字符串）函数

REPLACE 函数将表达式中的一个字符串替换为另一个字符串或空字符串后，返回一个字符表达式。语法格式如下：

```
REPLACE(character_expression,searchstring,replacementstring)
```

参数说明如下。

☑　character_expression：待搜索的字符表达式。

☑　searchstring：即将被替换的字符表达式。

☑　replacementstring：用作替换内容的字符表达式。

【例 5.22】　使用 REPLACE 函数替换指定的字符串，运行结果如图 5.24 所示。（**实例位置：资源包\TM\sl\5\22**）

SQL 语句如下：

```
SELECT REPLACE('MingRMRM','RMRM','Ri')
AS '替换结果'
```

结果　消息

	替换结果
1	MingRi

图 5.24　替换指定的字符串

5.3.8 REVERSE（反转字符串）函数

REVERSE 函数按相反顺序返回字符表达式。语法格式如下：

```
REVERSE(character_expression)
```

参数 character_expression 表示待反转的字符表达式。

【例 5.23】 使用 REVERSE 函数反转指定的字符串，运行结果如图 5.25 所示。（**实例位置：资源包\TM\sl\5\23**）

SQL 语句如下：

```
SELECT REVERSE ('irgnim')
AS '反转结果'
```

结果 消息

	反转结果
1	mingri

图 5.25 反转指定的字符串

5.3.9 STR 函数

STR 函数返回由数字数据转换来的字符数据。语法格式如下：

```
STR ( float_expression [ , length [ , decimal ] ] )
```

参数说明如下。

☑ float_expression：带小数点的近似数字（float）数据类型的表达式。

☑ length：总长度，包括小数点、符号、数字以及空格，默认值为 10。

☑ decimal：小数点后的位数。decimal 必须小于或等于 16，如果大于 16，则会截断结果，使其保持为小数点后具有十六位。

【例 5.24】 使用 STR 函数返回以下字符数据，运行结果如图 5.26 所示。（**实例位置：资源包\TM\sl\5\24**）

SQL 语句如下：

```
SELECT STR(123.45) AS 'STR',
STR(123.45,5,1) AS 'STR',
STR(123.45,8,1) AS 'STR',
STR(123.45,2,2) AS 'STR'
```

结果 消息

	STR	STR	STR	STR
1	123	123.5	123.5	**

图 5.26 使用 STR 函数转换字符串

注意

当表达式超出指定长度时，字符串为指定长度返回 **。

5.3.10　SUBSTRING（取字符串）函数

SUBSTRING 函数返回字符表达式、二进制表达式、文本表达式或图像表达式的一部分。语法格式如下：

```
SUBSTRING ( value_expression ,start_expression , length_expression )
```

参数说明如下。

- ☑ value_expression：character、binary、text、ntext 或 image 表达式。
- ☑ start_expression：返回字符起始位置的整数或 bigint 表达式。如果 start_expression 小于 0，会生成错误并终止语句；如果大于值表达式中的字符数，将返回一个零长度的表达式。
- ☑ length_expression：正整数或指定要返回的 value_expression 的字符数的 bigint 表达式。如果 length_expression 是负数，会生成错误并终止语句；如果 start_expression 与 length_expression 的总和大于 value_expression 中的字符数，则返回整个值表达式。
- ☑ 返回类型：如果 expression 是受支持的字符数据类型，则返回字符数据；如果 expression 是支持的 binary 数据类型中的一种数据类型，则返回二进制数据。返回的字符串类型与指定表达式的类型相同，但表 5.5 中显示的除外。

表 5.5　返回的字符串类型与指定表达式的类型不相同

指定的表达式	返 回 类 型
char/varchar/text	varchar
nchar/nvarchar/ntext	nvarchar
binary/varbinary/image	varbinary

【例 5.25】 使用 SUBSTRING 函数，在“id”字段中从第 6 位开始取字符串，共 5 位，运行结果如图 5.27 所示。（**实例位置：资源包\TM\sl\5\25**）

SQL 语句如下：

```
SELECT id, SUBSTRING(id,6,5) AS '编号'
FROM tb_stu02
```

结果　消息

	id	编号
1	xh04031021	31021
2	xh04051002	51002
3	xh04021003	21003
4	xh04062017	62017
5	xh04034432	34432
6	xh04062021	62021
7	xh04033332	33332
8	xh04033332	33332

图 5.27　使用 SUBSTRING 函数取字符串

5.4　日期和时间函数

日期和时间函数主要用来显示有关日期和时间的信息。其中，DAY、MONTH、YEAR 函数用来获取年月日信息，DATEDIFF 函数用来获取日期和时间差，DATEADD 函数用来修改日期和时间值。

5.4.1　日期和时间函数概述

日期和时间函数主要用来操作 datetime、smalldatetime 类型的数据。日期和时间函数执行算术运行与其他函数一样，也可以在 SQL 语句的 SELECT、WHERE 子句以及表达式中使用。常用的日期时间函数及说明如表 5.6 所示。

表 5.6　常用的日期时间函数及说明

函 数 名 称	说　明
DATEADD	在向指定日期加上一段时间的基础上，返回新的 datetime 值
DATEDIFF	返回跨两个指定日期的日期和时间边界数
GETDATE	返回当前系统日期和时间
DAY	返回指定日期中天的整数
MONTH	返回指定日期中月份的整数
YEAR	返回指定日期中年份的整数

5.4.2　GETDATE（返回当前系统日期和时间）函数

GETDATE 函数返回系统的当前日期，没有参数。语法格式如下：

```
GETDATE()
```

【例 5.26】 使用 GETDATE 函数，返回当前系统的日期和时间，运行结果如图 5.28 所示。（**实例位置：资源包\TM\sl\5\26**）

SQL 语句如下：

```
SELECT GETDATE() AS '现在时间'
```

图 5.28　获取当前系统时间

5.4.3　DAY（返回指定日期的天）函数

DAY 函数返回一个表示日期中"日"部分的整数。语法格式如下：

```
DAY(date)
```

参数 date 表示以日期格式返回有效的日期或字符串的表达式。

【例 5.27】 使用 DAY 函数，返回指定日期的“日”部分，运行结果如图 5.29 所示。（**实例位置：资源包\TM\sl\5\27**）

SQL 语句如下：

```
SELECT DAY('2023-04-14') AS 'DAY'
```

【例 5.28】 使用 DAY 函数，返回当前日期的“日”部分，运行结果如图 5.30 所示。（**实例位置：资源包\TM\sl\5\28**）

SQL 语句如下：

```
SELECT GETDATE() AS '现在日期'
SELECT DAY(GETDATE()) AS 'DAY'
```

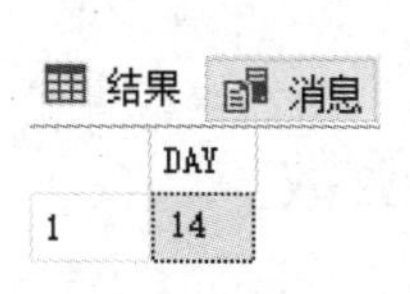

图 5.29　返回指定日期的“日”部分

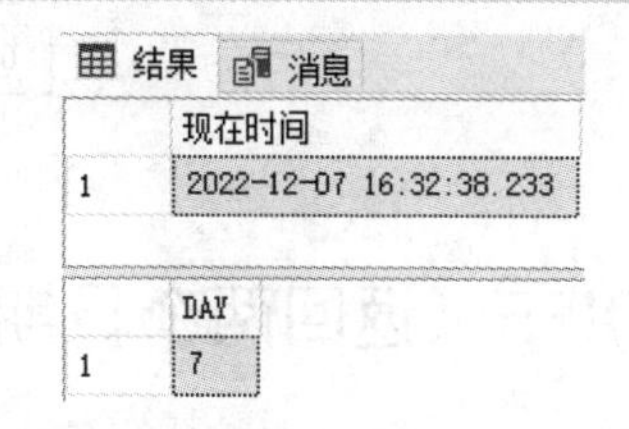

图 5.30　返回当前日期的“日”部分

5.4.4　MONTH（返回指定日期的月）函数

MONTH 函数返回一个表示日期中“月份”部分的整数。语法格式如下：

```
MONTH(date)
```

参数 date 表示任意日期格式的日期。

【例 5.29】 使用 MONTH 函数，返回指定日期时间的月份，运行结果如图 5.31 所示。（**实例位置：资源包\TM\sl\5\29**）

SQL 语句如下：

```
SELECT GETDATE() AS '现在日期'
SELECT MONTH (GETDATE()) AS 'MONTH'
```

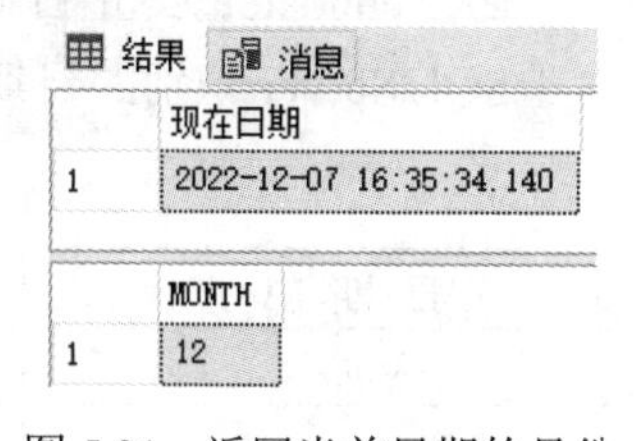

图 5.31　返回当前日期的月份

5.4.5　YEAR（返回指定日期的年）函数

YEAR 函数返回指定日期的年份。

语法格式如下：

```
YEAR (date)
```

参数 date 表示返回类型为 datetime 或 smalldatetime 的日期表达式。

有关 YEAR 函数使用的几点说明如下。

☑　该函数等价于 DATEPART(yy,date)。

☑ SQL Server 数据库将 0 解释为 1900 年 1 月 1 日。

☑ 在使用日期函数时，其日期只应在 1753～9999 年，这是 SQL Server 系统所能识别的日期范围，否则会出现错误。

【例 5.30】 使用 YEAR 函数，返回指定日期时间的年份，运行结果如图 5.32 所示。(**实例位置：资源包\TM\sl\5\30**)

SQL 语句如下：

```
SELECT GETDATE() AS '现在日期'
SELECT YEAR(GETDATE()) AS 'YEAR'
```

图 5.32 返回当前日期的年份

5.4.6 DATEDIFF（返回两个日期之间的间隔）函数

DATEDIFF 函数用于返回两个日期之间的间隔。语法格式如下：

```
DATEDIFF (datepart,startdate,enddate)
```

参数说明如下。

☑ datepart：计算哪一部分的差额。

☑ startdate：开始日期，可以是 datetime 值、smalldatetime 值或日期格式字符串的表达式。

☑ enddate：终止日期，可以是 datetime 值、smalldatetime 值或日期格式字符串的表达式。

SQL Server 识别的日期部分和缩写如表 5.7 所示。

表 5.7 日期部分和缩写对照表

日 期 部 分	缩　　写	日 期 部 分	缩　　写
Year	yy,yyyy	Week	wk, ww
quarter	qq, q	Hour	hh
month	mm, m	minute	mi, n
dayofyear	dy, y	second	ss, s
day	dd, d	millisecond	ms

有关 DATEDIFF 函数使用的几点说明如下。

☑ startdate 是从 enddate 中减去。如果 startdate 比 enddate 晚，则返回负值。

☑ 当结果超出整数值范围，DATEDIFF 产生错误。对于毫秒，最大数是 24 天 20 小时 31 分钟零 23.647 秒。对于秒，最大数是 68 年。

☑ 计算跨分钟、秒和毫秒这些边界的方法，使得 DATEDIFF 给出的结果在全部数据类型中是一致的。结果是带正负号的整数值，其等于跨第一个和第二个日期间的 datepart 边界数。例如，

在 1 月 4 日（星期日）和 1 月 11 日（星期日）之间的星期数是 1。

【例 5.31】 使用 DATEDIFF 函数，返回两个日期之间的天数，运行结果如图 5.33 所示。（**实例位置：资源包\TM\sl\5\31**）

SQL 语句如下：

```
SELECT DATEDIFF(DAY,'2001-10-14','2023-06-14') AS 时间差距
```

图 5.33　返回两个日期之间的天数

5.4.7　DATEADD（添加日期时间）函数

DATEADD 函数将表示日期或时间间隔的数值与日期中指定的日期部分相加后，返回一个新的 日期时间值。number 参数的值必须为整数，而 date 参数的取值必须为有效日期。语法格式如下：

```
DATEADD(datepart, number, date)
```

参数说明如下。

☑ datepart：指定要与数值相加的日期部分的参数。

☑ number：用于与 datepart 相加的值。该值必须是分析表达式时已知的整数值。

☑ date：返回有效日期或日期格式的字符串的表达式。

【例 5.32】 使用 DATEADD 函数，在现在时间上加上一个月，运行结果如图 5.34 所示。（**实例位置：资源包\TM\sl\5\32**）

SQL 语句如下：

```
SELECT GETDATE() AS '现在时间'
SELECT DATEADD("Month", 1,GETDATE())
AS '加一个月的时间'
```

【例 5.33】 使用 DATEADD 函数，在现在时间上加上两天，运行结果如图 5.35 所示。（**实例位置：资源包\TM\sl\5\33**）

SQL 语句如下：

```
SELECT GETDATE() AS '现在时间'
SELECT DATEADD("DAY", 2,GETDATE())
AS '加两天的时间'
```

结果　消息

	现在时间
1	2022-12-07 16:41:32.440

	加一个月的时间
1	2023-01-07 16:41:32.440

图 5.34　将现在时间上加上一个月

结果　消息

	现在时间
1	2022-12-07 16:41:58.780

	加两天的时间
1	2022-12-09 16:41:58.780

图 5.35　将现在时间上加两天

【例 5.34】 使用 DATEADD 函数，在现在时间上加上一年，运行结果如图 5.36 所示。（**实例位置：资源包\TM\sl\5\34**）

SQL 语句如下：

```
SELECT GETDATE() AS '现在时间'
SELECT DATEADD("YEAR", 1,GETDATE())
AS '加一年的时间'
```

结果　消息

	现在时间
1	2022-12-07 16:42:26.263

	加一年的时间
1	2023-12-07 16:42:26.263

图 5.36　将现在时间上加上一年

5.5　实践与练习

1．在 tb_treatment 数据表中计算所有员工的实发工资的总和。（**答案位置：资源包\TM\sl\5\35**）

2．在 tb_treatment 数据表中计算工资高于 4500 所有员工的平均工资。（**答案位置：资源包\TM\sl\5\36**）

第 2 篇

SQL 语言进阶

本篇介绍分组统计、子查询、多表查询、添加数据、修改和删除数据等。学习完这一部分，读者能够了解和熟悉SQL查询、子查询等复杂查询和添加修改删除数据库数据的方法。

SQL语言进阶

- 分组统计：掌握GROUP BY子句、HAVING子句分组统计的使用
- 子查询：SQL查询中比较复杂的查询，需熟练掌握
- 多表查询：包括多表连接查询、内连接、外连接、自连接和其他连接查询，可以实现更多复杂的查询
- 添加数据：INSERT语句实现添加数据功能
- 修改和删除数据：UPDATE语句和DELETE语句实现修改和删除数据功能

第 6 章

分组统计

理论上讲，SELECT 语句所返回的结果集都是无序的，结果集中记录之间的顺序主要取决于物理位置。对结果集排序的唯一方法就是在 SELECT 查询中嵌入 ORDER BY 子句，ORDER BY 子句用来指定最后结果集中的行顺序。本章将向读者介绍数据库中的数据排序技术。

本章知识架构及重难点如下：

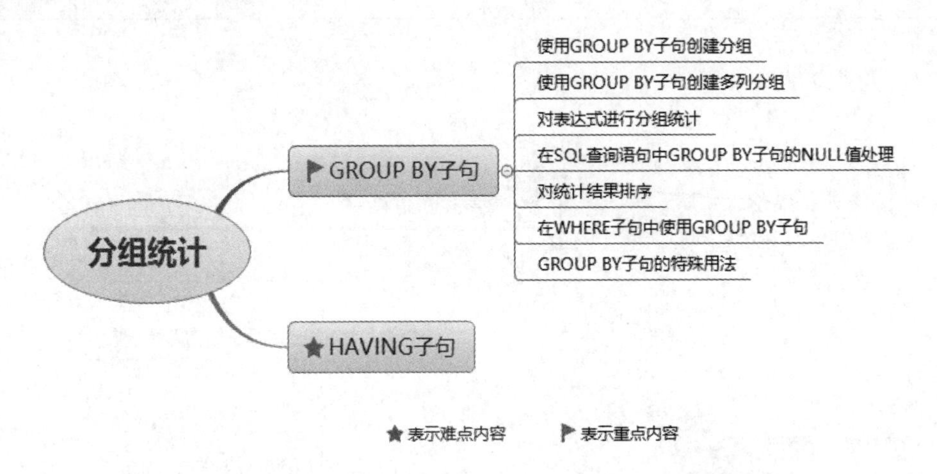

6.1　GROUP BY 子句

6.1.1　使用 GROUP BY 子句创建分组

在第 5 章中已经学习过使用聚合函数对指定数据表中的所有行进行计算，以便得到一个统计的值，但是如果想要需要获取其中一部分行的统计值，就需要使用 GROUP BY 子句。GROUP BY 子句在查询结果集中可以生成多个分类汇总。

注意

如果使用 GROUP BY 子句进行分组查询，那么 SELECT 查询的列必须包含在 GROUP BY 子句中或者包含在聚合函数中。

【例 6.1】 使用 GROUP BY 子句与聚合函数统计每个部门的相关信息。（**实例位置：资源包\TM\sl\6\1**）

SQL 语句如下：

```
SELECT dept, AVG(salary) AS 工资平均值, SUM(bonus) AS 奖金总和, MAX(salary)
       AS 最高工资, MIN(salary) AS 最低工资, COUNT(*) AS 人数
FROM tb_treatment
GROUP BY dept
```

运行结果如图 6.1 所示。

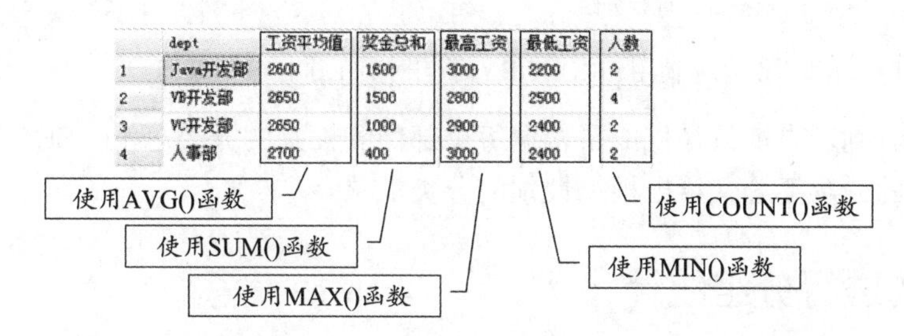

	dept	工资平均值	奖金总和	最高工资	最低工资	人数
1	Java开发部	2600	1600	3000	2200	2
2	VB开发部	2650	1500	2800	2500	4
3	VC开发部	2650	1000	2900	2400	2
4	人事部	2700	400	3000	2400	2

图 6.1　使用 GROUP BY 子句与聚合函数统计每个部门的相关信息

在上述代码中根据部门进行分组，然后分别使用 AVG()、SUM()、MAX()、MIN()和 COUNT()函数对每个部门的相关信息进行统计。

本实例是一个典型的聚合函数与 GROUP BY 子句相结合的例子。

下面分析执行含有 GROUP BY 子句的 SELECT 查询的步骤。

（1）数据库系统首先执行 FROM 子句。

（2）如果在 SELECT 查询中存在 WHERE 子句，那么根据其中的条件，从结果集中抽出比较结果为 FALSE 的行。

（3）根据 GROUP BY 子句指定的分组字段将结果集进行分组。

（4）最后根据 SELECT 子句的值为每组生成查询结果的一行。

6.1.2　使用 GROUP BY 子句创建多列分组

在 6.1.1 节中已经介绍了如何使用 GROUP BY 子句对单一列分组，SELECT 语句中的 GROUP BY 子句只有一列，是组合查询中最简单的形式。实质上 GROUP BY 子句可以根据多列进行分组，并且 SELECT 语句中的 GROUP BY 子句中列出的列的数目没有上限，对这些列唯一的限制是组合列必须是查询数据表中的列。

【例 6.2】 使用 GROUP BY 子句根据部门和员工性别对员工进行分组查询。（**实例位置：资源包\TM\sl\6\2**）

SQL 语句如下：

```
SELECT dept, sex, AVG(salary) AS 工资平均值, SUM(bonus) AS 奖金总和, MAX(salary)
       AS 最高工资, MIN(salary) AS 最低工资, COUNT(*) AS 人数
FROM tb_treatment
GROUP BY dept, sex
```

运行结果如图 6.2 所示。

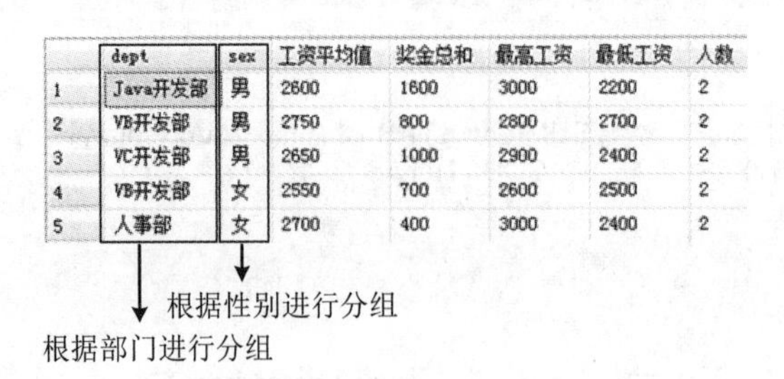

	dept	sex	工资平均值	奖金总和	最高工资	最低工资	人数
1	Java开发部	男	2600	1600	3000	2200	2
2	VB开发部	男	2750	800	2800	2700	2
3	VC开发部	男	2650	1000	2900	2400	2
4	VB开发部	女	2550	700	2600	2500	2
5	人事部	女	2700	400	3000	2400	2

图 6.2　使用 GROUP BY 子句对员工进行分组查询

在图 6.2 中可以看到，查询只是生成了根据每个部门和性别的分类总汇，SQL 并不会在同一结果表中既给出根据部门的分类汇总又给出根据性别的分类汇总。

6.1.3　对表达式进行分组统计

使用表达式进行分组虽然不常见，但可以在 GROUP BY 子句中使用表达式，使用 SQL Server 的字符串连接符将数据表中的一些字段进行连接，然后根据这些表达式进行分组操作。

【例 6.3】 在 GROUP BY 子句中使用表达式。（**实例位置：资源包\TM\sl\6\3**）

以下 SQL 语句是在 GROUP BY 子句中使用表达式：

```
SELECT name + ' 是 ' + sex + '性 ' AS 基本资料, '是 ' + dept + '的' + duty AS expression2
FROM tb_treatment
GROUP BY 基本资料, expression2
```

运行结果如图 6.3 所示。

在 SQL Server 数据库中运行上述语句，发现弹出错误对话框，显示列名“基本资料”和“expression2”无效，这是因为 GROUP BY 子句是在 FROM 和 WHERE 子句中寻找结果集中的列进行分组统计，“基本资料”和“expression”字段在系统计算到 FROM、GROUP BY 子句之前都不存在，所以 GROUP BY 子句在 FROM 子句中查询不到“基本资料”和“expression”这两个字段。

解决上述问题的方法是在 FROM 子句中嵌入一个子查询来产生计算过的列，可以使用如下语句：

```
SELECT 基本资料, expression2
FROM (SELECT name + ' 是 ' + sex + '性 ' AS 基本资料, '是 ' + dept + '的' + duty AS expression2
FROM tb_treatment) a
GROUP BY 基本资料, expression2
```

运行上述语句的结果如图 6.4 所示，由于 FROM 子句产生的输出结果将包含“基本资料”和“expression2”字段，所以在 SELECT 子句中就可以找到“基本资料”和“expression2”两个字段。

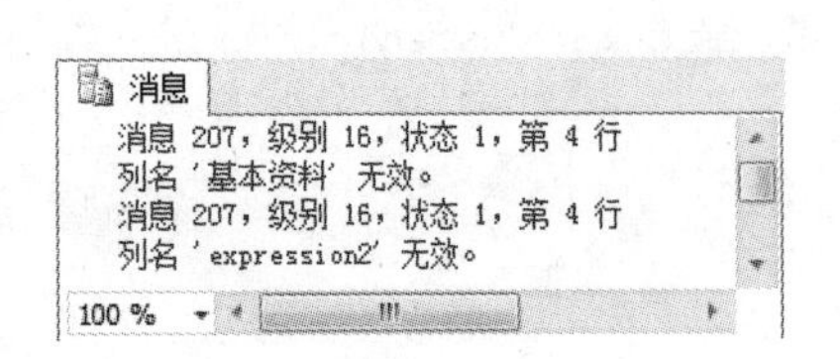

图 6.3　出错信息

	基本资料	expression2
1	白小姐 是 女性	NULL
2	姜先生 是 男性	是 VC开发部的经理
3	李小姐 是 女性	是 VB开发部的经理
4	刘小姐 是 女性	是 VB开发部的软件工程师
5	马先生 是 男性	是 Java开发部的经理
6	齐小姐 是 女性	是 人事部的经理
7	孙先生 是 男性	是 Java开发部的软件工程师
8	吴先生 是 男性	是 VB开发部的软件工程师
9	赵先生 是 男性	是 VB开发部的软件工程师
10	郑先生 是 男性	NULL

图 6.4　在 GROUP BY 子句中使用表达式

在这里可以看到，在 GROUP BY 子句中使用表达式比使用单个列要复杂得多，所以这种 SQL 语句要尽量避免。

6.1.4　在 SQL 查询语句中 GROUP BY 子句的 NULL 值处理

如果在 GROUP BY 子句修饰的列值中带有 NULL 值，那么系统将带有 NULL 值的每一行都自成一组。因为在 SQL 中规定“NULL<>NULL”，因此如果一行中已经带有 NULL 值的组合列，则不能放在另一个带有 NULL 值的组合列中。

如果两行在相同的组合列中有 NULL 值，而在其余的非 NULL 的组合列中的值需要匹配，数据库系统将这些类组合在一起。尽管在 SQL 中规定“NULL<>NULL”，但在 GROUP BY 子句中却将同一列上所有的 NULL 值都分为一组。

在数据表 tb_treatment 中将第 10 条记录的 duty 字段手动设置为 NULL 值，然后以职位进行分组，统计数据表中职位的个数。请看以下实例。

【例 6.4】 在 GROUP BY 子句中对 NULL 值的处理。（**实例位置：资源包\TM\sl\6\4**）

SQL 语句如下：

```
SELECT duty, COUNT(*) AS 职位个数
FROM tb_treatment
GROUP BY duty
```

运行结果如图 6.5 所示。

	duty
1	经理
2	软件工程师
3	软件工程师
4	经理
5	经理
6	软件工程师
7	NULL
8	软件工程师
9	经理
10	NULL

（1）表中所有的职位

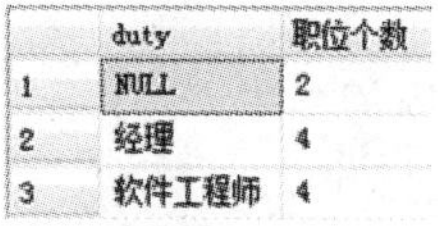

	duty	职位个数
1	NULL	2
2	经理	4
3	软件工程师	4

（2）统计每个职位的人数

图 6.5　根据职位分类统计每个职位的人数

6.1.5　对统计结果排序

在 SQL 中使用 ORDER BY 子句指定 GROUP BY 子句返回行的顺序。在第 4 章“数值数据排序”小节中学习了如何使用 ORDER BY 子句对由非组合查询返回的结果集排序。在含有 GROUP BY 子句的组合查询中使用 ORDER BY 子句与在非组合查询中的使用方法类似。

【例 6.5】 在 tb_treatment 数据表中根据部门分组统计每个部门的员工个数并进行降序排列。（**实例位置：资源包\TM\sl\6\5**）

SQL 语句如下：

```
SELECT dept, COUNT(dept) AS 部门个数
FROM tb_treatment
GROUP BY dept
ORDER BY 部门个数 DESC
```

运行结果如图 6.6 所示。

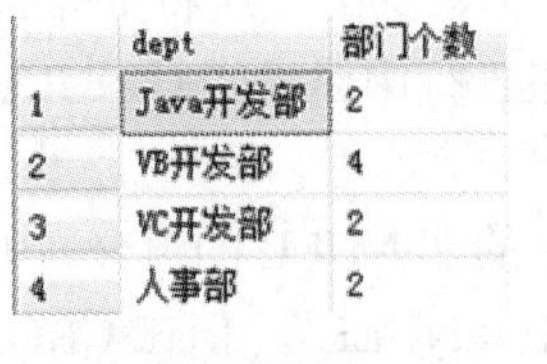

	dept	部门个数
1	Java开发部	2
2	VB开发部	4
3	VC开发部	2
4	人事部	2

（1）排序前

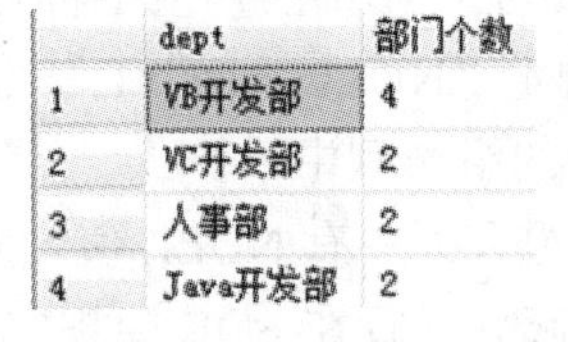

	dept	部门个数
1	VB开发部	4
2	VC开发部	2
3	人事部	2
4	Java开发部	2

（2）排序后

图 6.6　在 tb_treatment 数据表中根据每个部门的员工个数进行降序排列

在上述代码中看到，可以在含有 GROUP BY 子句的语句中使用 ORDER BY 子句，这样就实现了在组合查询中的排序功能。

6.1.6　在 WHERE 子句中使用 GROUP BY 子句

在学习聚合函数时，介绍过如何通过一个子查询在 WHERE 子句中使用聚合函数。下面介绍如何在 WHERE 子句中使用统计函数和 GROUP BY 子句。首先来看一个示例。

【例 6.6】 在 tb_treatment 数据表中查询各部门中工资高于平均工资的所有员工信息。（**实例位置：资源包\TM\sl\6\6**）

SQL 语句如下：

```
SELECT name,dept,duty,salary
FROM tb_treatment
WHERE (salary > ALL
          (SELECT AVG(salary)
         FROM tb_treatment
         GROUP BY dept))
```

运行结果如图 6.7 所示。

	name	dept	duty	salary
1	马先生	Java开发部	经理	3000
2	赵先生	VB开发部	软件工程师	2800
3	孙先生	Java开发部	软件工程师	2200
4	李小姐	VB开发部	经理	2500
5	齐小姐	人事部	经理	3000
6	吴先生	VB开发部	软件工程师	2700
7	郑先生	VC开发部	NULL	2400
8	刘小姐	VB开发部	软件工程师	2600
9	姜先生	VC开发部	经理	2900
10	白小姐	人事部	NULL	2400

（1）查询前

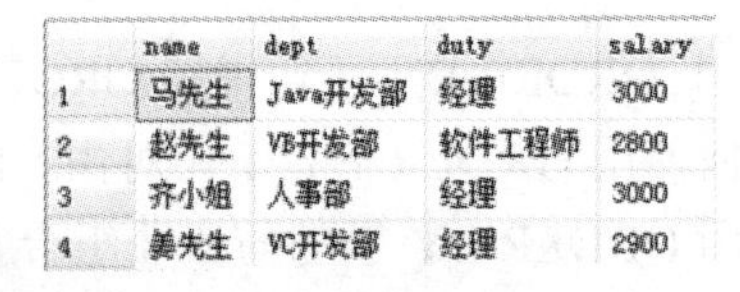

	name	dept	duty	salary
1	马先生	Java开发部	经理	3000
2	赵先生	VB开发部	软件工程师	2800
3	齐小姐	人事部	经理	3000
4	姜先生	VC开发部	经理	2900

（2）查询后

图 6.7　查询各部门中工资高于平均工资的所有员工信息

下面分析一下上述语句中的子查询，其实就是根据部门进行分组查询平均工资。将这个子查询在WHERE子句中与salary字段进行比较，由于这个子查询返回的是多行数据，所以不能在查询语句中简单地使用“>”等谓词，需要使用“>ALL”关键字，数量词ALL、SOME和ANY允许使用比较运算符将单值与子查询返回的值进行比较。

如果使用ALL数量词比较值返回为TRUE，那么WHERE子句的求值结果为TRUE，主查询就将当前行添加到SELECT语句的结果表中；如果ALL数量词比较值返回为FALSE，则在WHERE子句中的求值结果为FALSE，主查询将处理tb_treatment表中的下一行，而不向查询结果集中添加任何该行的信息。

6.1.7　GROUP BY子句的特殊用法

在GROUP BY子句中的列不一定出现在SELECT列表中。

【例6.7】 在tb_treatment数据表中查询各部门的平均工资。（**实例位置：资源包\TM\sl\6\7**）

SQL语句如下：

```
SELECT AVG(salary) AS 平均工资
FROM tb_treatment
GROUP BY dept
```

运行结果如图6.8所示。

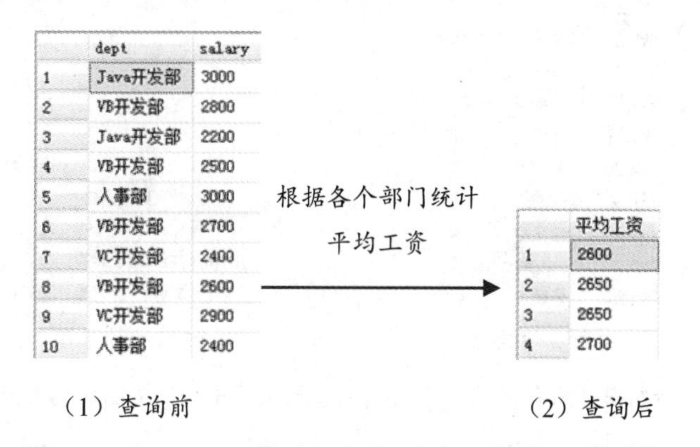

	dept	salary
1	Java开发部	3000
2	VB开发部	2800
3	Java开发部	2200
4	VB开发部	2500
5	人事部	3000
6	VB开发部	2700
7	VC开发部	2400
8	VB开发部	2600
9	VC开发部	2900
10	人事部	2400

	平均工资
1	2600
2	2650
3	2650
4	2700

（1）查询前　　（2）查询后

图6.8　在tb_treatment数据表中查询各部门的平均工资

从上述SQL语句可以看出，最后根据dept字段进行分组操作，但是在SELECT查询中并没有查询dept这个字段，可见GROUP BY子句的列可以不在SELECT列表中出现。

虽然使用这种方式可以被数据库系统接受，但是从示例的结果很难看出这一查询是按哪个字段进行的分组，为了提高结果的可读性，在实际查询中应尽可能不使用这种查询方式。

6.2　HAVING子句

在SQL中使用WHERE子句可以限制那些不需要的行，同时也可以使用HAVING子句删除那些总

计或单独列不能满足 HAVING 子句中搜索条件的一组数据。在 SQL 语句中，WHERE 子句不能用于限制聚合函数，而 HAVING 子句可以用来限制聚合函数。

HAVING 通常在 GROUP BY 子句中使用。如果不使用 GROUP BY 子句，则 HAVING 的行为与 WHERE 子句一样。

语法如下：

```
[ HAVING <search condition> ]
```

参数<search_condition>用来指定组或聚合应满足的搜索条件。

【例 6.8】 在数据表 tb_treatment 中使用 HAVING 字句。（**实例位置：资源包\TM\sl\6\8**）

SQL 语句如下：

```
SELECT dept, salary, COUNT(dept) AS 人数
FROM tb_treatment
WHERE (birthday BETWEEN '1990-01-01' AND '2000-01-01')
GROUP BY dept, salary
HAVING (salary >
            (SELECT AVG(salary)
           FROM tb_treatment))
ORDER BY salary DESC
```

运行结果如图 6.9 所示。

	name	dept	salary
1	马先生	Java开发部	5000
2	赵先生	VB开发部	4800
3	孙先生	Java开发部	5200
4	李小姐	VB开发部	4500
5	齐小姐	人事部	4000
6	吴先生	VB开发部	4700
7	郑先生	VC开发部	4400
8	刘小姐	VB开发部	4600
9	姜先生	VC开发部	4900
10	白小姐	人事部	4400

（1）表中所有的数据

	dept	salary	人数
1	Java开发部	5200	1
2	VC开发部	4900	1
3	VB开发部	4800	1
4	VB开发部	4700	1

（2）统计分组

图 6.9　分组统计所有 90 年代出生并且工资大于平均工资的部门员工工资

在上述代码中，使用子查询的形式作为 HAVING 的判断条件，满足所有工资高于平均工资的条件。上述代码在数据库系统中的执行流程如下。

（1）每次首先检查中间表并清除那些出生日期不在 1990～2000 年的数据行。

（2）数据库系统根据部门组合这些数据行。

（3）数据库系统使用 HAVING 子句中的搜索条件来检查每组中的行。在本示例中，系统在每组中的行统计所有大于平均工资的数据行，并放在以部门分类的组中。

（4）统计每个行组中 dept 字段的个数，并在每组中清除那些小于平均工资的行。

（5）最后对查询结果集根据 salary 字段进行降序排列，然后将最后结果集返回给用户。

在 SQL 中可以使用 WHERE 子句从查询结果集排除行。对于数据库系统来说，WHERE 子句中的表达式必须对单独行进行计算，而在 HAVING 子句的搜索条件中的表达式通常是对一组行进行计算，所以 WHERE 子句中的搜索条件由使用列引用与实际值的表达式组成，而 HAVING 子句的搜索条件通

常由一个或多个聚合函数组成。

HAVING 子句类似于 WHERE 子句，在子句中求表达式值的结果有 3 种类型，分别为 NULL、TRUE 和 FALSE。如果 HAVING 子句对数据表中一组数据求值的结果为 TRUE，则数据库系统使用组中的行生成结果集的行；如果 HAVING 子句对数据表一组数据求值的结果为 FALSE 或 NULL，则数据库系统在结果集中不添加该组。这样 SQL 语言中的 HAVING 子句处理求值为 NULL 值时忽略产生 NULL 值的行。

【例 6.9】在 tb_treatment 数据表中 HAVING 子句对 NULL 值的处理。（**实例位置：资源包\TM\sl\6\9**）

SQL 语句如下：

```
SELECT duty, dept
FROM tb_treatment
GROUP BY dept, duty
HAVING (duty NOT IN ('经理'))
```

运行结果如图 6.10 所示。

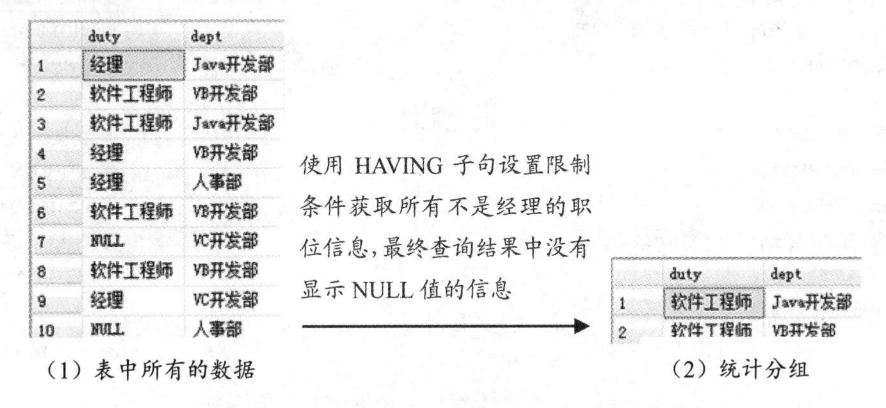

	duty	dept
1	经理	Java开发部
2	软件工程师	VB开发部
3	软件工程师	Java开发部
4	经理	VB开发部
5	经理	人事部
6	软件工程师	VB开发部
7	NULL	VC开发部
8	软件工程师	VB开发部
9	经理	VC开发部
10	NULL	人事部

	duty	dept
1	软件工程师	Java开发部
2	软件工程师	VB开发部

（1）表中所有的数据　　（2）统计分组

图 6.10　验证 HAVING 子句对 NULL 值的处理

上述语句用于查询所有职位不是经理的结果集，并将结果集以 dept、duty 字段进行分组。

由于 tb_treatment 数据表中 duty 字段的记录存在 NULL 值，当使用 HAVING 子句对 duty 字段做限制时，涉及 NULL 值的行不被处理。所以在本示例查询的结果集中尽管存在 NULL 值的行也满足条件，但 HAVING 子句对该行并没有进行处理操作。

6.3　实践与练习

1．将 tb_student02 表中的员工信息按年龄进行分组，并统计每个年龄段的人数。（**答案位置：资源包\TM\sl\6\10**）

2．在 tb_student02 表中查询年每个年龄段的人数大于等于 2 人的年龄。（**答案位置：资源包\TM\sl\6\11**）

第7章 子查询

子查询是SELECT语句内的另外一条SELECT语句，通常，语句内可以出现表达式的地方都可以使用子查询。本章主要介绍SQL查询中比较复杂的一种——子查询。

本章知识架构及重难点如下：

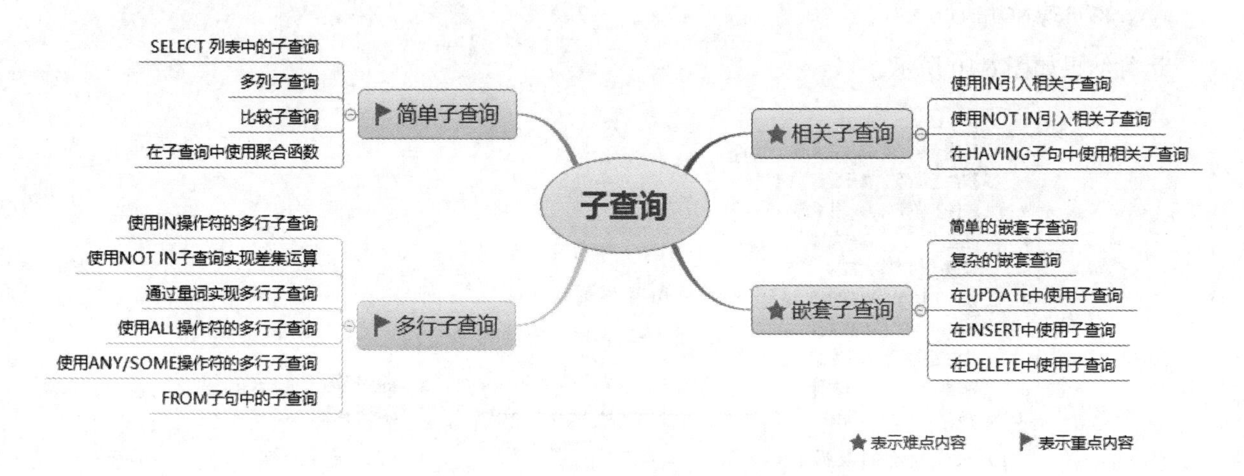

7.1 简单子查询

子查询的语法与普通的SELECT查询的语法相同，子查询可以包含联合、WHERE子句、HAVING子句和GROUP BY子句。

1. 语法格式

子查询的语法格式如下：

```
(SELECT [ALL | DISTINCT]<select item list>
FROM <table list>
[WHERE<search condition>]
[GROUP BY <group item list>
[HAVING <group by search conditoon>]])
```

2. 语法规则

（1）子查询的SELECT查询要使用圆括号括起来。

（2）不能包括 COMPUTE 或 FOR BROWSE 子句。

（3）如果同时指定 TOP 子句，则可能只包括 ORDER BY 子句。

（4）子查询最多可以嵌套 32 层，个别查询可能会不支持 32 层嵌套。

（5）任何可以使用表达式的地方都可以使用子查询，只要它返回的是单个值。

（6）如果某个表只出现在子查询中而不出现在外部查询中，那么该表中的列就无法包含在输出中。

3. 语法格式

（1）WHERE　查询表达式　[NOT]　IN（子查询）。

（2）WHERE　查询表达式　比较运算符　[ANY | ALL]（子查询）。

（3）WHERE　[NOT]　EXISTS（子查询）。

4. 子查询与其他 SELECT 语句之间的区别

子查询除了总是在括号中出现以外，与其他 SELECT 语句没有什么区别。但是，子查询与其他 SELECT 语句之间有以下几点不同。

（1）虽然 SELECT 语句只能使用那些来自 FROM 子句中的表中的列，但子查询不仅可以使用列在该子查询的 FROM 子句中的表，而且还可以使用列在包括子查询的 SQL 语句的 FROM 子句中表的任何列。

（2）SELECT 语句中的子查询必须返回单一数据列。另外，根据其在查询中的使用方法（如将子查询结果用做包括子查询的 SELECT 子句中的一个数据项），包括子查询的查询可能要求子查询返回单个值（而不是来自单列的多个值）。

（3）子查询不能有 ORDER BY 子句（因为用户不会看到返回多个数据值的子查询的结果表，所以对隐藏的中间结果表排序就没有什么意义）。

（4）子查询必须由一个 SELECT 语句组成，即不能将多个 SQL 语句用 UNION 组合起来作为一个子查询。

7.1.1 SELECT 列表中的子查询

子查询是 SELECT 查询内的返回一个值的表达式，就像返回值中的单个列一样。但是，在一个表达式中子查询必须只返回一条记录，这样的子查询被称为标量子查询（scalar subquery），其也必须被封闭在圆括号内。

【例 7.1】 通过子查询，根据图书的作者，获取每位作者编写的价格最高的图书信息。（**实例位置：资源包\TM\sl\7\1**）

SQL 语句如下：

```
SELECT tb_book_author,tb_author_department,
    (SELECT MAX(book_price)
        FROM tb_book
        WHERE tb_book.tb_book_author=tb_book_author.tb_book_author),
    tb_book_author_id,tb_author_resume
    FROM tb_book_author;
```

运行结果如图 7.1 所示。

	tb_book_author	tb_author_department	(无列名)	tb_book_author_id	tb_author_resume
1	潘富	PHP	NULL	1	程序设计
2	刘一飞	PHP	NULL	2	程序设计
3	郭天旺	VC	NULL	3	应用程序开发
4	王子琼	VC	NULL	4	应用程序开发
5	吕儿梦	VB	NULL	5	应用程序开发
6	吕一	VB	NULL	6	应用程序开发

图 7.1　SELECT 列表中的子查询

7.1.2　多列子查询

所谓多列子查询就是返回值有多列。在 Oracle 数据库中，多列子查询可以分为成对比较子查询和非成对比较子查询。

1．成对比较的多列子查询

例如，在 Oracle 数据库中，查询在本部门工资最高的员工信息。

```
SELECT 姓名,工资,所属部门
FROM tb_laborage
WHERE (工资,所属部门) IN (
    SELECT MAX(工资),所属部门
    FROM tb_laborage);
```

通过子查询返回每一个部门的最高工资和所属部门，然后在主查询每一行中的工资和所属部门都要与子查询返回列表中的最高工资和所属部门相比较，只有当两者完全匹配时才显示该数据行。这就是成对比较的多列子查询。

2．非成对比较的多列子查询

【例 7.2】 通过非成对比较的多列子查询，在 tb_laborage 表中，获取各部门中最高工资的员工信息。（**实例位置：资源包\TM\sl\7\2**）

SQL 语句如下：

```
SELECT 姓名,工资,所属部门
FROM tb_laborage
WHERE 工资 IN (select MAX(工资)
        FROM tb_laborage
        GROUP BY 所属部门)
AND
    所属部门 IN (SELECT DISTINCT 所属部门
        FROM tb_laborage
)
```

运行结果如图 7.2 所示。

非成对比较的多列子查询的条件相对于成对比较的多列子查询要宽松，因为非成对比较的多列子查询并不要求再把主查询的工资和所属部门与子查询返回列表中的最高工资和所属部门进行比较直至两者完全相匹配，只要主查询工资和职位在子查询返回列表中出现即可。

	姓名	所属部门	工资
1	张飞	PHP	5350.00
2	刘霞	PHP	4500.00
3	周怡	ASP	5300.00
4	李才华	ASP	5600.00
5	王基建	JAVA	5800.00
6	郑好	JSP	4600.00
7	吴愁事	JAVA	5550.00

（1）表中所有的数据

	姓名	工资	所属部门
1	张飞	5350.00	PHP
2	李才华	5600.00	ASP
3	王基建	5800.00	JAVA
4	郑好	4600.00	JSP

（2）各部门工资最高的员工信息

图 7.2　非成对比较的多列子查询

7.1.3　比较子查询

在 WHERE 子句中可以使用单行比较运算符来比较某个表达式与子查询的结果，可以使用的比较运算符包括：“=”“<>”“>”“>=”“<”“<=”或“!=”等。这些比较运算符都可以连接一个子查询，且在为使用 ALL 或者 ANY 修饰的比较运算符连接子查询时，必须保证子查询所返回的结果集合中只有单行数据，否则将引起查询错误。

【例 7.3】 通过比较运算符“>”，查询 tb_book_author 表中 tb_book_author_id 的值大于 tb_book 表中图书价格等于 78 的 tb_book_id 的图书作者信息。（**实例位置：资源包\TM\sl\7\3**）

SQL 语句如下：

```
SELECT *
FROM tb_book_author
WHERE tb_book_author_id>(
    SELECT tb_book_id
    FROM tb_book
    WHERE book_price=78
)
```

运行结果如图 7.3 所示。

结果　消息

	tb_book_author	tb_author_department	tb_author_resume	tb_book_author_id
1	郭天旺	VC	应用程序开发	3
2	张章	VC	应用程序开发	4
3	张章	VB	应用程序开发	5
4	吕纵横	VB	应用程序开发	6
5	秦可怜	VC	应用程序开发	1002
6	吕纵横	VB	应用程序开发	1003

图 7.3　比较子查询

**注意**

由于子查询只能返回一个值，因此，如果子查询的结果不是返回单个值，那么系统就会发出错误信息。

7.1.4 在子查询中使用聚合函数

聚合函数 SUM()、COUNT()、MAX()、MIN()和 AVG()都返回单个值。在子查询中可以应用聚合函数，并将该函数返回的结果应用到 WHERE 子句的查询条件中。

例如，应用 MIN()获取 tb_min 表中 number1 和 number2 字段的最小值。代码如下：

```
SELECT   MIN(((number1+number2)-ABS(number1-number2))/2) AS '最小数'
FROM (
    SELECT * FROM tb_min WHERE (number1>0 AND number2>0)) a
```

【例 7.4】 通过聚合函数 AVG()求员工的平均工资，并将结果作为 WHERE 子句的查询条件，通过 SQL 语句获取工资大于平均工资的员工。（**实例位置：资源包\TM\sl\7\4**）

SQL 语句如下：

```
SELECT  姓名,工资,所属部门
FROM tb_laborage
WHERE  工资>(
     SELECT AVG(工资) FROM tb_laborage)
```

运行结果如图 7.4 所示。

结果　消息

	姓名	工资	所属部门
1	张飞	5350.00	PHP
2	周怡	5300.00	ASP
3	李才华	5600.00	ASP
4	王基建	5800.00	JAVA
5	吴愁事	5550.00	JAVA

图 7.4　在子查询中使用聚合函数

7.2 多行子查询

多行子查询通过多行比较操作符来实现，其返回值为多行。常用的多行比较操作符包括：IN、ANY 和 ALL。下面介绍这几个多行比较操作符的应用。

7.2.1 使用 IN 操作符的多行子查询

IN 子查询是指在外层查询和子查询之间用 IN 进行连接，判断某个属性列是否在子查询的结果中，其返回的结果中可以包含零个或者多个值。在 IN 子句中，子查询和输入多个运算符的数据的区别在于，使用多个运算符输入时，一般都会输入两个或者两个以上的数值，而使用子查询时，不能确定其返回结果的数量。但是，即使子查询返回的结果为空，语句也能正常运行。

由于在子查询中，查询的结果往往是一个集合，所以 IN 子查询是子查询中最常用的。IN 子查询

语句的操作步骤可以分成两步：第 1 步，执行内部子查询；第 2 步，根据子查询的结果再执行外层查询。IN 子查询返回列表中的每个值，并显示任何相等的数据行。

【例 7.5】 获取 tb_laborage 表中除了“PHP”和“JSP”以外，其他员工在部门中工资最高的员工信息。(**实例位置：资源包\TM\sl\7\5**)

SQL 语句如下：

```
SELECT 姓名,工资,所属部门
FROM tb_laborage
WHERE 工资 IN (
    SELECT max(工资)
    FROM tb_laborage
    GROUP BY 所属部门)
AND 所属部门<>'PHP'
AND 所属部门 NOT LIKE 'JSP'
```

运行结果如图 7.5 所示。

结果　消息

	姓名	工资	所属部门
1	李才华	5600.00	ASP
2	王基建	5800.00	JAVA

图 7.5　使用 IN 操作符的多行子查询

7.2.2　使用 NOT IN 子查询实现差集运算

子查询还可以用在外层查询的 NOT IN 子句中，以产生 NOT IN 使用的清单。如果外层查询中用来比较的数据被查询出与子查询产生的结果集中的所有值都不匹配，那么 NOT IN 子句返回 TRUE，然后将该记录指定列的值输入到最终的结果集中。

【例 7.6】 应用 NOT IN 子查询实现一个差集运算，查询在 tb_book 数据表中没有列出的部门的图书信息。(**实例位置：资源包\TM\sl\7\6**)

SQL 语句如下：

```
SELECT *
FROM tb_book
WHERE book_sort NOT IN (
    SELECT tb_author_department
    FROM tb_book_author
)
```

运行结果如图 7.6 所示。

	tb_book_id	book_name	book_sort	book_number	book_price	tb_book_author
1	3	ASP经验技巧宝典	ASP	1001-101-101	79.00	王一
2	4	SQL server2005开发技术大全	SQL数据库	1001-102-100	69.00	李一

图 7.6　使用 NOT IN 子查询实现差集运算

使用 NOT IN 子查询的查询速度很慢，在对 SQL 语句的性能有所要求的时候，就要使用性能更好的语句来替代 NOT IN。例如，可以使用外连接的方式替换 NOT IN 以提高语句的执行速度。一般来说，使用 NOT IN 和子查询的语句结构更好理解和编写，所以只在对 SQL 语句的性能有要求时，才使用外连接来替换 NOT IN 和子查询联用的结果。

7.2.3 通过量词实现多行子查询

ALL、SOME 和 ANY 是量词，允许将比较运算符左边的单值与生成单列但多行结果表的子查询（在比较运算符的右边）相比较。如果 WHERE 子句中的子查询生成多个值的单列结果，将终止以下形式的查询：

```
SELECT <column name list> FROM <table>
WHERE <expression>{=|<>|>|>=|<|<=}<subquery>
```

SQL 语句 1：执行下面的查询语句，将返回错误信息，如图 7.7 所示。

```
SELECT 姓名,工资,所属部门
FROM tb_laborage
WHERE 工资<(
    SELECT AVG(工资)
    FROM tb_laborage
    GROUP BY 所属部门)
```

如果通过使用 3 个量词（ALL、SOME、ANY 或其他）之一引入子查询而将查询语句改写如下：

```
SELECT <column name list> FROM <table>
WHERE <expression>{=|<>|>|>=|<|<=} {some|any|all} <subquery>
```

如果子查询的单列结果表有不止一行的数据，此时将不会终止查询，而是将<expression>（比较运算符左边）的值与比较运算符右边的子查询返回的每个值进行比较。

SQL 语句 2：改写上例中的 SQL 语句，加入量词 SOME，再次执行查询语句，就不会出现错误信息，如图 7.8 所示。代码如下：

```
SELECT 姓名,工资,所属部门
FROM tb_laborage
WHERE 工资 < SOME(
    SELECT AVG(工资)
    FROM tb_laborage
    GROUP BY 所属部门)
```

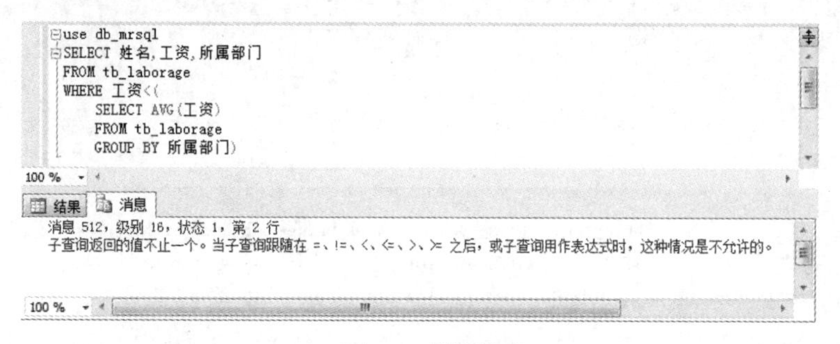

图 7.7 错误信息

结果 消息

	姓名	工资	所属部门
1	张飞	5350.00	PHP
2	刘霞	4500.00	PHP
3	周怡	5300.00	ASP
4	李才华	5600.00	ASP
5	郑好	4600.00	JSP
6	吴愁事	5550.00	JAVA

图 7.8 应用量词 SOME

如果使用 ALL 量词，<expression>值与<subquery>每一个值的比较都必须求值为 TRUE，才能使 WHERE 子句求值为 TRUE；另一方面，只要至少<expression>与<subquery>返回值之一的比较求值为

TRUE，SOME 和 ANY 量词就使 WHERE 子句求值为 TRUE。

7.2.4 使用 ALL 操作符的多行子查询

ALL 操作符比较子查询返回列表中的每一个值。“<ALL”为小于最小的；“>ALL”为大于最大的；而“=ALL”则没有返回值，因为在等于子查询的情况下，返回列表中的所有值是不符合逻辑的。

ALL 允许将比较运算符前面的单值与比较运算符后面的子查询返回值的集合中的每一个值相比较。另外，仅当所有（ALL）的比较运算符左边的单值与子查询返回值的集合中的每一个值的比较都求值为 TRUE 时，比较判式（以及 WHERW 子句）才求值为 TRUE。

【例 7.7】 应用 ALL 操作符执行多行子查询，获取所有员工的工资低于部门平均工资的员工信息。**（实例位置：资源包\TM\sl\7\7）**

SQL 语句如下：

```
SELECT 姓名,工资,所属部门
FROM tb_laborage
WHERE 工资 <ALL (
    SELECT AVG(工资)
    FROM tb_laborage
    GROUP BY 所属部门)
```

运行结果如图 7.9 所示。

结果 消息

	姓名	工资	所属部门
1	刘霞	4500.00	PHP

图 7.9 使用 ALL 操作符的多行子查询

7.2.5 使用 ANY/SOME 操作符的多行子查询

ANY 操作符比较子查询返回列表中的每一个值。“<ANY”为小于最大的；“>ANY”为大于最小的；而“=ANY”为等于 IN。

ANY 允许将比较运算符前面的单值与比较运算符后面的子查询返回值的集合中的每一个值相比较。另外，仅当所有（ANY）的比较运算符左边的单值与子查询返回值的集合中的一个值的比较求值为 TRUE 时，比较判式（以及 WHERW 子句）的求值才为 TRUE。

【例 7.8】 应用 ANY 操作符实现多行子查询，获取公司员工的工资比平均工资高的员工信息，并按部门进行划分。**（实例位置：资源包\TM\sl\7\8）**

SQL 语句如下：

```
SELECT 姓名,工资,所属部门
FROM tb_laborage
WHERE 工资 > ANY (
    SELECT AVG(工资)
    FROM tb_laborage
    GROUP BY 所属部门)
```

运行结果如图 7.10 所示。

量词 SOME 和 ANY 是同义的，它们都允许将比较运算符前面的单值与比较运算符后面的子查询返回的值集中的每个值加以比较。如果比较运算符前面的单值与比较运算符后面的子查询返回的值集中的每个值之间的任何（ANY）比较求值为 TRUE，那么判式（以及 WHERE 子句）求值为 TRUE。

	姓名	工资	所属部门
1	张飞	5350.00	PHP
2	周怡	5300.00	ASP
3	李才华	5600.00	ASP
4	王基建	5800.00	JAVA
5	吴愁事	5550.00	JAVA

图 7.10　使用 ANY/SOME 操作符的多行子查询

7.2.6　FROM 子句中的子查询

FROM 子句中使用子查询一般都是返回多行多列，可以将其当作一张数据表。

【例 7.9】 查询出每个部门的编号、名称、位置、部门人数和平均工资。（**实例位置：资源包\TM\sl\7\9**）

SQL 语句如下：

```
SELECT d.deptno,d.dname,d.loc,temp.con,temp.avgsal
FROM dept d,(SELECT deptno dno,COUNT(empno) con,ROUND (AVG(sal),2) avgsal
             FROM emp
             GROUP BY deptno) temp
WHERE d.deptno=temp.dno;
```

运行结果如图 7.11 所示。

	deptno	dname	loc	con	avgsal
1	10	ACCOUNTING	NEW YORK	3	2916.67
2	20	ACCOUNTING	DALLAS	4	1968.75
3	30	SALES	CHICAGO	6	1566.67

图 7.11　子查询在 FROM 子句中

7.3　相关子查询

子查询按照处理方式可以分为相关子查询（correlated subquery）和无关子查询（noncorrelated subquery）两种类型。相关子查询语句的运行和它的外层查询关系密切，而无关子查询的运行不需要和外层查询发生联系。

相关子查询是一种子查询和外层查询相互交叉的数据检索方法。相关子查询在执行时要使用到外层查询的数据，子查询执行结束后再将查询结果返回到它的外层查询中，供外层查询比较使用。

在相关子查询中，子查询引用外层查询中的 FROM 子句中列出的数据表列，但不在子查询中的 FROM 子句中列出该数据表。如果在子查询中的 FROM 子句中列出在外层查询中的 FROM 子句中列出的数据表，则会成为无关子查询，其查询结果也会有所不同。

7.3.1 使用 IN 引入相关子查询

当使用 IN 来引入子查询时，将通知 DBMS 执行一种“子查询集成员测试”(subquery set membership test)。即通知 DBMS 把单个数据值（放在关键词 IN 前面的）与由子查询（跟在关键词 IN 后）生成的结果表中的列数据值相比较。如果单个数据值与由子查询返回的列数据值之一相匹配，则 IN 判式求值为 TRUE。

【例 7.10】 应用 IN 来引入相关子查询，获取 tb_book 表和 tb_book_author 表中 ID 相等且部门相同的图书信息。(**实例位置：资源包\TM\sl\7\10**)

首先执行子查询，从 tb_book_author 表中查询出 ID 值相等的 tb_author_department，然后将查询出的结果作为外层查询的条件，最后输出查询的结果。SQL 语句如下：

```
SELECT *
FROM tb_book
WHERE book_sort IN (
     SELECT tb_author_department
     FROM tb_book_author
     WHERE tb_book.tb_book_id=tb_book_author.tb_book_author_id   )
```

运行结果如图 7.12 所示。

结果 消息

	tb_book_id	book_name	book_sort	book_number	book_price	tb_book_author
1	1	PHP函数参考大全	PHP	1001-101-107	89.00	张飞
2	2	PHP范例宝典	PHP	1001-101-107	78.00	刘霞

图 7.12 使用 IN 引入相关子查询

注意

由关键词 IN 引入的子查询返回的列值既可来自用于主查询中的表，也可来自完全另外的表。SQL 对子查询的唯一要求是，它必须返回单一列的数据值，其数据类型要与关键词 IN 前的表达式的数据类型兼容。

7.3.2 使用 NOT IN 引入相关子查询

当引用 WHERE 子句中的子查询时，关键词 IN 允许测试一个值（来自主查询中的行）是否与子查询返回的列值相匹配。如果 DBMS 发现了匹配值，则 WHERE 子句求值为 TRUE，DBMS 在处理下一表行之前采取由 SQL 语句指定的行动。另一方面，如果在子查询的单值结果表中没有匹配值，则 DBMS 就不对当前处理的行采取行动。

NOT IN 关键词反转 IN 测试的效果。因此，如果用 NOT IN（而不是 IN）引入子查询，如果在子查询的结果表中没有匹配值，则 DBMS 采取 SQL 语句指定的行动。

【例 7.11】 使用 NOT IN 引入相关子查询。（**实例位置：资源包\TM\sl\7\11**）

同样应用 tb_book 表和 tb_book_author 表，使用 NOT IN 引入子查询，其返回的结果恰恰相反，输出不同 ID 和不同部门的图书信息。SQL 语句如下：

```
SELECT *
FROM tb_book
WHERE book_sort NOT IN (
    SELECT tb_author_department
    FROM tb_book_author
    WHERE tb_book.tb_book_id = tb_book_author.tb_book_author_id )
```

运行结果如图 7.13 所示。

结果 | 消息

	tb_book_id	book_name	book_sort	book_number	book_price	tb_book_author
1	3	ASP经验技巧宝典	ASP	1001-101-101	79.00	周怡
2	4	SQL即查即用	SQL数据库	1001-102-100	69.00	周小星
3	5	PHP网络编程自学手册	PHP	1001-101-107	52.00	张飞
4	6	VC控件开发参考大全	VC	1001-101-101	89.00	张章

图 7.13 使用 NOT IN 引入相关子查询

注意

IN 和 NOT IN 子查询及成员测试并不局限于用在 SELECT 语句的 WHERE 子句中。虽然总是在 WHERE 子句中找到这两个关键词，但 WHERE 子句本身就可以是任何接受 WHERE 子句的 SQL 语句（如 DELETE、INSERT、SELECT 和 UPDATE）的一部分。

例如，如果要删除那些 ID 和部门都不同的图书信息，就可以使用 NOT IN 在如下的 DELETE 语句中引入子查询：

```
DELETE from tb_book
WHERE book_sort NOT IN (
    SELECT tb_author_department
    FROM tb_book_author
    WHERE tb_book.tb_book_id = tb_book_author.tb_book_author_id
)
```

7.3.3 在 HAVING 子句中使用相关子查询

HAVING 子句中的子查询也可用于过滤过程。但是，并不是使用 HAVING 子句中的子查询的结果来过滤掉单独的不想要的行，而是用子查询的结果表一次过滤掉一组或几组行。

虽然 WHERE 子句既可出现在组合查询中，也可出现在非组合查询中，但 HAVING 子句（如果存在的话）几乎总是跟随组合查询的 GROUP BY 子句。

【例 7.12】 在 HAVING 子句中使用相关子查询。（**实例位置：资源包\TM\sl\7\12**）

应用 HAVING 子句过滤掉 tb_book 表中价格小于平均价格的图书信息，并且指定“book_sort='PHP'”。首先通过 HAVING 子句在子查询中过滤掉图书价格小于平均价格的图书，然后再过滤掉除“PHP”部门以外的图书，最后输出查询结果。SQL 语句如下：

```
SELECT book_number,book_name,book_price,book_sort
FROM tb_book
WHERE book_sort = 'PHP'
GROUP BY book_number,book_name,book_price,book_sort
HAVING AVG(book_price) > (
    SELECT MIN(book_price)
    FROM tb_book
)
ORDER BY book_price
```

运行结果如图 7.14 所示。

结果 消息

	book_number	book_name	book_price	book_sort
1	1001-101-107	PHP范例宝典	78.00	PHP
2	1001-101-107	PHP函数参考大全	89.00	PHP

图 7.14　在 HAVING 子句中使用相关子查询

注意

在使用 GROUP BY 对查询结果进行分组时，用来分组的列必须出现在 SELECT 列表中，否则无法运行；同样 HAVING 子句中的每一个元素也必须出现在 SELECT 列表中。

7.4　嵌套子查询

7.4.1　简单的嵌套子查询

除了有括号之外，子查询的外观与功能与任何其他 SELECT 语句相同。由于 SELECT 语句可有子查询，因而子查询（不过是另一个 SQL 语句内的 SELECT 语句）也可有自己的子查询，这就是嵌套子查询。

【例 7.13】 简单的嵌套子查询。（**实例位置：资源包\TM\sl\7\13**）

应用嵌套子查询，即在子查询中又包含子查询，获取编号为“1001-100-102”的图书作者编写的全部图书的图书编号。SQL 语句如下：

```
SELECT book_number
FROM tb_book s1
WHERE NOT EXISTS (
    SELECT *
    FROM tb_book s2
    WHERE s2.book_number='1001-100-102' AND NOT EXISTS(
        SELECT *
        FROM tb_book s3
        WHERE s3.book_number=s1.book_number AND s3.tb_book_author=s2.tb_book_author
    )
)
```

运行结果如图 7.15 所示。

结果 消息

	book_number
1	1001-101-107
2	1001-101-107
3	1001-101-101
4	1001-102-100
5	1001-101-107
6	1001-101-101

图 7.15 简单的嵌套子查询

7.4.2 复杂的嵌套查询

在 SQL 语句中又包含一个 SQL 语句的查询语句形式称为嵌套查询。在 WHERE 子句和 HAVING 子句中都可以嵌套 SQL 语句。使用嵌套查询可以使一个复杂的查询分解成一系列的逻辑步骤，使语句的思路更清晰。

【例 7.14】 复杂的嵌套查询。（**实例位置：资源包\TM\sl\7\14**）

在 tb_mr_staff、tb_mr_department 和 tb_mr_wages 这 3 个表中查询学历是本科的部门经理的 2022 年 3 月份的工资情况。

本示例主要应用嵌套查询，而且还应用了 IN 谓词。这里先介绍 IN 谓词在嵌套查询中的使用。其语法格式如下：

```
test_expression[NOT] IN
(
    subquery
    expression[，…n]
)
```

参数说明如表 7.1 所示。

表 7.1 IN 谓词的参数

参　数	说　明
test_expression	SQL 表达式
subquery	包含某列结果集的子查询，该列必须与 test_expression 具有相同的数据类型
expression[，…n]	是一个表达式列表，用来测试是否匹配，所有的表达式必须和 test_expression 具有相同的数据类型

其返回值根据 test_expression 与 subquery 返回的值进行比较，如果两个值相等，或与逗号分隔的列表中的任何 expression 相等，那么结果值就为 TRUE，否则结果值为 FALSE。使用 NOT IN 对返回值取反。SQL 语句如下：

```
SELECT *
FROM tb_mr_wages
WHERE 工资月份 =3 AND 人员姓名 IN(
      SELECT 负责人
      FROM tb_mr_department
      WHERE 负责人 IN(
          SELECT 人员姓名
          FROM tb_mr_staff
```

```
        WHERE 学历 ='本科'))
ORDER BY 人员编号
```

运行结果如图 7.16 所示。

	人员编号	人员姓名	部门名称	实发合计	工资年	工资月份
1	101002	张分析	系统分析部	4730	2022	3

图 7.16　复杂的嵌套查询

7.4.3　在 UPDATE 中使用子查询

在很多数据库系统中，UPDATE 语句的 WHERE 子句中不能使用多个表的连接。如果要在 UPDATE 语句中使用其他的数据来帮助确定操作的对象，就要使用子查询语句。

例如，将计算机系所有学生年龄加 1。代码如下：

```
UPDATE stu
SET sage = sage+1
WHERE '计算机'= (
    SELECT 系别
    FROM sc
    WHERE stu.sno=sc.sno)
```

【例 7.15】 在 UPDATE 中使用子查询。（**实例位置：资源包\TM\sl\7\15**）

在 UPDATE 语句中应用子查询，将 tb_book 表中的 book_sort 的值等于 tb_book_author 表中作者 tb_book_author = 刘霞的 tb_author_deparment 的编号更新为“1001-101-107”。

首先通过子查询获取 tb_book_author 表中 tb_book_author = 刘霞的作者所属的部门，然后执行主查询，从 tb_book 表中更新 book_sort 的值等于从子查询中获取的值的图书对应的编号。SQL 语句如下：

```
SELECT tb_book_author,book_number FROM tb_book
UPDATE tb_book
SET book_number = '1001-101-107'
WHERE book_sort IN(
    SELECT tb_author_department
    FROM tb_book_author
    WHERE tb_book_author = '刘霞'
)
SELECT tb_book_author,book_number FROM tb_book
```

运行结果如图 7.17 所示。

	tb_book_author	book_number
1	张飞	1001-101-103
2	刘霞	1001-101-103
3	周怡	1001-101-101
4	周小星	1001-102-100
5	张飞	1001-101-103
6	张章	1001-101-101

（1）数据修改前

	tb_book_author	book_number
1	张飞	1001-101-103
2	刘霞	1001-101-107
3	周怡	1001-101-101
4	周小星	1001-102-100
5	张飞	1001-101-103
6	张章	1001-101-101

（2）数据修改后

图 7.17　在 UPDATE 中使用子查询

从查询结果中可以看出刘霞所在的部门，即 book_sort 为 PHP， book_sort 为 PHP 的 book_number 的值已经更新为“1001-101-107”。

7.4.4 在 INSERT 中使用子查询

在 INSERT 语句中并没有 WHERE 子句，但是可以使用子查询来为 INSERT 语句提供要插入的部分或全部数据值。同 UPDATE 语句的 SET 子句一样，也可以在 INSERT 语句的 VALUES 子句中使用子查询。

【例 7.16】 在 INSERT 中使用子查询。（**实例位置：资源包\TM\sl\7\16**）

在 INSERT 语句中使用子查询，实现将 tb_books_author 表中的数据全部添加到 tb_book_author 表中。首先通过子查询读取 tb_books_author 表中的数据，然后执行 INSERT 语句将子查询中获取的值添加到 tb_book_author 表中。SQL 语句如下：

```
INSERT INTO tb_book_author (
    tb_book_author,tb_author_department,tb_author_resume
) (
    SELECT tb_book_author,tb_author_department,tb_author_resume
    FROM tb_books_author )
SELECT * FROM tb_book_author
```

运行结果如图 7.18 所示。

	tb_book_author	tb_author_department	tb_author_resume	tb_book_author_id
1	郭天旺	VC	应用程序开发	1
2	吕一	VB	应用程序开发	3
3	王子琼	VC	应用程序开发	4

（1）tb_books_author表中的数据

	tb_book_author	tb_author_department	tb_author_resume	tb_book_author_id
1	张飞	PHP	程序设计	1
2	刘霞	PHP	程序设计	2
3	郭天旺	VC	应用程序开发	3
4	张章	VC	应用程序开发	4
5	赵梦	VB	应用程序开发	5
6	吕纵横	VB	应用程序开发	6
7	秦可怜	VC	应用程序开发	1002
8	吕纵横	VB	应用程序开发	1003

（2）tb_book_author表中的数据

	tb_book_author	tb_author_department	tb_author_resume	tb_book_author_id
1	张飞	PHP	程序设计	1
2	刘霞	PHP	程序设计	2
3	郭天旺	VC	应用程序开发	3
4	张章	VC	应用程序开发	4
5	赵梦	VB	应用程序开发	5
6	吕纵横	VB	应用程序开发	6
7	秦可怜	VC	应用程序开发	1002
8	吕纵横	VB	应用程序开发	1003
9	郭天旺	VC	应用程序开发	2002
10	吕一	VB	应用程序开发	2003
11	王子琼	VC	应用程序开发	2004

（3）插入数据后tb_book_author表中的数据

图 7.18 在 INSERT 中使用子查询

7.4.5 在 DELETE 中使用子查询

在很多数据库中，DELETE 语句的 FROM 子句中不能使用多个表的连接。如果需要在 DELETE 语句中用到其他表的数据来帮助确定操作对象，就要使用子查询语句。

【例 7.17】 在 DELETE 中使用子查询。(**实例位置：资源包\TM\sl\7\17**)

在 DELETE 中使用子查询，删除 tb_books_author 表中 tb_book_author_id="4"的图书信息。SQL 语句如下：

```
DELETE
FROM tb_books_author
WHERE tb_book_author_id = (
    SELECT tb_book_author_id
    FROM tb_books_author
    WHERE tb_book_author_id = '4'
)
```

运行结果如图 7.19 所示。

	tb_book_author	tb_author_department	tb_author_resume	tb_book_author_id
1	郭天旺	VC	应用程序开发	1
2	吕一	VB	应用程序开发	3
3	王子琼	VC	应用程序开发	4

（1）tb_books_author 表中的数据

	tb_book_author	tb_author_department	tb_author_resume	tb_book_author_id
1	郭天旺	VC	应用程序开发	1
2	吕一	VB	应用程序开发	3

（2）删除数据后 tb_books_author 表中的数据

图 7.19 在 DELETE 中使用子查询

7.5 实践与练习

1. 在 Student 表和 SC 表中，查询参加考试的学生信息。(**答案位置：资源包\TM\sl\7\18**)
2. 在 SC 表中，查询“Grade”没有大于 90 分的“Cno”的详细信息。(**答案位置：资源包\TM\sl\7\19**)

第 8 章

多表查询

SQL 最强大的功能之一就是在查询数据的时候能够连接多个表。在 SQL 的查询语句中，连接是非常重要的操作。通过连接可以实现更多、更复杂的查询。本章将会对 SQL 中的多表连接和组合查询进行介绍，其中主要包括多表连接查询、内连接、外连接、自连接和其他连接查询等。通过对本章的学习，读者将会对比较复杂的数据查询有更深的了解。

本章知识架构及重难点如下：

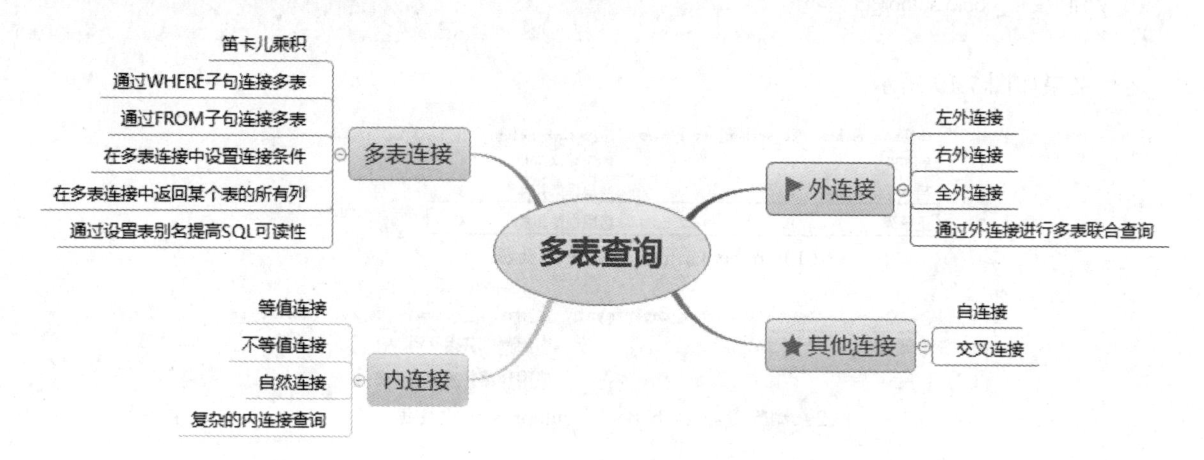

★表示难点内容 ⊖— ▶表示重点内容

8.1 多表连接

多表连接非常简单，只要在 FROM 子句中添加相应的表名，并指定连接条件即可。但是多表连接的应用会导致性能的下降，如果连接的每个表中都包含很多行，那么在产生的组合表中的行将更多，对这样的组合表进行操作将花费很多的时间。

8.1.1 笛卡儿乘积

笛卡儿乘积就是从多个表中获取数据时，在 WHERE 子句中没有指定多个表的公共关系。例如，A 表中有 M 条记录，而 B 表中有 N 条记录，其笛卡儿乘积是 M×N 条记录。

在关系数据库中，表就是一个联合，当从两个（或多个）表中查询数据时，如果没有指定条件，那么这种查询结果就是笛卡儿乘积。

【例 8.1】 以 tb_book 表和 tb_book_author 表为例，获取这两个表的笛卡儿乘积。（**实例位置：资源包\TM\sl\8\1**）

（1）查询 tb_book 表和 tb_book_author 表中的记录数，SQL 语句如下：

```
SELECT COUNT(*) FROM tb_book
SELECT COUNT(*) FROM tb_book_author
```

运行结果如图 8.1 所示。

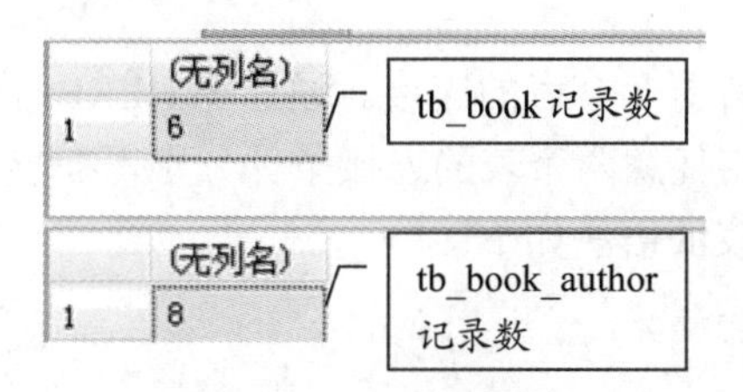

图 8.1　两表的记录数

（2）获取这两个表的笛卡儿乘积，SQL 语句如下：

```
SELECT   *
FROM tb_book,tb_book_author
```

运行结果如图 8.2 所示。

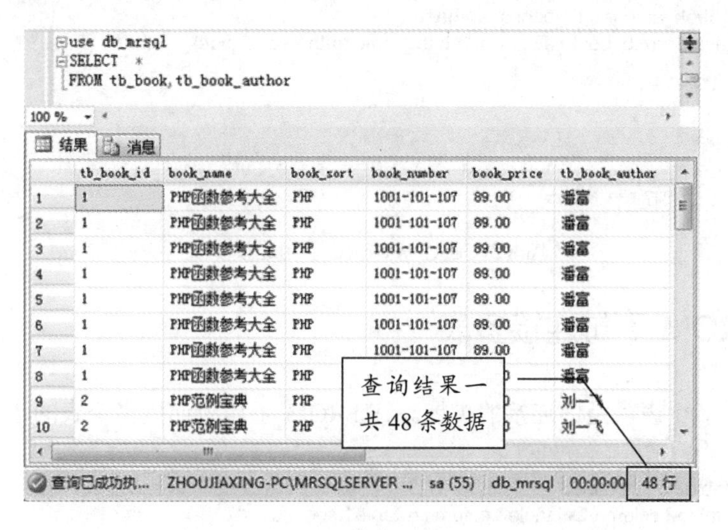

图 8.2　笛卡儿乘积

从图 8.1 中可知，tb_book 表和 tb_book_author 表中的记录数分别为 6 和 8，那么两表的笛卡儿积的值则为 6×8，即 48。对照图 8.2 的结果图，得到的结果集的行数也为 48 行。

在了解笛卡儿乘积以后，就可以在该结果之上，添加指定的条件，实现连接的操作。在进行连接操作时，首先进行笛卡儿乘积连接，获得笛卡儿乘积之后再使用指定的连接条件及 WHERE 子句中其他的限制条件对形成的笛卡儿乘积进行删除，保留符合条件的记录。使用正确的连接条件和限制条件将有助于产生良好的连接结果。

在使用连接操作时最好遵循以下原则。

（1）用于连接的列已经创建了索引。索引会单独保存在磁盘上，且将数据按照一定顺序进行了排序，索引的使用可以加快访问的速度。

（2）用于连接的列具有相同的数据类型，包括是否允许为空值。因为要系统自动进行类型转换需要花费很多时间，特别是在表中有很多记录时。

8.1.2　通过 WHERE 子句连接多表

在连接中，可以实现 3 个或者更多个表的连接。通过 WHERE 子句实现多表连接，首先在 FROM 子句中连接多个表的名称，然后将任意两个表的连接条件分别写在 WHERE 子句后即可。

在 WHERE 子句中连接多个表的语法如下：

```
SELECT fieldlist
FROM table1 , table2 , table3 …
WHERE table1.column=table2.column and table2.column=table3.column and …
```

【例 8.2】以 tb_book_author 表、tb_book 表和 tb_books_author 表为例，实现这 3 个表的连接查询，查询 3 个表中作者相同的图书和作者信息。（**实例位置：资源包\TM\sl\8\2**）

SQL 语句如下：

```
SELECT
a.tb_book_id,a.book_name,a.book_number,a.book_price,b.tb_book_author,b.tb_author_department,c.tb_author_resume
FROM tb_book a,tb_book_author b,tb_books_author c
WHERE a.tb_book_author=b.tb_book_author and b.tb_book_author=c.tb_book_author
```

运行结果如图 8.3 所示。

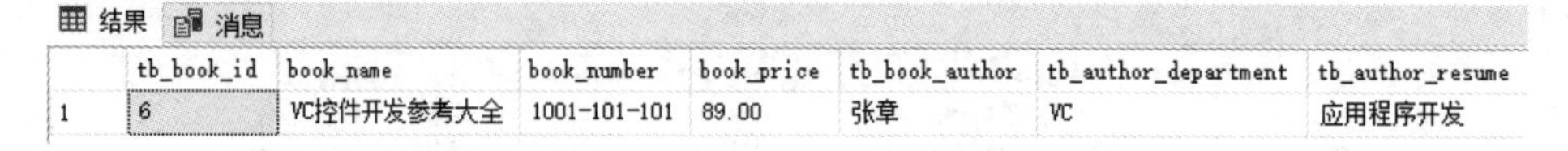

结果　消息

	tb_book_id	book_name	book_number	book_price	tb_book_author	tb_author_department	tb_author_resume
1	6	VC控件开发参考大全	1001-101-101	89.00	张章	VC	应用程序开发

图 8.3　通过 WHERE 子句连接多表

8.1.3　通过 FROM 子句连接多表

FROM 子句连接多个表就是内连接的扩展。在 FROM 子句中连接多个表的语法如下：

```
SELECT fieldlist
FROM table1 JOIN table2 JOIN table3 …
ON table3.column = table2.column ON table2.column = table1.column
```

注意

在 FROM 子句中连接多表时，FROM 子句中所列出表的顺序（如 table1、table2 和 table3）一定要与 ON 语句后所列表的顺序相反（如 table3、table2 和 table1），否则查询语句将不会执行。

【例 8.3】以 tb_book、tb_book_author 表和 tb_books_author 表为例，实现这 3 个表的连接查询，查询 3 个表中作者相同的图书和作者信息。（**实例位置：资源包\TM\sl\8\3**）

SQL 语句如下：

```
SELECT *
FROM   tb_book JOIN tb_book_author JOIN tb_books_author
ON tb_books_author.tb_book_author=tb_book_author.tb_book_author
ON tb_book_author.tb_author_department=tb_book.book_sort
```

运行结果如图 8.4 所示。

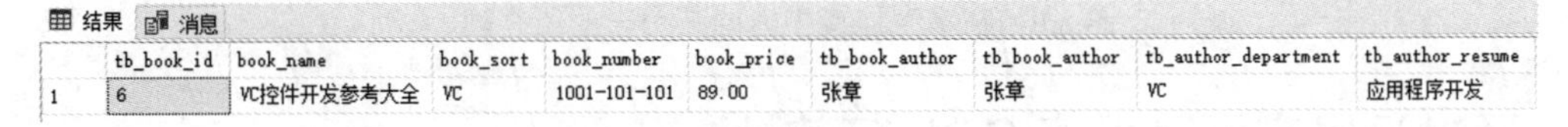
结果　消息

	tb_book_id	book_name	book_sort	book_number	book_price	tb_book_author	tb_book_author	tb_author_department	tb_author_resume
1	6	VC控件开发参考大全	VC	1001-101-101	89.00	张章	张章	VC	应用程序开发

图 8.4　通过 FROM 子句连接多表

8.1.4　在多表连接中设置连接条件

在实现多表连接的过程中，连接条件设置的正确与否直接关系着查询结果的好坏。使用正确合理的连接条件，能够使查询的结果更加合理、清晰，而且便于阅读，否则将导致查询结果的混乱，无法阅读。

【例 8.4】 在多表连接中设置连接条件。（**实例位置：资源包\TM\sl\8\4**）

以 tb_book 表、tb_book_author 表和 tb_books_author 表为例，实现这 3 个表的连接查询，并设置 3 个连接条件：查询图书价格大于 75，并且 tb_book 表和 tb_book_author 表中相同作者的图书，以及 tb_book_author 表和 tb_books_author 表中所属部门相同的图书。SQL 语句如下：

```
SELECT tb_book.* ,tb_book_author.tb_author_resume
FROM tb_book,tb_book_author,tb_books_author
WHERE
    tb_book.book_price>75
AND
    tb_book.tb_book_author = tb_book_author.tb_book_author
AND
    tb_book_author.tb_author_department = tb_books_author.tb_author_department
```

运行结果如图 8.5 所示。

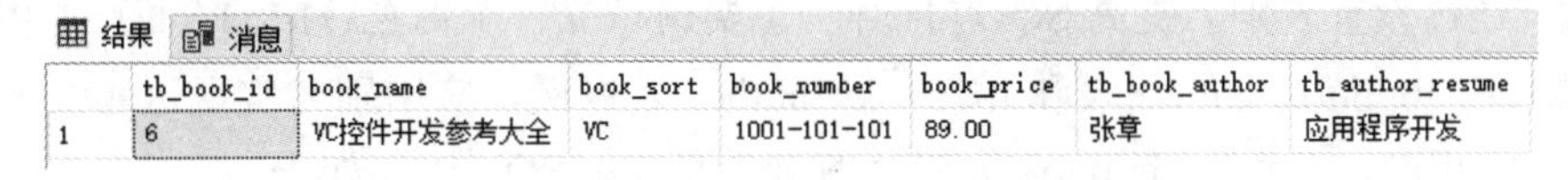
结果　消息

	tb_book_id	book_name	book_sort	book_number	book_price	tb_book_author	tb_author_resume
1	6	VC控件开发参考大全	VC	1001-101-101	89.00	张章	应用程序开发

图 8.5　在多表连接中设置连接条件

8.1.5　在多表连接中返回某个表的所有列

在实现多表连接的过程中，可以通过指定“table.*”来返回某个表中符合查询条件的所有列的数据。

【例 8.5】 在多表连接中返回某个表的所有列。（**实例位置：资源包\TM\sl\8\5**）

以 tb_book、tb_book_author 表和 tb_books_author 表为例，实现这 3 个表的连接查询，条件为图书的作者相同，并返回 tb_book 表中所有列的信息。SQL 语句如下：

```
SELECT tb_book.*
FROM tb_book,tb_book_author,tb_books_author
```

```
WHERE tb_book.tb_book_author = tb_book_author.tb_book_author and tb_book_author. tb_book_author = tb_books_author .tb_book_author
```

运行结果如图 8.6 所示。

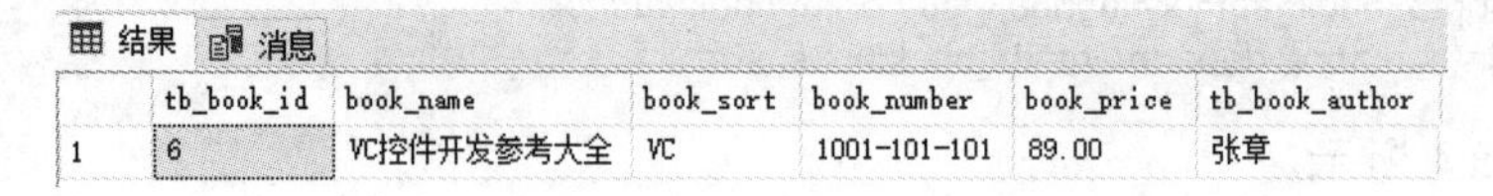

结果 消息

	tb_book_id	book_name	book_sort	book_number	book_price	tb_book_author
1	6	VC控件开发参考大全	VC	1001-101-101	89.00	张章

图 8.6 在多表连接中返回某个表的所有列

8.1.6 通过设置表别名提高 SQL 可读性

在 SQL 语句中使用表的别名，可以提高 SQL 语句的可读性。别名也称为相关名称或范围变量，可以使用以下两种方式来指派表的别名。

（1）使用带 AS 的 SQL 语句。例如：

```
table_name AS table_alias
```

（2）使用不带 AS 的 SQL 语句。例如：

```
table_name table_alias
```

在使用中如果为表指定了别名，那么在该 SQL 语句中对该表的所有显式引用都必须使用别名，而不能使用表名。例如，下列 SELECT 语句将产生语法错误，因为该语句在已指定别名的情况下又使用了表名：

```
SELECT tb_book.tb_book_id,a.tb_book_author,a.book_sort
FROM tb_book AS a
```

注意

别名通常是一个缩短了的表名，用于在连接中引用表中的特定列。如果连接中的多个表中有相同名称的列存在，要求必须使用表名或别名来限定列名。如果定义了别名，就不能使用表名。

【例 8.6】 通过设置表别名提高 SQL 可读性。（**实例位置：资源包\TM\sl\8\6**）

以 tb_book 表、tb_book_author 表和 tb_books_author 表为例，应用别名实现这 3 个表的连接查询，条件为图书的作者相同，并返回 tb_book 表中所有列的信息。SQL 语句如下：

```
SELECT a.*
FROM tb_book AS a,tb_book_author AS b,tb_books_author c
WHERE a.tb_book_author=b.tb_book_author and b.tb_book_author=c.tb_book_author
```

运行结果如图 8.7 所示。

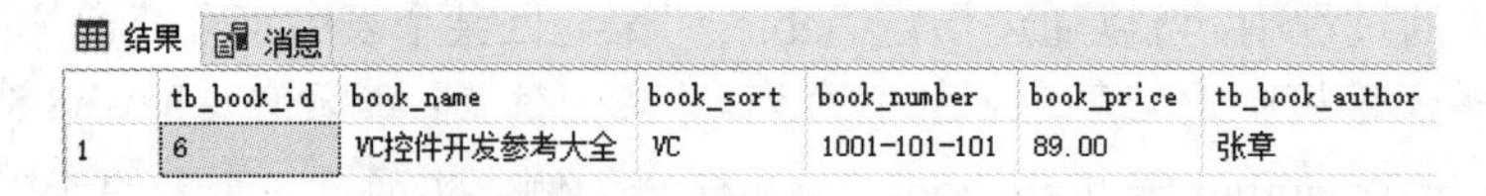

结果 消息

	tb_book_id	book_name	book_sort	book_number	book_price	tb_book_author
1	6	VC控件开发参考大全	VC	1001-101-101	89.00	张章

图 8.7 通过设置表别名提高 SQL 可读性

8.2 内 连 接

内连接就是使用比较运算符进行表与表之间列数据的比较操作，并列出这些表中与连接条件相匹配的数据行。内连接可以用来组合两个或者多个表中的数据。

在内连接中，根据使用的比较方式不同，可以将内连接分为以下 3 种。

（1）等值连接：在连接条件中使用等于运算符比较被连接的列。

（2）不等值连接：在连接条件中使用除等于运算符外的其他比较运算符比较被连接的列。

（3）自然连接：它是等值连接的一种特殊情况，用来把目标中重复的属性列去掉。

8.2.1　等值连接

等值连接是指在连接条件中使用等于“=”运算符比较被连接的列，其查询结果中将列出被连接表中的所有列，包括重复列。在连接条件中的各个连接列的类型必须是可比的，但不一定是相同的。例如，可以都是字符型或者都是日期型；也可以一个是整型，一个是实型，因为它们都是数值型。

虽然连接条件中各列的类型可以不同，但是在应用中最好还是使用相同的类型，因为系统在进行类型转换时要花费很多时间。

【例 8.7】 等值连接。（**实例位置：资源包\TM\sl\8\7**）

以 tb_book_author 表和 tb_book 为例，通过等值连接查询每本图书及其作者的详细信息。SQL 语句如下：

```
SELECT tb_book_author.*,tb_book.*
FROM tb_book_author,tb_book
WHERE tb_book_author.tb_book_author = tb_book.tb_book_author
```

运行结果如图 8.8 所示。

结果　消息

	tb_book_author	tb_author_department	tb_author_resume	tb_book_author_id	tb_book_id	book_name	book_sort	book_number	book_price	tb_book_author
1	张飞	PHP	程序设计	1	1	PHP函数参考大全	PHP	1001-101-107	89.00	张飞
2	张飞	PHP	程序设计	1	5	PHP网络编程自学手册	PHP	1001-101-107	52.00	张飞
3	刘霞	PHP	程序设计	2	2	PHP范例宝典	PHP	1001-101-107	78.00	刘霞
4	张章	VC	应用程序开发	4	6	VC控件开发参考大全	VC	1001-101-101	89.00	张章

图 8.8　等值连接

8.2.2　不等值连接

在 SQL 中既支持等值连接，也支持不等值连接。不等值连接是指在连接条件中使用除等于“=”运算符以外的其他比较运算符比较被连接的列值。可以使用的运算符包括：“>”“>=”“<=”“<”“!>”“!<”和“<>”。

【例 8.8】 不等值连接。（**实例位置：资源包\TM\sl\8\8**）

以 tb_book_author 表和 tb_book 为例，通过不等值连接查询图书作者的详细信息。SQL 语句如下：

```
SELECT tb_book.book_name,tb_book.book_number,tb_book.book_price,tb_book_author.*
FROM tb_book,tb_book_author
WHERE tb_book_author.tb_book_author_id>tb_book.tb_book_id
```

运行结果如图 8.9 所示。

结果 消息

	book_name	book_number	book_price	tb_book_author	tb_author_department	tb_author_resume	tb_book_author_id
1	PHP函数参考大全	1001-101-107	89.00	刘霞	PHP	程序设计	2
2	PHP函数参考大全	1001-101-107	89.00	郭天旺	VC	应用程序开发	3
3	PHP函数参考大全	1001-101-107	89.00	张章	VC	应用程序开发	4
4	PHP函数参考大全	1001-101-107	89.00	赵梦	VB	应用程序开发	5
5	PHP函数参考大全	1001-101-107	89.00	吕纵横	VB	应用程序开发	6
6	PHP函数参考大全	1001-101-107	89.00	秦可怜	VC	应用程序开发	1002
7	PHP函数参考大全	1001-101-107	89.00	吕纵横	VB	应用程序开发	1003
8	PHP函数参考大全	1001-101-107	89.00	郭天旺	VC	应用程序开发	2002
9	PHP函数参考大全	1001-101-107	89.00	吕一	VB	应用程序开发	2003
10	PHP函数参考大全	1001-101-107	89.00	王子琼	VC	应用程序开发	2004
11	PHP范例宝典	1001-101-107	78.00	郭天旺	VC	应用程序开发	3
12	PHP范例宝典	1001-101-107	78.00	张章	VC	应用程序开发	4
13	PHP范例宝典	1001-101-107	78.00	赵梦	VB	应用程序开发	5

图 8.9　不等值连接

8.2.3　自然连接

自然连接是等值连接的一种特殊形式。如果是按照两个表中的相同属性进行等值连接，且目标中去除重复的列，保留所有不重复的列，则可以称之为自然连接。自然连接只有在两表中有相同名称的列且列的含义相似时才能使用。

【例 8.9】 自然连接。（**实例位置：资源包\TM\sl\8\9**）

以 tb_book_author 表和 tb_book 表为例，通过自然连接查询图书和图书作者的信息。在本示例中，两表中涉及一个相同的列名 tb_book_author，所以在进行查询的过程中可以应用自然连接，对两表中重复的列进行删除。SQL 语句如下：

```
SELECT
tb_book.tb_book_id,tb_book.tb_book_author,tb_book.book_name,tb_book.book_sort,tb_book.book_number,
tb_book_author.tb_author_resume
FROM tb_book inner join tb_book_author
ON tb_book_author.tb_book_author=tb_book.tb_book_author
```

运行结果如图 8.10 所示。

结果 消息

	tb_book_id	tb_book_author	book_name	book_sort	book_number	tb_author_resume
1	1	张飞	PHP函数参考大全	PHP	1001-101-107	程序设计
2	5	张飞	PHP网络编程自学手册	PHP	1001-101-107	程序设计
3	2	刘霞	PHP范例宝典	PHP	1001-101-107	程序设计
4	6	张章	VC控件开发参考大全	VC	1001-101-101	应用程序开发

图 8.10　自然连接

8.2.4　复杂的内连接查询

在讲解完内连接后，下面介绍复杂的内连接查询的应用。

【例 8.10】 复杂的内连接查询。（**实例位置：资源包\TM\sl\8\10**）

将 tb_stock 表和 tb_warehouse_detailed 表作内连接，查询统计商品的进货价格。SQL 语句如下：

```
SELECT fullname AS 商品名称, tsum1 AS 进货金额
from (
    SELECT a.tradecode, a.fullname,a.averageprice, b.qty1, b.tsum1
    FROM tb_stock a INNER JOIN (
    SELECT sum(qty) AS qty1,sum(tsum) AS tsum1, fullname
        FROM tb_warehouse_detailed
        GROUP BY fullname) b ON a.fullname = b.fullname
WHERE (a.price > 0 )) tb1
```

运行结果如图 8.11 所示。

结果　消息

	商品名称	进货金额
1	MR计算机	45000
2	MR手机	20000
3	洗衣机	15000
4	自行车	31000

图 8.11　复杂的内连接查询

8.3　外　连　接

8.2 节介绍的内连接比较来自 FROM 子句中表的每列记录，并返回所有满足连接条件的记录。而有时则需要显示表中的所有记录，包括那些不符合连接条件的记录，此时就需要使用外连接。使用外连接可以方便地在连接结果中包含某个表中的其他记录。外连接的查询结果是内连接查询结果的扩展。

外连接一个显著的特点就是将某些不满足连接条件的数据也在连接结果中输出。外连接以指定的数据表为主体，将主体表中不满足连接条件的数据也一并输出。根据外连接保存下来的行的不同，可以将外连接分为以下 3 种连接。

（1）左外连接：表示在结果中包括左表中不满足条件的数据。

（2）右外连接：表示在结果中包括右表中不满足条件的数据。

（3）全外连接：表示左表和右表中不满足条件的数据都出现在结果中。

在连接语句中，JOIN 关键字左边的表示左表，右边的表示右表。

8.3.1　左外连接

左外连接保留了第 1 个表的所有行，但只包含第 2 个表与第 1 个表匹配的行。第 2 个表相应的空行被放入 NULL 值。

左外连接的语法如下：

```
SELECT fieldlist
FROM table1 LEFT JOIN table2
ON table1.column=table2.column
```

【例 8.11】 左外连接。（**实例位置：资源包\TM\sl\8\11**）

以 tb_books_author 表和 tb_book 表为例，使用左外连接查询图书和图书作者的信息，包括没有作者信息的图书。SQL 语句如下：

```
SELECT
a.tb_book_id,a.book_name,a.book_number,a.book_price,b.tb_book_author,b.tb_author_department,
b.tb_author_resume
FROM tb_book a LEFT JOIN tb_books_author b
ON a.tb_book_author=b.tb_book_author
```

运行结果如图 8.12 所示。

结果 消息

	tb_book_id	book_name	book_number	book_price	tb_book_author	tb_author_department	tb_author_resume
1	1	PHP函数参考大全	1001-101-107	89.00	NULL	NULL	NULL
2	2	PHP范例宝典	1001-101-107	78.00	NULL	NULL	NULL
3	3	ASP经验技巧宝典	1001-101-101	79.00	NULL	NULL	NULL
4	4	SQL即查即用	1001-102-100	69.00	NULL	NULL	NULL
5	5	PHP网络编程自学手册	1001-101-107	52.00	NULL	NULL	NULL
6	6	VC控件开发参考大全	1001-101-101	89.00	张章	VC	应用程序开发

图 8.12　左外连接

8.3.2　右外连接

右外连接保留了第 2 个表的所有行，但只包含第 1 个表与第 2 个表匹配的行。第 1 个表的相应空行被放入 NULL 值。

右外连接的语法如下：

```
SELECT fieldlist
FROM table1 RIGHT JOIN table2
ON table1.column=table2.column
```

【例 8.12】 右外连接。（**实例位置：资源包\TM\sl\8\12**）

以 tb_books_author 表和 tb_book 表为例，使用右外连接查询图书和图书作者的信息，包括没有编写图书的作者。SQL 语句如下：

```
SELECT
a.tb_book_id,a.book_name,a.book_number,a.book_price,b.tb_book_author,b.tb_author_department, b.tb_author_resume
FROM tb_book a RIGHT JOIN tb_books_author b
ON a.tb_book_author=b.tb_book_author
```

运行结果如图 8.13 所示。

结果 消息

	tb_book_id	book_name	book_number	book_price	tb_book_author	tb_author_department	tb_author_resume
1	6	VC控件开发参考大全	1001-101-101	89.00	张章	VC	应用程序开发
2	NULL	NULL	NULL	NULL	吕纵横	VB	应用程序开发

图 8.13　右外连接

8.3.3　全外连接

全外连接将两个表所有的行都显示在结果表中。返回的结果除内连接的数据外，还包括两个表中

不符合条件的数据，并在左表或右表的相应列中填写 NULL 值。

全外连接的语法如下：

```
SELECT fieldlist
FROM table1 FULL JOIN table2
ON table1.column = table2.column
```

【例 8.13】 全外连接。（**实例位置：资源包\TM\sl\8\13**）

以 tb_books_author 表和 tb_book 表为例，使用全外连接查询图书和图书作者的信息，以及两个表中不满足条件的所有数据。SQL 语句如下：

```
SELECT
a.tb_book_id,a.book_name,a.book_number,a.book_price,b.tb_book_author,b.tb_author_department,b. tb_author_resume
FROM tb_book a FULL JOIN tb_books_author b
ON a.tb_book_author=b.tb_book_author
```

运行结果如图 8.14 所示。

结果　消息

	tb_book_id	book_name	book_number	book_price	tb_book_author	tb_author_department	tb_author_resume
1	1	PHP函数参考大全	1001-101-107	89.00	NULL	NULL	NULL
2	2	PHP范例宝典	1001-101-107	78.00	NULL	NULL	NULL
3	3	ASP经验技巧宝典	1001-101-101	79.00	NULL	NULL	NULL
4	4	SQL即查即用	1001-102-100	69.00	NULL	NULL	NULL
5	5	PHP网络编程自学手册	1001-101-107	52.00	NULL	NULL	NULL
6	6	VC控件开发参考大全	1001-101-101	89.00	张章	VC	应用程序开发
7	NULL	NULL	NULL	NULL	吕纵横	VB	应用程序开发

图 8.14　全外连接

8.3.4　通过外连接进行多表联合查询

本小节综合运用外连接操作，通过外连接将多个表联合起来进行数据查询。

【例 8.14】 通过外连接进行多表联合查询。（**实例位置：资源包\TM\sl\8\14**）

通过外连接查询多个表中的数据信息，将员工信息表、工资表和加班信息表中的数据通过外连接汇总显示出来。其中两次使用了左外连接查询，即员工信息表与加班信息表进行左外连接后再与工资表进行左外连接，将工资表中符合条件的数据、加班表中符合条件的数据和员工信息表中的员工编号和员工姓名的信息全部显示出来。SQL 语句如下：

```
SELECT tb_employee.序号, tb_employee.员工编号,
        tb_employee.员工姓名, tb_laborage2.薪资编号,
        tb_laborage2.月份, tb_laborage2.基本工资,
        tb_job.请假天数, tb_job.扣除金额
FROM   (tb_employee left join tb_job
on tb_employee.员工编号 = tb_job.员工编号)
LEFT JOIN tb_laborage2
ON tb_employee.员工编号 = tb_laborage2.员工编号
```

运行结果如图 8.15 所示。

	序号	员工编号	员工姓名	薪资编号	月份	基本工资	请假天数	扣除金额
1	1	001	江一	20160001	201802	5600.00	1	30.00
2	2	002	思一	20160002	201802	7000.00	2	60.00
3	3	003	李一	20160003	201802	7200.00	1	30.00

图 8.15　通过外连接进行多表联合查询

8.4　其他连接

8.4.1　自连接

自连接是指同一个表自己与自己进行连接。所有的数据库每次只处理表中一个行，用户可以访问一个行中的所有列，但只能在一个行中。如果同一时间需要一个表中两个不同行的信息，则需要将表与自身连接。

为了更好地理解自连接，可以把一个表想象成两个独立的表。而在 FROM 子句中表被列出了两次，为了区别，必须给每个表提供一个别名来区别这两个副本。

【例 8.15】 自连接。(**实例位置：资源包\TM\sl\8\15**)

以 tb_book 表为例，使用自连接，获取部门相同的图书名称和价格的数据。SQL 语句如下：

```
SELECT a.book_name,b.book_price
FROM tb_book a INNER JOIN tb_book b
ON a.tb_book_id=b.tb_book_id
WHERE a.book_sort=b.book_sort
```

运行结果如图 8.16 所示。

	book_name	book_price
1	PHP函数参考大全	89.00
2	PHP范例宝典	78.00
3	ASP经验技巧宝典	79.00
4	SQL即查即用	69.00
5	PHP网络编程自学手册	52.00
6	VC控件开发参考大全	89.00

图 8.16　自连接

8.4.2　交叉连接

交叉连接是指两个表的笛卡儿乘积。交叉连接会将第 1 个表的每一行与第 2 个表的每一行相匹配，这导致了所有可能的合并。在交叉连接中的列是原表中列的数量的总和（相加），交叉连接中的行是原表中的行数的积（相乘）。交叉连接的操作通过 CROSS JOIN 关键字来完成，并且忽略 ON 条件。

交叉连接的语法格式如下：

```
SELECT fieldlist
FROM table1
CROSS JOIN table2
```

【例 8.16】 交叉连接。(**实例位置：资源包\TM\sl\8\16**)

以 tb_book 表和 tb_books_author 为例，实现两表的交叉连接。SQL 语句如下：

```
SELECT
a.book_name,a.book_price,a.book_number,b.tb_author_department,b.tb_author_resume
FROM tb_book a cross JOIN tb_books_author b
```

运行结果如图 8.17 所示。

	book_name	book_price	book_number	tb_author_department	tb_author_resume
1	PHP函数参考大全	89.00	1001-101-107	VC	应用程序开发
2	PHP范例宝典	78.00	1001-101-107	VC	应用程序开发
3	ASP经验技巧宝典	79.00	1001-101-101	VC	应用程序开发
4	SQL即查即用	69.00	1001-102-100	VC	应用程序开发
5	PHP网络编程自学手册	52.00	1001-101-107	VC	应用程序开发
6	VC控件开发参考大全	89.00	1001-101-101	VC	应用程序开发
7	PHP函数参考大全	89.00	1001-101-107	VB	应用程序开发
8	PHP范例宝典	78.00	1001-101-107	VB	应用程序开发
9	ASP经验技巧宝典	79.00	1001-101-101	VB	应用程序开发
10	SQL即查即用	69.00	1001-102-100	VB	应用程序开发
11	PHP网络编程自学手册	52.00	1001-101-107	VB	应用程序开发
12	VC控件开发参考大全	89.00	1001-101-101	VB	应用程序开发

图 8.17　交叉连接

8.5　实践与练习

1．在 tb_student 表 02 中查询年龄大于平均年龄的所有学生的信息。（**答案位置：资源包\TM\sl\8\17**）

2．把 tb_student 表和 tb_score 表进行交叉连接。（**答案位置：资源包\TM\sl\8\18**）

第 9 章

添 加 数 据

SELECT 是最常用的 SQL 语句。除此之外，还有其他 3 个常用的 SQL 语句，分别是 INSERT 插入语句、UPDATE 更新语句和 DELETE 删除语句。本章将会对 SQL 中的 INSERT 插入语句进行介绍。

本章知识架构及重难点如下：

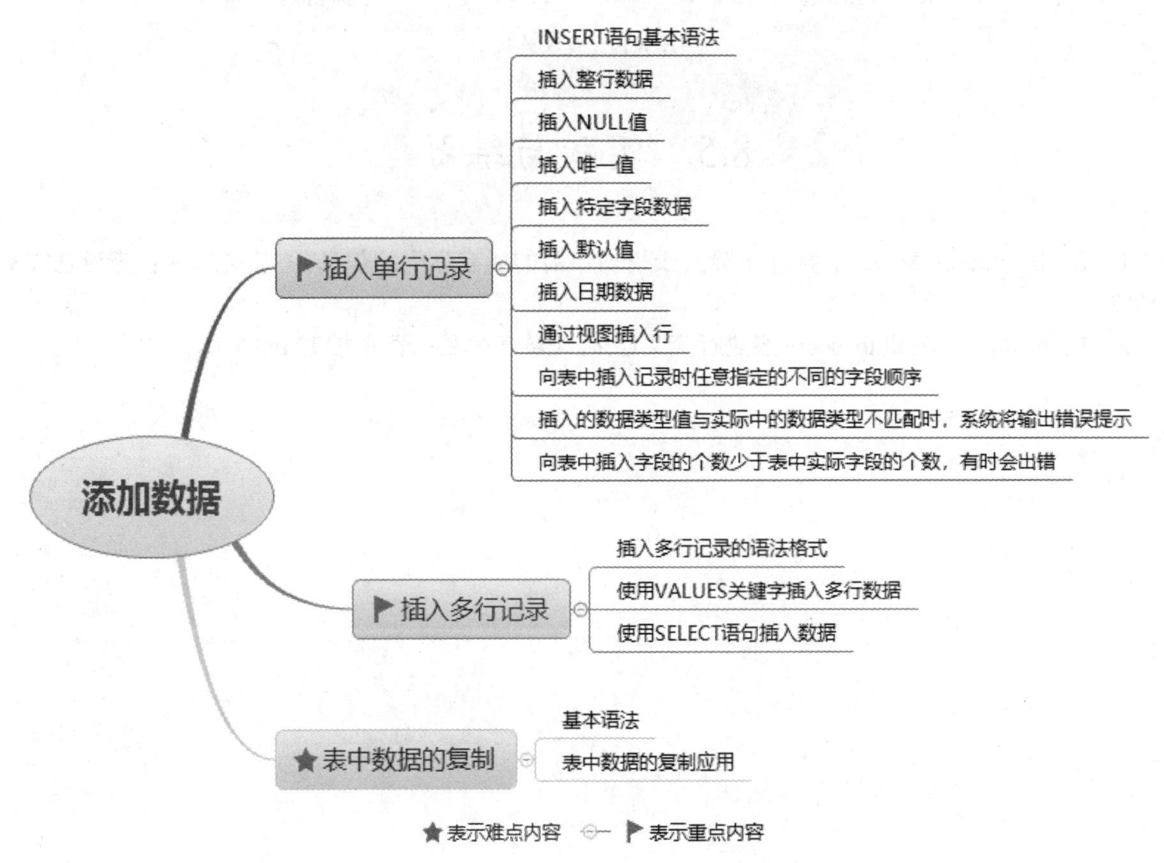

9.1 插入单行记录

在 SQL 中，可以使用 INSERT 语句插入记录。INSERT 语句通常有两种形式：一是插入子查询的结果（可以一次向表中插入多条数据）；二是插入一条记录。本节将详细介绍如何向数据库中插入单行记录。

9.1.1　INSERT 语句基本语法

INSERT 语句语法格式如下：

```
INSERT [INTO]
table_or_view [(column_list)] data_values
```

参数说明如下。

☑　table_or_view：表名或视图的名称。

☑　column_list：由逗号分割的列名列表。

☑　data_values：作为一行或者多行插入已命名的表或视图中。

9.1.2　插入整行数据

用户有时会给数据表的所有列都插入值，即 VALUES 后要包含所有列的值。而表名后的 column_list 列名表参数有两种情况：一种依次列出所有的列，另一种省略列名表。尽管第二种输入起来更快，但第一种语法容易理解和维护。

【例 9.1】 房屋信息表插入数据并且查看插入的数据。（**实例位置：资源包\TM\sl\9\1**）

在 db_mrsql 数据库中，为房屋信息表 tb_home 插入一条完整记录，并查看插入后的数据信息。SQL 语句如下：

```
INSERT INTO tb_home                                    --向房屋信息表中插入一条记录
(住房编号,住房名称,住房类别,住户姓名,备注信息)
VALUES(1001,'XX 名称','一室一厅','王雪健','无')
GO
SELECT * FROM tb_home                                  --查看房屋信息表插入后的数据信息
```

运行结果如图 9.1 所示。

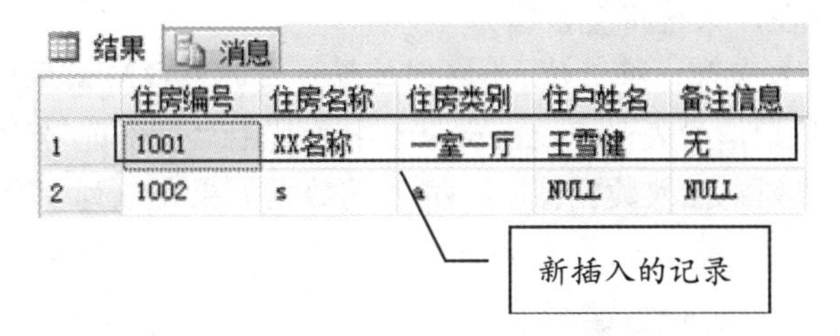

图 9.1　为房屋信息表插入数据并查看插入的数据

示例 9.1 在向房屋信息表中插入数据时，把所有列的列名都列出来了，但必须保证 VALUES 后的各数据项和数据表中定义的顺序一致，也完全可以省略。省略所有列名的 SQL 语句如下所示，和示例 9.1 实现的功能一样。具体代码如下：

```
--向房屋信息表中插入一条记录,并且省略房屋信息表"tb_home"括号里的所有列名
INSERT INTO tb_home
VALUES(1001,'XX 名称','一室一厅','王雪健','无')
GO
SELECT * FROM tb_home                                  --查看房屋信息表插入后的数据信息
```

9.1.3 插入 NULL 值

用户为一个表插入数据时，由于某些列值未知，因此向这些列插入 NULL 值的情况也很常见。

【例 9.2】 为会员信息表插入 NULL 值并且查看插入后的数据信息。（**实例位置：资源包\TM\sl\9\2**）

在 db_mrsql 数据库中，由于会员信息表中的“家庭住址”和“备注”未知，所以只能插入 NULL 值，并且使用 SELECT 关键字查看插入后的数据信息。SQL 语句如下：

```
SELECT * FROM tb_huiyuan                                --查询数据表中的信息
--向数据表中插入 NULL 值
INSERT INTO tb_huiyuan VALUES('H-1004','王雨婷',NULL,NULL)
--查看插入后的数据表中的信息
SELECT * FROM tb_huiyuan
```

运行结果如图 9.2 所示。

	会员编号	会员姓名	家庭住址	备注
1	H-1001	李莉莉	吉林省长春市	暂无
2	H-1002	张萌萌	吉林省长春市	暂无
3	H-1003	菜圆圆	黑龙江省哈尔滨市	暂无

（1）插入数据前

	会员编号	会员姓名	家庭住址	备注
1	H-1001	李莉莉	吉林省长春市	暂无
2	H-1002	张萌萌	吉林省长春市	暂无
3	H-1003	菜圆圆	黑龙江省哈尔滨市	暂无
4	H-1004	王雨婷	NULL	NULL

（2）插入数据后

图 9.2 为会员信息表插入 NULL 值并且查看插入的数据

9.1.4 插入唯一值

用户在插入数据时，有时需要插入唯一值。在插入唯一值前，首先在创建数据表时必须为列创建一个 UNIQUE 约束，然后列中所插入的数值必须是唯一的（即：要插入的值只能在该列中出现一次，如果插入的数据在该列中存在，系统将会报错）。

【例 9.3】 向员工信息表中插入唯一值。（**实例位置：资源包\TM\sl\9\3**）

在 db_mrsql 数据库的员工信息表 tb_yuangong05 中，其中“身份证号”字段在创建表时为它创建一个 UNIQUE 约束，在向该列中插入数据值时，插入的数据如果在该列中存在，系统将会报错。

SQL 语句如下：

```
--向数据表中插入一条重复数据，系统将会报错
INSERT INTO tb_yuangong05
VALUES(1005,'孙建国','230108XXXXXXXXXXXX','无')
```

运行结果如图 9.3 所示。

tb_yuangong05 数据表中的数据如图 9.4 所示。因为 tb_yuangong05 表中的身份证号列存在 UNIQUE 约束，所以当插入相同身份证号的时候会提示插入错误。

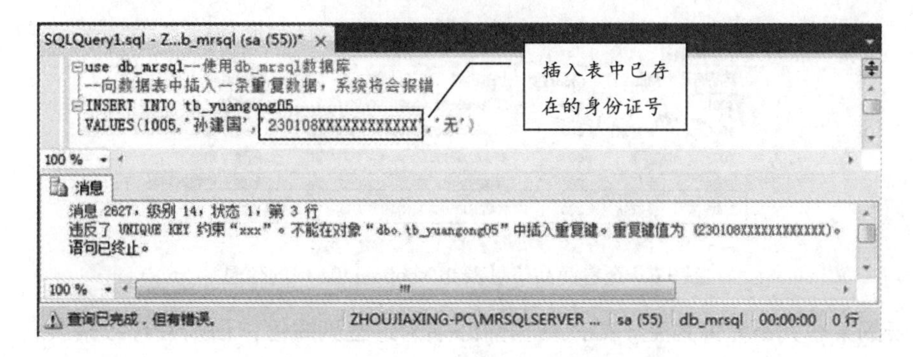

图 9.3　向数据表中插入一条重复数据

	员工编号	员工姓名	身份证号	员工备注
1	1001	李明明	230108XXXXXXXXXXXX	暂无员工备注
2	1002	王晓芬	23000XXXXXXXXXXXXX	暂无员工备注
3	1003	张平	2300011XXXXXXXXXXX	暂无员工备注
4	1004	于阳	2400022XXXXXXXXXXX	暂无员工备注

图 9.4　tb_yuangong05 数据表中的数据

9.1.5　插入特定字段数据

用户在使用 INSERT 语句向数据表插入信息时，有时不需要插入一整行数据的所有信息，只需要向指定的字段插入数据信息，这时只需为特定字段插入数据即可。

1．一个表的某些列允许为空，插入数据时可以不为这些列赋值

【例 9.4】　为商品信息表的特定字段插入数值。（**实例位置：资源包\TM\sl\9\4**）

在 db_mrsql 数据库的商品信息表 tb_shopping04 中，使用 INSERT INTO 语句向该表中插入一条记录，其中记录中的“零售价”和“商品说明”字段值未知，并且不为“零售价”和“商品说明”这两个字段插入 NULL 值，只为其余的“商品编号”“商品名称”“商品数量”和“上市日期”列插入数值。

SQL 语句如下：

```
INSERT INTO tb_shopping04
(商品编号,商品名称,商品数量,上市日期)
VALUES(1005,'洗衣粉','200','2022-3-5')
```

运行结果如图 9.5 所示。

消息

(1 行受影响)

完成时间：2022-12-21T10:52:04.7196884+08:00

图 9.5　为商品信息表 tb_shopping04 的特定列插入数值

然后查看商品信息表，运行结果如图 9.6 所示。从中可以看出，“零售价”和“商品说明”列为 NULL 值。查看数据插入后的信息表，代码如下：

```
SELECT * FROM tb_shopping04                    --查看插入数据后数据表中的信息
```

	商品编号	商品名称	商品数量	上市日期	零售价	商品说明
1	1001	香皂	100	2008-03-01 00:00:00.000	2	实惠装
2	1002	洗发水	20	2008-03-02 00:00:00.000	10	加量不加价
3	1003	服装	50	2008-03-12 00:00:00.000	50	新款上市
4	1004	手机	20	2008-03-11 00:00:00.000	20	新款上市惊喜不断
5	1005	洗衣粉	200	2022-03-05 00:00:00.000	NULL	NULL

图 9.6　查看商品信息表 tb_shopping04 中的信息

2. 一个表的某些列不允许为空，插入数据时必须为这些列赋值，否则会导致错误

【例 9.5】 为车辆信息表中不允许为 NULL 值的列插入空值。（**实例位置：资源包\TM\sl\9\5**）

在 db_mrsql 数据库的车辆信息表 car04 中只为“车辆编号”和“车辆名称”列插入数据，并且未向该表的“销售价格”列插入数据（该列在创建时不允许为空值），插入的数据并没有成功，系统将输出错误提示信息。SQL 语句如下：

```
INSERT INTO car04 (车辆编号,车辆名称) VALUES(1001,'车辆 1') --向车辆信息表中插入一条数据
```

运行结果如图 9.7 所示。

```
消息
消息 515，级别 16，状态 2，第 1 行
不能将值 NULL 插入列 '销售价格'，表 'db_mrsql.dbo.car04'；列不允许有 Null 值。INSERT 失败。
语句已终止。

完成时间： 2022-12-21T10:54:42.1715344+08:00
```

图 9.7　为车辆信息表中不允许为 NULL 值的列插入空值

从本示例可以看出，插入数据没有成功，这是因为在创建 car04 数据表时指定“销售价格”列不允许为 NULL 值，而此代码中没有给“销售价格”列插入数据

9.1.6　插入默认值

用户在创建数据表时允许通过 DEFAULT 关键字为列创建默认值。例如，假设插入新记录时没有给字段 new_column 提供数据，而这个字段有一个默认值“default_value”，在这种情况下，当新记录建立时会插入“default_value”值来填充该字段。

【例 9.6】 向人员信息表插入默认值。（**实例位置：资源包\TM\sl\9\6**）

在 db_mrsql 数据库中，向人员信息表 tb_person04 中插入一条数据，这时没有给字段“人员性别”提供数据，其中在创建人员信息表时为“人员性别”字段设置了默认值，默认值为“男”。SQL 语句如下：

```
--向数据表中插入一条数据
INSERT INTO tb_person04(人员编号,人员名称,人员备注)
VALUES(1004,'王强','他是一名勤奋的人！')
```

运行结果如图 9.8 所示。

	人员编号	人员名称	人员性别	人员备注
1	1001	张明明	男	暂无
2	1002	王天思	女	暂无
3	1003	卞海燕	女	暂无

（1）插入数据前

	人员编号	人员名称	人员性别	人员备注
1	1001	张明明	男	
2	1002	王天思	女	
3	1003	卞海燕	女	暂无
4	1004	王强	男	他是一名勤奋的人!

默认值

（2）插入数据后

图 9.8　向人员信息表中插入默认值

9.1.7　插入日期数据

【例 9.7】 向货物信息表中插入日期数据。（**实例位置：资源包\TM\sl\9\7**）

在 db_mrsql 数据库中，向货物信息表 tb_goods04 中插入一条数据，其中使用 GETDATE()函数来填充“上市时间”字段的数据的值，并且使用 SELECT 语句查看插入数据后的数据表中的数据信息。SQL 语句如下：

```
use db_mrsql --使用 db_mrsql 数据库
GO
--判断“tb_goods04”信息表是否存在，如果存在将该信息表删除
IF EXISTS(SELECT * FROM INFORMATION_SCHEMA.TABLES
     WHERE table_name = 'tb_goods04')
DROP TABLE tb_goods04                          --删除该信息表
GO
--创建 tb_goods04 数据信息表
CREATE TABLE tb_goods04
(
   上市编号 char(11) NOT NULL,
   货物名称 varchar(40) NOT NULL,
   上市时间 datetime,                          --将该字段设置为日期时间类型
   备注 text
)
GO
--向该表中插入数据
INSERT INTO tb_goods04 VALUES('M-1001','香皂',getdate(),'无')
--查看插入数据后的信息
SELECT * FROM tb_goods04
```

运行结果如图 9.9 所示。

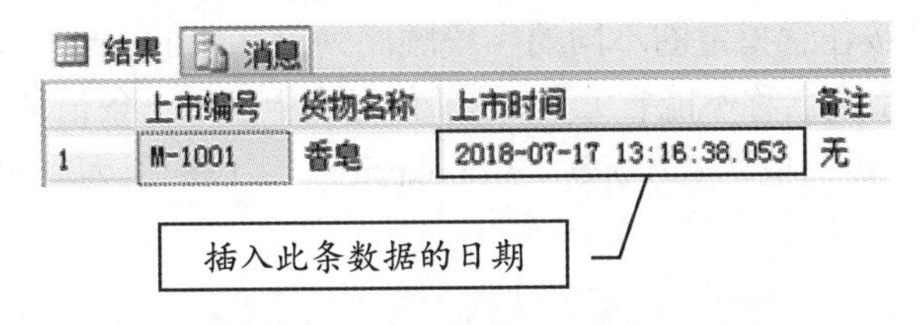

图 9.9　向货物信息表中插入日期数据

9.1.8　通过视图插入行

【例 9.8】 向视图中插入数据的同时也将数据插入数据表中。（**实例位置：资源包\TM\sl\9\8**）

在 db_mrsql 数据库中，基于员工信息表“tb_yuangong05”创建一个视图 view_yuangong，并且使用 SELECT 语句查询创建后视图中数据的信息。然后使用 INSERT 语句向新创建的视图 view_yuangong 中插入数据，并且使用 SELECT 语句查看插入数据后数据表 tb_yuangong05 的数据信息。SQL 语句如下：

```
--基于员工信息表“tb_yuangong05”创建视图“view_yuangong”
CREATE VIEW view_yuangong
AS
SELECT * FROM tb_yuangong05
```

查看创建后的视图信息，SQL 语句如下：

```
--查看创建后的视图信息
SELECT * FROM view_yuangong
```

运行结果如图 9.10 所示。

使用 INSERT 语句向新创建的视图 view_yuangong 中插入数据，并且使用 SELECT 语句查看插入数据后数据表“tb_yuangong05”中的数据信息。SQL 语句如下：

```
INSERT INTO view_yuangong
VALUES(1008,'孙涛','230108888888XXXXXX','暂无')
GO
SELECT * FROM tb_yuangong05
```

此时运行结果如图 9.11 所示。

	员工编号	员工姓名	身份证号	员工备注
1	1001	李明明	230108XXXXXXXXXXXX	暂无员工备注
2	1002	王晓芬	23000XXXXXXXXXXXXX	暂无员工备注
3	1003	张平	2300011XXXXXXXXXXX	暂无员工备注
4	1004	于阳	2400022XXXXXXXXXXX	暂无员工备注

图 9.10　查看创建后的视图信息

	员工编号	员工姓名	身份证号	员工备注
1	1001	李明明	230108XXXXXXXXXXXX	暂无员工备注
2	1002	王晓芬	23000XXX	
3	1003	张平	230001 1X	
4	1004	于阳	2400022XXXXXXXXXXX	暂无员工备注
5	1008	孙涛	230108888888XXXXXX	暂无

新插入的数据

图 9.11　执行插入语句之后视图中的数据信息

9.1.9　向表中插入记录时任意指定的不同的字段顺序

【例 9.9】 向表中插入记录时任意指定的不同的字段顺序。(**实例位置：资源包\TM\sl\9\9**)

在 db_mrsql 数据库中，向图书信息表 tb_booksell05 中插入一条数据。其中并不是按表中各字段的顺序列出字段的内容，而是按任意指定的不同的字段顺序列出字段的内容，因此必须要指定字段列表（即：tb_booksell05 后面的字段名称不能省）。在图书信息表中插入一条记录，其中“bookname”字段的值为“××小说”；“id”字段的值为“10008”；“bookprice”字段的值为“20”；“booksum”字段的值为“10”。SQL 语句如下：

```
INSERT INTO
tb_booksell05(bookname,id,bookprice,booksum)
VALUES('XX 小说',10008,20,10)
```

运行结果如图 9.12 所示。

	id	bookname	bookprice	booksum

（1）插入数据前

	id	bookname	bookprice	booksum
1	10008	XX小说	20	10

（2）插入数据后

图 9.12　向表中插入记录时任意指定的不同的字段顺序

9.1.10　插入的数据类型值与实际中的数据类型不匹配时，系统将输出错误提示

【例 9.10】 插入的数据类型值与实际中的数据类型不匹配时，系统将输出错误指示。（**实例位置：资源包\TM\sl\9\10**）

在 db_mrsql 数据库中，向工人信息表 tb_worker05 中插入一行数据，由于在创建工人信息表时将字段“工人编号”的数据类型设置为“int”，而在向“工人编号”字段中插入数值时却插入的是“varchar”类型的数值，因此系统将输出错误提示。操作步骤如下。

（1）使用 CREATE TABLE 关键字创建一个工人信息表 tb_worker05，其中将“工人编号”字段的数据类型设置为“int”类型。SQL 语句如下：

```
--创建工人信息表"tb_worker05"
CREATE TABLE tb_worker05
(
  工人编号 int,
  工人姓名 varchar(20),
  工人性别 char(2),
  工人备注 varchar(50)
)
```

（2）向工人信息表中插入一条数据，在代码编辑区中输入如下代码：

```
INSERT INTO tb_worker05
VALUES('m101','小强','女','暂无')
```

运行结果如图 9.13 所示。

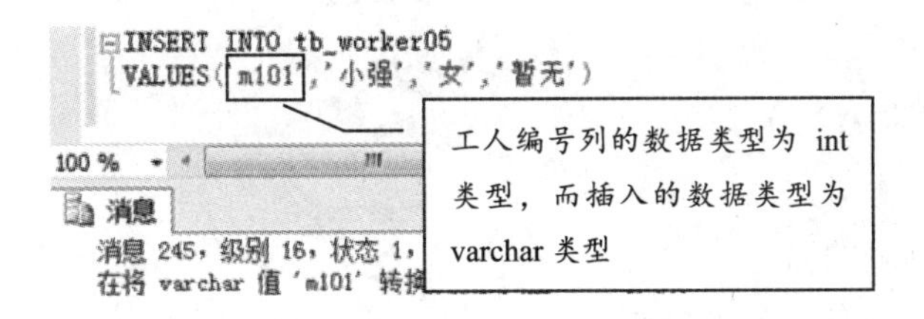

图 9.13　插入的数据类型值与实际中的数据类型不匹配时，系统输出错误指示

9.1.11　向表中插入字段的个数少于表中实际字段的个数，有时会出错

【例 9.11】 向表中插入字段的个数少于表中实际字段的个数，有时会出错。（**实例位置：资源包\TM\sl\9\11**）

在 db_mrsql 数据库中，向学生表 tb_pupil04 中插入一条数据，向表中插入字段的个数少于表中实际字段的个数（学生表中的字段个数为 5 个，查看数据表中的字段个数的情况如图 9.14 所示，在向表中插入数据时只向表中插入 3 个字段的数值），这时系统输出错误信息。SQL 语句如下：

```
INSERT INTO tb_pupil04
VALUES(1001,'王月','女')
```

运行结果如图 9.14 所示。

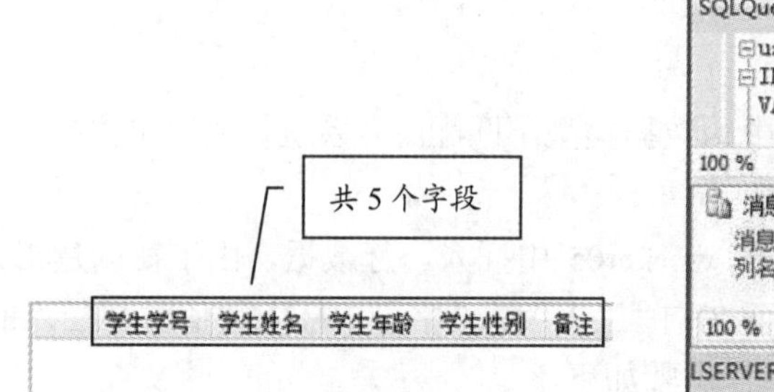

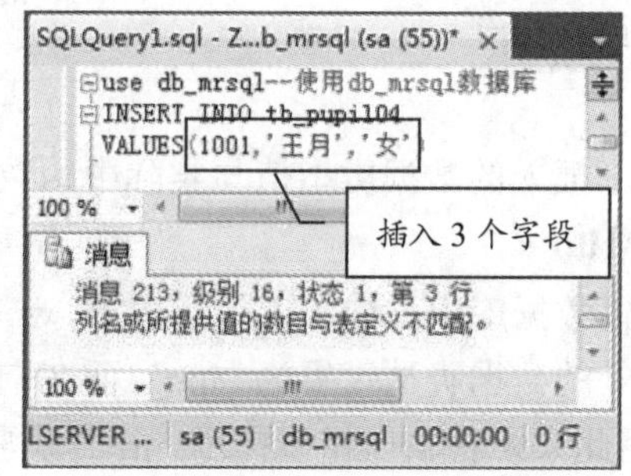

图 9.14　向表中插入字段的个数少于表中实际字段的个数时出错

9.2　插入多行记录

使用 INSERT INTO…VALUES 语句向表中插入数据，使用该语句一次只能向数据表中插入一行数据信息。实际上，使用 VALUES 关键字一次能向数据库中插入多行数据。

9.2.1　插入多行记录的语法格式

使用 VALUES 关键字一次向数据表中插入多行数据的语法格式如下：

```
INSERT INTO table_name
[column_list]
VALUES
(data11,data12,…),(data21,data22,…),…
```

参数说明如下。

☑　table_name：数据表的名称。

☑　column_list：由逗号分隔的列名列表。

☑　(data11,data12,…),(data21,data22,…),…：插入数据的数据值。

9.2.2　使用 VALUES 关键字插入多行数据

【例 9.12】 使用 VALUES 关键字插入多行数据。(**实例位置：资源包\TM\sl\9\12**)

在 db_mrsql 数据库中，通过使用 VALUES 关键字向学生信息表 tb_stu 中一次插入 3 条记录，并且

通过 SELECT 语句查看学生信息表中数据的信息。SQL 语句如下：

```
--向学生信息表"tb_stu"中一次插入 3 条数据
INSERT INTO tb_stu
VALUES
(1001, 'jim', '男'),
(1002, 'tom', '女'),
(1003, 'marry', '女');
```

运行结果如图 9.15 所示。

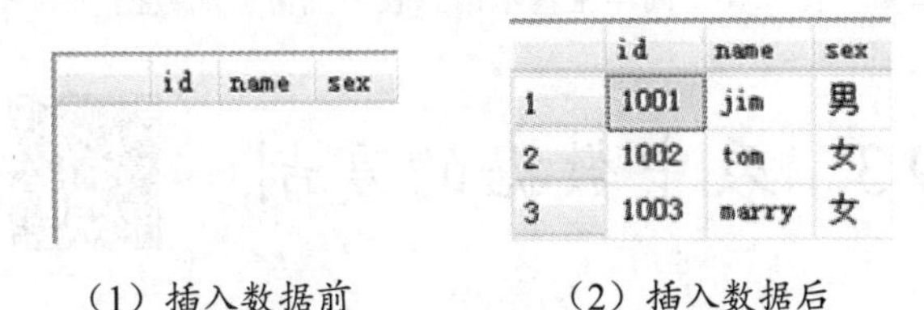

id	name	sex

	id	name	sex
1	1001	jim	男
2	1002	tom	女
3	1003	marry	女

（1）插入数据前　　（2）插入数据后

图 9.15　由 VALUES 关键字插入多行数据

9.2.3　使用 SELECT 语句插入数据

在插入数据时，不但一次可以给数据表插入一条数据，也可以一次给数据表添加多条记录（即批量插入数据）。使用 SELECT 语句批量插入数据时，INSERT 语句后的 VALUES 子句指定的是一个 SELECT 子查询的结果集。

1．SELECT 语句批量插入数据的语法格式

SELECT 语句批量插入数据的语法格式如下：

```
INSERT INTO table_name
SELECT {* | fieldname1 [,fieldname2…]}
FROM table_source [Where search_condition ]
```

参数说明如下。

☑　INSERT INTO：关键字。

☑　table_name：存储数据的数据表，该数据表必须已经存在。

☑　SELECT：表示其后是一个查询语句。

2．使用 SELECT 语句批量插入数据的应用

【例 9.13】　向学生基本信息表中批量追加数据。（**实例位置：资源包\TM\sl\9\13**）

在 db_mrsql 数据库的学生基本信息表 tb_stu04 中，将自身的数据批量追加，并查看批量追加前后该数据表中的信息。SQL 语句如下：

```
--使用 SELECT 语句把学生基本信息表"tb_stu04"中的数据批量追加
INSERT INTO tb_stu04 SELECT * FROM tb_stu04
```

运行结果如图 9.16 所示。

	编号	姓名	出生年月日	备注
1	M-1001	张晓波	1990-03-21 00:00:00.000	NULL
2	M-1002	李佳茹	1992-12-02 00:00:00.000	NULL
3	M-1003	张悦	1990-09-18 00:00:00.000	NULL

（1）插入数据前

	编号	姓名	出生年月日	备注
1	M-1001	张晓波	1990-03-21 00:00:00.000	NULL
2	M-1002	李佳茹	1992-12-02 00:00:00.000	NULL
3	M-1003	张悦	1990-09-18 00:00:00.000	NULL
4	M-1001	张晓波	1990-03-21 00:00:00.000	NULL
5	M-1002	李佳茹	1992-12-02 00:00:00.000	NULL
6	M-1003	张悦	1990-09-18 00:00:00.000	NULL

（2）插入数据后

图 9.16　向学生基本信息表中批量追加数据

9.3　表中数据的复制

可以使用 SELECT…INTO 语句将已存在的数据表中的信息复制到所要创建的数据表中。

9.3.1　基本语法

使用 SELECT…INTO 语句的语法格式如下：

```
SELECT [select_list]
INTO new_table
FROM table_name
WHERE search_condition
```

参数说明如下。

☑　select_list：所要查询字段名称的列表。

☑　new_table：新创建的数据表的名称，该数据表必须不存在。

☑　table_name：数据表的名称，该数据表必须已经存在。

☑　search_condition：查询的条件。

9.3.2　表中数据的复制应用

【例 9.14】　表中数据的复制应用。（**实例位置：资源包\TM\sl\9\14**）

在 db_mrsql 数据库中，查询数据表 tb_stu05 中的数据信息，并把查找到的“学生编号”“学生姓名”和“学生总成绩”字段信息复制到新创建的数据表 tb_newstu 中。SQL 语句如下：

```
--查询数据表"tb_stu05"中的数据信息，把查找到的"学生编号""学生姓名"
"学生总成绩"字段信息复制到新创建的数据表"tb_newstu"中
SELECT  学生编号,学生姓名,学生总成绩
INTO tb_newstu
FROM tb_stu05
```

运行结果如图 9.17 所示。

	学生编号	学生姓名	学生总成绩	学生备注
1	1001	王丽雪	389	暂无
2	1002	邹明	421	暂无
3	1003	王鹏	432	暂无
4	1004	李佳	451	暂无

（1）tb_stu05表（被复制的）数据

	学生编号	学生姓名	学生总成绩
1	1001	王丽雪	389
2	1002	邹明	421
3	1003	王鹏	432
4	1004	李佳	451

（2）tb_newstu表（复制出的）数据

图 9.17　表中数据的复制应用

9.4　实践与练习

1．在商品信息表 tb_shopping04 中，使用 INSERT INTO 语句向该表中插入一条记录。（**答案位置：资源包\TM\sl\9\15**）

2．查询数据表 tb_employee02 中的数据信息，并把查找到的“编号”“姓名”和“所属部门”字段信息复制到新创建的数据表 tb_newemp 中。（**答案位置：资源包\TM\sl\9\16**）

第 10 章

修改和删除数据

有时候需要对数据表中的一行数据进行更新，或者对某些数据进行删除的操作，这时就需要用到SQL 中的 UPDATE 更新语句和 DELETE 删除语句。本章将会对 SQL 中的 UPDATE 更新语句和 DELETE删除语句进行介绍。

本章知识架构及重难点如下：

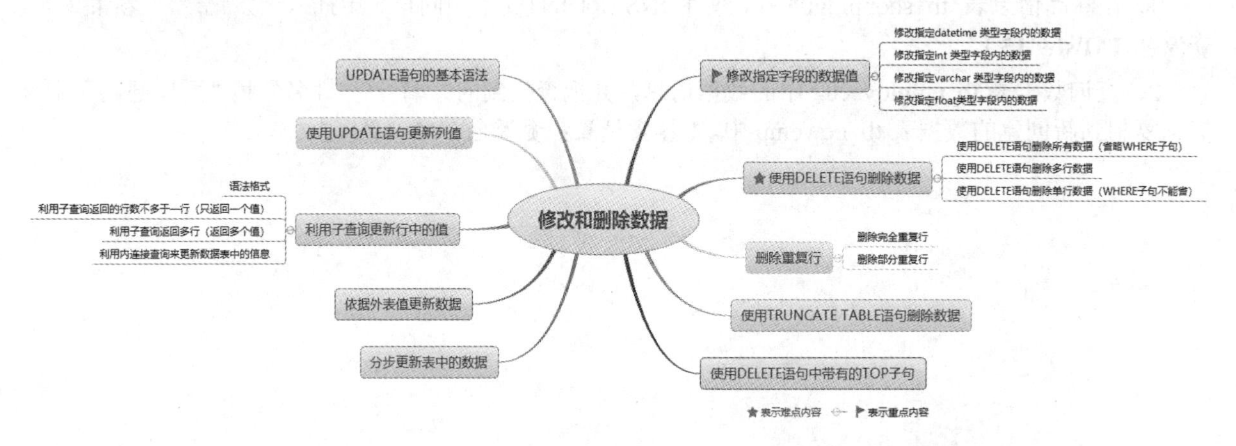

10.1　UPDATE 语句的基本语法

UPDATE 语句用来修改表中的数据，通常有两种形式：第一种是可以一次在表中修改多条记录（实现一改全改）；第二种是只修改一条记录。UPDATE 语句的语法格式如下：

```
UPDATE
   {
     table_name WITH ( < table_hint_limited > [ ...n ] )
     | view_name
     | rowset_function_limited
     }
       SET
        { column_name = { expression | DEFAULT | NULL }
        | @variable = expression
        | @variable = column = expression } [ ,...n ]
  { { [ FROM { < table_source > } [ ,...n ] ]
        [ WHERE
             < search_condition > ] }
        |
        [ WHERE CURRENT OF
```

```
            { { [ GLOBAL ] cursor_name } | cursor_variable_name }
            ] }
            [ OPTION ( < query_hint > [ ,...n ] ) ]
< table_source > ::=
      table_name [ [ AS ] table_alias ] [ WITH ( < table_hint > [ ,...n ] ) ]
      | view_name [ [ AS ] table_alias]
      | rowset_function [ [AS] table_alias]
      | derived_table [AS] table_alias [ ( column_alias [ ,...n ] ) ]
      | < joined_table >
< joined_table > ::=
      < table_source > < join_type > < table_source > ON < search_condition >
      | < table_source > CROSS JOIN < table_source >
      | < joined_table >
< join_type > ::=
      [ INNER | { { LEFT | RIGHT | FULL } [OUTER] } ]
      [ < join_hint > ]
      JOIN
< table_hint_limited > ::=
      {     FASTFIRSTROW
            | HOLDLOCK
            | PAGLOCK
            | READCOMMITTED
            | REPEATABLEREAD
            | ROWLOCK
            | SERIALIZABLE
            | TABLOCK
            | TABLOCKX
            | UPDLOCK
      }
< table_hint > ::=
      {     INDEX ( index_val [ ,...n ] )
            | FASTFIRSTROW
            | HOLDLOCK
            | NOLOCK
            | PAGLOCK
            | READCOMMITTED
            | READPAST
            | READUNCOMMITTED
            | REPEATABLEREAD
            | ROWLOCK
            | SERIALIZABLE
            | TABLOCK
            | TABLOCKX
            | UPDLOCK
      }
< query_hint > ::=
      {     { HASH | ORDER } GROUP
            | { CONCAT | HASH | MERGE } UNION
            | {LOOP | MERGE | HASH } JOIN
            | FAST number_rows
            | FORCE ORDER
            | MAXDOP
            | ROBUST PLAN
            | KEEP PLAN
```

```
}
```

参数说明如下。

☑ table_name：要更新的表的名称。如果该表不在当前服务器或数据库中，或不为当前用户所有，这个名称可用链接服务器、数据库和所有者名称来限定。

☑ WITH(<table_hint_limited>[...n])：指定目标表所允许的一个或多个表提示。需要有 WITH 关键字和圆括号。不允许有 READPAST、NOLOCK 和 READUNCOMMITTED。

☑ view_name：要更新的视图的名称。通过 view_name 引用的视图必须是可更新的。用 UPDATE 语句进行的修改，至多只能影响视图的 FROM 子句所引用的基表中的一个。

☑ rowset_function_limited：指 OPENQUERY()或 OPENROWSET()函数，视提供程序功能而定。

☑ SET：指定要更新的列或变量名称的列表。

☑ column_name：含有要更改数据的列的名称。column_name 必须驻留于 UPDATE 子句所指定的表或视图中。标识列不能进行更新。

10.2 使用 UPDATE 语句更新列值

用户有时会给数据表修改数据值，通常有两种情况：一是修改表中的所有数据（不带有 WHERE 子句）；二是只修改一条记录（必须带有 WHERE 子句）。

1．修改表中所有行的列值

【例 10.1】 使用 UPDATE 语句更新教师信息表中的所有行的列值。（**实例位置：资源包\TM\sl\ 10\1**）

在 db_mrsql 数据库中，在教师信息表 tb_teacher06 中修改所有行中的字段“教师备注”的值。SQL 语句如下：

```
--将教师信息表“tb_teacher06”中的所有“教师备注”字段中的信息修改为“对待工作认真负责！”
UPDATE tb_teacher06 SET
教师备注='对待工作认真负责！'
```

运行结果如图 10.1 所示。

	教师编号	教师名称	教师备注
1	1001	李梓潼	无
2	1002	王自雪	无
3	1003	赵小靖	无
4	1004	刘媛媛	无

（1）修改“教师备注”前

	教师编号	教师名称	教师备注
1	1001	李梓潼	对待工作认真负责!
2	1002	王自雪	对待工作认真负责!
3	1003	赵小靖	对待工作认真负责!
4	1004	刘媛媛	对待工作认真负责!

（2）修改“教师备注”后

图 10.1　使用 UPDATE 语句更新教师信息表中所有行的列值

2．修改表中的部分行的列值

【例 10.2】 使用 UPDATE 语句更新车辆信息表中部分行的列值。（**实例位置：资源包\TM\sl\10\2**）

在 db_mrsql 数据库中，将车辆信息表 tb_car04 中车辆编号为“1001”的记录的“备注”信息内容修改为“这是一辆好车！”。SQL 语句如下：

```
--修改"车辆编号"为"1001"的信息的"备注"的信息内容为"这是一辆好车！"
UPDATE tb_car04 set 备注='这是一辆好车！'
WHERE 车辆编号=1001
```

运行结果如图 10.2 所示。

	车辆编号	车辆名称	车辆数量	备注
1	1001	车辆1	200	暂无
2	1002	车辆2	100	暂无
3	1003	车辆3	50	暂无

（1）修改部分行的列值前

	车辆编号	车辆名称	车辆数量	备注
1	1001	车辆1	200	这是一辆好车！
2	1002	车辆2	100	暂无
3	1003	车辆3	50	暂无

（2）修改部分行的列值后

图 10.2　使用 UPDATE 语句更新车辆信息表中部分行的列值

3．使用 UPDATE 语句中带有 TOP 子句

【例 10.3】 使用 UPDATE 语句中带有 TOP 子句。（**实例位置：资源包\TM\sl\10\3**）

在 db_mrsql 数据库中，使用 UPDATE 语句中带有 TOP 子句修改学生成绩表 tb_stuscore 前两行中的“学生备注”信息，将信息由“无”修改为“是一名好学生！”。SQL 语句如下：

```
--使用 UPDATE 语句中带有 TOP 子句,修改前两条数据的信息
UPDATE TOP(2) tb_stuscore set 学生备注='是一名好学生！'
```

运行结果如图 10.3 所示。

	学生编号	学生姓名	数学成绩	英语成绩	语文成绩	学生备注
1	M-2018-01	王晶晶	90	89	68	无
2	M-2018-02	张淼	89	79	94	无
3	M-2018-03	王蕾	87	97	74	无
4	M-2018-04	李晗晗	96	90	89	无

（1）修改前

	学生编号	学生姓名	数学成绩	英语成绩	语文成绩	学生备注
1	M-2018-01	王晶晶	90	89	68	是一名好学生！
2	M-2018-02	张淼	89	79	94	是一名好学生！
3	M-2018-03	王蕾	87	97	74	无
4	M-2018-04	李晗晗	96	90	89	无

（2）修改前两行的学生备注

图 10.3　使用 UPDATE 语句中带有 TOP 子句

10.3　利用子查询更新行中的值

可以在 UPDATE 语句中把 SELECT 语句的结果用作一个赋值。但子查询返回的行数一定不能多于一行，如果没有行被返回，则将 NULL 值赋给目标列。

10.3.1　语法格式

UPDATE 语句中把子查询的结果用作赋值。语法格式如下：

```
UPDATE table_name
SET { column_name = { expression | Default | Null }[, …n]}
WHERE fieldname predication (subselect)
```

参数说明如下。

☑ fieldname：列名称。

☑ predication（subselect）：通常为关系表达式。subselect 表示一个子查询。

10.3.2 利用子查询返回的行数不多于一行（只返回一个值）

【例 10.4】 利用子查询修改会员信息表中的信息。（**实例位置：资源包\TM\sl\10\4**）

在 db_mrsql 数据库中，利用子查询修改会员信息表中的信息，将 vip 会员卡的积分调整为原来的积分加上 1 号会员的积分。SQL 语句如下：

```
--判断"tb_memberCard"信息表是否存在，如果存在将该信息表删除
    IF EXISTS(SELECT * FROM INFORMATION_SCHEMA.TABLES
        WHERE table_name = 'tb_memberCard')
      DROP TABLE tb_memberCard                    --删除该信息表
GO
--创建数据表
CREATE TABLE tb_memberCard
(
会员编号 int,
会员姓名 varchar(20),
会员卡积分 float,
会员卡等级 varchar(20)
)
--向 tb_memberCard 数据表中插入信息
INSERT INTO tb_memberCard values(1,'于洋',30,'银卡')
INSERT INTO tb_memberCard values(2,'王雪',80,'金卡')
INSERT INTO tb_memberCard values(3,'张波',120,'vip')
INSERT INTO tb_memberCard values(4,'齐春苗',140,'vip')
GO
--查询插入数据后的表中的信息的情况
SELECT * FROM tb_memberCard
--修改数据表中的信息
UPDATE tb_memberCard
SET 会员卡积分=会员卡积分+
  (SELECT 会员卡积分
   FROM  tb_memberCard
   WHERE 会员编号='1'
  )
WHERE 会员卡等级='vip'
--查询修改后的数据表中的信息
SELECT * FROM tb_memberCard
```

运行结果如图 10.4 所示。

	会员编号	会员姓名	会员卡积分	会员卡等级
1	1	于洋	30	银卡
2	2	王雪	80	金卡
3	3	张波	120	vip
4	4	齐春苗	140	vip

（1）修改前

	会员编号	会员姓名	会员卡积分	会员卡等级
1	1	于洋	30	银卡
2	2	王雪	80	金卡
3	3	张波	150	vip
4	4	齐春苗	170	vip

（2）修改 vip 会员的积分

图 10.4 用子查询修改会员信息表

从图 10.4 中可知，1 号会员的会员卡积分为 30，那么将 vip 会员的积分分别加上 30，即是 vip 会员积分调整之后的数值。

10.3.3　利用子查询返回多行（返回多个值）

示例 10.4 中的子查询只返回一个值。下面示例中子查询将返回多个值。

【例 10.5】 利用子查询给会员信息表赋值，并且查询结果返回多个值。（**实例位置：资源包\TM\sl\10\5**）

在 db_mrsql 数据库中，利用子查询给会员信息表赋值，并且查询结果返回多个值。SQL 语句如下：

```
--修改数据表中的信息
UPDATE tb_memberCard
SET 会员卡积分=会员卡积分+
    (SELECT 会员卡积分
     FROM   tb_memberCard
     WHERE 会员卡等级='vip'
    )
WHERE 会员卡等级='vip'
--查询修改后的数据表中的信息的情况
SELECT * FROM tb_memberCard
```

运行结果如图 10.5 所示。

```
结果  消息
消息 512，级别 16，状态 1，第 2 行
子查询返回的值不止一个。当子查询跟随在 =、!=、<、<=、>、>= 之后，或子查询用作表达式时，这种情况是不允许的。
语句已终止。

(4 行受影响)

完成时间：2022-12-21T14:17:52.2253019+08:00
```

图 10.5　用子查询给 tb_memberCard 赋值

可以看出这是一个错误的 SQL 语句。原因是子查询（select 会员卡积分 from tb_memberCard where 会员卡等级='vip'）返回的不是一个值，而是 tb_memberCard 数据表中所有“会员卡等级=vip”的值。

10.3.4　利用内连接查询来更新数据表中的信息

可以使用内连接查询来更新数据表中的信息。

1. 语法格式

UPDATE 语句中用内连接查询来更新数据表中的信息。语法格式如下：

```
UPDATE table_name1
  SET { column_name = { expression | Default | Null }[, …n]}
FROM table_name1 INNER JOIN table_nane2 ON joincondition [INNER JOIN table_nane3 ON joincondition…]
[ WHERE search_condition ]
```

参数说明如下。

☑ FROM：是关键字，用于在 UPDATE 语句中引入其他表。

☑ INNER JOIN：表示在两个表之间建立内连接。

2．利用内连接查询来更新数据表中的信息

【例 10.6】 使用内连接查询来更新会员卡基本信息表中的信息。（**实例位置：资源包\TM\sl\10\6**）

在 db_mrsql 数据库中，使用内连接查询（内连接的关键字为：INNER JOIN）来更新会员卡基本信息表 tb_hycard 中的信息。SQL 语句如下：

```
--使用内连接查询来更新会员卡基本信息表中的信息
 UPDATE tb_hycard
 SET 卡中金额=卡中金额+
 (
      SELECT tb_hy04.会员积分 FROM tb_hy04 INNER JOIN
      tb_hycard ON tb_hy04.会员编号=tb_hycard.会员编号
  )
 WHERE tb_hycard.会员编号=1001
```

运行结果如图 10.6 所示。

	会员编号	会员姓名	会员积分
1	1001	张明	20
2	1002	王强	100
3	1003	齐春	20
4	1004	孙涛	30

（1）会员基本信息表

	会员编号	卡中金额
1	1001	70

（2）会员卡基本信息表

	会员编号	卡中金额
1	1001	90

（3）修改后的会员卡基本信息表

图 10.6　使用内连接查询来更新会员卡基本信息表中的信息

10.4　依据外表值更新数据

虽然 UPDATE 语句只允许改变单个表中的列值，但在 UPDATE 语句的 WHERE 子句中可以使用任何可用的表。因此可根据别的表中的相关值来决定目标表中要更新的数据行。

【例 10.7】 依据外表值更新数据。（**实例位置：资源包\TM\sl\10\7**）

在 db_mrsql 数据库中，依照外表 tb_work04 返回的值来修改 tb_money04 信息表中的数据。SQL 语句如下：

```
--修改 tb_money04 信息表数据
UPDATE tb_money04 SET 基本工资 = 基本工资 + 50,浮动奖金 = 浮动奖金 + 100
WHERE 工人编号 IN
(SELECT 工人编号
FROM tb_work04 WHERE
工人编号=tb_money04.工人编号 and 职务 ='财会')
```

运行结果如图 10.7 所示。

	工人编号	基本工资	浮动奖金
1	1001	900	400
2	1002	1500	400
3	1003	1400	450

（1）修改前

	工人编号	基本工资	浮动奖金
1	1001	950	500
2	1002	1500	400
3	1003	1400	450

（2）修改基本工资与浮动奖金

图 10.7　依据外表值更新数据

10.5　分步更新表中的数据

有时对数据表进行更新操作，需要使用 UPDATE 语句分步完成，在进行分步更新表中的数据时需要注意更新的先后顺序。

【例 10.8】 分步更新工资信息表中的数据。（**实例位置：资源包\TM\sl\10\8**）

在 db_mrsql 数据库中，工资信息表 tb_wage05 中“工资”超过“7000”的员工缴纳 10%的所得税，超过“6000”的员工缴纳 8%的所得税，其余的不缴纳所得税，通过 UPDATE 语句修改工资信息表并扣除应缴纳的税后，得到员工的“工资”情况。这里分步更新工资信息表中的“工资”信息数据。第 1 步先计算工资在“6000”到“7000”之间的员工缴完税后的工资情况，第 2 步计算工资大于“7000”的员工缴完税后的工资情况。SQL 语句如下：

```
--第 1 步
UPDATE tb_wage05
SET   工资=工资*(1-0.08)
WHERE  工资<7000 and  工资>6000
--第 2 步
UPDATE tb_wage05
SET  工资=工资*(1-0.1)
WHERE  工资>=7000
```

运行结果如图 10.8 所示。

	员工编号	员工姓名	工资	备注
1	1001	张子仔	7800	暂无
2	1002	张丽丽	6500	暂无
3	1003	王梨	6800	暂无
4	1004	刘霞	7000	暂无
5	1005	章小明	7800	暂无

（1）修改工资前

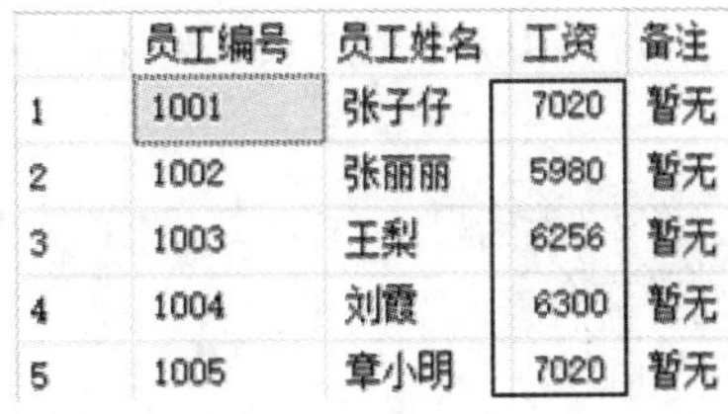

	员工编号	员工姓名	工资	备注
1	1001	张子仔	7020	暂无
2	1002	张丽丽	5980	暂无
3	1003	王梨	6256	暂无
4	1004	刘霞	6300	暂无
5	1005	章小明	7020	暂无

（2）修改工资后

图 10.8　分步更新工资信息表中的数据

注意

上面的两个 UPDATE 更新语句是正确的，但如果把这两个 UPDATE 语句颠倒顺序，就会出现不正确的执行结果。

10.6 修改指定字段的数据值

10.6.1 修改指定 datetime 类型字段内的数据

【例 10.9】 修改指定 datetime 类型字段内的数据。（**实例位置：资源包\TM\sl\10\9**）

在 db_mrsql 数据库中，修改 tb_employee05 数据表中的数据信息。按照指定 datetime 类型字段内的数据，将“员工生日”为“1988-02-16”的“员工性别”字段的值由原来的“男”修改为“女”。SQL 语句如下：

```
--修改指定 datetime 类型字段内的数据
UPDATE tb_employee05
SET 员工性别='女'
WHERE 员工生日='1988-02-16'
```

运行结果如图 10.9 所示。

	员工编号	员工姓名	员工生日	员工性别	工资金额
1	1001	jim	1988-02-16 00:00:00.000	男	1000
2	1002	韩雪	1987-04-18 00:00:00.000	男	2000
3	1003	王涛	1981-03-01 00:00:00.000	男	1200
4	1004	王雪	1982-01-01 00:00:00.000	男	2000

（1）修改性别前

	员工编号	员工姓名	员工生日	员工性别	工资金额
1	1001	jim	1988-02-16 00:00:00.000	女	1000
2	1002	韩雪	1987-04-18 00:00:00.000	男	2000
3	1003	王涛	1981-03-01 00:00:00.000	男	1200
4	1004	王雪	1982-01-01 00:00:00.000	男	2000

（2）修改性别后

图 10.9 修改指定 datetime 类型字段内的数据

10.6.2 修改指定 int 类型字段内的数据

【例 10.10】 修改指定 int 类型字段内的数据。（**实例位置：资源包\TM\sl\10\10**）

在 db_mrsql 数据库中，修改 tb_employee05 数据表中的数据信息。按照指定 int 字段类型的数据信息，将“员工编号”为“1004”的“员工姓名”字段的字段值由原来的“王雪”修改为“王小帅”。SQL 语句如下：

```
--修改指定 int 类型字段内的数据
UPDATE tb_employee05
SET 员工姓名='王小帅'
WHERE 员工编号='1004'
```

运行结果如图 10.10 所示。

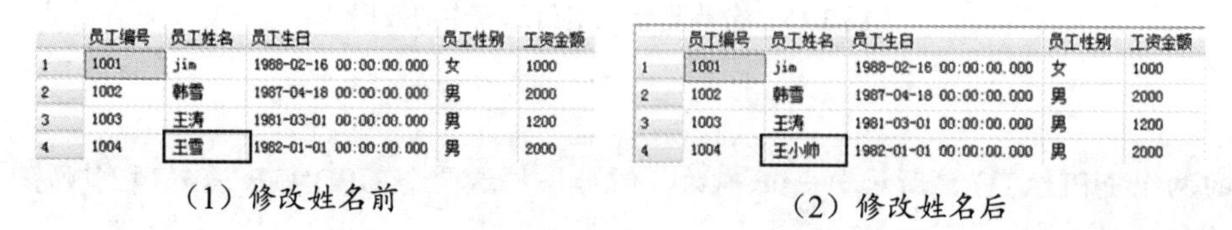

	员工编号	员工姓名	员工生日	员工性别	工资金额
1	1001	jim	1988-02-16 00:00:00.000	女	1000
2	1002	韩雪	1987-04-18 00:00:00.000	男	2000
3	1003	王涛	1981-03-01 00:00:00.000	男	1200
4	1004	王雪	1982-01-01 00:00:00.000	男	2000

（1）修改姓名前

	员工编号	员工姓名	员工生日	员工性别	工资金额
1	1001	jim	1988-02-16 00:00:00.000	女	1000
2	1002	韩雪	1987-04-18 00:00:00.000	男	2000
3	1003	王涛	1981-03-01 00:00:00.000	男	1200
4	1004	王小帅	1982-01-01 00:00:00.000	男	2000

（2）修改姓名后

图 10.10 修改指定 int 类型字段内的数据

10.6.3　修改指定 varchar 类型字段内的数据

【例 10.11】 修改指定 varchar 类型字段内的数据。（**实例位置：资源包\TM\sl\10\11**）

在 db_mrsql 数据库中，修改 tb_employee05 数据表中的数据信息，按照指定 varchar 字段类型的数据信息，将“员工姓名” 为“王涛”的“工资金额”字段名称由原来的“6500”修改为“7500”。SQL 语句如下：

```
--修改指定 varchar 类型字段内的数据
UPDATE tb_employee05
SET 工资金额='7500'
WHERE 员工姓名='王涛'
```

运行结果如图 10.11 所示。

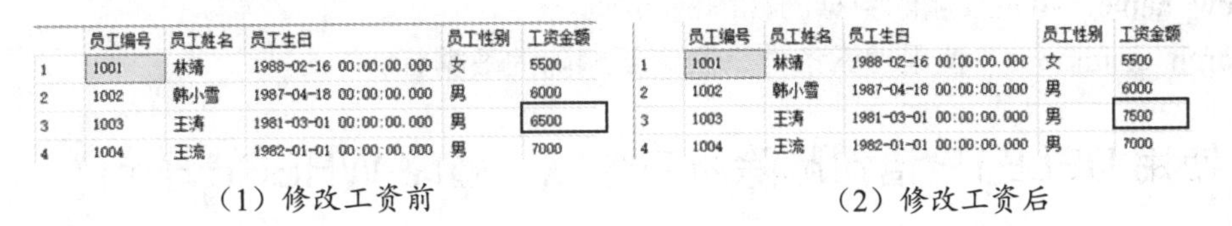

	员工编号	员工姓名	员工生日	员工性别	工资金额
1	1001	林靖	1988-02-16 00:00:00.000	女	5500
2	1002	韩小雪	1987-04-18 00:00:00.000	男	6000
3	1003	王涛	1981-03-01 00:00:00.000	男	6500
4	1004	王流	1982-01-01 00:00:00.000	男	7000

（1）修改工资前

	员工编号	员工姓名	员工生日	员工性别	工资金额
1	1001	林靖	1988-02-16 00:00:00.000	女	5500
2	1002	韩小雪	1987-04-18 00:00:00.000	男	6000
3	1003	王涛	1981-03-01 00:00:00.000	男	7500
4	1004	王流	1982-01-01 00:00:00.000	男	7000

（2）修改工资后

图 10.11　修改指定 varchar 类型字段内的数据

10.6.4　修改指定 float 类型字段内的数据

【例 10.12】 修改指定 float 类型字段内的数据。（**实例位置：资源包\TM\sl\10\12**）

在 db_mrsql 数据库中，修改 tb_employee05 数据表中的数据信息，按照指定 float 字段类型的数据信息，将“工资金额”为“5500”的“员工姓名”字段名称由原来的“林靖”修改为“林靖言。SQL 语句如下：

```
--修改指定 float 类型字段内的数据
UPDATE tb_employee05
SET 员工姓名='林靖言'
WHERE 工资金额='5500'
```

运行结果如图 10.12 所示。

	员工编号	员工姓名	员工生日	员工性别	工资金额
1	1001	林靖	1988-02-16 00:00:00.000	女	5500
2	1002	韩小雪	1987-04-18 00:00:00.000	男	6000
3	1003	王涛	1981-03-01 00:00:00.000	男	7500
4	1004	王流	1982-01-01 00:00:00.000	男	7000

（1）修改姓名前

	员工编号	员工姓名	员工生日	员工性别	工资金额
1	1001	林靖言	1988-02-16 00:00:00.000	女	5500
2	1002	韩小雪	1987-04-18 00:00:00.000	男	6000
3	1003	王涛	1981-03-01 00:00:00.000	男	7500
4	1004	王流	1982-01-01 00:00:00.000	男	7000

（2）修改姓名后

图 10.12　修改指定 float 类型字段内的数据

10.7　使用 DELETE 语句删除数据

DELETE 语句用来删除表中的数据，通常有两种形式：一种是一次从表中删除多条数据；另一种是一次只删除一条记录。DELETE 语句语法格式如下：

```
DELETE [FROM]
{table_name | view_name}
[WHERE search_conditions]
```

参数说明如下。

☑ table_name：指定要删除数据的数据表的名称。

☑ view_name：指定要删除数据的视图的名称。

☑ search_conditions：使用搜索条件来限定要删除的数据行。

10.7.1　使用 DELETE 语句删除所有数据（省略 WHERE 子句）

DELETE 语句中的 WHERE 子句是可选的，如果省略了 WHERE 子句，目标表的所有记录将全部被删除。

【例 10.13】 删除员工信息表中所有行中的所有数据。（**实例位置：资源包\TM\sl\10\13**）

在 db_mrsql 数据库中，首先使用 CREATE TABLE 命令创建一个员工信息表 tb_yuangong，创建完后，向数据表中插入一条数据，然后使用 DELETE 语句删除员工信息表中所有行中所有数据。SQL 语句如下：

```
--判断员工信息表 tb_yuangong 是否存在，如果存在将该信息表删除
    IF EXISTS(SELECT * FROM INFORMATION_SCHEMA.TABLES
       WHERE TABLE_name = 'tb_yuangong')
       DROP TABLE tb_yuangong   --删除员工信息表
GO
--创建员工基本信息数据表
CREATE TABLE tb_yuangong
(
    员工编号 int,
    员工姓名 varchar(20),
    家庭住址 varchar(50),
    备注 text
)
--向表中插入一条数据
INSERT INTO tb_yuangong VALUES(1001,'张明慧','吉林省长春市','无')
--查询插入后的数据信息
SELECT * FROM tb_yuangong
--删除员工信息表 tb_yuangong 中的所有数据
DELETE FROM tb_yuangong
--查询删除数据后的信息
SELECT * FROM tb_yuangong
```

运行结果如图 10.13 所示。

结果 | 消息

	员工编号	员工姓名	家庭住址	备注
1	1001	张明慧	吉林省长春市	无

员工编号	员工姓名	家庭住址	备注

（1）删除员工信息表数据前　　（2）删除员工信息表数据后

图 10.13　删除员工信息表中的所有数据

注意

DELETE 删除表不是从数据库中把员工信息表 tb_yuangong04 彻底删除，tb_yuangong04 表的定义和字段还存储在数据库中。要想彻底删除这个表的定义，必须使用 DROP TABLE 语句。

10.7.2　使用 DELETE 语句删除多行数据

【例 10.14】 使用 DELETE 语句删除员工信息表中家庭住址为"吉林省长春市"的数据信息。（**实例位置：资源包\TM\sl\10\14**）

在 db_mrsql 数据库中，在员工信息表 tb_work06 中，使用 DELETE 语句删除家庭住址为"吉林省长春市"的记录信息，并且查看删除前后表中的数据内容。SQL 语如下：

```
--查询删除员工数据表 tb_work06 之前数据表中的信息
SELECT * FROM tb_work06
--删除员工信息表 tb_work06 中家庭住址为吉林省长春市的信息
DELETE FROM tb_work06
WHERE 家庭住址='吉林省长春市'
--查询删除员工数据表 tb_work06 之后数据表中的信息
SELECT * FROM tb_work06
```

运行结果如图 10.14 所示。

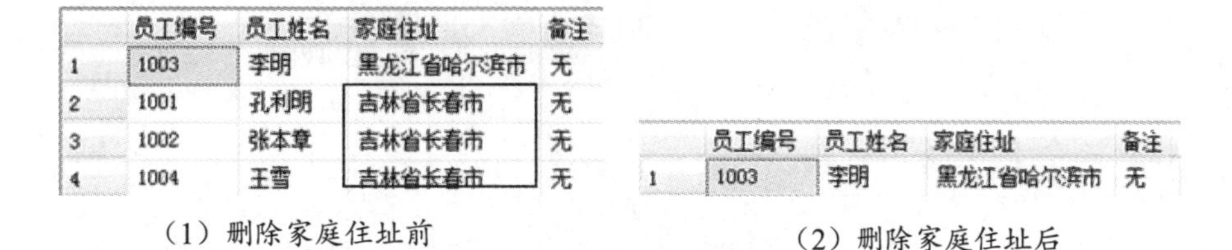

	员工编号	员工姓名	家庭住址	备注
1	1003	李明	黑龙江省哈尔滨市	无
2	1001	孔利明	吉林省长春市	无
3	1002	张本章	吉林省长春市	无
4	1004	王雪	吉林省长春市	无

	员工编号	员工姓名	家庭住址	备注
1	1003	李明	黑龙江省哈尔滨市	无

（1）删除家庭住址前　　（2）删除家庭住址后

图 10.14　删除家庭住址为"吉林省长春市"的数据信息

10.7.3　使用 DELETE 语句删除单行数据（WHERE 子句不能省）

DELETE 语句删除单行数据时 WHERE 子句不能省略，如果省略 WHERE 子句，将使所有数据表中的数据都删除（除非数据表中只包含一条语句）。

【例 10.15】 使用 DELETE 语句删除商品信息表中"商品名称"为"毛衣"的数据信息。（**实例位置：资源包\TM\sl\10\15**）

在 db_mrsql 数据库中，在商品信息表 tb_sell 中，使用 DELETE 语句删除"商品名称"为"毛衣"的这条数据信息，并且查看删除前后表中的数据内容。SQL 语句如下：

```
--判断商品销售信息表 tb_sell 是否存在，如果存在将该信息表删除
    IF EXISTS(SELECT * FROM INFORMATION_SCHEMA.TABLES
        WHERE table_name = 'tb_sell')
        DROP TABLE tb_sell    --删除商品信息表
GO
--创建商品销售信息表 tb_sell
CREATE TABLE tb_sell
(
  商品编号 int identity(1001,1),
  商品名称 varchar(20),
  销售数量 int,
  商品说明 text
)
GO
--向该信息表中插入信息
INSERT INTO tb_sell VALUES('上衣',100,'无')
INSERT INTO tb_sell VALUES('毛衣',80,'新品上市！')
--查询插入前的数据的信息
SELECT * FROM tb_sell
--删除商品名称为"毛衣"的这条数据信息
DELETE FROM tb_sell WHERE 商品名称 = '毛衣'
--查询删除后的表中的数据信息
SELECT * FROM tb_sell
```

运行结果如图 10.15 所示。

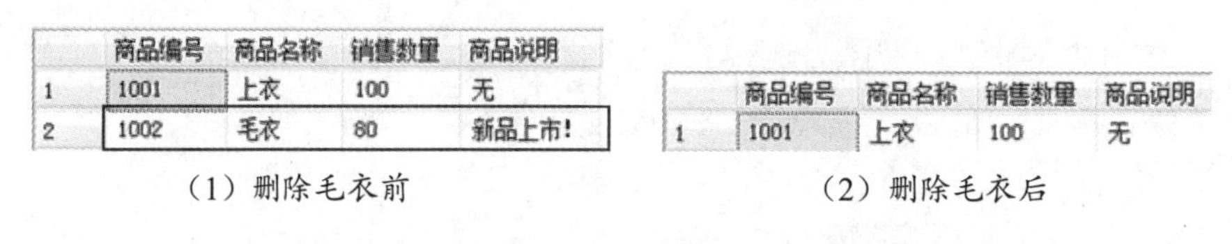

	商品编号	商品名称	销售数量	商品说明
1	1001	上衣	100	无
2	1002	毛衣	80	新品上市!

（1）删除毛衣前

	商品编号	商品名称	销售数量	商品说明
1	1001	上衣	100	无

（2）删除毛衣后

图 10.15　删除商品名称为“毛衣”的数据信息

10.8　删除重复行

10.8.1　删除完全重复行

在关系数据库中，允许创建包含重复行的表。这表示在每一列中可以有相同数值的两个或更多的行。为了避免在表中出现重复行，通常给表添加一个主键，即不允许出现重复行。

允许在一个表中出现重复行，是为了表示数据方便，但是容易给用户造成误解，而且 SQL Server 不允许直接用手动方式删除重复数据。下面讲解如何删除有重复行的数据。

【例 10.16】 删除学生成绩信息表中有重复行的数据。（**实例位置：资源包\TM\sl\10\16**）

在 db_mrsql 数据库中，查询学生成绩信息表 tb_score04 中的数据内容，删除学生编号为“1002”的学生姓名为“王晓佳”的重复的两条数据（这两行重复数据为第 2 行和第 5 行），并使用 SELECT 关键字查询删除信息前后表中的信息情况。SQL 语句如下：

```
--查询数据表 tb_score04 的数据信息
SELECT * FROM tb_score04
--删除学生编号为"1002"学生姓名为"王晓佳"的重复的两条数据
DELETE   FROM tb_score04
```

```
WHERE 学生编号=1002 AND 学生姓名='王晓佳'
--查询删除信息后的数据表中的信息
SELECT * FROM tb_score04
```

运行结果如图 10.16 所示。

	学生编号	学生姓名	数学成绩	语文成绩	外语成绩	体育成绩
1	1001	孙启文	89	78	97	67
2	1002	王晓佳	89	78	76	97
3	1003	张明明	98	67	87	95
4	1004	安琦	94	93	85	83
5	1002	王晓佳	89	78	76	97

（1）删除重复行数据前

	学生编号	学生姓名	数学成绩	语文成绩	外语成绩	体育成绩
1	1001	孙启文	89	78	97	67
2	1003	张明明	98	67	87	95
3	1004	安琦	94	93	85	83

（2）删除重复行数据后

图 10.16　删除重复行数据

10.8.2　删除部分重复行

【例 10.17】删除数据表 tb_num 中的重复行并且查看删除前后的数据信息。（**实例位置：资源包\TM\sl\10\17**）

在 db_mrsql 数据库中，删除数据表 tb_num 中的重复数据，具体是删除 tb_num 表中的第 1 行数据，保留第 3 行数据，并查看删除数据前后 tb_num 表中的内容。SQL 语句如下：

```
--判断 tb_num 信息表是否存在，如果存在将该信息表删除
    IF EXISTS(SELECT * FROM INFORMATION_SCHEMA.TABLES
      WHERE table_name = 'tb_num')
      DROP TABLE tb_num04   --删除该信息表
GO
--创建数据表
CREATE TABLE tb_num
(
    编号 int identity(1,1),
    姓名 varchar(20)
)
--向表中插入数据信息
INSERT INTO tb_num VALUES('李春梅')
INSERT INTO tb_num VALUES('王雪健')
INSERT INTO tb_num VALUES('李春梅')
--查询插入数据信息后的数据表中的信息
SELECT * FROM tb_num
--删除 tb_num 中的部分重复行
DELETE FROM tb_num WHERE 编号 not in
(SELECT max(编号) FROM tb_num GROUP BY 姓名)
--查询删除 tb_num 中的部分重复行后的数据表中的信息
SELECT * FROM tb_num
```

运行结果如图 10.17 所示。

	编号	姓名
1	1	李春梅
2	2	王雪健
3	3	李春梅

（1）删除第一条重复行数据前

	编号	姓名
1	2	王雪健
2	3	李春梅

（2）删除第一行重复行数据后

图 10.17　删除数据表 tb_num 中的重复行并且查看删除后的数据信息

10.9 使用 TRUNCATE TABLE 语句删除数据

TRUNCATE TABLE 语句删除表中的所有行。如果要删除表中的所有数据，使用 TRUNCATE TABLE 语句与 DELETE 语句相比，不但删除了数据，而且所删除的数据在事务处理日志中还会做相应的记录。

TRUNCATE TABLE 语句的语法格式如下：

```
TRUNCATE   TABLE   table_name
```

其中 table_name 为数据表的名称。

【例 10.18】 使用 TRUNCATE TABLE 语句删除数据表中的数据。（**实例位置：资源包\TM\sl\10\ 18**）

在 db_mrsql 数据库中，利用 TRUNCATE TABLE 语句删除登录信息表 tb_login04 中的数据。SQL 语句如下：

```
--利用 TRUNCATE TABLE 语句删除登录信息表 tb_login04 中的数据的信息
TRUNCATE TABLE tb_login04
```

运行结果如图 10.18 所示。

	用户编号	用户名称	用户密码	用户权限
1	1001	kkk	12306123	1级
2	1002	张大富	mr890	3级

（1）删除表数据前

用户编号	用户名称	用户密码	用户权限

（2）删除表数据后

图 10.18 用 TRUNCATE TABLE 语句删除登录信息表中的数据

说明

TRUNCATE TABLE 语句实现的结果等同于不带 WHERE 子句的 DELETE 命令。

10.10 使用 DELETE 语句中带有的 TOP 子句

【例 10.19】 使用 DELETE 语句中带有的 TOP 子句。（**实例位置：资源包\TM\sl\10\19**）

在 db_mrsql 数据库中，使用 DELETE 语句中带有的 TOP 子句删除学生信息表中前 3 条数据的信息。SQL 语句如下：

```
--删除数据表中的前 3 条数据的信息
DELETE TOP(3) tb_stuscore
```

运行结果如图 10.19 所示。

	学生编号	学生姓名	数学成绩	英语成绩	语文成绩	学生备注
1	M-2018-01	王晶晶	90	89	68	是一名好学生!
2	M-2018-02	张淼	89	79	94	是一名好学生!
3	M-2018-03	王蕊	87	97	74	无
4	M-2018-04	李晗晗	96	90	89	无

（1）删除前 3 条数据前

	学生编号	学生姓名	数学成绩	英语成绩	语文成绩	学生备注
1	M-2018-04	李晗晗	96	90	89	无

（2）删除前 3 条数据后

图 10.19　使用 DELETE 语句中带有的 TOP 子句

10.11　实践与练习

1．在员工信息表 tb_employee05 中，将工资低于 6000 元的员工涨 10%的工资。（**答案位置：资源包\TM\sl\10\20**）

2．删除数据表 tb_num 中的重复数据，具体要求：删除 tb_num 表中的第 3 行数据，保留第 1 行数据。（**答案位置：资源包\TM\sl\10\21**）

第 3 篇

SQL 高级应用

本篇介绍了视图、存储过程、触发器、游标、索引、事务、管理数据库与数据表、数据库安全等。学习完这一部分，读者能够使用视图、存储过程、触发器、游标、事务等编写 SQL 语句，不仅可以优化查询，还可以提高数据访问速度；还可以使用索引优化数据库查询；另外对于数据库管理及安全也能够得心应手。

SQL高级应用

- 视图：高效查询的一种简便方法，特别是在查询多表数据时，因此要熟练掌握
- 存储过程：有效提高SQL语句的执行效率，重点掌握
- 触发器：一个级联更新、删除、添加数据的方式，重点是能自动执行
- 游标：一种从表中检索数据并进行操作的灵活手段，开发中经常使用
- 索引：使用索引可以显著提高数据库查询的性能，是数据库管理员必须熟练掌握的一项技能
- 事务：合理使用事务可以保证数据的一致性，SQL高级开发必备技能
- 管理数据库与数据表：使用SQL语句完成对数据库及数据表的增删改操作
- 数据库安全：对用户的账号及权限进行管理

第 11 章

视　图

视图是一种常用的数据库对象，它将查询的结果以虚拟表的形式存储在数据中。视图并不在数据库中以存储数据集的形式存在。视图的结构和内容是建立在对表的查询基础之上的和表一样包括行和列，这些行列数据都来源于其所引用的表，并且是在引用视图过程中动态生成的。

本章知识架构及重难点如下：

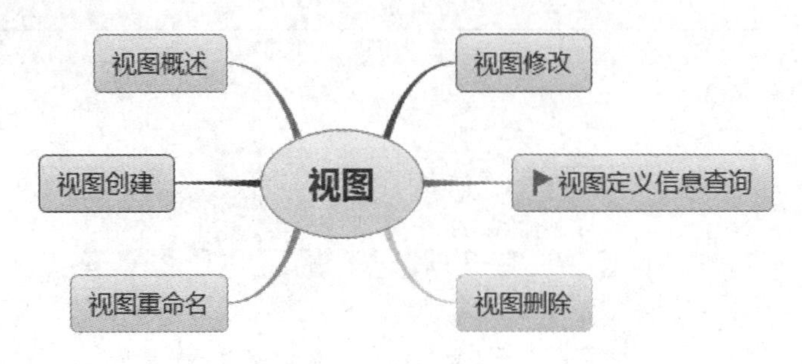

★表示难点内容 —— ▶表示重点内容

11.1　视 图 概 述

视图是虚拟的表。视图看起来像表，因为看起来具有表的所有实质性的组成，包括名称、以命名排列的数据行，以及与所有其他真正的表一起保存在数据库目录中的定义。另外，可以在许多使用表名的 SQL 语句中使用视图名。使视图成为“虚拟的”而不是“真正的”表的原因是，在视图中看到的数据存储在用于创建视图的表中，而不存在于视图本身。

视图中的内容是由查询定义来的，并且视图和查询都是通过 SQL 语句定义的，它们有着许多相同之处，但又有很多不同之处。

☑　存储：视图存储为数据库设计的一部分，而查询则不是。视图可以禁止所有用户访问数据库中的基表，而要求用户只能通过视图操作数据。这种方法可以保护用户和应用程序不受某些数据库修改的影响，同样也可以保护数据表的安全性。

☑　排序：可以排序任何查询结果，但是只有当视图包括 TOP 子句时才能排序视图。

☑　加密：可以加密视图，但不能加密查询。

视图是一个虚拟的数据表，可以是多个表的查询结果。

11.2　视图创建

使用 CREATE VIEW 语句创建视图。语法格式如下：

```
CREATE VIEW view_name [ ( column [ ,...n ] ) ]
[WITH<view_attribute>[,…n]]
AS
select_statement
[ WITH CHECK OPTION ]
```

CREATE VIEW 语句的参数说明如表 11.1 所示。

表 11.1　CREATE VIEW 语句的参数

参　数	说　明
view_name	要创建的视图的名称
column	定义视图中的字段名。如果没有指定，则视图字段将获得与 SELECT 语句中的字段相同的名称。但对于以下情况则必须指定字段名：（1）视图是从多个表中产生的，对于表中有数据列重名时；（2）当列是从算术表达式、函数或常量派生得到的；（3）当视图中的某列不同于源表中列的名称时
WITH<view_ attribute>	其中<view_attribute>有以下 3 种参数：（1）ENCRYPTION：表示对视图文本进行加密；（2）SCHEMABINDING：将视图绑定到架构上。指定 SCHEMABINDING 时，select_statement 必须包含所引用的表、视图或用户定义函数的两部分名称；（3）VIEW_METADATA：表示如果某一查询中引用该视图且要求返回查看模式的元数据时，那么 SQL Server 将向 DBLIB 和 OLB DB APIS 返回视图的元数据信息，而不是一个基表或表
AS	视图要执行的操作
select_statement	定义视图的查询语句。该语句可以引用多个表或其他视图。在 CREATE VIEW 语句中，对于查询语句有以下的限制：（1）不能包含 COMPUTE 或 COMPUTE BY 子句；（2）不能包含 ORDER BY 子句，除非在 SELECT 语句的选择列表中也有一个 TOP 子句；（3）不能包含 INTO 关键字；（4）不能引用临时表或变量
WITH CHECK OPTION	规定在视图上执行的所有数据修改语句都必须符合由 select_statement 设置的准则。通过视图修改记录，WITH CHECK OPTION 可确保提交修改后，仍可通过视图看到修改的数据

使用 CREATE VIEW 语句创建视图时，只要写入相应的 SELECT 语句即可。

例如，创建查询 tb_staff 数据表中所有记录的视图，即“视图 2”。代码如下：

```
CREATE VIEW 视图 2
AS
SELECT * FROM tb_staff
```

例如，创建绑定到架构的视图，即“视图 3”。代码如下：

```
CREATE VIEW 视图 3
WITH SCHEMABINDING
AS
SELECT name,number   FROM dbo.tb_staff
```

例如，创建带 WITH CHECK OPTION 的视图，即“视图 4”。代码如下：

```
CREATE VIEW 视图 4
AS
SELECT name,number   FROM dbo.tb_staff
WITH CHECK OPTION
```

例如，将学生表中的学生学号和平均成绩定义为一个视图。代码如下：

```
CREATE VIEW stu_view (sno,g_avg)
AS
SELECT sno,avg(grade) FROM sc GROUP BY   sno
```

【例 11.1】 通过 CREATE VIEW 语句创建视图。（**实例位置：资源包\TM\sl\11\1**）

创建视图 5，查询表中编号等于“1026”的员工信息。SQL 语句如下：

```
CREATE VIEW 视图 5
AS
SELECT DISTINCT
    TOP 100 percent dbo.tb_staff.id AS ID, dbo.tb_staff.number AS 编号,
    dbo.tb_staff_wages.account AS 账号, dbo.tb_staff_wages.seniority AS 工龄,
    dbo.tb_staff_wages.wages AS 工资
FROM dbo.tb_staff INNER JOIN
    dbo.tb_staff_wages ON dbo.tb_staff.id = dbo.tb_staff_wages.id
WHERE (dbo.tb_staff.number = 1026)
go
EXEC sp_helptext'视图 5'
```

运行结果如图 11.1 所示。

其中，sp_helptext 系统存储过程是用来显示规则、默认值、未加密的存储过程、用户定义函数、触发器或视图的文本。

视图创建完成后，可以通过 SELECT 语句实现对视图结果的查看。

例如，输入如下代码，查询视图 5 中的所有信息。

```
use db_mrsql
SELECT * FROM 视图 5
```

运行结果如图 11.2 所示。

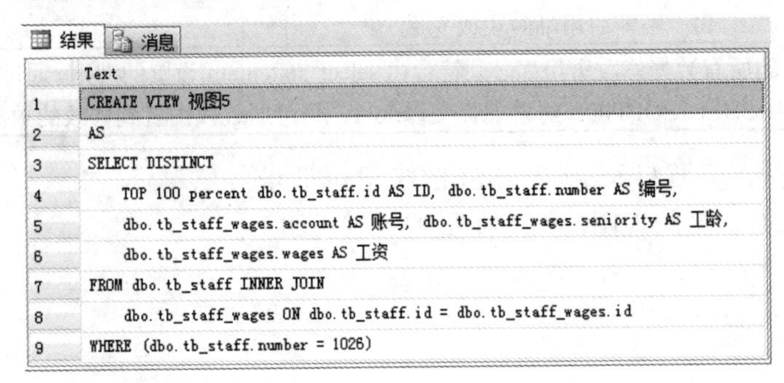

结果 消息

	Text
1	CREATE VIEW 视图5
2	AS
3	SELECT DISTINCT
4	TOP 100 percent dbo.tb_staff.id AS ID, dbo.tb_staff.number AS 编号,
5	dbo.tb_staff_wages.account AS 账号, dbo.tb_staff_wages.seniority AS 工龄,
6	dbo.tb_staff_wages.wages AS 工资
7	FROM dbo.tb_staff INNER JOIN
8	dbo.tb_staff_wages ON dbo.tb_staff.id = dbo.tb_staff_wages.id
9	WHERE (dbo.tb_staff.number = 1026)

图 11.1　创建视图

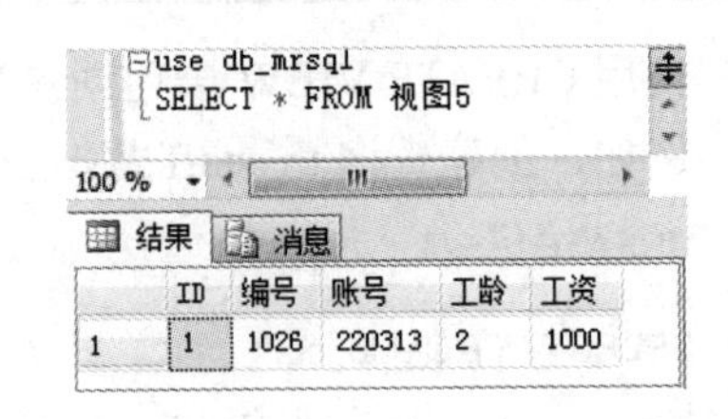

```
use db_mrsql
SELECT * FROM 视图5
```

结果 消息

	ID	编号	账号	工龄	工资
1	1	1026	220313	2	1000

图 11.2　通过 SELECT 语句查看视图结果

11.3　视图重命名

视图在创建完成后，也可以修改视图的名称。

在 SQL Server 中也可以使用 sp_rename 修改视图的名称。语法格式如下：

```
sp_rename [ @objname = ] 'object_name' ,
[ @newname = ] 'new_name'
[ , [ @objtype = ] 'object_type' ]
```

sp_rename 语句的参数说明如表 11.2 所示。

表 11.2　sp_rename 语句的参数

参　　数	说　　明
object_name	用户对象（表、视图、列、存储过程、触发器、默认值、数据库、对象或规则）或数据类型的当前名称。如果要重命名的对象是表中的一列，object_name 必须为 table.column 形式
new_name	指定对象的新名称。new_name 必须是名称的一部分，并且要遵循标识符的规则
object_type	要重命名的对象的类型

例如，将视图 tb_order 重命名为“view1”。代码如下：

```
EXEC sp_rename 'tb_order','view1'
```

例如，将视图“view1”中的列 name 重命名为 names。代码如下：

```
EXEC sp_rename 'view1.[name]','names','column'
```

11.4　视 图 修 改

通过 ALTER VIEW 语句可以修改视图。ALTER VIEW 语句的语法与 CREATE VIEW 语句的语法只相差一个 ALTER 单词。语法格式如下：

```
ALTER VIEW view_name [ ( column [ ,...n ] ) ]
[WITH<view_attribute>[,…n]]
AS
select_statement
[ WITH CHECK OPTION ]
```

ALTER VIEW 语句的参数说明如表 11.3 所示。

表 11.3　ALTER VIEW 语句的参数

参　　数	说　　明
view_name	要修改的视图的名称
column	一列或多列的名称，用逗号分开，将成为给定视图的一部分

续表

参　数	说　明
WITH<view_attribute>	其中<view_attribute>有以下 3 种参数：（1）ENCRYPTION：表示对视图文本进行加密；（2）SCHEMA BINDING：将视图绑定到架构上。指定 SCHEMABINDING 时，select_statement 必须包含所引用的表、视图或用户定义函数的两部分名称；(3)VIEW_METADATA：表示如果某一查询中引用该视图且要求返回查看模式的元数据时，那么 SQL Server 将向 DBLIB 和 OLB DB APIS 返回视图的元数据信息，而不是一个基表或表
AS	视图要执行的操作
select_statement	定义视图的查询语句。该语句可以引用多个表或其他视图
WITH CHECK OPTION	规定在视图上执行的所有数据修改语句都必须符合由 select_statement 设置的准则

说明

ALTER VIEW 语句和 CREATE VIEW 语句非常相似，如果原来的视图定义是用 WITH <view_attribute>或 CHECK OPTION 创建的，那么只有在 ALTER VIEW 中也包含这些选项时，才可以对其进行修改。

注意

ALTER VIEW 语句不支持在已有视图中添加、删除一个或者多个单独列或改变其类型的操作。

下面介绍使用 ALTER VIEW 语句修改视图。

例如，修改视图 1，实现对员工信息表中所有信息的查询。代码如下：

```
use db_mrsql
ALTER VIEW 视图 1
as
SELECT * FROM tb_staff
WITH CHECK OPTION
```

例如，修改视图 2，实现视图的绑定到架构。代码如下：

```
use db_mrsql
ALTER VIEW 视图 2
WITH SCHEMABINDING
AS
SELECT number    FROM dbo.tb_staff_wages
```

对视图进行修改时，也可以使用 WITH ENCRYPTION 命令实现对视图的加密。例如，对视图 3 中定义的文本进行加密。代码如下：

```
use db_mrsql
go
ALTER VIEW 视图 3(duty,seniority)
WITH ENCRYPTION
as
SELECT a.duty,b.seniority
FROM dbo.tb_staff as a inner join dbo.tb_staff_wages as b on a.number=b.number
WHERE b.seniority=1
```

```
go
EXEC sp_helptext '视图 3'
```

对视图加密后，视图文本将被隐藏，用户将无法对视图定义文本进行修改。

【例 11.2】 应用 ALTER VIEW 语句修改视图。（**实例位置：资源包\TM\sl\11\2**）

对视图 4 进行修改，查询编号在“1000”至“9999”之间的员工信息。SQL 语句如下：

```
ALTER VIEW 视图 4(name,number)
AS
SELECT a.name,b.number
FROM dbo.tb_staff AS a INNER JOIN dbo.tb_staff_wages AS b ON a.number=b.number
WHERE a.number > 1000 and a.number<9999
go
EXEC sp_helptext '视图 4'
```

运行结果如图 11.3 所示。

结果　消息

	Text
1	CREATE VIEW 视图4(name,number)
2	AS
3	SELECT a.name,b.number
4	FROM dbo.tb_staff AS a INNER JOIN dbo.tb_staff_wages AS b ON a.number=b.number
5	WHERE a.number>1000 and a.number<9999

图 11.3　修改视图

11.5　视图定义信息查询

当视图创建完成后，可以使用系统存储过程查询视图定义的信息。

可以使用系统存储过程 sp_help 和 sp_helptext 来获取视图定义信息。

sp_help 系统存储过程是报告有关数据库对象、用户定义数据类型或 SQL Server 所提供的数据类型的信息。语法格式如下：

```
sp_help view_name
```

参数 view_name 表示要查看的视图名。

sp_helptext 系统存储过程是用来显示规则、默认值、未加密的存储过程、用户定义函数、触发器或视图的文本。语法格式如下：

```
sp_helptext view_name
```

参数 view_name 表示要查看的视图名。

注意

sp_help 和 sp_helptext 系统存储过程都可以查看视图的定义信息。sp_help 系统存储过程是以表格的形式显示视图中的信息，包括视图名称、创建日期，以及相应的列的详细信息等。而 sp_helptext 系统存储过程则是以文本形式显示视图，并只显示创建视图的 SQL 语句。

例如，使用 sp_helptext 系统存储过程，查看视图 staff_view 的定义信息。代码如下：

```
use db_mrsql
EXEC sp_helptext staff_view
```

【例 11.3】 使用 sp_help 系统存储过程获取视图 2 的信息。（**实例位置：资源包\TM\sl\11\3**）

SQL 语句如下：

```
EXEC sp_help 视图 2
```

运行结果如图 11.4 所示。

结果 消息

	Name	Owner	Type	Created_datetime
1	视图2	dbo	view	2018-08-08 14:29:30.880

	Column_name	Type	Computed	Length	Prec	Scale	Nullable	TrimTrailingBlanks	FixedLenNullInSource	Collation
1	name	varchar	no	50			no	no	no	Chinese_PRC_CI_AS
2	number	varchar	no	50			yes	no	yes	Chinese_PRC_CI_AS
3	duty	varchar	no	50			yes	no	yes	Chinese_PRC_CI_AS
4	department	varchar	no	50			yes	no	yes	Chinese_PRC_CI_AS
5	tel	varchar	no	50			yes	no	yes	Chinese_PRC_CI_AS
6	address	varchar	no	100			yes	no	yes	Chinese_PRC_CI_AS
7	code	varchar	no	50			yes	no	yes	Chinese_PRC_CI_AS
8	mail	varchar	no	50			yes	no	yes	Chinese_PRC_CI_AS
9	id	int	no	4	10	0	no	(n/a)	(n/a)	NULL

	Identity	Seed	Increment	Not For Replication
1	id	1	1	0

	RowGuidCol
1	No rowguidcol column defined.

图 11.4 使用 sp_help 系统存储过程查看视图

11.6 视 图 删 除

通过 DROP VIEW 语句可以删除数据库中不需要的视图，语法格式如下：

```
DROP VIEW view_name [,...n]
```

参数说明如下。

☑ view_name：要删除的视图名称。视图名称必须符合标识符规则。

☑ n：表示可以指定多个视图的占位符。

例如，通过 DROP VIEW 语句删除 db_mrsql 数据库中的视图 2。代码如下：

```
use db_mrsql
go
DROP VIEW 视图 2
```

在单条 DROP VIEW 语句中，用逗号分割多个视图名，可以同时删除多个视图。

【例 11.4】 使用 DROP VIEW 语句删除视图。（**实例位置：资源包\TM\sl\11\4**）

通过 DROP VIEW 语句实现对 db_mrsql 数据库中的视图 7 和视图 8 进行删除。SQL 语句如下：

```
DROP VIEW 视图7,视图8
```

运行结果如图 11.5 所示。

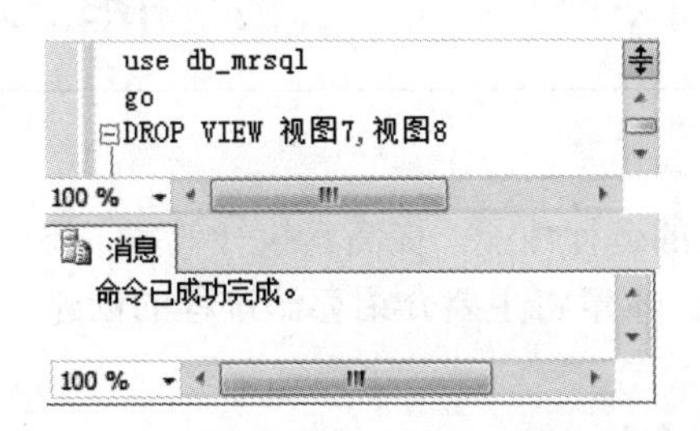

图 11.5　使用 DROP VIEW 语句删除视图

11.7　实践与练习

1．在学生信息表 Student 中存储了学生的编号、姓名、年龄、性别等，使用视图过滤掉性别。（**答案位置：资源包\TM\sl\11\5**）

2．使用系统存储过程 sp_helptext 获取视图 vv1 定义时的相关信息。（**答案位置：资源包\TM\sl\11\6**）

第 12 章

存 储 过 程

存储过程可以改变 SQL 语句的运行性能，提高其执行效率；还可以作为一种安全机制，使用户通过它来访问未被授权的表或视图。本章将主要介绍存储过程的创建、执行、查看、修改和删除，以及对含有参数的存储过程的操作。

本章知识架构及重难点如下：

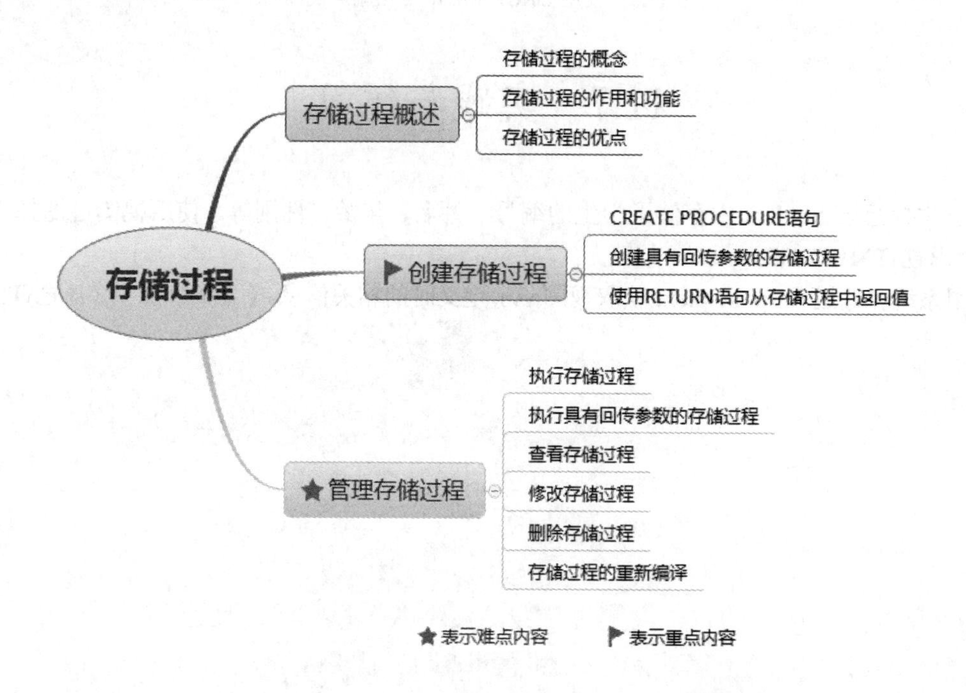

12.1　存储过程概述

为了对存储过程有一个深刻的理解，便于学习和使用，下面对存储过程的概念、作用、功能以及优点进行介绍。

12.1.1　存储过程的概念

存储过程（Stored Procedure）是一组预先编译好的 SQL 语句。将其放在服务器上，由用户通过指定存储过程的名字来执行。存储过程可以作为一个独立的数据库对象，也可以作为一个单元被用户的应用程序调用。存储过程可以接收和输出参数，返回执行存储过程的状态值，还可以嵌套调用。

存储过程同其他编程语言中的过程（Procedure）类似，主要体现在以下几个方面。

☑ 存储过程可以接收参数，并以接收参数的形式返回多个参数给调用存储过程和批处理。
☑ 包含执行数据库操作的编程语句，也可以调用其他的存储过程。
☑ 向调用过程或批处理返回状态值，以反映存储过程的执行情况。

注意

存储过程跟函数不同，存储过程不能在被调用的位置上返回数据，也不能被应用在语句当中，如不可以用类似“@Proc=存储过程名”的方式使用存储过程。但是，存储过程可以以变量的形式返回参数。

12.1.2　存储过程的作用和功能

标准SQL是面向数据的，而且没有控制循环的结构，没有条件执行的关键词，甚至没有作为语句块执行多条语句的机制。不过，可以作为打开的事务处理的一部分来执行多条语句。虽然编程语言允许指定一套语句按照所指定的多步任务的顺序来执行，但SQL的事务处理只识别由一套既可取消也可向数据库永久提交的自主语句所完成的工作。

存储过程是以特定顺序排列的SQL语句序列，可为其指定名称、加以编译并保存在MSSQL Server上。一旦由DBMS编译并保存，用户可使用应用程序通过单条命令告诉MSSQL Server执行存储过程中的语句，这类似于在应用程序中调用子程序。

另外，与应用程序中的子程序类似，存储过程给予人们一种以特定顺序完成多步任务而执行一套SQL语句的方法。简而言之，存储过程允许使用SQL语句来编写程序或者至少是在数据库本身之内可调用来完成与数据库有关的应用程序的处理过程。例如，可以使用存储过程把资金从信用卡或储蓄账户上转移到支票账户，这样可以避免当支票开出用于支付时，顾客的支票账户的余额有可能成为负数。

综上所述，存储过程为标准SQL增加了几种功能，这些功能通常都与编程语言有关（而这正是SQL数据子语言所缺少的）。这些增加的功能包括如下几种。

1. 条件执行

在存储过程中录入一套SQL语句后，可使用SQL的IF…THEN…ELSE结构根据存储过程中其他语句的执行返回的结果来决定执行过程中的某条语句。

2. 循环控制结构

SQL的WHILE和FOR语句允许重复地执行一系列语句，直到满足某种终止条件。

3. 命名变量

可以在存储过程中使用命名的内存位置（即变量）来保存通过参数传向过程的值，以及由过程内的查询返回的值或是由某些其他方法计算的值。

4. 命名过程

在存储过程中放入一条或多条 SQL 语句并添加了所希望的 SQL 的条件执行和循环控制结构之后，可以为存储过程命名一个名称并通过正式的输入和输出参数把数据传入过程或从过程传出来。简而言之，存储过程有与面向过程或面向对象的编程语言中的子程序一样的外观与感受。

另外，一旦定义和编译之后，可通过名称在触发器中调用，在交互环境中通过 MSSQL Server SQL Query Analyzer 调用，也可以在应用程序中调用，甚至还可以作为标准 SQL 语句的子句来使用。

5. 语句块

正如在应用程序中调用子程序一样，通过调用存储过程可以让 DBMS 执行一系列 SQL 语句，就像执行单条语句一样，但可以完成几种不同而有联系的任务。

12.1.3 存储过程的优点

存储过程还提供了几个比交互式 SQL 语句的执行更为优越的条件。

1. 封装

在面向对象的编程领域里，存储过程是可用于操作数据库对象的方法（methods）。使用 SQL 的安全性不允许对 SQL 语句和数据库对象直接访问，从而在存储过程中既可封装语句也可封装对象。强制用户只能使用存储过程来处理数据库内的数据，可防止用户通过在使用数据库应用程序中不应用规则或是跳过完整性检查来绕过商业规则。

另外，存储过程使得用户在不了解数据库对象甚至不了解 SQL 语句执行的情况下安全地使用数据库成为可能。为了调用存储过程，用户只需要了解过程调用中的输入和输出参数并理解存储过程的目的。

2. 改善性能

当向 MSSQL Server 提交供执行的 SQL 语句时，DBMS 在可执行语句之前，必须分析、确认、优化并事先为存储过程中的整个语句序列生成执行计划。当调用存储过程时，DBMS 可快速地执行存储过程中的语句，因为可直接转到语句的执行，无须分析、确认、优化和生成执行计划的步骤，这些步骤事先已经完成。

3. 减少网络流量

当向 DBMS 提交供执行的 SQL 语句时，工作站必须通过网络向 MSSQL Server 发送语句，而 DBMS 必须向工作站返回语句的结果集。如果有生成大量结果集的批处理语句存在，在工作站和 SQL 服务器间的这一来一回的网络流量可能导致网络拥挤。作为对照，如果调用包括相同语句批处理的存储过程，DBMS 在服务器上执行语句并只向调用存储过程的工作站发送回最后的结果集，或许只有单一值。

4. 重要性

在编译存储过程之后，许多用户和应用程序都可执行相同的语句序列，而不必重新键入和重新向 DBMS 提交。当执行需要许多 SQL 语句或是具有复杂逻辑的语句时，执行已经调试并测试过的 SQL 语句批处理，减少了引入程序错误的风险。

5. 安全性

如果数据库拥有者（DBO）或系统管理员（SA）编译并保存了存储过程，存储过程就有了对它所使用的数据库对象的所有访问权限。因此，系统管理员可向单独的用户授予对数据库对象的最小访问权限，而不是直接允许用户使用数据库对象。系统管理员通过授予用户对存储过程的执行权限，可以控制工作的完成方式。存储过程使用户只能以事先批准的方式（即在存储过程中定义的方法）来操作数据。

12.2　创建存储过程

通常情况下，可以利用 CREATE PROCEDURE 语句来创建存储过程。存储过程是数据库中的一个重要对象，任何一个设计良好的数据库应用程序都应该用到存储过程。

12.2.1　CREATE PROCEDURE 语句

使用 SQL 语句可以创建存储过程，因此用户必须首先掌握创建存储过程的 SQL 语法结构，即 CREATE PROCEDURE 语句。语法格式如下：

```
CREATE PROC EDURE procedure_name [ ; number ]
    [ { @parameter data_type }
          [ VARYING ] [ = default ] [ OUTPUT ]
    ] [ ,...n ]
[ WITH
    { RECOMPILE | ENCRYPTION | RECOMPILE , ENCRYPTION } ]
[ FOR REPLICATION ]
AS sql_statement [ ...n ]
```

CREATE PROCEDURE 语句基本语法的参数说明如表 12.1 所示。

表 12.1　CREATE PROCEDURE 语句基本语法的参数说明

参　数	说　明
procedure_name	新存储过程的名称。过程名必须符合标识符规则，且对于数据库及其所有者必须唯一
;number	是可选的整数，用来对同名的过程进行分组，用 DROP PROCEDURE 语句即可将同组的过程全部删除。例如，名为 PRO_RYB 的存储过程可以命名为 PRO_RYB;1、PRO_RYB;2 等。用 DROP PROCEDURE PRO_RYB 语句将删除整个存储过程组
@parameter	过程中的参数
data_type	参数的数据类型
VARYING	指定作为输出参数支持的结果集（由存储过程动态构造，内容可以变化）。仅适用于游标参数
default	参数的默认值。默认值必须是常量或 NULL。如果定义了默认值，不必指定该参数的值即可执行过程。如果使用 LIKE 关键字，默认值可以包含通配符%、_、[]和[^]
OUTPUT	表明参数是返回参数。该选项的值可以返回给 EXEC[UTE]。使用 OUTPUT 参数可将信息返回给调用过程。text、ntext 和 image 参数可用作 OUTPUT 关键字。使用 OUTPUT 关键字的输出参数可以是游标占位符

续表

参　数	说　明
n	表示最多可以指定 2100 个参数的占位符
RECOMPILE	表明 SQL Server 不会缓存该过程的计划，该过程将在运行时重新编译。使用非典型值或临时值，并且不覆盖缓存在内存中的执行计划时，使用该选项
AS	指定过程要执行的操作
sql_statement	过程中要包含的任意数目和类型的 SQL 语句

注意

存储过程的最大容量为 128 MB。而且用户定义的存储过程必须创建在当前数据库中。

【例 12.1】 用 CREATE PROCEDURE 语句创建一个名为 CRE_PRO 的存储过程。（**实例位置：资源包\TM\sl\12\1**）

SQL 语句如下：

```
CREATE PROCEDURE CRE_PRO AS
SELECT * FROM tb_tab WHERE 性别='男'
```

运行结果如图 12.1 所示。

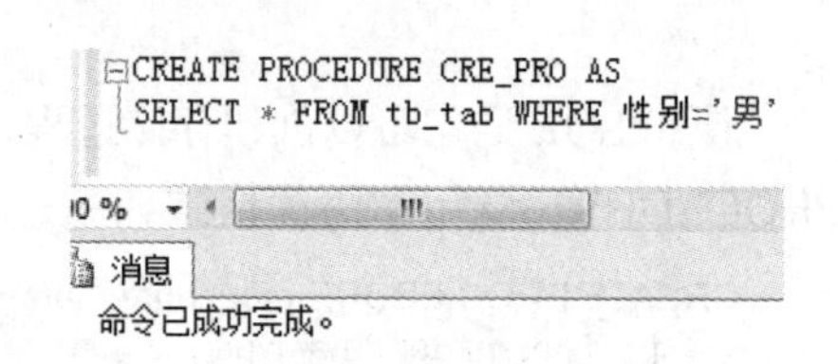

图 12.1　使用 CREATE PROCEDURE 语句创建存储过程

12.2.2　创建具有回传参数的存储过程

在存储过程中使用返回值，可以在执行存储过程时返回相应的信息，用户可以根据该信息判断存储过程是否执行成功。

1．存储过程的反馈语句

PRINT 语句将用户定义的消息返回给客户端。PRINT 语句接受任何字符串表达式，包括字符或 UNICODE 常量、字符或 UNICODE 局部变量，返回字符或 UNICODE 字符串的一个函数。在 SQL Server 中，PRINT 语句可以接受多个常量、局部变量或函数串联起来所生成的复杂字符串。语法格式如下：

```
PRINT 'any ASCII text' | @local_variable | @@FUNCTION | string_expr
```

参数说明如下。

- ☑ 'any ASCII text'：任意一个文本字符串。
- ☑ @local_variable：任意有效的字符数据类型变量。@local_variable 必须是 char 或 varchar 数据类型。
- ☑ @@FUNCTION：返回字符串结果的函数。@@FUNCTION 必须是 char 或 varchar 数据类型。
- ☑ string_expr：返回字符串的表达式。可以包含串联的字符值和变量。消息字符串最长可达 8 000 个字符，超过 8000 个的任何字符均被截断。

【例 12.2】 用 PRINT 语句反馈执行结果。（**实例位置：资源包\TM\sl\12\2**）

用存储过程 CRE_CX 对 tb_tab 数据表进行查询。如果有数据，则在代码下方的“消息”选项卡中用 PRINT 语句显示相关文本信息。SQL 语句如下：

```
--创建存储过程
```

```
USE db_mrsql
GO
CREATE PROCEDURE CRE_CX
AS
IF EXISTS(SELECT * FROM tb_tab WHERE 年龄 = '22')
  PRINT 'tb_tab 数据表中有信息。'                    --表示查询结果至少有一条记录
ELSE
  PRINT 'tb_tab 数据表中无信息。'                    --没有查询到任何记录
GO
--执行存储过程
EXEC CRE_CX
```

运行结果如图 12.2 所示。

【例 12.3】 用 Print 语句反馈带参数的执行结果。（**实例位置：资源包\TM\sl\12\3**）

用带参数的存储过程对 tb_tab 数据表进行查询。如果有数据，则在代码下方的“消息”选项卡中用 PRINT 语句显示带参数的文本信息。SQL 语句如下：

```
--创建存储过程
CREATE PROCEDURE CRE_PRI
@char char(10)
AS
IF EXISTS(SELECT * FROM tb_tab WHERE (姓名 = @char)and(年龄 < 18))
  PRINT Rtrim(@char)+'是未成年人员'                  --表示查询结果至少有一条记录
else
  PRINT Rtrim(@char)+'不是未成年人员'                --没有查询到任何记录
GO
--执行存储过程
EXEC CRE_PRI'小张'
```

运行结果如图 12.3 所示。

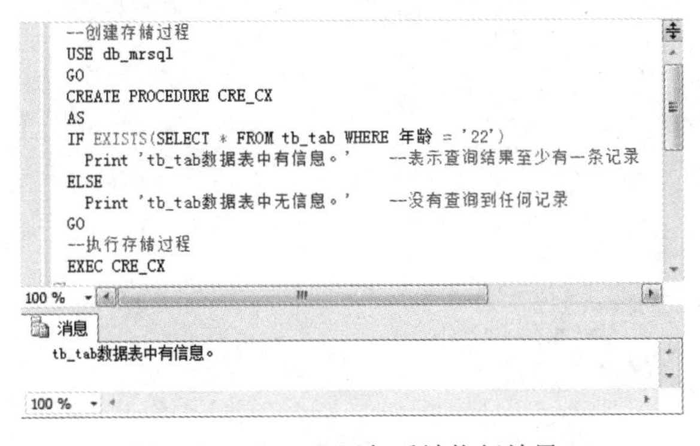

图 12.2　用 Print 语句反馈执行结果

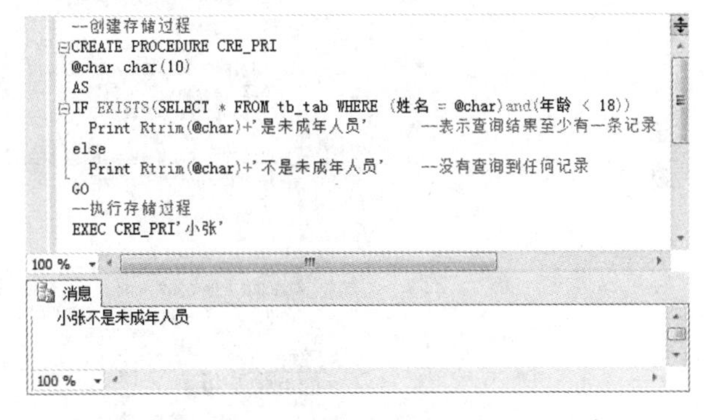

图 12.3　用 Print 语句反馈带参数的执行结果

2. 使用 CONVERT 对存储过程的返回值进行处理

CONVERT 将某种数据类型的表达式显式地转换为另一种数据类型。语法格式如下：

```
CONVERT (data_type[(length)], expression [, style])
```

参数说明如下。

☑ expression：任何有效的 Microsoft® SQL Server™ 表达式。有关更多信息，请参见表达式。

☑ data_type：目标系统所提供的数据类型，包括 bigint 和 sql_variant。不能使用用户定义的数据类型。有关可用的数据类型的更多信息，请参见数据类型。

☑ length：nchar、nvarchar、char、varchar、binary 或 varbinary 数据类型的可选参数。

☑ style：日期格式样式，借以将 datetime 或 smalldatetime 数据转换为字符数据（nchar、nvarchar、char、varchar、nchar 或 nvarchar 数据类型）；或者字符串格式样式，借以将 float、real、money 或 smallmoney 数据转换为字符数据（nchar、nvarchar、char、varchar、nchar 或 nvarchar 数据类型）。

【例 12.4】 使用 CONVERT 对存储过程的返回值进行处理。（**实例位置：资源包\TM\sl\12\4**）

通过 OUTPUT 参数来获取存储过程的反馈信息，并用 PRINT 语句将消息返回给客户端。

创建存储过程，SQL 语句如下：

```
--创建带返回值的存储过程
USE db_mrsql
GO
CREATE PROCEDURE CRE_CONV
@SEX Varchar(2)='男',
@IntOut Int OUTPUT
AS
SELECT * FROM tb_tables WHERE 性别='男'
Set @IntOut=@@Error
GO
```

执行存储过程，SQL 语句如下：

```
DECLARE @IntOut_Return int
EXEC CRE_CONV @SEX='女',@IntOut=@IntOut_Return OutPut
PRINT '返回结果为:'+CONVERT(varchar(6),@IntOut_Return)+'.'
```

运行结果如图 12.4 所示。

图 12.4　使用 CONVERT 对存储过程的返回值进行处理

12.2.3　使用 RETURN 语句从存储过程中返回值

RETURN 语句用于从查询或过程中无条件退出。RETURN 可以在任何时候从过程、批处理或语句块中退出。不执行位于 RETURN 之后的语句。语法格式如下：

```
RETURN [ integer_expression ]
```

参数 integer_expression 是返回的整型值。存储过程可以给调用过程或应用程序返回整型值。

注意

除非特别指明，所有系统存储过程返回 0 值表示成功，返回非零值则表示失败。RETURN 不能返回空值。如果过程试图返回空值（例如，使用 RETURN@status 且@status 是 NULL），将生成警告信息并返回 0 值。

【例 12.5】 使用 RETURN 语句返回存储过程的错误信息。（**实例位置：资源包\TM\sl\12\5**）

通过 RETURN 语句返回存储过程的反馈信息，当存储过程执行成功后，返回 0 值。SQL 语句如下：

```
--创建存储过程
USE db_mrsql
GO
CREATE PROCEDURE CRE_Return
@ID int,
@Pice int
AS
SELECT * FROM tb_table WHERE UserID = @ID
RETURN @@Error
GO
--执行存储过程
DECLARE @Int int
EXEC @Int=CRE_Return 1,30                    --将返回值赋给@Int 变量
SELECT @Int AS '返回值'                      --显示返回信息
```

运行结果如图 12.5 所示。

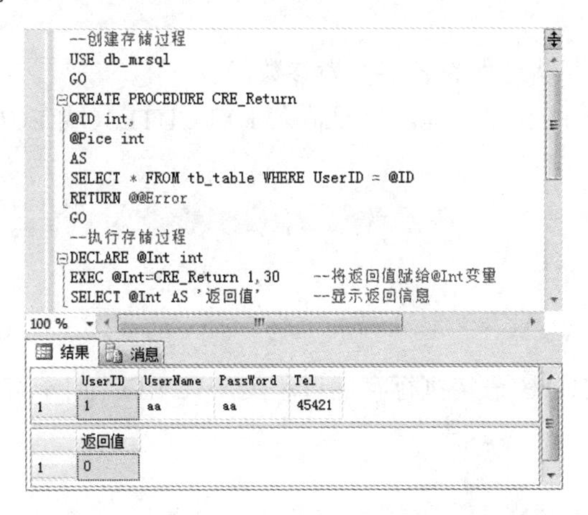

图 12.5　用 RETURN 语句返回存储过程的错误信息

12.3　管理存储过程

存储过程创建完成后，需要对其进行管理。用户通过指定存储过程的名字并给出参数（如果该存储过程带有参数）来执行它，也可以对其进行查看、修改和删除。本节主要介绍对存储过程的执行、查看、修改和删除等操作。

12.3.1 执行存储过程

在创建一个存储过程之后，可以通过以下方式通知 DBMS 来执行存储过程中的 SQL 语句。

☑ 在应用程序中，提交调用存储过程的 SQL 语句执行请求。

☑ 作为语句批处理的第 1 行，输入存储过程名。

☑ 在交互会话期间，在另一个存储过程或者触发器中，提交指定存储过程的 EXECUTE（或 EXEC）语句。

通常情况下，利用 EXECUTE（或 EXEC）语句来执行存储过程。

1. 使用 EXECUTE 语句执行存储过程

EXECUTE 语句用于执行存储在服务器上的存储过程，也可以简写成 EXEC 语句。EXECUTE 语句接受存储过程名和传递给它的任何参数。在执行存储过程时，如果语句是批处理中的第一个语句，则可以省略 EXECUTE。语法格式如下：

```
[ EXECUTE [ UTE ] ]
    {
        [ @return_status = ]
            { procedure_name [ ;number ] | @procedure_name_var
    }
    [ [ @parameter = ] { value | @variable [ OUTPUT ] | [ DEFAULT ] } ]
            [ ,...n ]
[ WITH RECOMPILE ]
```

在 SQL 语句中，可以把存储过程的名字作为参数。

例如，调用一个没有参数的存储过程，只要输入 EXECUTE（或 ECEC），后面再键入一个空格和存储过程名称，如下所示：

```
EXECUTE CRE_PRO
```

或者：

```
EXEC CRE_PRO
```

【例 12.6】 使用 EXECUTE 语句执行存储过程 CRE_PRO，用于查询性别为男的信息。（**实例位置：资源包\TM\sl\12\6**）

SQL 语句如下：

```
USE db_mrsql
EXEC CRE_PRO
```

运行结果如图 12.6 所示。

2. 在多条执行语句中执行一条语句

在 SQL 查询分析器中可以使用一个查询窗口执行多条不同功能的 SQL 语句，这样就避免了在执行多个不同功能的 SQL 语句时打开多个查询窗口。

例如，在多条执行语句中可以选择其中的一条执行语句执行，运行结果如图 12.7 所示。

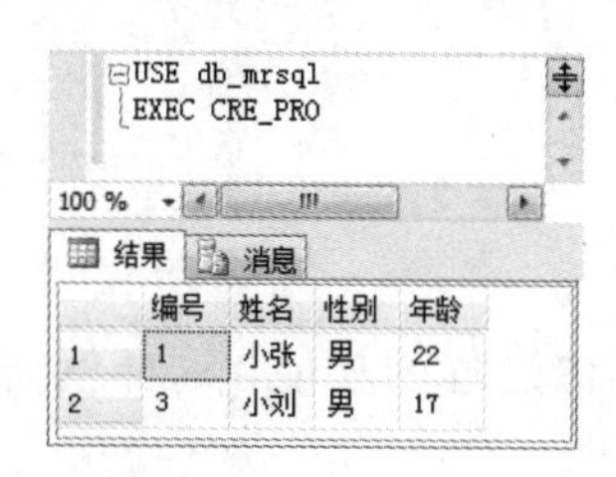

图 12.6 使用 EXECUTE 语句执行存储过程

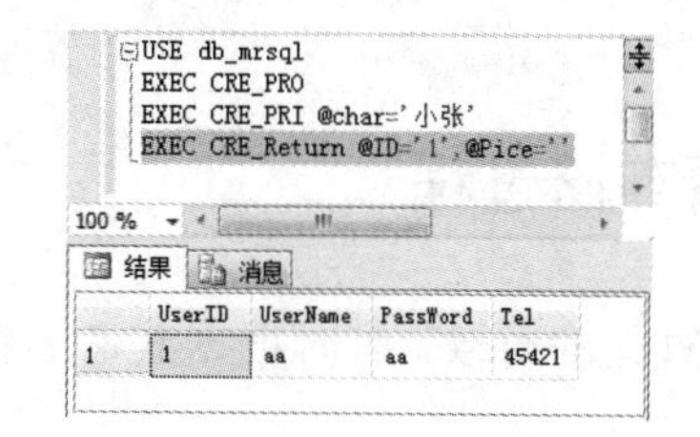

图 12.7 在多条执行语句中执行一条语句

12.3.2 执行具有回传参数的存储过程

在创建存储过程时，可以用 OUTPOT 参数来创建一个带返回值的存储过程，例如：

```
@int int OUTPUT
@char char(10) OUTPUT
@float float OUTPUT
```

其中 text、image 等大于二进制数据类型的参数不能作为 OUTPUT 参数，在调用存储过程时，不必为返回参数赋值。

【例 12.7】 执行具有回传参数的存储过程。（**实例位置：资源包\TM\sl\12\7**）

利用存储过程中的 OUTPUT 参数，在调用存储过程后利用返回值来判断查询的结果。SQL 语句如下：

```
--创建带返回值的存储过程
CREATE PROCEDURE CRE_OUP
  @ave int OUTPUT                                     --设置带返回值的参数
AS
SELECT @ave =AVG(年龄) FROM tb_tab
GO
--执行存储过程
DECLARE @average int                                  --自定义变量
EXEC CRE_OUP @average output                          --调用存储过程
IF @average>=25                                       --利用存储过程的返回值进行判断
  print '人员的平均年龄为'+cast(@average as char(2))+'，属于年龄偏高'
IF @average>=18
  print '人员的平均年龄为'+cast(@average as char(2))+'，属于年龄居中'
IF @average<18
  print '人员的平均年龄为'+cast(@average as char(2))+'，属于年龄偏低'
```

运行结果如图 12.8 所示。

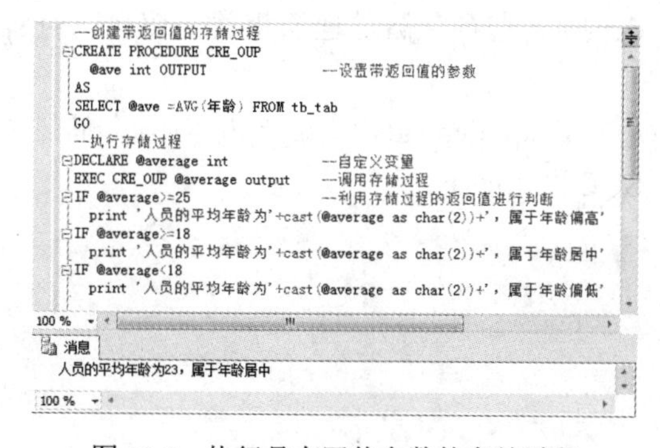

图 12.8 执行具有回传参数的存储过程

12.3.3 查看存储过程

在使用存储过程的时候，有时根据其命名很难判断存储过程的功能，这样就需要对该过程进行查看。

查看存储过程信息可以在查询分析器中利用系统存储过程 sp_helptext、sp_depends 和 sp_help 来对存储过程的不同信息进行查看。

1. sp_helptext

用 sp_helptext 查看存储过程的文本信息。语法格式如下：

```
sp_helptext [ @objname = ] 'name'
```

参数[@objname =] 'name'表示对象的名称，将显示该对象的定义信息。对象必须在当前数据库中。name 的数据类型为 nvarchar（776），无默认值。

2. sp_depends

用 sp_depends 查看存储过程的相关性信息。语法格式如下：

```
sp_depends [ @objname = ] 'object'
```

参数[@objname =] 'object'表示被检查相关性的数据库对象。对象可以是表、视图、存储过程或触发器。object 的数据类型为 varchar（776），无默认值。

3. sp_help

用 sp_help 查看存储过程的一般信息。语法格式如下：

```
sp_help [ [ @objname = ] name ]
```

参数[@objname =] name 是 sysobjects 中的任意对象的名称，或者是在 systypes 表中任何用户定义数据类型的名称。name 的数据类型为 nvarchar（776），默认值为 NULL。不能使用数据库名称。

【例 12.8】 使用系统存储过程 sp_helptext、sp_depends 和 sp_help 查看存储过程信息。（**实例位置：资源包\TM\sl\12\8**）

用系统存储过程 sp_helptext、sp_depends 和 sp_help 查看存储过程的不同信息。用 sp_helptext 查看存储过程的文本信息；用 sp_depends 查看存储过程的相关性信息；用 sp_help 查看存储过程的一般信息。

使用系统存储过程 sp_helptext、sp_depends 和 sp_help 查看存储过程 CRE_PRO（该存储过程已在 12.2.1 节中创建）的信息，SQL 语句如下：

```
USE db_mrsql
GO
EXEC sp_helptext CRE_PRO
EXEC sp_depends CRE_PRO
EXEC sp_help CRE_PRO
GO
```

运行结果如图 12.9 所示。

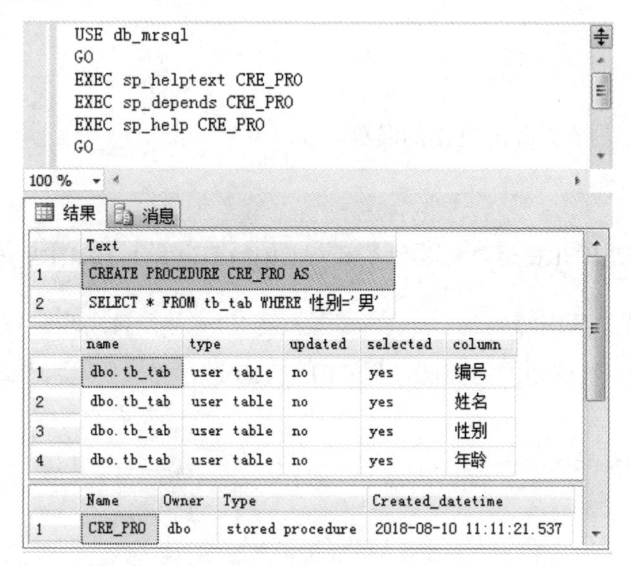

图 12.9　查看存储过程信息

系统存储过程 sp_helptext、sp_depends 和 sp_help 可以对存储过程组的信息进行查看。例如，查看存储过程 CRE_Group（包含存储过程 CRE_Group;1、CRE_Group;2、CRE_Group;3）的信息，SQL 语句如下：

```
EXEC sp_helptext CRE_Group
EXEC sp_depends CRE_Group
EXEC sp_help CRE_Group
```

注意

系统存储过程 sp_helptext、sp_depends 和 sp_help 无法对存储过程组中的单个存储过程进行查询。

12.3.4　修改存储过程

在创建存储过程时，存储过程的名称及功能不能实现预计的效果，这样就需要对存储过程进行修改。

ALTER PROCEDURE 语句可以更改事先通过执行 CREATE PROCEDURE 语句创建的过程，但不会更改权限，也不影响相关的存储过程或触发器。

ALTER PROCEDURE 语句的语法格式如下：

```
ALTER PROC EDURE procedure_name [ ; number ]
    [ { @parameter data_type }
        [ VARYING ] [ = default ] [ OUTPUT ]
    ] [ ,...n ]
[ WITH
    { RECOMPILE | ENCRYPTION
        | RECOMPILE , ENCRYPTION
```

```
    }
]
[ FOR REPLICATION ]
AS
    sql_statement [ ...n ]
```

参数 procedure_name 是要更改的过程的名称。

说明

关于 ALTER PROCEDURE 语句的其他参数与 CREATE PROCEDURE 语句相同，可参见 12.2.1 节表 12.1。

【例 12.9】 对一个有查询功能的存储过程 CRE_PRO 进行修改。（**实例位置：资源包\TM\sl\12\9**）

SQL 语句如下：

```
ALTER PROCEDURE CRE_PRO
AS
SELECT 姓名,性别,年龄
FROM tb_tab
WHERE 性别='女'
GO
EXEC CRE_PRO
GO
```

运行结果如图 12.10 所示。

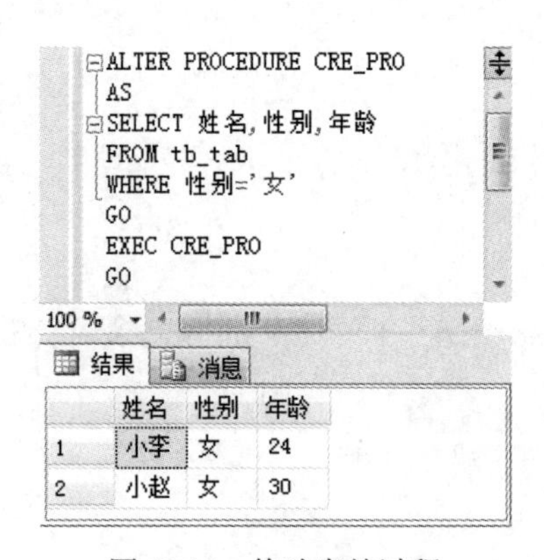

图 12.10　修改存储过程

12.3.5　删除存储过程

DROP 从当前数据库中删除一个或多个存储过程或过程组。

DROP 的语法格式如下：

```
DROP PROCEDURE { procedure } [ ,...n ]
```

参数说明如下。

☑ procedure：要删除的存储过程或存储过程组的名称。过程名称必须符合标识符规则。可以选择是否指定过程所有者名称，但不能指定服务器名称和数据库名称。

☑　n：表示可以指定多个过程的占位符。

DROP PROCEDURE 语句会经常被使用到。在一个存储过程重新创建之前，旧的存储过程及其名称必须删除。

例如，删除指定的存储过程。代码如下：

```
DROP PROCEDURE CRE_DELETE
```

例如，删除多个存储过程。代码如下：

```
DROP PROCEDURE CRE_1_DEL,CRE_2_DEL,CRE_3_DEL
```

12.3.6　存储过程的重新编译

1．在创建存储过程时设定重新编译

创建存储过程时在其定义中指定 WITH RECOMPILE 选项，表明 SQL Server 将不对该存储过程计划进行高速缓存，该存储过程将在每次执行时都重新编译。当存储过程的参数值在各次执行间都有较大差异，导致每次均需创建不同的执行计划时，可使用 WITH RECOMPILE 选项。此选项并不常用，因为每次对存储过程进行重新编译时，都会占用大量的内存空间。

【例 12.10】 在创建存储过程时设定重新编译。（**实例位置：资源包\TM\sl\12\10**）

使用 CREATE PROCEDURE 语句中的 WITH RECOMPILE 选项创建存储过程，在每次执行存储过程时都重新编译。SQL 语句如下：

```
USE db_mrsql
GO
CREATE PROCEDURE CRE_anew
WITH RECOMPILE
AS
SELECT * FROM tb_tab
GO
```

运行结果如图 12.11 所示。

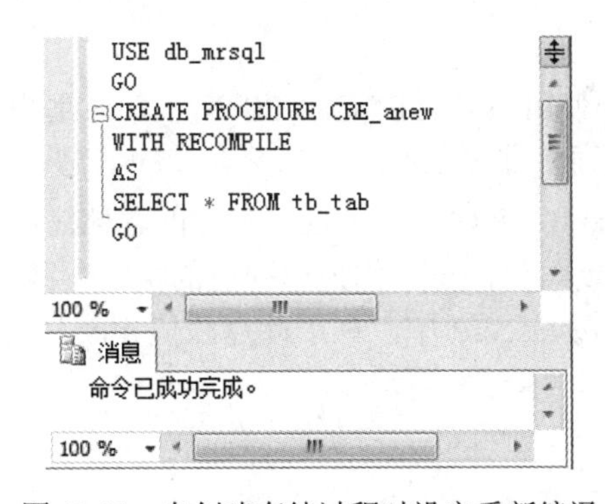

图 12.11　在创建存储过程时设定重新编译

2．在执行存储过程时设定重新编译

在执行存储过程时指定 WITH RECOMPILE 选项，可强制对存储过程进行重新编译。语法格式如下：

```
EXECUTE procedure_name WITH RECOMPILE
```

参数 procedure_name 表示存储过程的名称。

例如，在执行存储过程时，对该过程进行强制重新编译。代码如下：

```
EXEC PRO_RYB WITH RECOMPILE
```

例如，对存储过程组 CRE_Group（存储过程组包含 CRE_Group;1、CRE_Group;2、CRE_Group;3）进行强制重新编译。代码如下：

```
EXEC CRE_Group WITH RECOMPILE
```

例如，对存储过程组中的单个存储过程进行强制重新编译。代码如下：

```
EXEC CRE_Group;2 WITH RECOMPILE
```

3．使用系统存储过程设定重新编译

系统存储过程 sp_recompile 使存储过程和触发器在下次运行时重新编译。语法格式如下：

```
sp_recompile [ @objname = ] 'object'
```

参数[@objname =] 'object'是当前数据库中的存储过程、触发器、表或视图限定的或非限定的名称。object 是 nvarchar（776）类型，无默认值。如果 object 是存储过程或触发器的名称，那么该存储过程或触发器将在下次运行时重新编译；如果 object 是表或视图的名称，那么所有引用该表或视图的存储过程都将在下次运行时重新编译。

例如，用系统存程过程 sp_recompile 对存储过程进行重新编译。代码如下：

```
EXEC sp_recompile CRE_PRO
```

运行结果已成功地将存储过程 CRE_DRO 标记为重新编译。

12.4 实践与练习

1．创建一个加密存储过程，使用 WITH ENCRYPION 子句对用户隐藏存储过程的文本，使文本内容更安全。使用 sp_helptext 系统存储过程获取关于加密存储的信息。（**答案位置：资源包\TM\sl\12\11**）

2．基于学生成绩信息表“score”创建一个带返回参数的存储过程，用来查询分数。在存储过程中声明两个变量，一个作为分数查询条件，一个作为返回值的接收参数。利用 exec 关键字执行该存储过程。查询结果会自动保存在变量@stuscore 中，利用此返回值判断分数等级。（**答案位置：资源包\TM\sl\12\12**）

第 13 章

触　发　器

本章主要介绍如何使用触发器，主要包括触发器概述、创建触发器、修改触发器和删除触发器等内容。通过本章的学习，读者可以掌握如何使用 SQL 语句创建触发器，并应用触发器编写 SQL 语句，从而优化查询和提高数据访问速度。

本章知识架构及重难点如下：

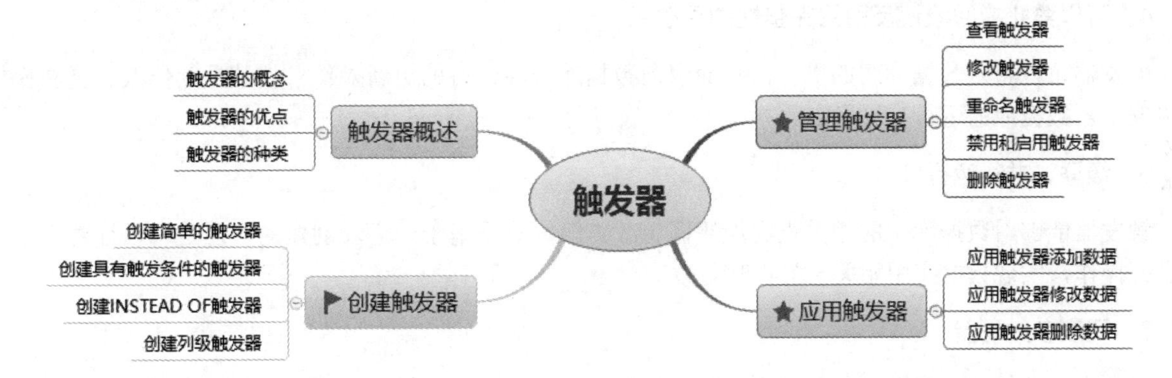

13.1　触发器概述

13.1.1　触发器的概念

在数据库管理系统中，维护数据库中数据完整性是非常重要的。触发器是一种特殊的存储过程，与数据表紧密相连。当用户更新表中数据时，触发器会自动执行。触发器可以包含复杂的 SQL 语言。不论触发器所进行的操作有多复杂，触发器都只作为一个独立的单元被执行，被看作一个事务。如果在执行触发器时某一部分发生错误，则整个事务将会自动回滚。

13.1.2　触发器的优点

触发器具有以下优点。

1. 自动执行

对表中的数据进行修改后，触发器立即被激活。

2. 可以调用存储过程

为了实现复杂的数据库更新操作，触发器可以调用一个或多个存储过程，甚至可以通过调用外部过程（不是数据库管理系统本身）完成相应的操作。

3. 可以强化数据条件约束

触发器能够实现比 CHECK 约束更为复杂的数据完整性约束。在数据库中，为了实现数据完整性约束，可以使用 CHECK 约束或触发器。CHECK 约束不允许引用其他表中的列来完成检查工作，而触发器可以引用其他表中的列。它更适合在大型数据库管理系统中用来约束数据的完整性。

4. 可以禁止或回滚违反引用完整性的更改

触发器可以检测数据库内的操作，从而取消数据库未经许可的更新操作，使数据库修改、更新操作更安全，数据库的运行也更稳定。

5. 级联、并行运行

触发器能够对数据库中的相关表实现级联更改。触发器是基于一个表创建的，但是可以针对多个表进行操作，实现数据库中相关表的级联更改。

6. 同表多触发器

一个表中可以同时存在 3 个不同操作的触发器，如 INSERT、UPDATE 和 DELETE。

13.1.3 触发器的种类

SQL Server 支持两种类型的触发器：AFTER 触发器和 INSTEAD OF 触发器。

AFTER 触发器又称为后触发器，该类触发器是在引起触发器执行的修改语句成功完成后执行。此类触发器只有在执行某一操作（如 INSERT、UPDATE 或 DELETE）之后，触发器才被触发，如果修改语句错误，触发器将不会执行。AFTER 触发器只能定义在表上，不能创建在视图上，但可以为针对表的同一操作定义多个触发器。可使用 sp_settriggerorder 指定表上第一个和最后一个执行的 AFTER 触发器，在表上只能为每个 INSETR、UPDATE 或 DELETE 操作指定第一个执行和最后一个执行的 AFTER 触发器。

INSTEAD OF 触发器又称为替代触发器，当引起触发器执行的修改语句停止时，该类触发器代替触发操作执行。它可以在表上定义，也可以在视图上定义。对于每个触发操作（如 INSERT、UPDATE 或 DELETE），只能定义一个 INSTEAD OF 触发器。

INSTEAD OF 触发器与 AFTER 触发器的最大不同之处在于：INSTEAD OF 触发器并不是在执行预定义的操作（如 INSERT、UPDATE 或 DELETE）时被触发，而仅仅是执行触发器本身。

13.2 创建触发器

13.2.1 创建简单的触发器

创建触发器的注意事项有以下几个方面。

☑ 是否具有创建触发器的权限。触发器的权限默认分配给表的所有者，且不能将该权限转给其他用户。

☑ 触发器不能在临时表或系统表上创建，但是触发器可以引用临时表。不应引用系统表，而应使用信息架构视图。

☑ 触发器的命名，必须遵循标识符的命名规则。

☑ 触发器可以引用当前数据库以外的对象，但只能在当前数据库中创建触发器。

☑ 在含有用 DELETE 或 UPDATE 操作定义的外键的表中，不能定义 INSTEAD OF 和 INSTEAD OF UPDATE 触发器。

☑ WRITETEXT 语句不会引发 INSERT 或 UPDATE 触发器。

☑ TRUNCATE TABLE 语句类似于没有 WHERE 子句（用于删除行）的 DELETE 语句，但它并不会引发 DELETE 触发器，因为 TRUNCATE TABLE 语句没有记录。

通过 CREATE TRIGGER 语句可以创建触发器。下面将对 CREATE TRIGGER 语句创建触发器进行详细介绍。

CREATE TRIGGER 语句语法格式如下：

```
CREATE TRIGGER trigger_name
ON { table | view }
[ WITH ENCRYPTION ]
{
    { { FOR | AFTER | INSTEAD OF } { [ INSERT ] [ , ] [ UPDATE ] [ , ]   [ DELETE]}
        [ WITH APPEND ]
        [ NOT FOR REPLICATION ]
        AS
        [ { IF UPDATE ( column )
            [ { AND | OR } UPDATE ( column ) ]
                [ ...n ]
        | IF ( COLUMNS_UPDATED ( ) { bitwise_operator } updated_bitmask )
                { comparison_operator } column_bitmask [ ...n ]
        } ]
        sql_statement [ ...n ]
    }
}
```

参数说明如下。

☑ trigger_name：触发器的名称。触发器名称必须符合标识符规则，并且在数据库中必须唯一。可以选择是否指定触发器所有者名称。

☑ table | view：在其上执行触发器的表或视图，有时称为触发器表或触发器视图。可以选择是否指定表或视图的所有者名称。

- ☑ WITH ENCRYPTION：加密 syscomments 表中包含 CREATE TRIGGER 语句文本的条目。使用 WITH ENCRYPTION 可防止将触发器作为 SQL Server 复制的一部分发布。
- ☑ AFTER：指定触发器只有在触发 SQL 语句中指定的所有操作都已成功执行后才激发。所有的引用级联操作和约束检查也必须成功完成后，才能执行此触发器。如果仅指定 FOR 关键字，则 AFTER 是默认设置。不能在视图上定义 AFTER 触发器。
- ☑ INSTEAD OF：指定执行触发器而不是执行触发 SQL 语句，从而替代触发语句的操作。

在表或视图上，每个 INSERT、UPDATE 或 DELETE 语句最多可以定义一个 INSTEAD OF 触发器。然而，可以在每个具有 INSTEAD OF 触发器的视图上定义视图。

INSTEAD OF 触发器不能在 WITH CHECK OPTION 的可更新视图上定义。如果向指定 WITH CHECK OPTION 选项的可更新视图添加 INSTEAD OF 触发器，SQL Server 将产生一个错误。用户必须用 ALTER VIEW 删除该选项后才能定义 INSTEAD OF 触发器。

- ☑ [INSERT] [,] [UPDATE] [,] [DELETE]：指定在表或视图上执行哪些数据修改语句时将激活触发器的关键字，必须至少指定一个选项。在触发器定义中允许使用以任意顺序组合的这些关键字。如果指定的选项多于一个，需用逗号分隔这些选项。对于 INSTEAD OF 触发器，不允许在具有 ON DELETE 级联操作引用关系的表上使用 DELETE 选项。同样，也不允许在具有 ON UPDATE 级联操作引用关系的表上使用 UPDATE 选项。
- ☑ WITH APPEND：指定应该添加现有类型的其他触发器。只有当兼容级别是 65 或更低时，才需要使用该可选子句。如果兼容级别是 70 或更高，则不必使用 WITH APPEND 子句添加现有类型的其他触发器。
- ☑ NOT FOR REPLICATION：表示当复制进程更改触发器所涉及的表时，不应执行该触发器。
- ☑ AS：触发器要执行的操作。
- ☑ sql_statement：触发器的条件和操作。触发器条件指定其他准则，以确定 DELETE、INSERT 或 UPDATE 语句是否导致执行触发器操作。当尝试 DELETE、INSERT 或 UPDATE 操作时，SQL 语句中指定的触发器操作将生效。

【例 13.1】 创建 INSERT 触发器。（**实例位置：资源包\TM\sl\13\1**）

本示例涉及两个相关表 tb_employee02 和 tb_laborage03，它们都有“编号”和“姓名”字段，并且类型相同。在 tb_employee02 表中创建 INSERT 触发器，在对 tb_employee02 表进行数据操作时，对 tb_laborage03 表也进行相应的操作。SQL 语句如下：

```
CREATE TRIGGER tri_emp ON tb_employee02
 FOR INSERT
 AS
   declare @id int,@name varchar(8)
   SELECT @id = 编号,@name = 姓名 FROM inserted
   INSERT INTO tb_laborage03(编号,姓名,基本工资,奖金) VALUES(@id,@name,0,0)
```

运行结果如图 13.1 所示。

当触发 INSERT 触发器时，新的数据行就会被插入触发器表和 inserted 表中。inserted 表是一个逻辑表，它包含已经插入数据行的一个副本。inserted 表包含 INSERT 语句中已记录的插入动作。inserted 表还允许引用由初始化 INSERT 语句而产生的日志数据。触发器通过检查 inserted 表来确定是否执行触发器动作或如何执行。inserted 表中的行总是触发器表中一行或多行的副本。

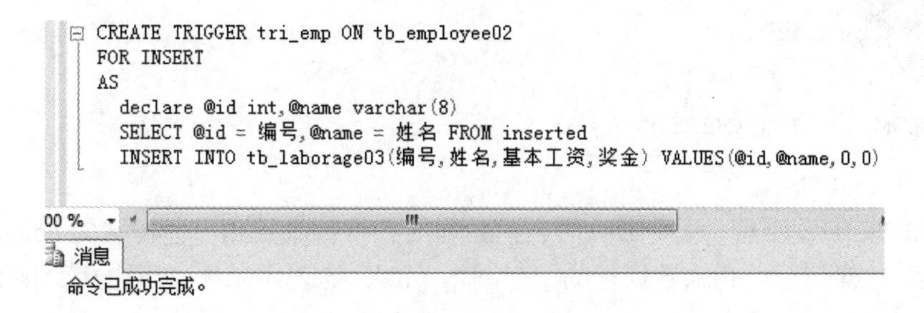

图 13.1　创建 INSERT 触发器

当执行如下语句向 tb_employee02 表中添加数据时：

```
INSERT INTO tb_employee02 VALUES(3,'王望望','女','开发部','2018-05-04')
```

运行结果如图 13.2 所示。

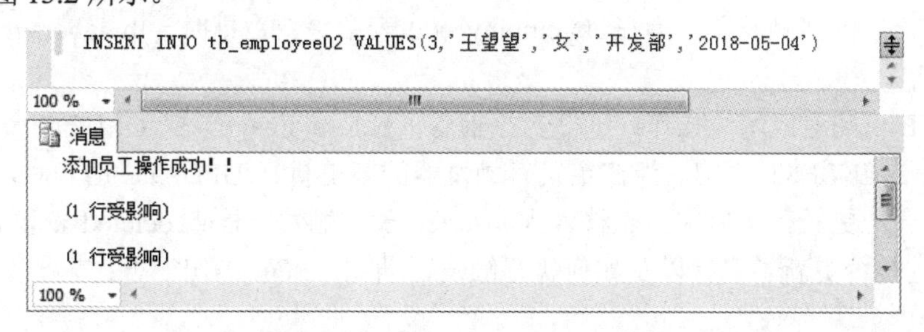

图 13.2　插入数据时触发触发器

查询 tb_employee02、tb_laborage03 表中数据，会发现两张表都添加了数据，如图 13.3 所示。

	编号	姓名	性别	所属部门	入司时间
1	1	王一	男	销售部	2018-09-03
2	2	李琳	女	销售部	2018-10-04

（1）tb_employee02 表插入数据前

	编号	姓名	性别	所属部门	入司时间
1	1	王一	男	销售部	2018-09-03
2	2	李琳	女	销售部	2018-10-04
3	3	王望望	女	开发部	2018-05-04

（2）tb_employee02 表插入数据后

	编号	姓名	基本工资	奖金
1	1	王一	1570	550
2	2	李琳	0	0

（3）tb_laborage03 表插入数据前

	编号	姓名	基本工资	奖金
1	1	王一	1570	550
2	2	李琳	0	0
3	3	王望望	0	0

（4）tb_laborage03 表插入数据后

图 13.3　tb_employee02、tb_laborage03 表中的记录

【例 13.2】 创建 DELETE 触发器。（**实例位置：资源包\TM\sl\13\2**）

为 tb_student 表创建 DELETE 触发器 del_student，当删除 tb_student 表中的数据时，输出提示信息。SQL 语句如下：

```
use db_mrsql
  go
  --创建触发器
  CREATE TRIGGER del_student ON tb_student
   FOR DELETE AS
```

```
        print '学生信息已经删除'
    --执行删除操作
go
    DELETE FROM tb_student WHERE  编号  = 3
```

运行结果如图 13.4 所示。

当触发 DELETE 触发器后，从受影响的表中删除的行将被放置到一个特殊的 deleted 表中。deleted 表是一个逻辑表，它保留已被删除数据行的一个副本。deleted 表还允许引用由初始化 DELETE 语句产生的日志数据。

使用 DELETE 触发器时，需要考虑以下事项和原则。

当某行被添加到 deleted 表中时，它就不再存在于数据库表中。因此，deleted 表和数据库表没有相同的行。创建 deleted 表时，空间是从内存中分配的。deleted 表总是被存储在高速缓存中。

【例 13.3】 创建 UPDATE 触发器。(**实例位置：资源包\TM\sl\13\3**)

用 UPDATE 语句创建触发器，当在 tb_employee02 表中更新数据时，tb_laborage03 表也更新相应的数据。

可将 UPDATE 语句看成两步操作：捕获数据前像（before image）的 DELETE 语句和捕获数据后像（after image）的 INSERT 语句。当在定义有触发器的表上执行 UPDATE 语句时，原始行（前像）被移入到 deleted 表，更新行（后像）被移入到 inserted 表。触发器检查 deleted 表和 inserted 表以及被更新的表，来确定是否更新了多行以及如何执行触发器动作。SQL 语句如下：

```
use db_mrsql
 go
  CREATE TRIGGER tri_update_emp ON tb_employee02
  FOR UPDATE
  AS
   declare @id int,@name varchar(8)
   SELECT @id =  编号  FROM deleted
   SELECT @name =  姓名  FROM inserted
   UPDATE tb_laborage03 SET  姓名  = @name WHERE  编号  = @id
  go
```

运行结果如图 13.5 所示。

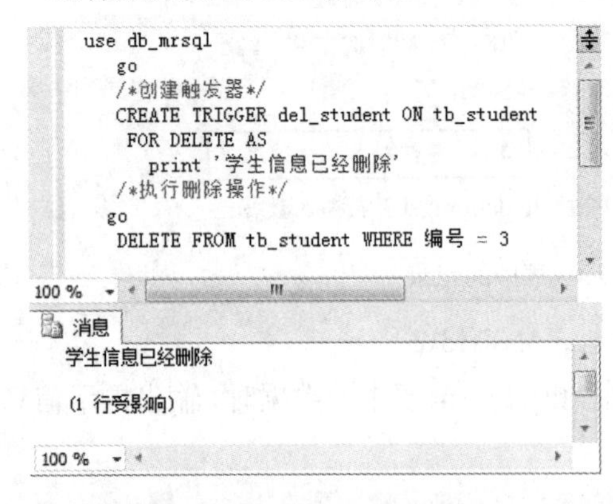

图 13.4　创建 DELETE 触发器

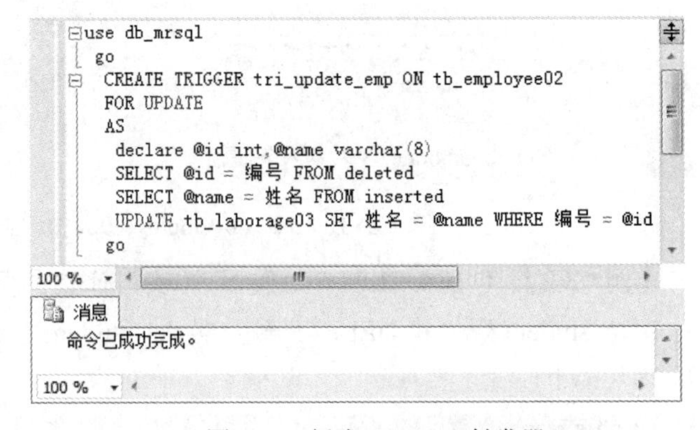

图 13.5　创建 UPDATE 触发器

tb_employee02 表、tb_laborage03 表中的原始数据如图 13.6 所示。

	编号	姓名	性别	所属部门	入司时间
1	1	王一	男	销售部	2018-09-03
2	2	李琳	女	销售部	2018-10-04
3	3	王望望	女	开发部	2018-05-04

（1）tb_employee02 表

	编号	姓名	基本工资	奖金
1	1	王一	1570	550
2	2	李琳	0	0
3	3	王望望	0	0

（2）tb_laborage03 表

图 13.6　tb_employee02 表、tb_laborage03 表中的原始数据

当执行如下 SQL 语句修改 tb_employee02 表中数据时，再次跟踪查看 tb_employee02 表、tb_laborage03 表中数据时，会发现 tb_employee02 表、tb_laborage03 表中数据都做了修改，如图 13.7 所示。

```
UPDATE tb_employee02 SET 姓名 = '李琳' WHERE 编号 = 2
```

	编号	姓名	性别	所属部门	入司时间
1	1	王一	男	销售部	2018-09-03
2	2	李小琳	女	销售部	2018-10-04
3	3	王望望	女	开发部	2018-05-04

（1）tb_employee02 表

	编号	姓名	基本工资	奖金
1	1	王一	1570	550
2	2	李小琳	0	0
3	3	王望望	0	0

（2）tb_laborage03 表

图 13.7　修改后的 tb_employee02 表、tb_laborage03 表中数据

13.2.2　创建具有触发条件的触发器

触发器可以检测数据库内的操作，从而取消数据库未经许可的更新操作，使数据库修改、更新操作更安全，数据库的运行也更稳定。为更好地维护数据库的参照完整性，通常会创建具有触发条件的触发器。

【例 13.4】 创建具有触发条件的触发器。（**实例位置：资源包\TM\sl\13\4**）

为 tb_laborage03 表创建 DELETE 触发器和 INSERT 触发器。当在 tb_laborage03 表中删除数据时，如果该记录在 tb_employee02 表中存在则不允许删除。当向 tb_laborage03 表中插入数据时，如果该记录在 tb_employee02 表中不存在则不允许插入。tb_employee02 表、tb_laborage03 表中的数据如图 13.8 所示。

	编号	姓名	性别	所属部门	入司时间
1	1	王一	男	销售部	2018-09-03
2	2	李小琳	女	销售部	2018-10-04
3	3	王望望	女	开发部	2018-05-04

（1）tb_employee02 表

	编号	姓名	基本工资	奖金
1	1	王一	1570	550
2	2	李小琳	0	0
3	3	王望望	0	0

（2）tb_laborage03 表

图 13.8　tb_employee02 表、tb_laborage03 表中数据信息

为 tb_laborage03 表创建 DELETE、INSERT 触发器 t_laborage，SQL 语句如下：

```
use db_mrsql
go
 CREATE trigger t_laborage
    ON tb_laborage03
    FOR DELETE ,INSERT AS
 declare @id int ,@name varchar(8)
 SELECT @id = 编号 ,@name = 姓名 FROM deleted
```

```
  IF(@id in(SELECT 编号 FROM tb_employee02 WHERE 姓名 = @name))
     begin
       ROLLBACK TRANSACTION
       print '员工信息在员工表中存在，不允许删除'
     end
declare @sid int,@sname varchar(8)
SELECT @sid = 编号,@sname = 姓名 from inserted
  IF(@sid NOT IN(SELECT 编号 FROM tb_employee02))
  begin
   ROLLBACK TRANSACTION
   print '此职工在员工表中不存在，请审核后再输入'
  end
```

运行结果如图 13.9 所示。

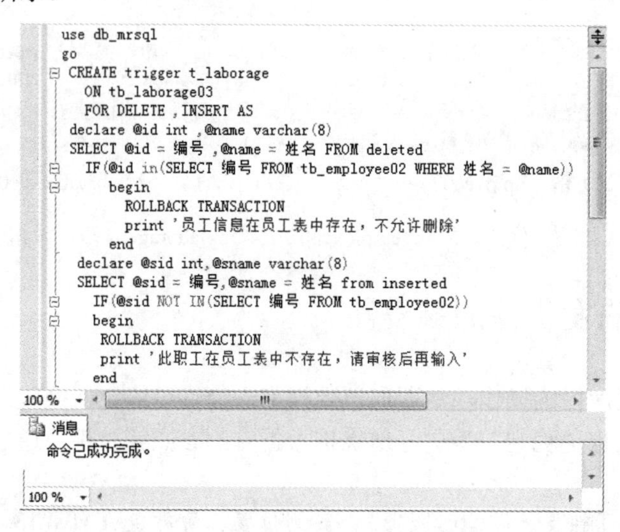

图 13.9　创建具有触发条件的触发器

当通过如下语句从 tb_laborage03 表中删除数据时：

```
DELETE tb_laborage03 WHERE 编号 = 1
```

运行结果如图 13.10 所示。

当向 tb_laborage03 表执行 DELETE 语句时，DBMS 会激活触发器 t_laborage，触发器会判断删除的记录是否在 tb_employee02 表中存在，如果存在则取消操作，否则完成删除操作。

当通过如下代码向 tb_laborage03 表中插入数据时：

```
INSERT INTO tb_laborage03 VALUES(10,'lili','1520','420')
```

运行结果如图 13.11 所示。

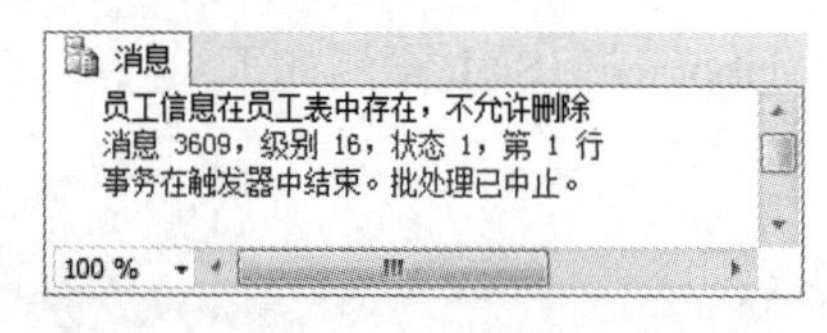

图 13.10　不能删除数据

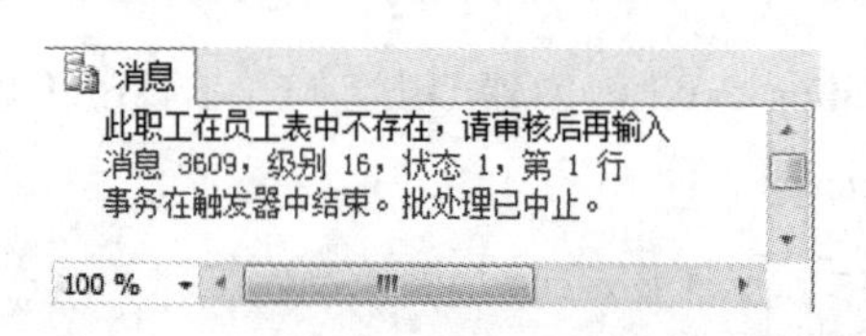

图 13.11　不能插入数据

当向 tb_laborage03 表中插入数据时，DBMS 同样会激活触发器 t_laborage，触发器会判断插入的数

据是否在 tb_employee02 表中存在，如果存在则完成插入操作，不存在则取消操作。

注意

在 SQL Server 中使用 TRUNCATE TABLE 语句删除表中所有行时，不会触发 DELETE 触发器。

13.2.3 创建 INSTEAD OF 触发器

为了增强查询性能，视图通常来自多个表的结果集。但基于多个表创建的视图不能被更新。通过创建 INSERTAD OF 触发器可解决这一问题。

在表或视图上，每个 INSERT、UPDATE 或 DELETE 语句最多可以定义一个 INSTEAD OF 触发器。然而，可以在每个具有 INSTEAD OF 触发器的视图上定义视图。

【例 13.5】 创建 INSTEAD OF 触发器。（**实例位置：资源包\TM\sl\13\5**）

假设有 3 张表 tb_sqlbook、tb_javabook 和 tb_aspbook，分别存储 sql 类、java 类和 asp 类的图书信息，3 张表具有相同的数据表结构。基于这 3 张表创建的视图 v_book 则包含了这 3 张表的所有信息。本示例为视图 v_book 创建 INSTEAD OF 触发器 tri_book，实现通过视图可向基表插入数据。实现过程如下。

（1）分别创建 tb_sqlbook、tb_javabook 和 tb_aspbook，SQL 语句如下：

```
CREATE TABLE tb_sqlbook(
  编号 varchar(10),
  书名 varchar(50),
  定价 varchar(10))
CREATE TABLE tb_javabook(
  编号 varchar(10),
  书名 varchar(50),
  定价 varchar(10))
CREATE TABLE tb_aspbook(
  编号 varchar(10),
  书名 varchar(50),
  定价 varchar(10))
```

（2）创建视图 v_book，SQL 语句如下：

```
CREATE VIEW v_book
  AS
   SELECT * FROM tb_sqlbook
  UNION ALL
   SELECT * FROM tb_javabook
  UNION ALL
   SELECT * FROM tb_aspbook
```

（3）为视图 v_book 创建 INSTEAD OF 触发器 tri_book，SQL 语句如下：

```
use db_mrsql
  go
 CREATE TRIGGER tri_book
   ON v_book
 INSTEAD OF INSERT AS
   begin
     declare @编号 varchar(10)
```

```
SELECT @编号 = substring(编号,1,1) FROM inserted
IF @编号 = 'j'            --如果编号以"j"开头，则将信息插入 tb_javabook 表中
  begin
    INSERT INTO tb_javabook SELECT 编号,书名,定价 from inserted
    return
  end
IF @编号 = 's'            --如果编号以"s"开头，则将信息插入 tb_sqlbook 表中
   begin
    INSERT INTO tb_sqlbook SELECT 编号,书名,定价 FROM inserted
    return
  end
 IF @编号 = 'a'           --如果编号以"a"开头，则将信息插入 tb_aspbook 表中
   begin
    INSERT INTO tb_aspbook SELECT 编号,书名,定价 FROM inserted
    return
   end
 else
   begin
    ROLLBACK TRANSACTION
    print '请确认编号后再输入！'
   end
end
```

运行结果如图 13.12 所示。

图 13.12　创建 INSTEAD OF 触发器

可以在表或视图上指定 INSTEAD OF 触发器，执行这种触发器就能够替代原始的触发动作。INSTEAD OF 触发器扩展了视图更新的性能。对于每一种触发动作（INSERT、UPDATE 或 DELETE），每一个表或视图只能有一个 INSTEAD OF 触发器。INSTEAD OF 触发器被用于更新那些无法通过正常方式更新的视图。例如，通常不能在一个基于连接的视图上进行 DELETE 操作。然而，可以编写一个

INSTEAD OF DELETE 触发器来实现删除。上述触发器可以访问那些如果视图是一个真正的表时已经被删除的数据行。将被删除的行存储在一个名为 deleted 的工作表中，就像 AFTER 触发器一样。相似地，在 UPDATE INSTEAD OF 触发器或者 INSERT INSTEAD OF 触发器中，可以访问 inserted 表中的新行。不能在带有 WITH CHECK OPTION 定义的视图中创建 INSTEAD OF 触发器。

触发器创建成功后，可通过视图向基表添加数据，代码如下：

```
INSERT INTO v_book VALUES('j003','jsp 程序开发范例宝典','89.00')
```

在执行上述语句时，系统首先激活 tri_book 触发器，根据插入的学号“j003”的前一位判断向哪张表插入数据。由于第一个字母为“j”，因此将记录插入数据表 tb_javabook 中。此时，查看 tb_javabook 表中数据信息，运行结果如图 13.13 所示。

```
SELECT * FROM tb_javabook
```

	编号	书名	定价
1	j003	jsp程序开发范例宝典	89.00

图 13.13　表 tb_javabook 中的数据信息

13.2.4　创建列级触发器

列级触发器就是对表中的某列进行添加或修改时所执行的触发器。

建立列级触发器与建立触发器的语法是相同的，只是在创建时使用 IF UPDATE（column）参数。语法格式如下：

```
CREATE TRIGGER trigger_name
ON { table | view }
[ WITH ENCRYPTION ]
{
   { { FOR | AFTER | INSTEAD OF } { [ INSERT ] [ , ] [ UPDATE ] }
      [ WITH APPEND ]
      [ NOT FOR REPLICATION ]
      AS
      [ { IF UPDATE ( column )
      [ { AND | OR } UPDATE ( column ) ]
          [ ...n ]
      | IF ( COLUMNS_UPDATED ( ) { bitwise_operator } updated_bitmask )
         { comparison_operator } column_bitmask [ ...n ]
      } ]
      sql_statement [ ...n ]
   }
}
```

参数 IF UPDATE（column）测试在指定列上进行的 INSERT 或 UPDATE 操作，不能用于 DELETE 操作，可以指定多列。因为在 ON 子句中指定了表名，所以在 IF UPDATE 子句中的列名前不要包含表名。若要测试在多个列上进行的 INSERT 或 UPDATE 操作，可在第一个操作后指定单独的 UPDATE（column）子句。在 INSERT 操作中 IF UPDATE 将返回 TRUE 值，因为这些列插入了显式值或隐性（NULL）值。IF UPDATE（column）子句的功能等同于 IF、IF…ELSE 或 WHILE 语句，并且可以使用 BEGIN…END 语句块。

【例 13.6】 创建列级触发器。（**实例位置：资源包\TM\sl\13\6**）

在 db_mrsql 数据库的 tb_emp02 表中创建一个列级触发器，当添加或修改“tb_emp02”表中的“姓名”字段时，将在创建的 tb_mr_emp 表中添加记录。SQL 语句如下：

```
use db_mrsql
go
--创建 tb_mr_emp 表
CREATE TABLE tb_mr_emp
   ( data datetime,
     mr_id varchar(8),
     state varchar(20),
     mr_name varchar(30)
   )
go
--为 tb_emp02 表创建触发器 tri_emp_jl
 CREATE TRIGGER tri_emp_jl on tb_emp02
  FOR INSERT,UPDATE
 AS
  declare @id varchar(4)
  SELECT @id = 编号 from inserted
  IF UPDATE(姓名)       --判断修改的列是否为“姓名”列
   INSERT INTO tb_mr_emp VALUES(getdate(),@id,'修改员工姓名',user_name())
```

运行结果如图 13.14 所示。

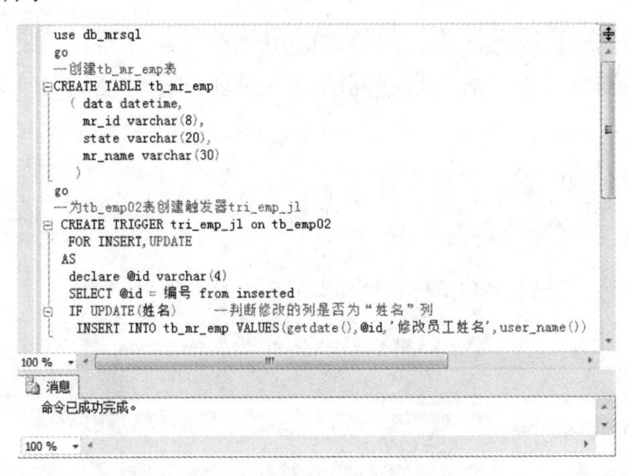

图 13.14　创建列级触发器

当执行如下语句向 tb_emp02 表中添加数据时：

```
INSERT INTO tb_emp02 VALUES('5','刘祥','女','宣传部')
```

会同时向 tb_emp02 表、tb_mr_emp 表中添加数据信息，如图 13.15 所示。

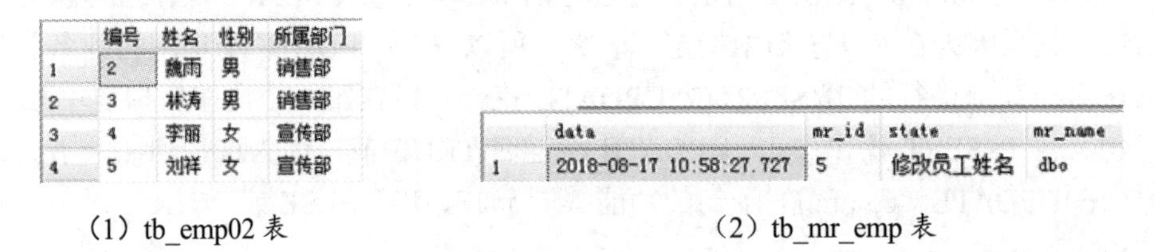

	编号	姓名	性别	所属部门
1	2	魏雨	男	销售部
2	3	林涛	男	销售部
3	4	李丽	女	宣传部
4	5	刘祥	女	宣传部

（1）tb_emp02 表

	data	mr_id	state	mr_name
1	2018-08-17 10:58:27.727	5	修改员工姓名	dbo

（2）tb_mr_emp 表

图 13.15　tb_emp02 表、tb_mr_emp 表中信息

13.3 管理触发器

管理触发器包括对触发器进行查看、修改、删除和重命名等一系列操作。本节将介绍触发器管理过程中比较常用的方法。

13.3.1 查看触发器

查看触发器的信息可以在查询分析器中利用系统存储过程 sp_helptext、sp_depends、sp_help 和 sp_helptigger 来对触发器的不同信息进行查看。

（1）sp_helptext，查看触发器的文本信息。

（2）sp_depends，查看触发器的相关性信息。

（3）sp_help，查看触发器的一般信息。

（4）sp_helptrigger，查看触发器的类型和其他相关属性。

【例 13.7】 使用系统存储过程 sp_helptrigger、sp_depends 查看触发器信息。（**实例位置：资源包\TM\sl\13\7**）

使用系统存储过程 sp_helptrigger 查看表 tb_emp02 的信息，以及使用 sp_depends 来检查相关的数据库对象。SQL 语句如下：

```
use db_mrsql
EXEC sp_helptrigger tb_emp02
EXEC sp_depends tb_emp02
```

运行结果如图 13.16 所示。

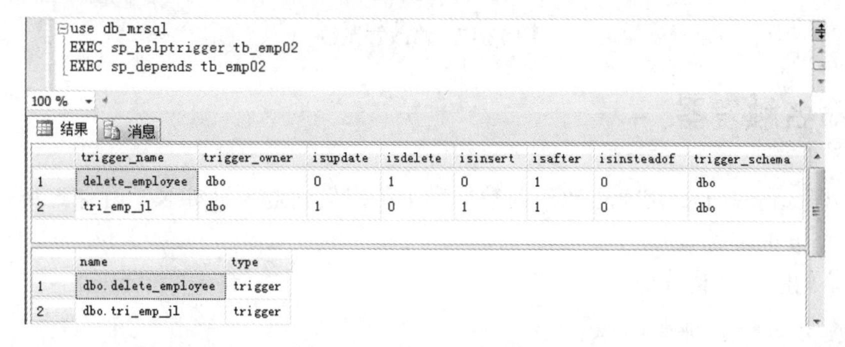

图 13.16 查看触发器信息

13.3.2 修改触发器

触发器创建成功后，可以对其进行修改来满足需要。

ALTER TRIGGER 语句更改事先通过执行 CREATE TRIGGER 语句创建的触发器，但不会更改权限，也不影响相关的存储过程或触发器。

【例 13.8】 修改触发器。（**实例位置：资源包\TM\sl\13\8**）

为 tb_emp02 创建具有刷新功能的触发器 tri_emp，当向 tb_emp02 表中添加数据时，会激活 tri_emp 触发器，显示 tb_emp02 表中信息。为了满足需要，将触发器 tri_emp 修改为向 tb_emp02 表进行更新与删除操作时同样会激活触发器 tri_emp。SQL 语句如下：

```
use db_mrsql
--创建触发器
  go
  CREATE TRIGGER tri_emp
  ON tb_emp02
   FOR INSERT
  AS
   SELECT * FROM tb_emp02
--修改触发器
  go
  ALTER TRIGGER tri_emp ON tb_emp02
    FOR INSERT ,UPDATE ,DELETE
    AS
      SELECT * FROM tb_emp02
```

运行结果如图 13.17 所示。

图 13.17 修改触发器

13.3.3 重命名触发器

系统存储过程 sp_rename 用于更改当前数据库中用户创建对象（如表、存储过程、触发器、列或用户定义数据类型）的名称。

sp_rename 语句的语法格式如下：

```
sp_rename [ @objname = ] 'object_name' ,
    [ @newname = ] 'new_name'
    [ , [ @objtype = ] 'object_type' ]
```

参数说明如下。

☑ [@objname =] 'object_name'：用户对象（表、视图、列、存储过程、触发器、默认值、数据库、对象或规则）或数据类型的当前名称。如果要重命名的对象是表中的一列，那么 object_name 必须为 table.column 形式。如果要重命名的是索引，那么 object_name 必须为 table.index 形式。object_name 为 nvarchar (776) 类型，无默认值。

☑　[@newname =] 'new_name'：指定对象的新名称。new_name 必须是名称的一部分，并且要遵循标识符的规则。newname 是 sysname 类型，无默认值。

☑　[@objtype =] 'object_type']：要重命名的对象类型。

例如，将触发器 trigger1 重新命名为 trigger2，代码如下：

```
sp_rename 'trigger1', 'trigger2'
```

说明

重命名触发器并不会更改它在触发器定义文本中的名称。要在定义中更改触发器的名称，应该进行修改触发器。

13.3.4　禁用和启用触发器

如果数据表中存在触发器，当对其进行数据操作时，会同时更新多个关联的数据表。如果只想对当前表进行数据操作，就必须禁止触发器。

ALTER TABLE 语句用于启动和禁止触发器。语法格式如下：

```
ALTER TABLE table
{ ENABLE | DISABLE } TRIGGER trigger_name
```

参数说明如下。

☑　table：数据表名称。

☑　ENABLE：启用触发器。

☑　DISABLE：禁止触发器。

☑　TRIGGER：触发器名称。

☑　trigger_name：将要启动或禁止的触发器名称。

【例 13.9】　禁用为数据表 tb_emp02 创建的触发器 tri_emp。（**实例位置：资源包\TM\sl\13\9**）

SQL 语句如下：

```
use db_mrsql
  go
  ALTER TABLE tb_emp02
  DISABLE TRIGGER tri_emp
```

运行结果如图 13.18 所示

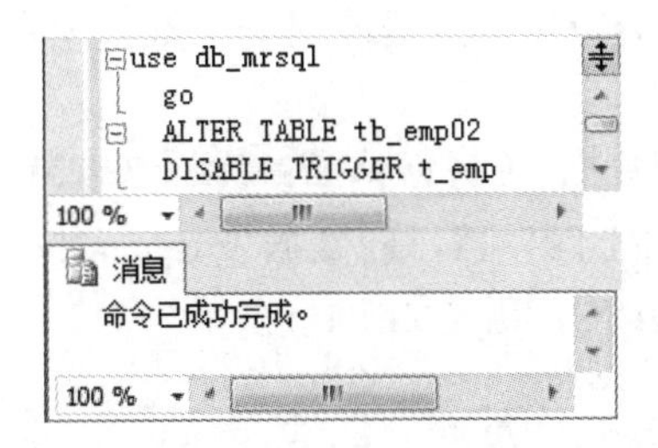

图 13.18　禁用触发器

想要将触发器 tri_emp 重新启用，可通过如下语句实现：

```
use db_mrsql
  go
  ALTER TABLE tb_emp02
  ENABLE TRIGGER tri_emp
```

13.3.5 删除触发器

如果不再需要某个触发器，可以使用 DROP 语句删除指定的触发器。

DROP TRIGGER 语句从数据库中删除一个或多个触发器。语法格式如下：

```
DROP TRIGGER { trigger_name } [ ,...n ]
```

参数说明如下。

☑ trigger_name：要删除的触发器名称。

☑ n：表示可以指定多个触发器的占位符。

例如，删除数据库 db_mrsql 中触发器 tri_laborage，代码如下：

```
use db_mrsql
DROP TRIGGER tri_laborage
```

注意

使用 DROP TABLE 语句来删除表，则该表的所有数据、索引、触发器、约束都会被删除。因此，以删除表的形式可以删除表中所定义的所有触发器。

13.4 应用触发器

在数据库中一个动作被执行，将自动调用触发器，导致另一个动作的发生。在本节中将介绍数据库应用中的 3 个基本类型的触发器（即插入、修改和删除）如何维护数据库功能并保证数据的完整性。

13.4.1 应用触发器添加数据

在编写数据库应用程序时经常会应用触发器向另一个数据表中添加数据。接下来将通过示例介绍通过触发器向数据表添加数据。

【例 13.10】 应用触发器添加数据。（**实例位置：资源包\TM\sl\13\10**）

在数据表 tb_teacher 创建 INSERT 触发器，向数据表 tb_teacher 添加数据时，将触发 insert_courses 触发器，向 tb_courses 表添加数据。SQL 语句如下：

```
use db_mrsql
  go
  CREATE TRIGGER insert_courses
   ON tb_teacher FOR INSERT
```

```
AS
  --定义变量@c_name、@t_name
  declare @c_name varchar(10),@t_name varchar(10)
  --将变量赋值
  SELECT @c_name = 所授课程 ,@t_name = 姓名 FROM inserted
INSERT INTO tb_courses(课程名称,教师)VALUES (@c_name,@t_name)
```

运行结果如图 13.19 所示。

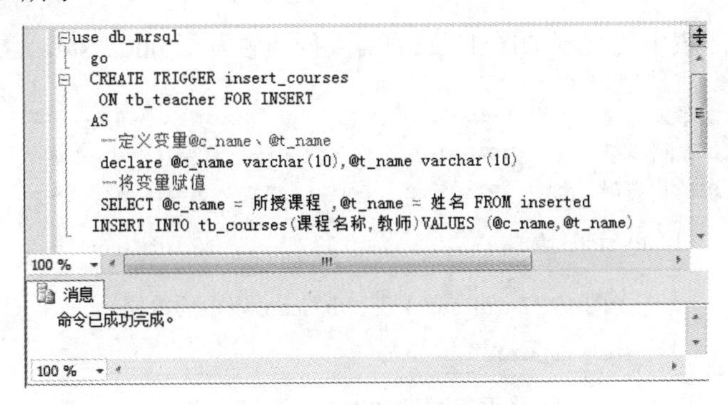

图 13.19　应用触发器添加数据

触发器创建成功以后，查看 tb_courses 表中数据，效果如图 13.20 所示。

当执行如下语句向 tb_teacher 表中添加数据时，

```
INSERT INTO tb_teacher(姓名,性别,所授课程,所教班级)
VALUES('赵伟','男','数学','2 年 2 班')
```

会激活 insert_courses 触发器，向 tb_courses 表中添加数据。当执行完插入语句后再次查看 tb_courses 表中数据，效果如图 13.21 所示。

	编号	课程名称	教师
1	1	计算机	李宇
2	2	英语	陈莉
3	3	体育	张星
4	4	语文	魏丹

图 13.20　tb_courses 表中数据

	编号	课程名称	教师
1	1	计算机	李宇
2	2	英语	陈莉
3	3	体育	张星
4	4	语文	魏丹
5	5	数学	赵伟

图 13.21　执行插入语句后的 tb_courses 表中数据

13.4.2　应用触发器修改数据

如果某一数据表中数据做更新操作时，与之对应的数据表中数据也应做更新操作，通过触发器同样可实现这一功能。接下来将通过示例向读者介绍应用触发器修改数据。

【例 13.11】 应用触发器修改数据。（**实例位置：资源包\TM\sl\13\11**）

为数据表 tb_stu03 创建 UPDATE 触发器 upda_stu。当 tb_stu03 表中“姓名”列被修改时，将删除 tb_score 表中与之对应的数据，并给出提示信息。SQL 语句如下：

```
use db_mrsql
  go
    CREATE TRIGGER upda_stu
    ON tb_stu03 FOR UPDATE AS
```

```
  declare @id varchar(10)
  SELECT @id = 学号 FROM deleted
begin
  IF update(姓名)
  DELETE FROM tb_score WHERE 学号 = @id
  print 'tb_score 表中没有对应的数据，请录入'
  print @id
end
```

tb_stu03 表、tb_score 表中的数据如图 13.22 所示。创建触发器 upda_stu，运行结果如图 13.23 所示。

	学号	姓名	性别	出生日期
1	01d01	李莉	女	1991-01-05
2	01d02	李鹏	男	1992-12-02

（1）tb_stu03 表

	学号	语文	数学	英语
1	01d01	91	90	100
2	01d02	90	98	95

（2）tb_score 表

图 13.22　tb_stu03 表、tb_score 表中的数据

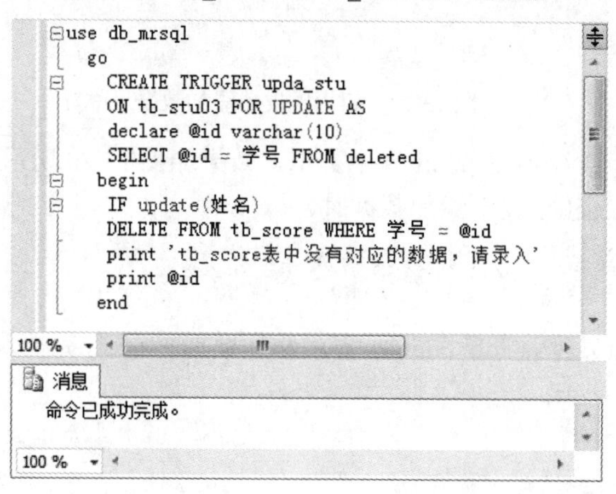

图 13.23　应用触发器修改数据

触发器创建成功后，当通过如下语句修改 tb_stu03 表中数据时，

```
UPDATE tb_stu03 SET 姓名 ='李小鹏' WHERE 学号 ='01d02'
```

运行结果如图 13.24 所示。

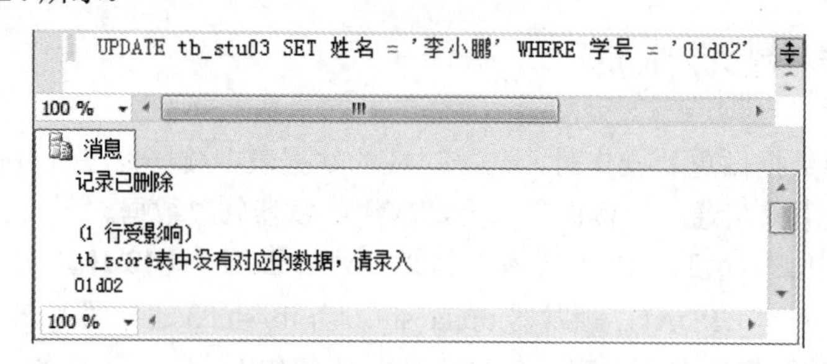

图 13.24　修改后的 tb_stu03 表、tb_score 表中数据

系统会激活 upda_stu 触发器，删除 tb_score 表数据，同时输出提示信息“tb_score 表中没有对应的数据，请录入”。此时再次查看 tb_stu03 表与 tb_score 表中的数据，结果如图 13.25 所示。

	学号	姓名	性别	出生日期
1	01d01	李莉	女	1991-01-05
2	01d02	李小鹏	男	1992-12-02

（1）tb_stu03 表

	学号	语文	数学	英语
1	01d01	91	90	100

（2）tb_score 表

图 13.25 修改后的 tb_stu03 表、tb_score 表中数据

13.4.3 应用触发器删除数据

如果对数据库中某张表执行删除操作时，可以通过触发器将与之对应的另一张表的相关数据进行删除。接下来将通过示例介绍应用触发器删除数据。

【例 13.12】 应用触发器删除数据。（**实例位置：资源包\TM\sl\13\12**）

向 tb_employee02 表创建 DELETE 触发器，当在 tb_employee02 中删除数据时，tb_laborage03 表也删除相应的数据。SQL 语句如下：

```
use db_mrsql
  go
    CREATE TRIGGER tri_delete_laborage
    ON tb_employee02 FOR DELETE
    AS
     declare @id int,@name varchar(8)
     SELECT @id = 编号,@name = 姓名 FROM deleted
     DELETE tb_laborage03 WHERE 编号 = @id AND 姓名 = @name
  go
```

运行结果如图 13.26 所示。

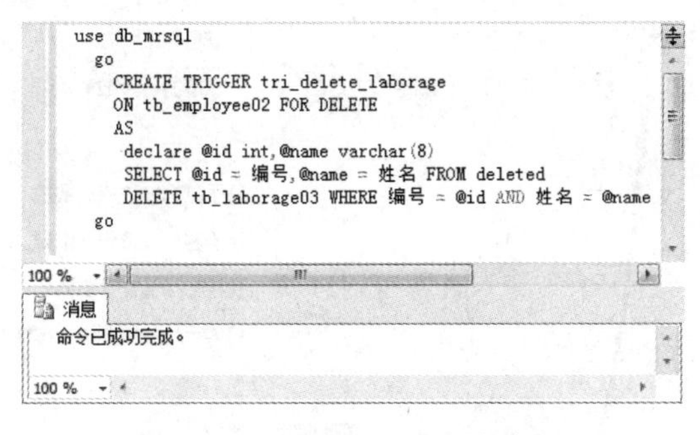

图 13.26 创建 DELETE 触发器

13.5 实践与练习

1．创建名称为 mr 的触发器，每次对 employee3 表的数据进行添加时，都会显示“正在向表中插入数据”。（**答案位置：资源包\TM\sl\13\13**）

2．为 Student 表创建一个触发器，实现对插入操作的约束。当插入的学生年龄不在 10 到 50 之间时，不执行插入，打印错误提示，并回滚事务。（**答案位置：资源包\TM\sl\13\14**）

第 14 章

游　标

游标是取用一组数据并能够一次与一个单独的数据进行交互的方法，然而，不能通过在整个行集中修改或者选取数据来获得所需要的结果。本章主要介绍 SQL Server 中游标的相关知识及语法，从而学会如何声明游标、打开游标、从游标中读取数据、关闭游标和释放游标的使用方法，并以示例的形式介绍使用游标对数据进行相关操作。

本章知识架构及重难点如下：

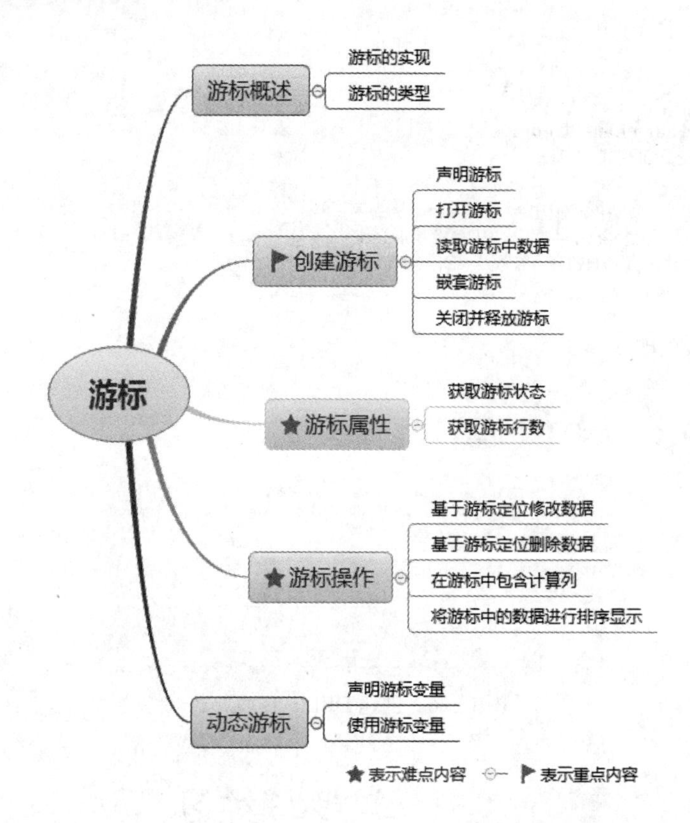

14.1　游 标 概 述

游标是取用一组数据并能够一次与一个单独的数据进行交互的方法。关系数据库中的操作会对整个行集起作用。由 SELECT 语句返回的行集包括满足该语句的 WHERE 子句中条件的所有行。这种由语句返回的完整行集称为结果集。应用程序，特别是交互式联机应用程序，并不总能将整个结果集作为一个单元来有效地处理。这些应用程序需要一种机制以便每次处理一行或一部分行。游标就是提供这种机制并对结果集的一种扩展。

游标通过以下方式来扩展结果处理。

☑ 允许定位在结果集的特定行。

☑ 从结果集的当前位置检索一行或多行。

☑ 支持对结果集中当前位置的行进行数据修改。

☑ 为由其他用户对显示在结果集中的数据库数据所做的更改提供不同级别的可见性支持。

☑ 提供脚本、存储过程和触发器中用于访问结果集中的数据的 SQL 语句。

游标可以定在该单元中的特定行，从结果集的当前行检索一行或多行。可以对结果集当前行做修改。一般不使用游标，但是需要逐条处理数据的时候，游标显得十分重要。

14.1.1 游标的实现

游标提供了一种从表中检索数据并进行操作的灵活手段，游标主要用在服务器上，处理由客户端发送给服务器端的 SQL 语句，或是批处理、存储过程、触发器中的数据处理请求。游标的优点在于它可以定位到结果集中的某一行，并可以对该行数据执行特定操作，为用户在处理数据的过程中提供了很大方便。一个完整的游标由 5 部分组成，并且这 5 个部分应符合下面的顺序。

（1）声明游标。

（2）打开游标。

（3）从一个游标中查找信息。

（4）关闭游标。

（5）释放游标。

14.1.2 游标的类型

SQL Server 提供了 4 种类型的游标：静态游标、动态游标、只进游标和键集驱动游标。这些游标的检测结果集变化的能力和内存占用的情况都有所不同，数据源无法通知游标当前提取行的更改。游标检测这些变化的能力也受事务隔离级别的影响。

1. 静态游标

静态游标的完整结果集在游标打开时建立在 tempdb 中。静态游标总是按照游标打开时的原样显示结果集。静态游标在滚动期间很少或根本检测不到变化，虽然在 tempdb 中存储了整个游标，但消耗的资源很少。尽管动态游标使用 tempdb 的程度最低，在滚动期间能够检测到所有变化，但消耗的资源也更多。键集驱动游标介于二者之间，它能检测到大部分的变化，但比动态游标消耗更少的资源。

2. 动态游标

动态游标与静态游标相对。当滚动游标时，动态游标反映结果集中所做的所有更改。结果集中的行数据值、顺序和成员在每次提取时都会改变。所有用户做的全部 UPDATE、INSERT 和 DELETE 语句均通过动态游标可见。

3．只进游标

只进游标不支持滚动，它只支持游标从头到尾顺序提取。只在从数据库中提取出来后才能进行检索。对所有由当前用户发出或由其他用户提交、并影响结果集中的行的 INSERT、UPDATE 和 DELETE 语句，其效果在这些行从游标中提取时是可见的。

4．键集驱动游标

打开游标时，键集驱动游标中的成员和行顺序是固定的。键集驱动游标由一套被称为键集的唯一标识符（键）控制。键由以唯一方式在结果集中标识行的列构成。键集是游标打开时来自所有适合 SELECT 语句的行中的一系列键值。键集驱动游标的键集在游标打开时建立在 tempdb 中。对非键集列中的数据值所做的更改（由游标所有者更改或其他用户提交）在用户滚动游标时是可见的。在游标外对数据库所做的插入在游标内是不可见的，除非关闭并重新打开游标。

14.2 创建游标

本节将深入讲解创建游标的全过程。

14.2.1 声明游标

对于不同的 DBMS 产品，声明游标的格式会有一些差别，但都是通过 DECLARE CURSOR 语句来声明游标。语法格式如下：

```
DECLARE cursor_name [ INSENSITIVE ] [ SCROLL ] CURSOR
    FOR select_statement
    FOR { READ ONLY | UPDATE [ OF column_name [ ,...n ] ] } ]
```

参数说明如下。

☑ DECLARE cursor_name：指定一个游标名称，其游标名称必须符合标识符规则。

☑ INSENSITIVE：定义一个游标，以创建将由该游标使用的数据的临时复本。对游标的所有请求都从 tempdb 中的临时表中得到应答，因此，在对该游标进行提取操作时返回的数据中不反映对基表所做的修改，并且该游标不允许修改。使用 SQL92 语法时，如果省略 INSENSITIVE，（任何用户）对基表提交的删除和更新都将反映在后面的提取中。

☑ SCROLL：指定所有的提取选项（FIRST、LAST、PRIOR、NEXT、RELATIVE、ABSOLUTE）均可用。

- FIRST：取第一行数据。
- LAST：取最后一行数据。
- PRIOR：取前一行数据。
- NEXT：取后一行数据。

➢ RELATIVE：按相对位置取数据。

➢ ABSOLUTE：按绝对位置取数据。

如果未指定 SCROLL，则 NEXT 是唯一支持的提取选项。

☑ select_statement：定义游标结果集的标准 SELECT 语句。在游标声明的 select_statement 内不允许使用关键字 COMPUTE、COMPUTE BY、FOR BROWSE 和 INTO。

☑ READ ONLY：表明不允许游标内的数据被更新，尽管在默认状态下游标是允许更新的。在 UPDATE 或 DELETE 语句的 WHERE CURRENT OF 子句中不允许引用游标。

☑ UPDATE [OF column_name [,...n]]：定义游标内可更新的列。如果指定 OF column_name [,...n] 参数，则只允许修改所列出的列。如果在 UPDATE 中未指定列的列表，则可以更新所有列。

【例 14.1】 声明游标。（实例位置：资源包\TM\sl\14\1）

声明一个游标，游标结果集为 tb_employee03 表中的所有记录。SQL 语句如下：

```
use db_mrsql
  go
  DECLARE cur_employee CURSOR FOR
  SELECT * FROM tb_employee03
  go
```

运行结果如图 14.1 所示。

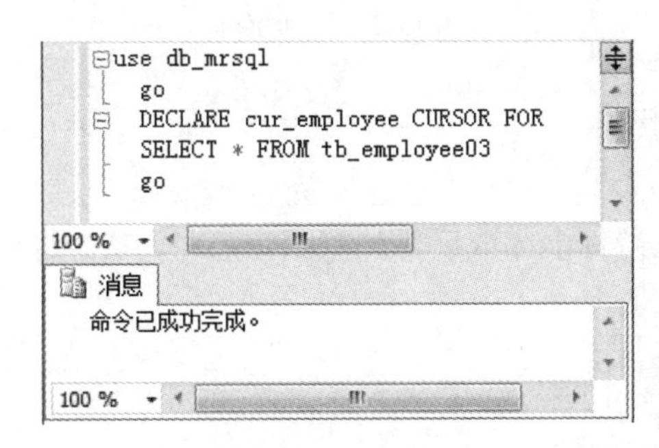

图 14.1 声明游标

14.2.2 打开游标

游标在声明以后，如果要从游标中读取数据，就必须先打开游标。打开 SQL 服务器游标可以使用 OPEN 命令。语法格式如下：

```
OPEN { { [ GLOBAL ] cursor_name } | cursor_variable_name }
```

参数说明如下。

☑ GLOBAL：指定 cursor_name 为全局游标。

☑ cursor_name：已声明的游标名称。如果全局游标和局部游标都使用 cursor_name 作为其名称，那么如果指定了 GLOBAL，cursor_name 指的是全局游标，否则 cursor_name 指的是局部游标。

☑ cursor_variable_name：游标变量的名称，该名称引用一个游标。

如果使用 INSENSITIVE 或 STATIC 选项声明了游标，那么 OPEN 将创建一个临时表以保留结果集。如果结果集中任意行的大小超过 SQL Server 表的最大行大小，OPEN 将失败。如果使用 KEYSET 选项声明游标，那么 OPEN 将创建一个临时表以保留键集，临时表存储在 tempdb 中。

【例 14.2】 打开游标。（**实例位置：资源包\TM\sl\14\2**）

声明一个名为 mycursor 的游标，然后通过 OPEN 命令打开游标。SQL 语句如下：

```
use db_mrsql
  go
  DECLARE mycursor CURSOR FOR                                    --声明游标
  SELECT 编号,姓名,性别 FROM tb_employee03
  OPEN mycursor                                                  --打开游标
  go
```

运行结果如图 14.2 所示。

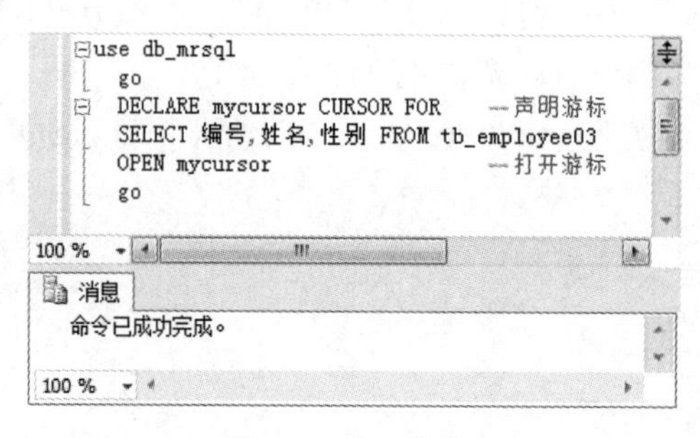

图 14.2　打开游标

14.2.3　读取游标中数据

成功打开游标后，就可以从游标中读取所需的数据信息了，从游标中读取数据可以使用 FETCH 命令。语法格式如下：

```
FETCH
  [[NEXT | PRIOR | FIRST | LAST]
     FROM
  ]
cursor_name
[ INTO @variable_name [ ,...n ] ]
```

参数说明如下。

☑ NEXT：返回紧跟当前行之后的结果行，并且当前行递增为结果行。如果 FETCH NEXT 为对游标的第一次提取操作，则返回结果集中的第 1 行。NEXT 为默认的游标提取选项。

☑ PRIOR：返回紧临当前行前面的结果行，并且当前行递减为结果行。如果 FETCH PRIOR 为对游标的第一次提取操作，则没有行返回并且游标置于第 1 行之前。

☑ FIRST：返回游标中的第 1 行并将其作为当前行。

☑ LAST：返回游标中的最后一行并将其作为当前行。

☑ cursor_name：要从中进行提取的开放游标的名称。如果同时有以 cursor_name 作为名称的全局游标和局部游标存在，若指定为 GLOBAL，则 cursor_name 对应于全局游标；若未指定 GLOBAL，则对应于局部游标。

☑ INTO @variable_name[,...n]：允许将提取操作的列数据放到局部变量中。列表中的各个变量从左到右与游标结果集中的相应列相关联。各变量的数据类型必须与相应的结果列的数据类型

匹配或是结果列数据类型所支持的隐性转换。变量的数目必须与游标选择列表中的列的数目一致。

【例 14.3】 读取游标中数据。（**实例位置：资源包\TM\sl\14\3**）

通常游标取数操作与 WHILE 循环紧密结合，使用@@fetch_status 控制在一个 WHILE 循环中的游标活动。SQL 语句如下：

```
use db_mrsql
 go
  DECLARE cursor_emp CURSOR FOR                              --声明游标
   SELECT 编号,姓名,性别,所属部门,入司时间 FROM tb_employee03
   WHERE 入司时间 >'2008-01-01'                               --定义游标结果集
  OPEN cursor_emp                                            --打开游标
  FETCH NEXT FROM cursor_emp                                 --执行取数操作
WHILE @@fetch_status = 0                                     --判断是否还可以继续取数
   begin
     FETCH NEXT FROM cursor_emp
   end
     CLOSE cursor_emp                                        --关闭游标
     DEALLOCATE cursor_emp                                   --释放游标
```

运行结果如图 14.3 所示。

	编号	姓名	性别	所属部门	入司时间
1	1	王一	男	销售部	2018-01-03

	编号	姓名	性别	所属部门	入司时间
1	2	李琳	女	销售部	2017-12-04

图 14.3　读取游标中数据

14.2.4　嵌套游标

使用数据游标可以选择一组数据；可以在记录集上滚动游标，并检查游标指向的每一行数据；可以用局部变量的组合来分别检查每个记录，并在转移到下一个记录之前，进行所需的任何外部操作。游标的另一个常见用途就是保存查询的结果，以便以后使用（游标的结果集是由 SELECT 语句产生）。如果处理过程需要重复使用一个记录集，那么创建一次游标重复使用若干次，比重复查询数据库要快得多。灵活的使用游标可大大提高操作数据的效率，接下来将介绍创建嵌套游标。

【例 14.4】 嵌套游标。（**实例位置：资源包\TM\sl\14\4**）

假设数据库中有两张表 tb_laborage02 和 tb_job02，tb_laborage02 表储存员工的工资信息，tb_job02 表储存员工的请假信息。这两张表的数据如图 14.4 所示。

	编号	姓名	基本工资	奖金
1	1	王一	1500	550
2	2	李梅	1450	400
3	3	陈宇	1600	650
4	4	张贺	1450	500

（1）tb_laborage02 表中数据

	编号	姓名	请假天数
1	1	王一	0
2	2	李梅	1
3	3	陈宇	2
4	4	张贺	0

（2）tb_job02 表中数据

图 14.4　tb_laborage02 表、tb_job02 表中数据

本示例通过创建嵌套游标实现查找编号为“1”的员工的请假天数。

游标 cur_lab 实现了将编号为“1”的员工姓名赋值给变量@name。在执行游标 cur_lab 中创建了游标 cur_lab_2，实现了查找 tb_job02 表中姓名等于@name 员工的请假天数。最后将编号为“1”的员工请假天数输出。SQL 语句如下：

```
use db_mrsql
  go
  declare @name varchar(10)                                     --声明变量
  DECLARE cur_lab CURSOR FOR                                    --声明游标
    SELECT 姓名 FROM tb_laborage02 WHERE 编号 =1                --定义游标结果集
  OPEN cur_lab                                                  --打开游标
    FETCH NEXT FROM cur_lab INTO @name                          --将变量赋值
    WHILE ( @@fetch_status=0 )
begin
    declare @day varchar(10)                                    --声明变量
    DECLARE cur_lab_2 CURSOR FOR                                --声明游标
    SELECT 请假天数 FROM tb_job02 WHERE 姓名 = @name            --定义游标结果集
    OPEN cur_lab_2                                              --打开游标
    FETCH NEXT FROM cur_lab_2 INTO @day                         --使用游标将变量赋值
    WHILE ( @@fetch_status=0)
    begin
          print '编号为 1 的员工的请假天数为' +@day +'天'       --输出编号为 1 的员工的请假天数
          return
    end
    CLOSE cur_lab_2                                             --关闭游标
    DEALLOCATE cur_lab_2                                        --释放游标
end
    CLOSE cur_lab
    DEALLOCATE cur_lab
```

运行结果如图 14.5 所示。

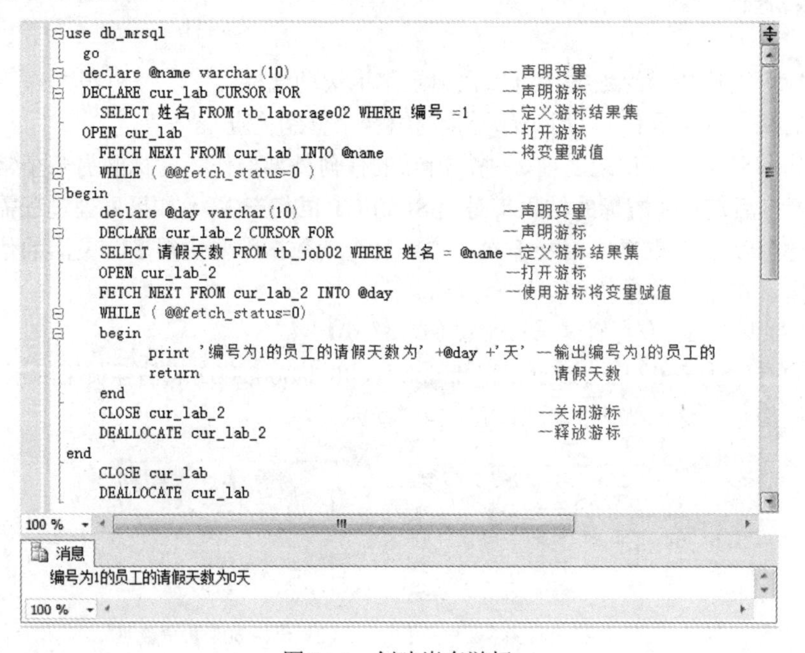

图 14.5　创建嵌套游标

14.2.5　关闭并释放游标

当使用完游标后，可先将游标关闭或删除，以解除游标与数据表的连接。使用 CLOSE 语句可以关闭游标，但不释放游标占用的系统资源。

1．关闭游标

语法格式如下：

```
CLOSE { { [ GLOBAL ] cursor_name } | cursor_variable_name }
```

参数说明如下。

☑ GLOBAL：指定 cursor_name 为全局游标。

☑ cursor_name：开放游标的名称。如果全局游标和局部游标都使用 cursor_name 作为名称，那么当指定 GLOBAL 时，cursor_name 引用全局游标；否则，cursor_name 引用局部游标。

☑ cursor_variable_name：与开放游标关联的游标变量名称。

2．释放游标

DEALLOCATE 命令可以删除游标引用。当释放最后的游标引用时，组成该游标的数据由 DBMS 释放。语法格式如下：

```
DEALLOCATE { { [ GLOBAL ] cursor_name } | @cursor_variable_name }
```

参数说明如下。

☑ cursor_name：已声明游标的名称。当全局游标和局部游标都以 cursor_name 作为名称存在时，如果指定 GLOBAL，则 cursor_name 引用全局游标；如果未指定 GLOBAL，则 cursor_name 引用局部游标。

☑ @cursor_variable_name：cursor 变量的名称。@cursor_variable_name 必须为 cursor 类型。

当使用 DEALLOCATE @cursor_variable_name 来删除游标时，游标变量并不会被释放，除非超过使用该游标的存储过程和触发器的范围。

【例 14.5】 关闭与释放游标。（**实例位置：资源包\TM\sl\14\5**）

创建游标 emp_cur，该游标结果集为 tb_emp03 表中的所有数据。同时实现读取游标中的数据，并关闭与释放游标。SQL 语句如下：

```
use db_mrsql
 go
 DECLARE emp_cur CURSOR                                  --声明游标
 FOR
  SELECT * FROM tb_emp03                                 --定义游标结果集
 OPEN emp_cur                                            --打开游标
  FETCH NEXT FROM emp_cur                                --执行取数操作
 WHILE @@fetch_status = 0                                --判断是否可以继续取数
 begin
   FETCH NEXT FROM emp_cur
 end
 CLOSE emp_cur                                           --关闭游标
 DEALLOCATE emp_cur                                      --释放游标
```

运行结果如图 14.6 所示。

	编号	姓名	性别	所属部门
1	1	王林	男	检测部

	编号	姓名	性别	所属部门
1	2	魏雨	男	销售部

	编号	姓名	性别	所属部门
1	3	林涛	男	销售部

	编号	姓名	性别	所属部门
1	4	李丽	女	宣传部

图 14.6　关闭与释放游标

14.3　游 标 属 性

在使用游标时，通常需要得到游标的相关属性信息，如游标的状态、游标中当前存在的合格行的数量等。在本节将深入学习获取游标属性信息的方法。

14.3.1　获取游标状态

通过函数 CURSOR_STATUS()可以判断游标的状态，该函数的语法格式如下：

```
CURSOR_STATUS
    (
        { 'local' , 'cursor_name' }
        | { 'global' , 'cursor_name' }
        | { 'variable' , 'cursor_variable' }
    )
```

参数说明如下。

☑　local：该常量表明游标的源为本地游标。
☑　cursor_name：游标名称。
☑　global：该常量表明游标的源为全局游标。
☑　variable：该常量表明游标的源为本地变量。
☑　cursor_variable：游标变量的名称。

该函数将返回一个−3～1 的数值，各个值的含义如表 14.1 所示。

表 14.1　CURSOR_STATUS()函数返回值说明

返　回　值	含　　义
1	说明游标结果集至少有一行（动态游标可以为 0 行）
0	说明游标结果集为空（动态游标不返回该值）
−1	说明游标已经被关闭
−2	说明游标不可用
−3	说明游标不存在

【例 14.6】 获取游标状态。（实例位置：资源包\TM\sl\14\6）

创建游标 cur_eaf，并通过 CURSOR_STATUS()函数获得该游标的状态。

执行上面的代码将输出状态值“1”，如果将函数 CURSOR_STATUS()的入口参数值“global”修改为“local”，或者是将“cur_eal”修改为其他任意名称，再次执行代码将输出状态值“-3”。SQL 语句如下：

```
USE db_mrsql
DECLARE cur_eaf CURSOR                                   --声明游标
  FOR (SELECT * FROM tb_EAF)                             --定义游标结果集
  OPEN cur_eaf                                           --打开游标
    PRINT CURSOR_STATUS('global','cur_eaf')              --输出状态值
  CLOSE cur_eaf                                          --关闭游标
DEALLOCATE cur_eaf                                       --释放游标
```

运行结果如图 14.7 所示。

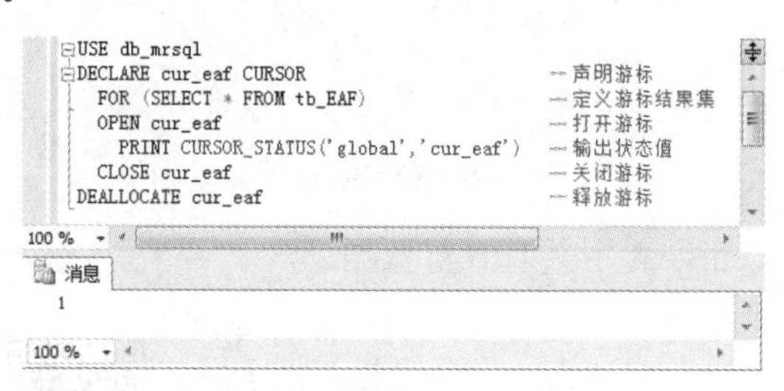

图 14.7　获取游标状态

14.3.2　获取游标行数

通过全局变量@@CURSOR_ROWS，可以获得当前打开游标中存在的合格行的数量，该函数的语法格式如下：

```
@@CURSOR_ROWS
```

该函数将返回一个数值，各个值的含义如表 14.2 所示。

表 14.2　@@CURSOR_ROWS 全局变量返回值说明

返　回　值	含　　义
m	说明游标已完全填充，返回值（m）是在游标中的总行数
0	说明游标没有被打开
−1	说明游标为动态。因为动态游标可反映所有更改，所以符合游标的行数不断变化，因而永远不能确定地说所有符合条件的行均已检索到
−n	说明游标被异步填充。返回值（−n）是键集中当前的行数

在创建游标时，如果带有 SCROLL 或 INSENSITIVE 关键字，那么全局变量@@CURSOR_ROWS 返回游标的所有数据行，返回值为整数。如果未加上这两个选项中的一个，那么@@CURSOR_ROWS 的返回值可能为负数。如果@@CURSOR_ROWS 的返回值为−1，说明该游标内只有一条记录。

【例 14.7】 获取游标行数。（实例位置：资源包\TM\sl\14\7）

创建游标 cur_eaf，游标结果集为 tb_EAF 表中的所有数据，并通过@@CURSOR_ROWS 全局变量

确定游标的行数。SQL 语句如下：

```
USE db_mrsql
DECLARE cur_eaf SCROLL CURSOR
  FOR(SELECT * FROM tb_EAF)
  OPEN cur_eaf
    PRINT @@CURSOR_ROWS
  CLOSE cur_eaf
DEALLOCATE cur_eaf
```

运行结果如图 14.8 所示。

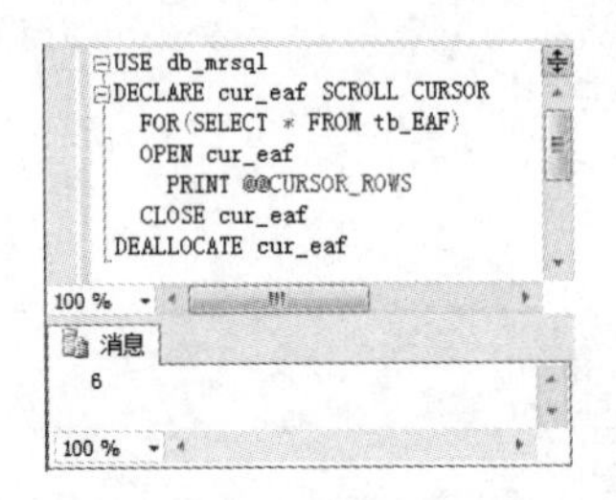

图 14.8　获取游标行数

由返回值可以判断，游标 cur_eaf 中共有 6 行数据。

14.4　游 标 操 作

在使用游标时，可以基于游标定位修改和删除数据，即修改或删除游标数据在源表中的对应行。在本节将深入学习基于游标定位修改和删除数据的方法。

14.4.1　基于游标定位修改数据

基于游标定位修改数据通过 UPDATE 关键字实现。基于游标定位的 UPDATE 语句称为定位 UPDATE 语句，定位 UPDATE 语句用来修改源表中与游标的当前行相关联的行，定位 UPDATE 语句的语法格式如下：

```
UPDATE table_name SET column_name = value[, … column_name = value] WHERE CURRENT OF cursor_name
```

参数说明如下。

- ☑ table_name：数据表的名称。
- ☑ column_name：数据列的名称。
- ☑ value：数据列修改后的值。
- ☑ cursor_name：游标的名称。

【例 14.8】 基于游标定位修改数据。（**实例位置：资源包\TM\sl\14\8**）

本示例使用数据表 tb_ECA 中的数据，如图 14.9 所示。

下面编写一段基于游标定位修改数据的代码。首先定义一个游标；然后移动游标指针到第 1 行；最后基于游标定位修改该行的日期列为当前日期。SQL 语句如下：

```
DECLARE cur_eca CURSOR
  FOR(SELECT * FROM tb_ECA)
  OPEN cur_eca
    FETCH NEXT FROM cur_eca
    UPDATE tb_ECA SET date = GETDATE() WHERE CURRENT OF cur_eca
  CLOSE cur_eca
DEALLOCATE cur_eca
```

执行上面的代码，表 tb_ECA 中的第 1 行的日期列将被修改为当前日期，运行结果如图 14.10 所示。

	id	name	date
1	1	牛奶	2018-11-25 14:29:20.733
2	2	面包	2018-10-21 00:00:00.000
3	3	可乐	2018-10-21 00:00:00.000

图 14.9　表 tb_ECA 中的数据

	id	name	date
1	1	牛奶	2018-08-21 11:18:03.137
2	2	面包	2018-10-21 00:00:00.000
3	3	可乐	2018-10-21 00:00:00.000

将第 1 行数据的 date 改为当前日期

图 14.10　修改日期的运行结果

【例 14.9】 只允许用户更新游标中指定列中的值。（**实例位置：资源包\TM\sl\14\9**）

限制用户只能更新指定列中的值，需要在 DECLARE CURSOR 语句的 FOR UPDATE 子句中列出符合更新条件的列。需要注意的是，如果将 ORDER BY 子句添加到游标的 SELECT 语句中，数据库会把游标限制为 READ ONLY（只读的）。因此，不能在同样的游标 SELECT 语句中同时有 ORDER BY 子句和 FOR UPDATE 子句。

声明游标 update_lab，并限制用户只能更改 tb_laborage02 表中的基本工资与奖金的列值。SQL 语句如下：

```
use db_mrsql
  SELECT * FROM tb_laborage02
  go
  DECLARE update_lab CURSOR
   FOR SELECT * FROM tb_laborage02 WHERE 编号 = '2'
   FOR UPDATE OF 基本工资,奖金
  OPEN update_lab
   FETCH NEXT FROM update_lab
   go
    UPDATE tb_laborage02 set 基本工资 = 1560 WHERE CURRENT OF update_lab
   go
   CLOSE update_lab
   DEALLOCATE update_lab
  go
   SELECT * FROM tb_laborage02
```

查看执行更新语句前与执行更新语句后的 tb_laborage02 表中的数据，运行结果如图 14.11 所示。

	编号	姓名	基本工资	奖金
1	1	王一	1500	550
2	2	李梅	1450	400
3	3	陈宇	1600	650
4	4	张贺	1450	500

	编号	姓名	基本工资	奖金
1	2	李梅	1450	400

（1）tb_laborage02 更新前数据

	编号	姓名	基本工资	奖金
1	1	王一	1500	550
2	2	李梅	1560	400
3	3	陈宇	1600	650
4	4	张贺	1450	500

（2）tb_laborage02 更新后数据

图 14.11　只允许用户更新游标中指定列中的值

14.4.2 基于游标定位删除数据

基于游标定位删除数据通过 DELETE 关键字实现。基于游标定位的 DELETE 语句称为定位 DELETE 语句，定位 DELETE 语句用来删除源表中与游标的当前行相关联的行。定位 DELETE 语句的语法格式如下：

```
DELETE FROM table_name WHERE CURRENT OF cursor_name
```

参数说明如下。

☑ table_name：数据表的名称。

☑ cursor_name：游标的名称。

【例 14.10】 基于游标定位删除数据。(**实例位置：资源包\TM\sl\14\10**)

本示例使用数据表 tb_ECB 中的数据，如图 14.12 所示。

下面编写一段基于游标定位删除数据的代码。首先定义一个游标；然后移动游标指针到第 1 行；最后基于游标定位删除该行。SQL 语句如下：

```
DECLARE cur_ecb CURSOR
  FOR(SELECT * FROM tb_ECB)
  OPEN cur_ecb
    FETCH NEXT FROM cur_ecb
    DELETE FROM tb_ECB WHERE CURRENT OF cur_ecb
  CLOSE cur_ecb
DEALLOCATE cur_ecb
```

执行上面的代码，表 tb_ECB 中的第 1 行将被删除，运行结果如图 14.13 所示。

	id	name	date
1	182	面包	2018-03-01 00:00:00.000
2	183	牛奶	2018-03-01 00:00:00.000
3	184	可乐	2018-03-02 00:00:00.000
4	185	面包	2018-03-02 00:00:00.000
5	186	牛奶	2018-03-02 00:00:00.000

图 14.12 表 tb_ECB 中的数据

	id	name	date
1	183	牛奶	2018-03-01 00:00:00.000
2	184	可乐	2018-03-02 00:00:00.000
3	185	面包	2018-03-02 00:00:00.000
4	186	牛奶	2018-03-02 00:00:00.000

图 14.13 删除数据的运行结果

14.4.3 在游标中包含计算列

在游标 SELECT 语句的 FROM 子句中列出的除了表中的列和视图外，还可以包含计算列。

【例 14.11】 在游标中计算所进商品的总利润。(**实例位置：资源包\TM\sl\14\11**)

声明一个游标 cur_ware，在 SELECT 语句中选择数据表 tb_ware 中的某些字段，并计算出商品的总利润，计算公式为：（单价-进价）*数量 = 商品利润。然后通过 FETCH NEXT 语句每次向下移动游标指针，将当前指定的数据进行计算，最后将游标关闭并释放。SQL 语句如下：

```
use db_mrsql
 go
  DECLARE cur_ware CURSOR
    FOR SELECT 商品编号,商品名称,(单价-进价)*数量 AS 商品利润
```

```
  FROM tb_ware
OPEN cur_ware
FETCH NEXT FROM cur_ware
WHILE @@fetch_status = 0
  begin
    FETCH NEXT FROM cur_ware
  end
CLOSE cur_ware
DEALLOCATE cur_ware
```

运行结果如图 14.14 所示。

	商品编号	商品名称	商品利润
1	0001	方便面	210

	商品编号	商品名称	商品利润
1	0002	苹果	117

	商品编号	商品名称	商品利润
1	0003	核桃饮料	152

	商品编号	商品名称	商品利润
1	0004	面包	22.5

	商品编号	商品名称	商品利润
1	0005	巧克力	90

图 14.14　在游标中计算所进商品的总利润

14.4.4　将游标中的数据进行排序显示

在 DECLARE CURSOR 语句中，将 ORDER BY 子句添加到查询中使游标数据排序。

ORDERY BY 子句语法格式如下：

```
ORDER BY <column name> [ ASC | DESC ]
[ ,...<last column name> [ ASC | DESC ]]
```

注意

与非游标的 SELECT 语句中的 ORDER BY 子句不同，只有在查询的 SELECT 子句中列出的供显示的列才能作为 ORDER BY 子句中的列出现（在非游标的 SELECT 语句中，表中任何在查询的 FROM 子句中列出的列都可能出现在 ORDER BY 子句中，即使列没有在 SELECT 子句中列出）。

【例 14.12】 将游标中的数据进行排序显示。（**实例位置：资源包\TM\sl\14\12**）

声明游标 mycursor，游标结果集为数据表 tb_employee03 与 tb_laborage02 表中的部分字段，并按照编号降序显示。SQL 语句如下：

```
use db_mrsql
  go
  DECLARE mycursor CURSOR
  FOR SELECT a.编号,a.姓名,性别,所属部门,入司时间,基本工资,奖金
  FROM tb_employee03 a,tb_laborage02 b
  WHERE a.编号 = b.编号
  ORDER BY a.编号  DESC
```

```
    OPEN mycursor
    FETCH NEXT FROM mycursor
    WHILE @@fetch_status = 0
      FETCH NEXT FROM mycursor
  CLOSE mycursor
  DEALLOCATE mycursor
```

运行结果如图 14.15 所示。

	编号	姓名	性别	所属部门	入司时间	基本工资	奖金
1	2	李梅	女	销售部	2017-12-04	1450	400

	编号	姓名	性别	所属部门	入司时间	基本工资	奖金
1	1	王一	男	销售部	2018-01-03	1500	550

图 14.15　将游标中的数据进行排序显示

14.5　动 态 游 标

动态游标可以反映出在结果集中发生的所有更改，无论是发生在游标内部，还是由游标以外的其他用户所做的更改，如对结果集中的行、顺序和值所做的更改。所有用户提交的插入、修改和删除语句通过动态游标都可见。如果使用 SQL WHERE CURRENT OF 子句通过游标进行更新，则它们立即可见；在游标外部所做的更新直到提交时才可见，除非将游标的事务隔离级别设置为“不提交”。

14.5.1　声明游标变量

在使用游标变量之前，先要声明游标变量。声明游标变量有两种方式，具体如下。

（1）将已经创建好的游标赋值给游标变量，例如：

```
DECLARE cur_eca CURSOR SCROLL                    --定义游标名称
  FOR
    SELECT * FROM tb_ECA                         --定义游标结果集
DECLARE @cur_eca CURSOR                          --定义游标变量名
  SET @cur_eca = cur_eca                         --为游标变量赋值
```

（2）利用创建游标的语句为游标变量赋值，例如：

```
DECLARE @cur_eca CURSOR                          --定义游标变量名
  SET @cur_eca = CURSOR SCROLL                   --为游标变量赋值
  FOR
    SELECT * FROM tb_ECA                         --定义游标结果集
```

参数说明如下。

☑　cur_eca：游标名称。

☑　@cur_eca：游标变量名称。

14.5.2　使用游标变量

在访问游标变量时，要保证游标变量是打开的。访问结束后，要及时关闭游标变量，确保及时释放游标变量占用的资源。

打开游标变量的语法格式如下：

```
OPEN @curser_ variable_name
```

关闭游标变量的语法格式如下：

```
CLOSE @curser_ variable_name
```

【例 14.13】 使用游标变量。（**实例位置：资源包\TM\sl\14\13**）

本示例使用数据表 tb_ECA 中的数据，如图 14.16 所示。

下面编写一段使用游标变量的代码。首先定义一个游标；然后定义一个游标变量，并将游标赋值给游标变量；最后依次打开游标变量、遍历游标变量、关闭游标变量。SQL 语句如下：

```
USE db_mrsql
DECLARE cur_eca CURSOR SCROLL                          --定义游标名称
  FOR
    SELECT * FROM tb_ECA                               --定义游标结果集
DECLARE @cur_eca CURSOR                                --定义游标变量名
  SET @cur_eca = cur_eca                               --将游标赋值给游标变量
OPEN @cur_eca                                          --打开游标变量
FETCH NEXT FROM @cur_eca
WHILE(@@FETCH_STATUS = 0)
  BEGIN
    FETCH NEXT FROM @cur_eca
  END
CLOSE @cur_eca                                         --关闭游标变量
DEALLOCATE cur_eca
```

运行结果如图 14.17 所示。

	id	name	date
1	1	牛奶	2018-08-21 11:18:03.137
2	2	面包	2018-10-21 00:00:00.000
3	3	可乐	2018-10-21 00:00:00.000

图 14.16　表 tb_ECA 中的数据

	id	name	date
1	1	牛奶	2018-08-21 11:18:03.137

	id	name	date
1	2	面包	2018-10-21 00:00:00.000

	id	name	date
1	3	可乐	2018-10-21 00:00:00.000

图 14.17　使用游标变量

14.6　实践与练习

1．使用游标查询数据，在商品表中返回指定的商品行信息。（**答案位置：资源包\TM\sl\14\14**）

2．为表 employee4 创建一个游标，包括编号、姓名、性别、年龄、电话号码字段。使用该游标限制用户只能更新游标的姓名和性别字段中的值，在 DECLARE CURSOR 语句的 UPDATE 子句中列出要更新的字段。（**答案位置：资源包\TM\sl\14\15**）

第 15 章

索　引

在对大量数据进行查询时，可以应用索引技术。索引是一种特殊类型的数据库对象，它保存着数据表中一列或多列的排序结构，有效地使用索引可以提高数据的查询效率。本章着重介绍索引的创建与相关的维护工作。

本章知识架构及重难点如下：

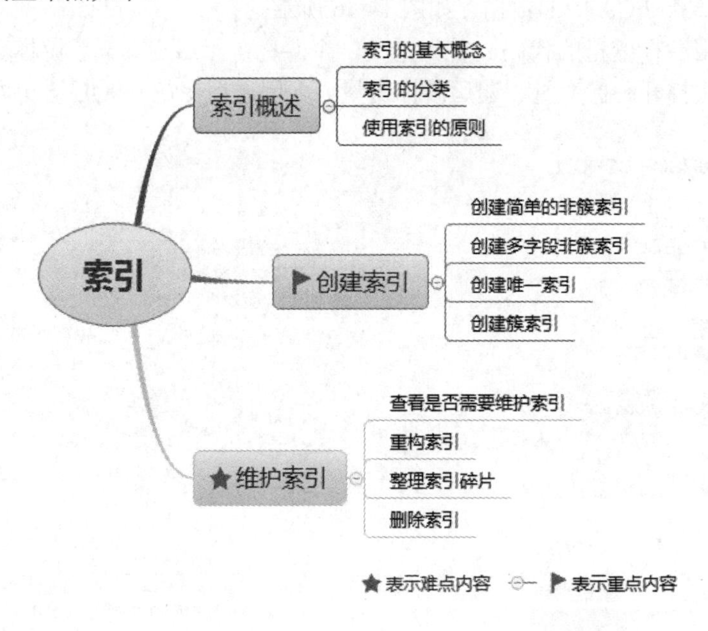

15.1　索 引 概 述

15.1.1　索引的基本概念

索引是一个单独的、物理的数据库结构，在 SQL Server 中，索引是为了加速对表中数据行的检索而创建的一种分散存储结构。它是针对一个表而建立的，每个索引页面中的行都含有逻辑指针，指向数据表中的物理位置，以便加速检索物理数据。因此，对表中的列是否创建索引，将对查询速度有很大的影响。一个表的存储是由两部分组成的，一部分用来存放表的数据页，另一部分存放索引页。通常索引页面对于数据页面来说小得多。在进行数据检索时，系统首先搜索索引页面，从中找到所需数据的指针，然后直接通过该指针从数据页面中读取数据，从而提高查询速度。

数据库使用索引的方式与我们使用图书目录的方式很相似，索引允许用户不必“翻阅完整本书”就能迅速地找到所需要的信息。在数据库中，使用索引可以迅速地找到表中的数据，而不必扫描整个表。

在了解了索引的基本概念后，下面讲解索引的优缺点及使用索引的条件。

1．使用索引的优点

（1）创建唯一性索引，保证数据库表中各行数据的唯一性。

（2）加快数据的检索速度，这也是创建索引的最主要原因。

（3）加速表与表之间的连接，特别是在实现数据的参考完整性方面特别有意义。

（4）在使用分组（GROUP BY）和排序（ORDER BY）子句进行数据检索时，减少查询中分组和排序的时间。

（5）通过使用索引，可以在查询的过程中使用优化隐藏器，提高系统的性能。

注意

创建索引有很多优点。但是，也不是应该在每一列上创建索引。

2．使用索引的缺点

（1）创建索引和维护索引要耗费时间，这种时间随着数据量的增加而增加。

（2）索引需要占用物理空间。除了数据表占用数据空间之外，每一个索引还要占用一定的物理空间，如果要建立簇索引，那么需要的空间就会更大。

（3）当对表中的数据进行增加、删除和修改的时候，索引也要动态地维护，降低了数据的维护速度。

3．使用索引的条件

（1）考虑建立索引的列。

☑ 表的主键。一般而言，存取表的最常用的方法是通过主键来进行的，因此应该在主键上建立索引。

☑ 连接中频繁使用的列（外键）。这是因为用于连接的列若按顺序存放，系统可以很快地执行连接。

☑ 在某一范围内频繁搜索的列和按排序频繁检索的列。

（2）不考虑建立索引的列。

建立索引是需要一定的开销的（包括时间和空间上）。当进行INSERT和UPDATE操作时，维护索引也要花费时间和空间，因此，没有必要对表中的所有列都建立索引。一般来说，如下情况的列不考虑建立索引。

☑ 很少或从来不在查询中引用的列（即系统很少或从来不根据该列的值去查找行）。

☑ 只有两个或若干个值的列（如性别：男/女），显现不出使用索引的好处。

☑ 小型数据表（即行数很少的表），一般情况下没有必要创建索引。

总之，当UPDATE的性能比SELECT的性能更重要时，不应建立索引。

15.1.2 索引的分类

在 SQL Server 数据库中，按数据存储结构的不同，将索引分为两类：簇索引（ClusteredIndex）和非簇索引（NonclusteredIndex）。

1. 簇索引

簇索引（也称为聚集索引）是指表中数据行的物理存储顺序与索引顺序完全相同。簇索引由上下两层组成：上层为索引页，包含表中的索引页面，用于数据检索；下层为数据页，包含实际的数据页面，存放着表中的数据。在表的某一列创建簇索引时，表中的数据会按列的索引顺序重新排序，并对表进行修改。因此，每个表中只能创建一个簇索引。簇索引要创建在经常搜索或按顺序访问的列上。

2. 非簇索引

非簇索引（也称为非聚集索引）不改变表中数据行的物理存储位置，数据与索引分开存储，通过索引带有的指针与表中的数据发生联系。非簇索引与课本中的索引类似。数据存储在一个地方，索引存储在另一个地方，索引带有指针指向数据的存储位置。索引中的项目按索引键值的顺序存储，而表中信息按另一种顺序存储（这可由非簇索引规定）。

一个表可以包含多个非簇索引，可以为表中查找数据时常用的每个列创建一个非簇索引。这就像常用的汉语字典一样，它通常包括一个拼音索引和一个部首索引，因为这是查找汉字最常用的两种方法。

创建簇索引和非簇索引的方法类似，都使用 CREATE INDEX 语句。不同之处在于创建簇索引需要指定 CLUSTERED 子句。

15.1.3 创建索引的原则

创建索引需要注意以下几点原则。

（1）对小的数据表，使用索引并不能提高任何检索性能，因此不需对其创建索引。

（2）当用户检索字段的数据中包含有很多数据值或很多空值（NULL）时，为该字段创建索引，会大大提高检索效率。

（3）当用户查询表中的数据时，如果查询结果包含的数据（行）较少，一般少于数据总数的 25%时，使用索引会显著提高查询效率。反之，如果用户的查询操作，返回结果总是包含大量数据，那么索引的用处不大。

（4）索引列在 WHERE 子句中应频繁使用。例如，在“学生姓名”字段上创建了索引，但实际查询中却很少用姓名作为查询条件，则该索引没有发生作用。

（5）先装数据，后建索引。对于大多数的表，总有一批初始数据需要装入。该原则是说，建立表后，先将这些初始数据装入表，然后再建索引，这样可以加快初始数据的录入。如果建表后就建索引，那么在输入初始数据时，每插入一个记录都要维护一次索引。当然，对于索引来说，早建和晚建都是允许的。

（6）索引提高了数据检索的速度，但也降低了数据更新的速度。如果要对表中的数据进行大量更新，最好先删除索引，等数据更新完毕再创建索引，这样会提高效率。

15.2 创 建 索 引

15.2.1 创建简单的非簇索引

当一个表的记录数据很大时，为查询符合条件的记录，扫描整个表要花费很长时间。例如，在学生信息表 tb_student 中查询学生姓名为“田丽”的记录时，查询语句如下：

```
SELECT * FROM tb_student WHERE 姓名='田丽'
```

如果学生信息表中有 100 000 条记录，为查询“贯红”的记录，就需要用 WHERE 条件对 100 000 记录逐一进行核对，显然查询效率低下。而此时，如果对学生姓名字段建立了索引，该索引如同对学生姓名字段内的所有记录进行了某种排序，通过分析姓名“贯红”，很快就会定位到它在表中的记录位置，从而提高检索效率。

下面通过两个示例来介绍非簇索引的创建和使用过程。

1. 非簇索引的创建

CREATE INDEX 语句可以为给定表或视图创建一个改变物理顺序的簇索引，也可以创建一个具有查询功能的非簇索引。语法格式如下：

```
CREATE [ UNIQUE ] [ CLUSTERED | NONCLUSTERED ] INDEX index_name
    ON { table | view } ( column [ ASC | DESC ] [ ,...n ] )
[ WITH < index_option > [ ,...n] ]
[ ON filegroup ]
< index_option > ::=
    { PAD_INDEX |
        FILLFACTOR = fillfactor |
        IGNORE_DUP_KEY |
        DROP_EXISTING |
    STATISTICS_NORECOMPUTE |
    SORT_IN_TEMPDB
}
```

参数说明如下。

- ☑ [UNIQUE][CLUSTERED|NONCLUSTERED]：指定创建索引的类型，参数依次为唯一索引、簇索引和非簇索引。当省略 UNIQUE 选项时，建立非唯一索引；当省略 CLUSTERED| NONCLUSTERED 选项时，建立簇索引；当省略 NONCLUSTERED 选项时，建立唯一簇索引。
- ☑ index_name：索引名。索引名在表或视图中必须唯一，但在数据库中不必唯一。索引名必须遵循标识符规则。
- ☑ table：包含要创建索引的列的表。可以选择指定数据库和表所有者。
- ☑ column：应用索引的列。指定两个或多个列名，可为指定列的组合值创建组合索引。

【例 15.1】 创建简单的非簇索引。（实例位置：资源包\TM\sl\15\1）

在 db_mrsql 数据库的学生信息表 tb_Student05 中，在“学生姓名”列上创建非簇索引。SQL 语句如下：

```
--查看创建的索引
IF EXISTS (SELECT name FROM sysindexes
    WHERE name = 'StuName_Index')
--删除索引
   DROP INDEX tb_Student05.StuName_Index
GO
CREATE INDEX StuName_Index
ON tb_Student05(学生姓名)
SELECT  学生姓名  FROM tb_Student05
GO
```

运行结果如图 15.1 所示。

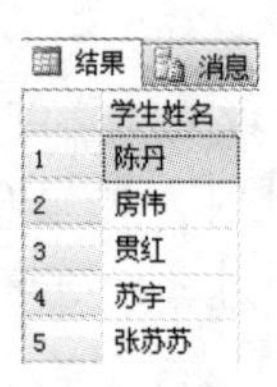

	学生姓名
1	陈丹
2	房伟
3	贯红
4	苏宇
5	张苏苏

图 15.1　创建简单的非簇索引

说明

执行上述代码，系统会提示索引创建成功。在非簇索引中，DBMS 只对创建索引的列的键值进行排序（默认为升序），而索引的表行不排序。

2. 非簇索引的使用

由于大多数数据库系统具有使用多个索引的能力，如 SQL Server，当在表上创建一个或多个索引后，SQL Server 的查询优化器会自动决定在查询执行期间使用哪个索引。当然也可以不让 SQL Server 的查询优化器自动决定索引，而是强制使用某种索引。

强制使用非簇索引的语法格式如下：

```
SELECT column1,column2,……
FROM table_name
WITH (INDEX (index_name))
WHERE condition
```

其中 index_name 指明了要使用的索引名称。

注意

创建非簇索引并不会改变表中数据存放的物理位置，即使用非簇索引后再用 select * from table 语句查询数据的结果与查询前的结果是一样的。

【例 15.2】 强制使用非簇索引查询表。（实例位置：资源包\TM\sl\15\2）

强制使用 StuName_Index 索引，查询学生信息表 tb_Student05 中的数据。SQL 语句如下：

```
--强制使用非簇索引查询学生信息表中信息
SELECT *
FROM tb_Student05
WITH (INDEX(StuName_Index))
```

运行结果如图 15.2 所示。

结果　消息

	学生编号	学生姓名	性别
1	1004	陈丹	女
2	1002	房伟	男
3	1001	贯红	女
4	1003	苏宇	男
5	1005	张苏苏	男

图 15.2　使用强制索引的检索结果图

说明

当需要查询表中的所有记录信息时，使用索引是毫无意义的。之所以应用本示例，主要是为了演示索引的作用效果。

15.2.2　创建多字段非簇索引

SQL 允许用户在一个表中，在两个或多个字段上创建多字段索引，这种索引又被称为复合索引。例如，在学生选课信息表中查询学生姓名为“贯红”的学生选修的某门课程（如计算机科学）的成绩，为了提高查询效率，就可以同时为“姓名”和“课程”两个字段建立一个索引。

说明

在实际应用中，由于学生人数一般远远大于课程门数，所以如果只能建立一个字段的索引，最好建“姓名”字段。

【例 15.3】 创建多字段非簇索引。（**实例位置：资源包\TM\sl\15\3**）

为学生选课信息表 tb_StudentInfo02 中的“性别”和“学生姓名”字段创建索引 MRName_Index。SQL 语句如下：

```
--查看是否创建了 MRName_Index 索引
IF EXISTS(SELECT name from sysindexes
    WHERE name = 'MRName_Index')
--删除名为 MRName_Index 的索引
    DROP INDEX tb_StudentInfo02.MRName_Index
GO
CREATE INDEX MRName_Index
     ON tb_StudentInfo02(性别,学生姓名)
GO
--强制使用非簇索引查询 tb_StudentInfo02 表中信息
SELECT * FROM tb_StudentInfo02
WITH (INDEX(MRName_Index))
```

运行结果如图 15.3 所示。

从本示例运行结果中可以发现，在创建的索引中，性别字段的优先级要高于学生姓名字段。在创建多字段的索引时，各字段的排列顺序决定了其优先级，排列越靠前，具有的优先级别越高。

	学生编号	学生姓名	性别	所选课程
1	2	房伟	男	计算机基础
2	5	苏宇	男	SQL数据库
3	4	王科	男	C#入门
4	3	陈丹	女	生物学
5	1	贯红	女	数据库理论

图 15.3　使用多字段索引的检索结果图

15.2.3　创建唯一索引

唯一索引（UNIQUE）是不允许在两行中创建相同的索引值，UNIQUE 索引可以拥有一行或者多行，如果用户试图使用 INSERT 或 UPDATE 语句，在拥有 UNIQUE 索引的数据中生成一个重复的值，那么 INSERT 或 UPDATE 就会终止，SQL 服务器就会生成一个错误信息。

簇索引和非簇索引都可以是唯一的。因此，只要列中的数据是唯一的，就可以在同一个表上创建一个唯一的簇索引和多个唯一的非簇索引。

只有当唯一性是数据本身的特征时，指定唯一索引才有意义。如果必须实施唯一性以确保数据的完整性，则应在列上创建 UNIQUE 或 PRIMARY KEY 约束，而不要创建唯一索引。

当为表指定 RPIMARY KEY 约束时，SQL Server 通过主键列创建唯一索引，强制数据的唯一性。当在查询中使用主键时，该索引还可以用来对数据进行快速访问。但是唯一的约束和 PRIMARY KEY 不同的地方就是唯一的约束可以存在 NULL 值，而 PRIMARY KEY 是不允许出现 NULL 值的。但是如果不创建 PRIMARY KEY 而只创建唯一的索引，那么就和唯一的约束差不多。

【例 15.4】 创建唯一索引。（**实例位置：资源包\TM\sl\15\4**）

在 db_mrsql 数据库的图书信息表 tb_mrBook02 中，为“图书编号”列创建索引，并且强制唯一性。SQL 语句如下：

```
--查看是否创建了 MRBooks_Index 索引
IF EXISTS(SELECT name from sysindexes
   WHERE name = 'MRBooks_Index')
--删除名为 MRBooks_Index 的索引
   DROP INDEX tb_mrBook02.MRBooks_Index
GO
--创建唯一索引，且指定降序排列
CREATE UNIQUE INDEX MRBooks_Index
     ON tb_mrBook02(图书编号 DESC)
GO
--强制使用 MRBooks_Index 索引，查询 tb_mrBook02 表中所有记录
SELECT * FROM tb_mrBook02
WITH (INDEX(MRBooks_Index))
```

运行结果如图 15.4 所示。

	图书编号	图书名称	出版社
1	10007	C语言从入门到实践	明日科技
2	10006	C语言项目开发实战入门	明日科技
3	10005	C语言项目开发全程实录	明日科技
4	10004	零基础学C语言	明日科技
5	10003	零基础学Oracle	明日科技
6	10002	SQL开发详解	明日科技
7	10001	SQL即查即用	明日科技

图 15.4　创建唯一索引

注意

在创建唯一索引时，应确保被索引的列不允许存在 NULL 值。另外，在数据库中创建该 tb_mrBook02 表的图书编号字段时没有设置 PRIMARY KEY（主键）。

如果用户要向 tb_mrBook02 表中插入具有图书编号的信息，SQL 语句如下：

```
INSERT INTO tb_mrBook02(图书编号,图书名称,出版社) VALUES ('10001','C 语言精彩编程 200 例','明日科技')
```

此时 SQL Server 会报错，如图 15.5 所示。

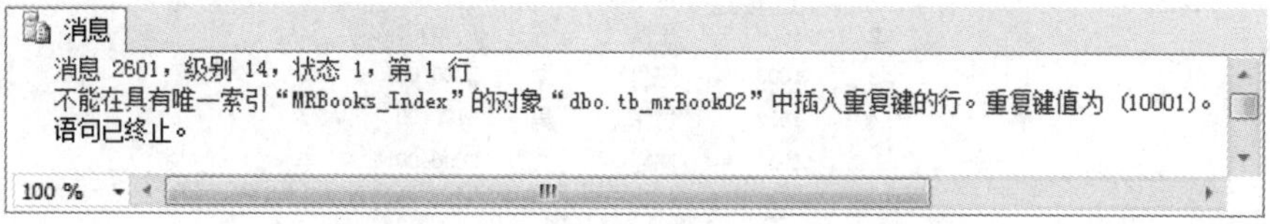

消息

消息 2601，级别 14，状态 1，第 1 行
不能在具有唯一索引“MRBooks_Index”的对象“dbo.tb_mrBook02”中插入重复键的行。重复键值为 (10001)。
语句已终止。

100 %

图 15.5　违反唯一索引的 SQL Server 错误信息提示

说明

创建唯一索引的前提是创建索引的列中已有的记录本身没有重复的值。否则，系统会报错，创建失败。

15.2.4　创建簇索引

簇索引与非簇索引不同，簇索引改变了表中数据存放的物理位置。在带有簇索引的表中，行是以索引顺序存放的。也就是说，簇索引不仅对索引中的键字段值进行排序，而且对表中的行排序，以便使其与索引的排序相匹配。创建簇索引需要指定 CLUSTERED 子句。

使用簇索引有下面几点优势。

☑ 使用簇索引的表将占用最小的磁盘空间。因为 DBMS 在插入新行时，会自动地重新使用以前分配给删除行的空间。

☑ 对基于簇索引的列值进行查询时，会有更快的执行速度，因为所有值在物理磁盘上相互靠近。

☑ 基于簇索引的列以升序显示数据查询，不再需要 ORDEY BY 子句，因为表的数据本身已经以所要求的输出顺序排列。

当检索带有连续键值的多行时，如查询姓房的所有学生信息时，簇索引就显示出很多优势。一旦找到了第一个键值，后续索引值的行必定物理地排在后面，这样就无须进一步访问磁盘了。

【例 15.5】 创建单字段簇索引并查询创建索引后的表。（**实例位置：资源包\TM\sl\15\5**）

在员工信息表 tb_MRMemmbers 中为“员工编号”字段创建簇索引 Memmbers_Index。SQL 语句如下：

```
--查看是否创建了 Memmbers_Index 索引
IF EXISTS(SELECT name from sysindexes
   WHERE name = 'Memmbers_Index')
--删除名为 Memmbers _Index 的索引
   DROP INDEX tb_MRMemmbers.Memmbers_Index
```

```
GO
--创建簇索引，且指定降序排列
CREATE CLUSTERED INDEX Memmbers_Index
    ON tb_MRMemmbers(员工编号 DESC)
GO
--使用 SELECT 语句查询 tb_MRMemmbers 表中所有记录
SELECT * FROM tb_MRMemmbers
```

运行结果如图 15.6 所示。

结果 | 消息

	员工编号	员工姓名	性别	员工工资
1	1005	温晓蕾	女	5600.00
2	1004	王磊	男	6500.00
3	1003	陈丹	女	5000.00
4	1002	房伟	男	6100.00
5	1001	贾红	女	6000.00

图 15.6 创建簇索引

15.3 维护索引

15.3.1 查看是否需要维护索引

查看是否需要维护索引可通过使用 DBCC SHOWCONTIG 语句来实现。

使用 DBCC SHOWCONTIG 语句显示指定表的数据和索引的碎片信息。当对表进行大量的修改或添加数据后，应该执行此语句来查看有无碎片。

【例 15.6】 查看是否需要维护索引。（**实例位置：资源包\TM\sl\15\6**）

在 db_mrsql 数据库中显示图书信息表 tb_mrBook 上的索引碎片信息。SQL 语句如下：

```
--变量声明
DECLARE @table_id int
SET @table_id = object_id('tb_mrBook')
--查看 tb_mrBook 表的索引信息
DBCC SHOWCONTIG(@table_id)
```

运行结果如图 15.7 所示。

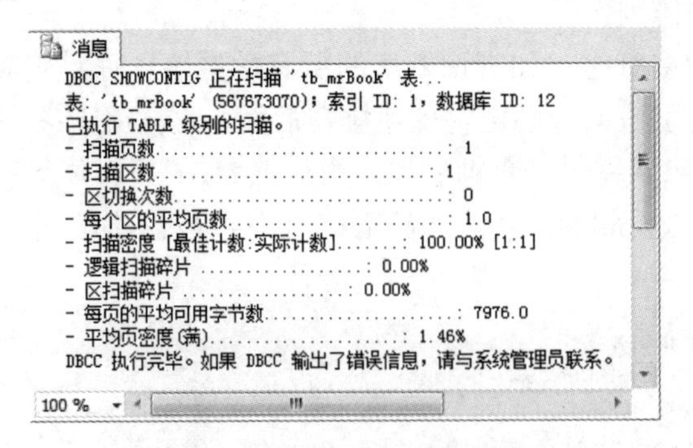

图 15.7 查看是否需要维护索引

说明

当扫描密度为100.00%时，表示数据表无碎片信息。

15.3.2　重构索引

重构索引不是删除索引之后再重新创建，而是通过使用DBCC DBREINDEX语句对旧索引进行重构，创建一个新的索引。这种方法还可以用于重新创建簇索引，因为在重构索引的过程中，如果数据已经处于有序状态，可以不必按索引列再对数据排序。

DBCC DBREINDEX也可用于重建执行PRIMARY KEY或UNIQUE约束的索引，而不必删除并创建这些约束（因为对于为执行PRIMARY KEY或UNIQUE约束而创建的索引，必须先删除该约束，然后才能删除该索引）。例如，可能需要在PRIMARY KEY约束上重构一个索引，以便为该索引重建给定的填充因子。

说明

填充因子是索引的一个特性，定义该索引每页上的可用空间量。索引页上的空余空间量很重要，因为当索引页填满时，系统必须花时间拆分它以便为新行腾出空间。填充因子适应以后表数据的扩展并减少了页拆分的可能性。填充因子是从1～100之间的某个值，指定了索引页面保留为空的百分比。

【例15.7】　重构索引。（**实例位置：资源包\TM\sl\15\7**）

使用填充因子80重构db_mrsql数据库中会员注册信息表tb_mrHY上的HY_Index簇索引。

首先为会员注册信息表tb_mrHY创建一个簇索引，SQL语句如下：

```
--查看是否创建了HY_Index索引
IF EXISTS(SELECT name from sysindexes
   WHERE name = 'HY_Index')
--删除名为HY_Index的索引
   DROP INDEX tb_mrHY.HY_Index
GO
--创建簇索引
CREATE CLUSTERED INDEX HY_Index
     ON tb_mrHY(性别)
```

使用填充因子80重构db_mrsql数据库中会员注册信息表tb_mrHY上的HY_Index簇索引，SQL语句如下：

```
DBCC DBREINDEX('db_mrsql.dbo.tb_mrHY',HY_Index, 80)
```

运行结果如图15.8所示。

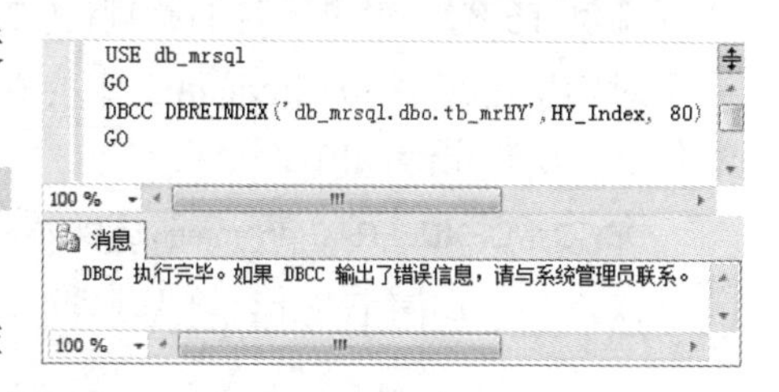

图15.8　重构索引

根据本示例，可以使用填充因子100重构db_mrsql数据库中会员注册信息表tb_mrHY上的所有索引，代码如下：

```
DBCC DBREINDEX('db_mrsql.dbo.tb_mrHY', '' , 100)
```

在 SQL Server 中，如果要用一个步骤重新创建索引，而不想删除旧索引并重新创建同一索引，则可以使用 CREATE INDEX 语句的 DROP_EXISTING 子句提高效率。这一优点既适用于簇索引，也适用于非簇索引。

以删除旧索引然后重新创建同一索引的方式重构簇索引，是一种昂贵的方法，因为所有二级索引都使用聚集键指向数据行。如果只是删除簇索引然后重新创建，则会使所有非簇索引都被删除和重新创建两次。通过在一个步骤中重新创建索引，可以避免这种情况。另外，通过使用 DBCC DBREINDEX 语句，SQL Server 还允许对一个表重构（在一个步骤中）一个或多个索引，而不必单独重构每个索引。

15.3.3 整理索引碎片

使用 DBCC INDEXDEFRAG 可以对表或视图上的索引和非簇索引进行碎片整理。DBCC INDEXDEFRAG 对索引的叶级进行碎片整理，以便使页的物理顺序与叶节点从左到右的逻辑顺序相匹配，从而提高索引扫描性能。

与 DBCC DBREINDEX（一般的索引生成操作）不同，DBCC INDEXDEFRAG 是联机操作。它不长期控制锁，因此不会妨碍运行查询或更新。若索引的碎片相对较少，则整理该索引的速度比生成一个新索引要快，这是因为碎片整理所需的时间与碎片的数量有关。对碎片太多的索引进行整理可能要比重建花更多的时间。

DBCC INDEXDEFRAG 语法格式如下：

```
DBCC INDEXDEFRAG
    ( { database_name | database_id | 0 }
        , { table_name | table_id | 'view_name' | view_id }
        , { index_name | index_id }
    ) [ WITH NO_INFOMSGS ]
```

参数说明如下。

☑ database_name | database_id | 0：对其索引进行碎片整理的数据库。数据库名称必须符合标识符的规则。如果指定 0，则使用当前数据库。

☑ table_name | table_id | 'view_name' | view_id：对其索引进行碎片整理的表或视图。表名和视图名称必须符合标识符规则。

☑ index_name | index_id：要进行碎片整理的索引。索引名必须符合标识符的规则。

☑ WITH NO_INFOMSGS：禁止显示所有信息性消息（具有从 0 ～ 10 的严重级别）。

【例 15.8】 索引碎片的整理。（**实例位置：资源包\TM\sl\15\8**）

对学生信息表 tb_Student05 中的索引 StuName_Index 进行维护，显示指定的表的数据和索引的碎片信息。SQL 语句如下：

```
DBCC INDEXDEFRAG(db_mrsql,tb_Student05, StuName_Index)
```

运行结果如图 15.9 所示。

	Pages Scanned	Pages Moved	Pages Removed
1	1	0	0

图 15.9　索引碎片的整理

15.3.4　删除索引

当一个索引不再被需要时，可以将其从数据库中删除，以回收它所占用的存储空间。这些回收的空间可以由数据库中的任何对象使用。在 SQL 中，无论是簇索引还是非簇索引，都可以通过 DROP INDEX 删除。

DROP INDEX 可以从当前数据库中删除一个或多个索引。该语句不适用于通过参数 PRIMARY KEY 或 UNIQUE 约束创建的索引，也不适用于删除系统表中的索引。语法格式如下：

```
DROP INDEX 'table.index | view.index' [ ,...n ]
```

参数说明如下。

☑　table | view：索引所在的表或视图。

☑　index：要删除的索引名称。

☑　n：表示可以指定多个索引的占位符。

【例 15.9】 使用 DROP INDEX 命令删除索引。（**实例位置：资源包\TM\sl\15\9**）

删除 db_mrsql 数据库商品信息表 tb_mrMerchan 中索引名为 Mer_Index 的索引。SQL 语句如下：

```
USE db_mrsql
GO
--查看是否创建了 Mer_Index 索引
IF EXISTS(SELECT name from sysindexes
    WHERE name = 'Mer_Index')
--删除名为 Mer_Index 的索引
    DROP INDEX tb_mrMerchan.Mer_Index
GO
```

运行结果如图 15.10 所示。

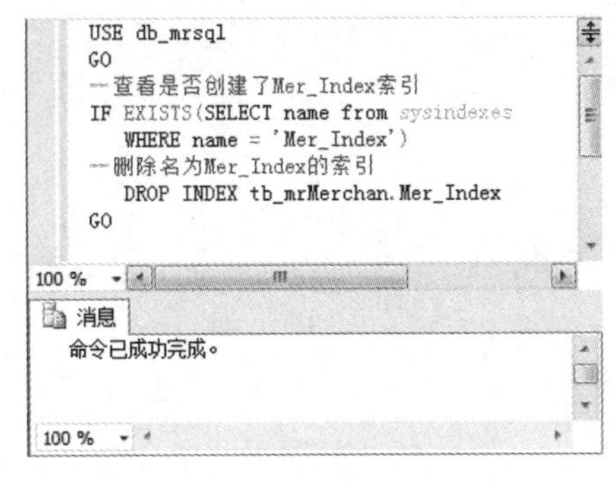

图 15.10　删除索引

除了可以删除单个表中的索引外，还可以删除多个表中的索引。例如，删除 MR_Table1 表中的 table1_Index 索引和 MR_Table2 表中的 table2_Index 索引，代码如下：

```
USE MR_SQL
DROP INDEX MR_Table1.table1_Index,MR_Table2.table2_Index
```

在删除簇索引时可能要花费一些时间，因为必须重建同一个表上的所有非簇索引。另外，必须先删除约束后，才能删除使用 PRIMARY KEY 或 UNIQUE 约束的索引。若要在不删除和重新创建

PRIMARY KEY 或 UNIQUE 约束的情况下，删除并重新创建该约束使用的索引（如重新实施该索引使用的原填充因子），应通过一个步骤重建该索引。另外，应用该语句不能删除指定为表的全文件的索引，应查看索引属性以确定是否是全文件。

15.4　实践与练习

1．基于表 student 和 student1 创建一个视图，并在该视图上创建一个索引并查询数据。（**答案位置：资源包\TM\sl\15\10**）

2．创建一个多字段非簇索引检索数据，具体实现时，为员工表（employee1）的 Name 列和 Age 列创建索引。在创建的索引中，Name 字段的优先级要高于 Age 字段。（**答案位置：资源包\TM\sl\15\11**）

第 16 章 事 务

在数据提交过程中，事务非常重要，它是一个独立的工作单元。如果某一事务成功，则在该事务中进行的所有数据修改均会提交，成为数据库中的永久组成部分；如果事务遇到错误且必须取消或回滚，则所有数据修改均被清除。本章将从事务概念、隐式与显式事务、使用事务、事务工作机制、事务并发、锁和分布式事务处理等多个方面对 SQL 事务进行详细讲解。

本章知识架构及重难点如下：

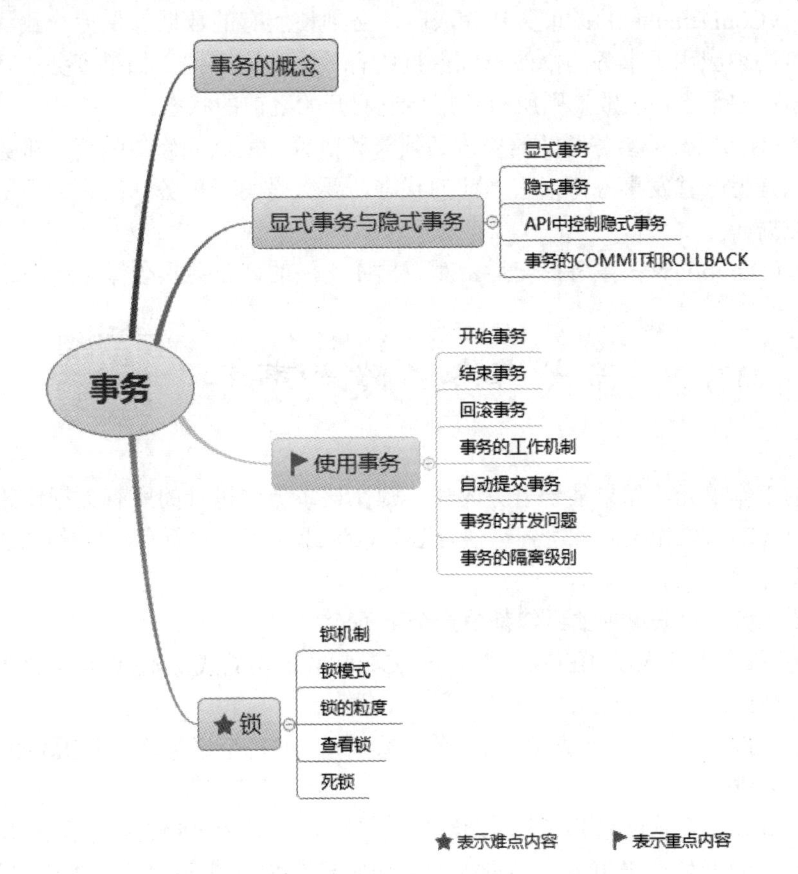

16.1 事务的概念

事务是由一系列语句构成的逻辑工作单元。事务和存储过程等批处理有一定程度的相似之处，通

常都是为了完成一定业务逻辑而将一条或者多条语句“封装”起来，使它们与其他语句之间出现一个逻辑上的边界，并形成相对独立的一个工作单元。

当使用事务修改多个数据表时，如果在处理的过程中出现了某种错误，如系统死机或突然断电等情况，则返回结果是数据全部没有被保存。因为事务处理的结果只有两种：一种是在事务处理的过程中，如果发生了某种错误则整个事务全部回滚，使所有对数据的修改全部撤销，事务对数据库的操作是单步执行的，当遇到错误时可以随时回滚；另一种是如果没有发生任何错误且每一步的执行都成功，则整个事务全部被提交。从而可以看出，有效地使用事务不但可以提高数据的安全性，而且还可以增强数据的处理效率。

事务包含 4 种重要的属性，被统称为 ACID（原子性、一致性、隔离性和持久性），一个事务必须通过 ACID。

（1）原子性（Atomic）：事务是一个整体的工作单元，事务对数据库所做的操作要么全部执行，要么全部取消。如果某条语句执行失败，则所有语句全部回滚。

（2）一致性（ConDemoltent）：事务在完成时，必须使所有的数据都保持一致状态。在相关数据库中，所有规则都必须应用于事务的修改，以保持所有数据的完整性。如果事务成功，则所有数据将变为一个新的状态；如果事务失败，则所有数据将返回开始之前的状态。

（3）隔离性（Isolated）：事务所做的修改必须与其他事务所做的修改隔离。事务查看数据时，数据所处的状态要么是另一并发事务修改它之前的状态，要么是另一事务修改它之后的状态，事务不会查看中间状态的数据。

（4）持久性（Durability）：事务提交后，对数据库所做的修改会永久保存下来。

16.2 显式事务与隐式事务

事务是单个的工作单元。如果某一事务成功，则在该事务中进行的所有数据修改均会提交，成为数据库中的永久组成部分。如果事务遇到错误且必须取消或回滚，则所有数据修改均被清除。

SQL Server 以下列事务模式运行。

☑ 自动提交事务：每条单独的语句都是一个事务。

☑ 显式事务：每个事务均以 BEGIN TRANSACTION 语句显式开始，以 COMMIT 或 ROLLBACK 语句显式结束。

☑ 隐式事务：在前一个事务完成时，新事务隐式启动，但每个事务仍以 COMMIT 或 ROLLBACK 语句显式完成。

☑ 批处理级事务：只能应用于多个活动结果集（MARS），在 MARS 会话中启动的 SQL 显式或隐式事务变为批处理级事务。当批处理完成时没有提交或回滚的批处理级事务自动由 SQL Server 进行回滚。

接下来主要介绍显式事务和隐式事务。

16.2.1　显式事务

显式事务是用户自定义或用户指定的事务。可以通过 BEGIN TRANSACTION、COMMIT TRANSACTION、COMMIT WORK、ROLLBACK TRANSACTION 或 ROLLBACK WORK 事务处理语句定义显式事务。下面将简单介绍以上几种事务处理语句的语法和参数。

1. BEGIN TRANSACTION 语句

此语句用于启动一个事务，标志着事务的开始。语法格式如下：

```
BEGIN TRAN SACTION [ transaction_name | @tran_name_variable[ WITH MARK [ 'description' ] ] ]
```

参数说明如下。

☑ transaction_name：表示设定事务的名称，字符个数最多为 32 个。

☑ @tran_name_variable：表示用户定义的、含有有效事务名称的变量名称，必须用 char、varchar、nchar 或 nvarchar 数据类型声明该变量。

☑ WITH MARK ['description']：表示指定在日志中标记事务，description 是描述该标记的字符串。

2. COMMIT TRANSACTION 语句

此语句用于标志一个成功的隐式事务或用户定义事务的结束。语法格式如下：

```
COMMIT TRAN SACTION [ transaction_name | @tran_name_variable ]
```

参数说明如下。

☑ transaction_name：表示此参数指定由前面的 BEGIN TRANSACTION 指派的事务名称，此处的事务名称仅用来帮助程序员阅读，以及指明 COMMIT TRANSACTION 与哪些嵌套的 BEGIN TRANSACTION 相关联。

☑ @tran_name_variable：表示用户定义的、含有有效事务名称的变量名称，必须用 char、varchar、nchar 或 nvarchar 数据类型声明该变量。

3. COMMIT WORK 语句

此语句用于标志事务的结束。语法格式如下：

```
COMMIT [WORK]
```

此语句的功能与 COMMIT TRANSACTION 相同，但 COMMIT TRANSACTION 接受用户定义的事务名称。

4. ROLLBACK TRANSACTION 语句

此语句用于将显式事务或隐式事务回滚到事务的起点或事务内的某个保存点。当执行事务的过程中发生某种错误，可以使用 ROLLBACK TRANSACTION 语句或 ROLLBACK WORK 语句撤销在事务中所做的更改，并使数据恢复到事务开始之前的状态。语法格式如下：

```
ROLLBACK TRAN SACTION [ transaction_name | @tran_name_variable| savepoint_name | @savepoint_variable ]
```

参数说明如下。

☑ transaction_name：表示 BEGIN TRAN SACTION 对事务名称的指派。

☑ @tran_name_variable：表示用户定义的、含有有效事务名称的变量名称，必须用 char、varchar、nchar 或 nvarchar 数据类型声明该变量。

☑ savepoint_name：来自 SAVE TRANSACTION 语句对保存点的定义，当条件回滚只影响事务的一部分时使用 savepoint_name。

☑ @savepoint_variable：表示用户定义的、含有有效保存点名称的变量名称。

5. ROLLBACK WORK 语句

此语句用于将用户定义的事务回滚到事务的起点。语法格式如下：

```
ROLLBACK [WORK]
```

此语句的功能与 ROLLBACK TRANSACTION 相同，除非 ROLLBACK TRANSACTION 接受用户定义的事务名称。

16.2.2 隐式事务

使用 SET IMPLICIT_TRANSACTIONS ON 语句可将隐式事务模式设置为打开。此时，执行下一条语句时会自动启动一个新事务；关闭一个事务后，执行下一条语句时又会启动一个新事务，直到关闭隐式事务的设置开关。

SQL Server 的任何数据修改语句都是隐式事务，如 ALTER TABLE、CREATE、DELETE、DROP、FETCH、GRANT、INSERT、OPEN、REVOKE、SELECT、TRUNCATE TABLE、UPDATE。这些语句都可以作为一个隐式事务的开始。如果要结束隐式事务，需要使用 COMMIT TRANSACTION 或 ROLLBACK TRANSACTION 语句来结束事务。

16.2.3 API 中控制隐式事务

用来设置隐式事务的 API 机制是 ODBC 和 OLE DB。

1. ODBC

☑ 调用 SQLSetConnectAttr 函数可启动隐式事务模式。其中，Attribute 设置为 SQL_ATTR_AUTOCOMMIT，ValuePtr 设置为 SQL_AUTOCOMMIT_OFF。

☑ 在调用 SQLSetConnectAttr 之前，连接将一直保持为隐式事务模式。其中，Attribute 设置为 SQL_ATTR_AUTOCOMMIT，ValuePtr 设置为 SQL_AUTOCOMMIT_ON。

☑ 调用 SQLEndTran 函数可提交或回滚每个事务。其中，CompletionType 设置为 SQL_COMMIT 或 SQL_ROLLBACK。

2. OLE DB

OLE DB 没有专门用来设置隐式事务模式的方法。

☑ 调用 ITransactionLocal::StartTransaction 方法可启动显式模式。
☑ 当调用 ITransaction::Commit 或 ITransaction::Abort 方法（其中，fRetaining 设置为 TRUE）时，OLE DB 将完成当前的事务并进入隐式事务模式。只要 ITransaction::Commit 或 ITransaction::Abort 中的 fRetaining 设置为 TRUE，那么连接就将保持隐式事务模式。
☑ 调用 ITransaction::Commit 或 ITransaction::Abort（其中，fRetaining 设置为 FALSE）停止隐式事务模式。

16.2.4 事务的 COMMIT 和 ROLLBACK

结束事务分为成功时提交事务和失败时回滚事务两种情况，可以使用 COMMIT 和 ROLLBACK 结束事务。

COMMIT 表示提交事务，用在事务执行成功的情况下。COMMIT 语句可保证事务的所有修改都被保存，同时释放事务中使用的资源，如事务使用的锁。

ROLLBACK 表示回滚事务，用于事务执行失败的情况下。ROLLBACK 可将显式事务或隐式事务回滚到事务的起点或事务内的某个保存点。

16.3 使用事务

掌握了事务的概念与运行模式之后，本节将介绍如何使用事务。

16.3.1 开始事务

当一个数据库连接启动事务时，在该连接上执行的所有 SQL 语句都是事务的一部分，直到事务结束。开始事务使用 BEGIN TRANSACTION 语句。下面将以示例的形式演示如何在 SQL 中开始事务。

【例 16.1】 使用事务修改 Employee 表中的数据，首先使用 BEGIN TRANSACTION 语句启动事务 update_data，然后修改指定条件的数据，最后使用 COMMIT TRANSACTION 提交事务。（**实例位置：资源包\TM\sl\16\1**）

SQL 语句如下：

```
SELECT * FROM Employee WHERE ID = 001
BEGIN TRANSACTION update_data                    --开始事务
  UPDATE Employee SET Name = '张婷'               --修改数据
    Where ID = 1                                 --条件
      COMMIT TRANSACTION update_data
      SELECT * FROM Employee   WHERE ID =001
```

运行结果如图 16.1 所示。

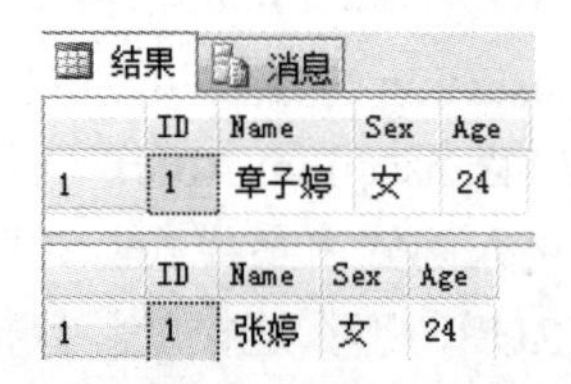

	ID	Name	Sex	Age
1	1	章子婷	女	24

	ID	Name	Sex	Age
1	1	张婷	女	24

图 16.1　使用事务修改“操作员信息表”中的数据

在本例中，BEGIN TRANSACTION 语句指定一个事务的开始，update_data 语句为事务名称，它可由用户自定义，但必须是有效的标识符。COMMIT TRANSACTION 语句指定事务的结束。

说明

BEGIN TRANSACTION 与 COMMIT TRANSACTION 之间的语句，可以是任何对数据库进行修改的语句。

16.3.2　结束事务

当事务执行完成之后，要将其结束，以释放所占用的内存资源。结束事务使用 COMMIT 语句。

【例 16.2】 使用事务在 Employee 表中添加一条记录，并使用 COMMIT 语句结束事务。（**实例位置：资源包\TM\sl\16\2**）

SQL 语句如下：

```
SELECT * FROM Employee
BEGIN TRANSACTION INSERT_DATA                          --开始事务
  INSERT INTO Employee
  VALUES('16','门闻双','女','22')
COMMIT TRANSACTION INSERT_DATA                         --结束事务
GO
IF @@ERROR = 0
  PRINT '插入新记录成功！'                              --输出插入成功的信息
GO
```

运行结果如图 16.2 所示

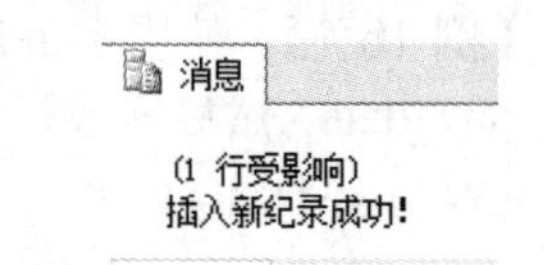

图 16.2　使用 COMMIT 结束事务

在本例中使用了@@ERROR 函数，此函数用于判断最后的 SQL 语句是否执行成功。此函数有两个返回值，如果语句执行成功，则@@ERROR 返回 0；如果语句产生错误，则@@ERROR 返回错误号。每一个 SQL 语句完成时，@@ERROR 的值都会改变。

16.3.3　回滚事务

使用 ROLLBACK TRANSACTION 语句可以将显式事务或隐式事务回滚到事务的起点或事务内的某个保存点。语法格式如下：

```
ROLLBACK { TRAN | TRANSACTION }
      [ transaction_name | @tran_name_variable
      | savepoint_name | @savepoint_variable ]
```

```
[ ; ]
```

参数说明如下。

☑ transaction_name：为 BEGIN TRANSACTION 上的事务分配的名称（即事务名称），它必须符合标识符规则，但只使用事务名称的前 32 个字符。当嵌套事务时，transaction_name 必须是最外面的 BEGIN TRANSACTION 语句中的名称。

☑ @tran_name_variable：用户定义的、包含有效事务名称的变量名称，必须用 char、varchar、nchar 或 nvarchar 数据类型声明变量。

☑ savepoint_name：SAVE TRANSACTION 语句中的 savepoint_name（即保存点的名称）、savepoint_name 必须符合标识符规则，当条件回滚应只影响事务的一部分时，可使用 savepoint_name。

☑ @savepoint_variable：用户定义的、包含有效保存点名称的变量名称，必须用 char、varchar、nchar 或 nvarchar 数据类型声明变量。

在 ROLLBACK TRANSACTION 语句中用到了保存点，通常使用 SAVE TRANSACTION 语句在事务内设置保存点。语法格式如下：

```
SAVE { TRAN | TRANSACTION } { savepoint_name | @savepoint_variable }[ ; ]
```

参数说明如下。

☑ savepoint_name：保存点的名称，必须符合标识符规则。当条件回滚应只影响事务的一部分时，可使用 savepoint_name。

☑ @savepoint_variable：用户定义的、包含有效保存点名称的变量名称，必须用 char、varchar、nchar 或 nvarchar 数据类型声明变量。

16.3.4　事务的工作机制

下面将通过一个示例讲解事务的工作机制。

【例 16.3】 使用事务修改 Employee 表中的数据，并将指定的员工记录删除。（**实例位置：资源包\TM\sl\16\3**）

SQL 语句如下：

```
SELECT * FROM Employee                          --显示 Employee 表数据
BEGIN TRANSACTION UPDATE_DAT                    --开始事务
  UPDATE Employee SET Name = '闻双'             --修改员工信息
  WHERE ID = 16
  DELETE Employee WHERE ID = 16                 --删除指定的员工记录
COMMIT TRANSACTION UPDATE_DATA                  --提交事务
```

运行结果如图 16.3 所示。

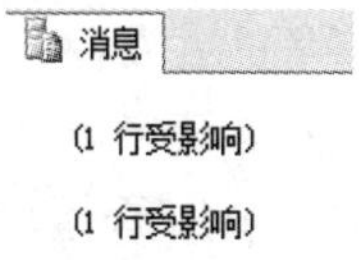

消息

(1 行受影响)

(1 行受影响)

图 16.3　修改 Employee 表中的数据

例 16.3 中事务的工作机制可以分为以下几点。

（1）当在代码中出现 BEGIN TRANSACTION 语句时，SQL Server 将会显示事务，并给新事务分配一个事务 ID。

（2）当事务开始后，SQL Server 会运行事务体语句，并将事务体语句记录到事务日志中。

（3）在内存中执行事务日志中记录的事务体语句。

（4）当执行到 COMMIT 语句时会结束事务，同时事务日志被写到数据库的日志设备上，从而保证日志可以被恢复。

16.3.5 自动提交事务

自动提交事务是 SQL Server 默认的事务处理方式。当任何一条有效的 SQL 语句被执行后，它对数据库所做的修改将会被自动提交。如果发生错误，则会自动回滚并返回错误信息。

【例 16.4】 使用 INSERT 语句向数据库中添加 3 条记录，由于添加了重复的主键，导致最后一条 INSERT 语句在编译时产生错误，从而使这条语句没有被执行。（**实例位置：资源包\TM\sl\16\4**）

SQL 语句如下：

```
CREATE TABLE tb_Depart                                    --创建数据表
(ID INT PRIMARY KEY, DepName VARCHAR(10)
)
INSERT INTO tb_Depart VALUES(1,'ASP.NET 部门')            --插入记录
INSERT INTO tb_Depart VALUES(2,'C#部门')                  --插入记录
INSERT INTO tb_Depart VALUES(2,'JAVA 部门')               --插入记录
GO
SELECT * FROM tb_Depart                                   --检索记录
```

运行结果如图 16.4 所示。

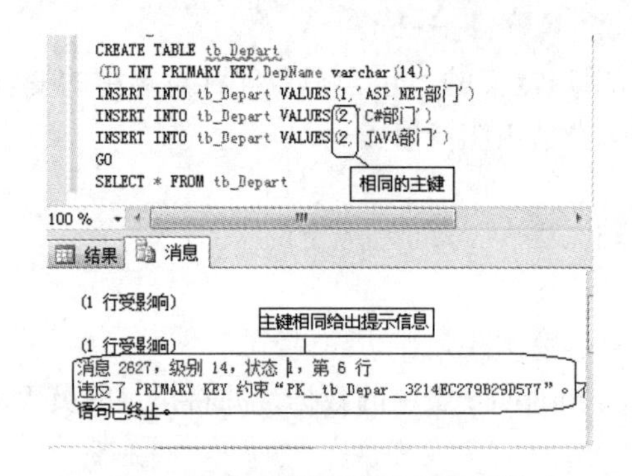

图 16.4　自动提交事务出现错误

本示例中，SQL Server 将前两条记录添加到了指定数据表中，而将第 3 条记录回滚。这是因为第 3 条记录出现编译错误并且不符合条件（主键不允许重复），所以被事务回滚。

16.3.6 事务的并发问题

事务的并发问题主要体现在丢失或覆盖更新、未确认的相关性（脏读）、不一致的分析（不可重复读）和幻象读 4 个方面，这些是影响事务完整性的主要因素。如果没有锁定且多个用户同时访问一个数据库，则当多个事务同时使用相同的数据时，会发生以上并发问题。

1. 丢失或覆盖更新

当两个或多个事务选择同一行，然后基于最初选定的值更新该行时，会发生丢失更新问题。这是

因为每个事务都不知道其他事务的存在，最后的更新将重写前面其他事务所做的更新，从而导致数据丢失。

例如，最初有一份原始的电子文档，文档人员 A 和 B 同时修改此文档，当修改完成之后保存时，最后修改完成的文档必将替换第一个修改完成的文档，那么就造成了数据丢失或覆盖更新的后果。如果文档人员 A 修改并保存之后，文档人员 B 再进行修改，则可以避免该问题。

2. 未确认的相关性（脏读）

如果一个事务读取了另外一个事务尚未提交的更新，则称为脏读。

例如，文档人员 B 复制了文档人员 A 正在修改的文档，并将文档人员 A 的文档发布。此后，文档人员 A 认为文档中存在着一些问题需要重新修改，此时文档人员 B 发布的文档就将与重新修改的文档内容不一致。如果文档人员 A 将文档修改完成并确认无误的情况下，文档人员 B 再复制，则可以避免该问题。

3. 不一致的分析（不可重复读）

当事务多次访问同一行数据，并且每次读取的数据不同时，将会发生不一致分析问题。不一致的分析与未确认的相关性类似，因为其他事务也正在更改该数据。然而，在不一致的分析中，事务所读取的数据是由进行了更改的事务提交的。而且，不一致的分析涉及多次读取同一行，并且每次信息都由其他事务更改，因而该行被不可重复读取。

例如，文档人员 B 两次读取文档人员 A 的文档，但在文档人员 B 读取时，文档人员 A 又重新修改了该文档中的内容，在文档人员 B 第二次读取文档人员 A 的文档时，文档中的内容已被修改，此时则发生了不可重复读的情况。如果文档人员 B 在文档人员 A 全部修改后读取文档，则可以避免该问题。

4. 幻象读

幻象读和不一致的分析有些相似，当一个事务的更新结果影响到另一个事务时，将会发生幻象读问题。事务第一次读的行范围显示出其中一行已不复存在于第二次读或后续读中，因为该行已被其他事务删除。同样，由于其他事务的插入操作，事务的第二次或后续读显示有一行已不存在于原始读中。

例如，文档人员 B 更改了文档人员 A 所提交的文档，但当文档人员 B 将更改后的文档合并到主副本时，却发现文档人员 A 已将新数据添加到该文档中。如果文档人员 B 在修改文档之前，没有任何人将新数据添加到该文档中，则可以避免该问题。

16.3.7　事务的隔离级别

当事务接受不一致的数据级别时被称为事务的隔离级别。如果事务的隔离级别比较低，会增加事务的并发问题，有效地设置事务的隔离级别，可以减少并发问题的发生。

设置隔离数据可以使一个进程使用，同时还可以防止其他进程的干扰。设置隔离级别定义了 SQL Server 会话中所有 SELECT 语句的默认锁定行为，当锁定用作并发控制机制时，它可以解决并发问题。这使所有事务得以在彼此完全隔离的环境中运行，但是任何时候都可以有多个正在运行的事务。

在 SQL Server 中，可以使用 SET TRANSACTION ISOLATION LEVEL 语句来设置事务的隔离级别。

SET TRANSACTION ISOLATION LEVEL 控制由连接发出的所有 SELECT 语句的默认事务锁定行为。语法格式如下：

```
SET TRANSACTION ISOLATION LEVEL{ READ COMMITTED | READ UNCOMMITTED | REPEATABLE READ |
SERIALIZABLE}
```

参数说明如下。

☑ READ COMMITTED：指定在读取数据时控制共享锁以避免脏读，但数据可在事务结束前更改，从而产生不可重复读取或幻象读取数据，该选项是 SQL Server 的默认值。

☑ READ UNCOMMITTED：执行脏读或 0 级隔离锁定，这表示不发出共享锁，也不接受排它锁。该选项的作用与在事务内所有语句中的所有表上设置 NOLOCK 相同，这是 4 个隔离级别中限制最小的级别。

☑ REPEATABLE READ：锁定查询中使用的所有数据，以防止其他用户更新数据。但是其他用户可以将新的幻象读插入数据集，且幻象读包括在当前事务的后续读取中。因为并发低于默认隔离级别，所以只在必要时才使用该选项。

☑ SERIALIZABLE：表示在数据集上放置一个范围锁，以防止其他用户在事务完成之前更新数据集或将行插入数据集内。

SQL Server 提供了 4 种事务的隔离级别，如表 16.1 所示。

表 16.1　事务的隔离级别

隔离级别	脏　读	不可重复读	幻　象　读
Read Uncommitted（未提交读）	是	是	是
Read Committed（提交读）	否	是	是
Repeatable Read（可重复读）	否	否	是
Serializable（可串行读）	否	否	否

SQL Server 默认的隔离级别为 Read Committed，可以使用锁来实现隔离性级别。

1. Read Uncommitted（未提交读）

此隔离级别为隔离级别中最低的级别，如果将 SQL Server 的隔离级别设置为 Read Uncommitted，则可以对数据执行未提交读或脏读，等同于将锁设置为 NOLOCK。

【例 16.5】 设置未提交读隔离级别。（**实例位置：资源包\TM\sl\16\5**）

SQL 语句如下：

```
BEGIN TRANSACTION
UPDATE Employee SET Name = '章子婷'
SET TRANSACTION ISOLATION LEVEL READ UNCOMMITTED        --设置未提交读隔离级别
COMMIT TRANSACTION
SELECT * FROM Employee
```

运行结果如图 16.5 所示。

2. Read Committed（提交读）

此项隔离级别为 SQL 中默认的隔离级别。将事务设置为此级别，可以在读取数据时控制共享锁以避免脏读，从而产生不可重复读取或幻象读取数据。

【例 16.6】 设置提交读隔离级别。（实例位置：资源包\TM\sl\16\6）

SQL 语句如下：

```
SET TRANSACTION ISOLATION LEVEL Read Committed
BEGIN TRANSACTION
SELECT * FROM Employee
ROLLBACK TRANSACTION
SET TRANSACTION ISOLATION LEVEL Read Committed        --设置提交读隔离级别
UPDATE Employee SET Name = '高丽'
```

运行结果如图 16.6 所示。

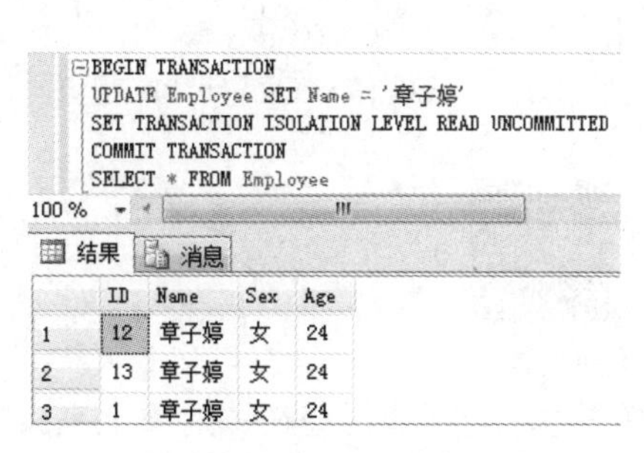

	ID	Name	Sex	Age
1	12	章子婷	女	24
2	13	章子婷	女	24
3	1	章子婷	女	24

图 16.5　设置未提交读隔离级别

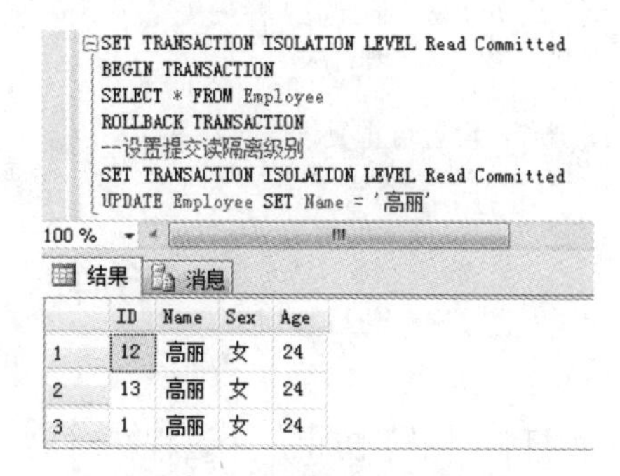

	ID	Name	Sex	Age
1	12	高丽	女	24
2	13	高丽	女	24
3	1	高丽	女	24

图 16.6　设置提交读隔离级别

3. Repeatable Read（可重复读）

此项隔离级别增加了事务的隔离级别，将事务设置为此级别，可以防止脏读、不可重复读和幻象读。

【例 16.7】 设置可重复读隔离级别。（实例位置：资源包\TM\sl\16\7）

SQL 语句如下：

```
SET TRANSACTION ISOLATION LEVEL Repeatable Read
BEGIN TRANSACTION
SELECT * FROM Employee
ROLLBACK TRANSACTION
SET TRANSACTION   ISOLATION LEVEL Repeatable Read          --设置可重复读隔离级别
INSERT INTO Employee values ('18','张雨','男','22,'明日科技")
```

运行结果如图 16.7 所示。

4. Serializable（可串行读）

此项隔离级别是所有隔离级别中限制最大的级别，它防止了所有的事务并发问题，此级别可以适用于绝对的事务完整性的要求。

【例 16.8】 设置可串行读隔离级别。（实例位置：资源包\TM\sl\16\8）

SQL 语句如下：

```
SET TRANSACTION ISOLATION LEVEL Serializable
BEGIN TRANSACTION
SELECT * FROM Employee
ROLLBACK TRANSACTION
SET TRANSACTION ISOLATION LEVEL Serializable          --设置可串行读
DELETE FROM   Employee   WHERE ID = '1'
```

运行结果如图 16.8 所示。

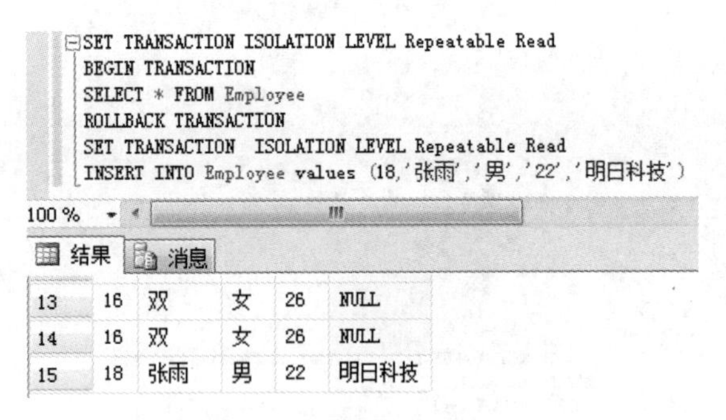

图 16.7　设置可重复读隔离级别

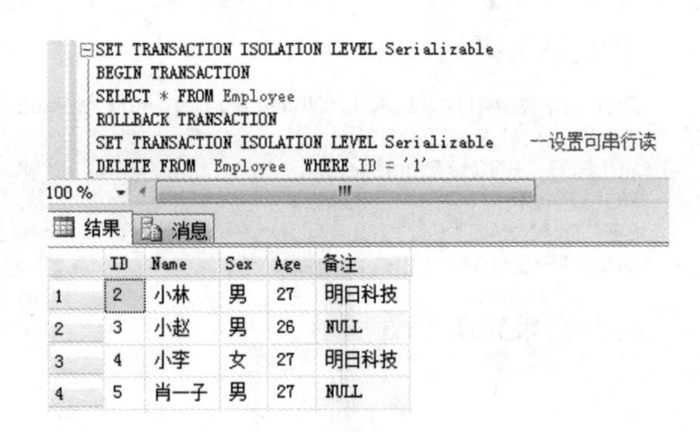

图 16.8　设置可串行读

16.4　锁

锁是一种机制，用于防止一个过程在对象上进行操作时，同某些已经在该对象上完成的事情发生冲突。锁可以防止事务的并发问题，如丢失更新、脏读、不可重复读等问题。本节主要介绍锁的机制、模式等。

16.4.1　锁机制

锁在数据库中是一个非常重要的概念，它可以防止事务的并发问题，在多个事务访问下能够保证数据库的完整性和一致性。例如，当多个用户同时修改或查询同一个数据库中的数据时，可能会导致数据不一致的情况。为了避免此类问题的发生，SQL Server 引入了锁机制。

在各类数据库中使用的锁机制基本是一致的，但也有细微的区别。SQL Server 中，采用系统来管理锁。例如，当用户向 SQL Server 发送某些命令时，SQL Server 将通过满足锁的条件为数据库加上适当的锁，这也就是动态加锁。

在用户对数据库没有特定要求的情况下，通过系统自动管理锁即可满足基本的使用要求。相反，如果用户在数据库的完整性和一致性方面有特殊的要求，则需要使用锁来满足要求。

16.4.2　锁模式

锁具有模式属性，它用于确定锁的用途，如表 16.2 所示。

表 16.2　锁模式

锁　模　式	描　　述
共享（S）	用于不更改或不更新数据的操作（只读操作），如 SELECT 语句
更新（U）	用于可更新的资源中。防止当多个会话在读取、锁定以及随后可能进行的资源更新时发生常见形式的死锁

续表

锁 模 式	描　述
排它（X）	用于数据修改操作，如 INSERT、UPDATE 或 DELETE。确保不会同时出现同一资源进行多重更新
意向（I）	用于建立锁的层次结构。意向锁的类型为：意向共享（IS）锁、意向排它（IX）锁以及共享意向排它（SIX）锁
架构	在执行依赖于表架构的操作时使用。架构锁的类型为：架构修改（Sch-M）锁和架构稳定性（Sch-S）锁
大容量更新（BU）	向表中大容量复制数据并指定 TABLOCK 提示时使用

1. 共享锁

共享锁用于保护读取的操作，它允许多个并发事务读取其锁定的资源。在默认情况下，数据被读取后，SQL Server 立即释放共享锁并对释放的数据进行修改。例如，执行查询 SELECT * FROM table1 时，首先锁定第一页，直到在读取后的第一页被释放锁时才锁定下一页。但是，事务隔离级别连接的选项设置和 SELECT 语句中的锁定设置都可以改变 SQL Server 的这种默认设置。例如，SELECT * FROM table1 HOLDLOCK 在表的查询过程中会一直保存锁定，直到查询完成才释放锁定。

2. 更新锁

更新锁在修改操作的初始化阶段用来锁定要被修改的资源，可避免使用共享锁造成的死锁现象，因为使用共享锁修改数据时，如果有两个或多个事务同时对某个事务申请了共享锁，而这些事务都将共享锁升级为排它锁，这时，这些事务都不会释放共享锁而是一直等待对方释放，这样很容易造成死锁。如果一个数据在修改前直接申请更新锁并在修改数据时升级为排它锁，就可以避免死锁现象。

3. 排它锁

排它锁是为修改数据而保留的，它锁定的资源既不能被读取，也不能被修改。

4. 意向锁

意向锁表示 SQL Server 在资源的底层获得共享锁或排它锁的意向。例如，表级的共享意向锁表示事务意图将排它锁释放到表的页或行中。意向锁可以分为意向共享锁、意向排它锁和共享意向排它锁。意向共享锁表明事务意图锁定底层资源上放置共享锁来读取数据；意向排它锁表明事务意图锁定底层资源上放置排它锁来修改数据；共享意向排它锁表明事务允许其他事务使用共享锁来读取顶层资源，并意图在该资源底层上放置排它锁。

5. 架构锁

架构锁用于执行依赖于表架构的操作。架构锁分为架构修改（Sch-M）锁和架构稳定性（Sch-S）锁。架构修改（Sch-M）锁表示执行表的数据定义语言（ddl）操作；架构稳定性（Sch-S）锁表示不阻塞任何事务锁并包括排它锁。在编译查询时，其他事务（包括在表上有排它锁的事务）都能继续运行，但不能在表上执行 ddl 操作。

6. 大容量更新锁

向表中大容量复制数据并且指定 tablock 提示，或者在 sp_tableoption 设置 table lock on bulk 表选项时而使用大容量更新锁。大容量更新锁允许进程将数据并发地大容量复制到同一表中，同时防止其他不进行大容量复制数据的进程访问该表。

16.4.3 锁的粒度

为了优化数据的并发性，可以使用 SQL Server 中锁的粒度，它可以锁定不同类型的资源。为了使锁定的成本减至最少，SQL Server 自动将资源锁定在适合任务的级别。如果锁的粒度大，则并发性高且开销大；如果锁的粒度小，则并发性低且开销小。

SQL Server 支持的锁粒度如表 16.3 所示。

表 16.3　锁的粒度

锁 大 小	描　述
行锁（RID）	行标识符。用于单独锁定表中的一行或多行，这是最小的锁
键锁	锁定索引中的节点。用于保护可串行事务中的键范围
页锁	锁定 8KB 的数据页或索引页
扩展盘区锁	锁定相邻的 8 个数据页或索引页
表锁	锁定整个表
数据库锁	锁定整个数据库

1. 行锁（RID）

行锁为锁的粒度当中最小的资源。行锁就是指事务在操作数据的过程中，锁定一行或多行的数据，其他事务不能同时处理这些行的数据。行级锁占用的数据资源最小，所以在事务的处理过程中，允许其他事务操作同一个表中的其他数据。

2. 页锁

页锁是指事务在操作数据的过程中，一次可以锁定一页数据。在 SQL Server 中，25 个行锁可以升级为一个页锁，当此页被锁定后，其他事务就不能够操作此页数据，即使只锁定一条数据，那么其他事务也不能够对此页数据进行操作。与其行锁相比，页锁占用的数据资源要多。

3. 表锁

表锁是指事务在操作数据的过程中，锁定整个数据表。当整个数据表被锁定后，其他事务将不能使用此表中的任何数据。表锁的特点是使用事务处理的数据量大，并且占用的系统资源较少。但是使用表锁时，如果所占用的数据量大，将会延迟其他事务的等待时间，从而降低系统的并发性能。

4. 数据库锁

数据库锁可锁定整个数据库，禁止任何事务或用户对此数据库进行访问。数据库锁是一种比较特殊的锁，它可以控制整个数据库的操作。数据库锁还可用于数据恢复操作，当进行数据恢复时，可以防止其他用户对此数据库进行操作。

16.4.4　查看锁

查看锁的相关信息，通常使用 sys.dm_tran_locks 动态管理视图。下面来看一个示例。

【例 16.9】 使用 sys.dm_tran_locks 动态管理视图查看活动锁的信息。（**实例位置：资源包\TM\sl\16\9**）

SQL 语句如下：

```
select * from sys.dm_tran_locks
```

运行结果如图 16.9 所示。

```
select * from sys.dm_tran_locks
```

100 %

结果　消息

	resource_type	resource_subtype	resource_database_id
1	DATABASE		5
2	DATABASE		5
3	DATABASE		7

图 16.9　显示锁信息

16.4.5　死锁

当两个或多个线程之间有循环相关性时，将会产生死锁。死锁是一种可能发生在任何多线程系统中的状态，而不仅仅发生在关系数据库管理系统中。多线程系统中，一个线程可能获取一个或多个资源（如锁），如果正获取的资源当前为另一个线程所拥有，则该线程必须等待拥有资源的线程释放目标资源。这时就说等待线程在哪个特定资源上与拥有线程有相关性。

在数据库系统中，当多个进程分别锁定了某个资源，同时又都要访问已经被其他进程锁定的资源时，就会产生死锁，同时也会导致多个进程都处于等待的状态。在事务提交或回滚之前，两个线程都不能释放资源，因为它们都在等待对方拥有的资源而不能提交或回滚事务。

例如，事务 1 的线程 T1 具有 Supplier 表上的排它锁，事务 2 的线程 T2 具有 Part 表上的排它锁，并且之后需要 Supplier 表上的锁。事务 2 无法获得这一锁，因为事务 1 已拥有它。事务 2 被阻塞，等待事务 1。然而，事务 1 需要 Part 表的锁，但又无法获得锁，因为事务 2 将它锁定了。

程序示意图如图 16.10 所示。

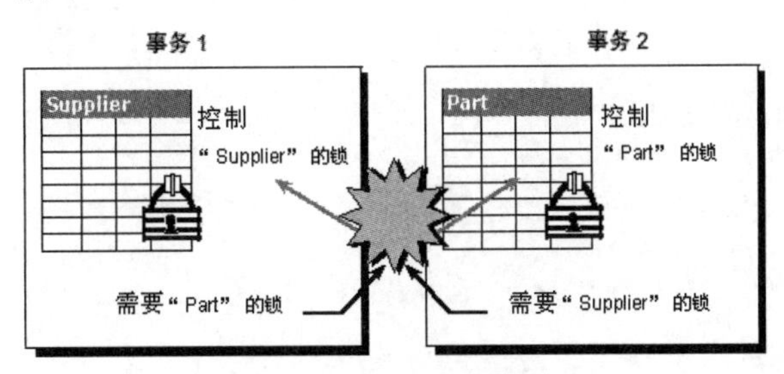

图 16.10　死锁示意图

在图 16.10 中，对于 Part 表锁资源，线程 T1 在线程 T2 上具有相关性。同样，对于 Supplier 表锁资源，线程 T2 在线程 T1 上具有相关性。因为这些相关性形成了一个循环，所以在线程 T1 和线程 T2 之间存在死锁。

可以使用 LOCK_timeout 来设置程序请求锁定的最长等待时间，如果一个锁定请求等待超过了最长等待时间，那么该语句将被自动取消。LOCK_timeout 语句主要用于自定义锁超时。

语法格式如下：

```
SET Lock_timeout[ timeout_period ]
```

参数 timeout_period 以毫秒为单位，值为-1（默认值）时表示没有超时期限（即无限期等待）。当锁等待超过超时值时，将返回错误。值为 0 时表示根本不等待，并且一遇到锁就返回信息。

【例 16.10】 将锁超时期限设置为 5000 毫秒，SQL 语句如下。（**实例位置：资源包\TM\sl\16\10**）

```
SET Lock_timeout 5000
```

16.5 实践与练习

1．使用事务将 student 表中 sno 为 201109008 的学生的 Sname 修改为“赵雪”。（**答案位置：资源包\TM\sl\16\10**）

2．使用事务在 employee4 表中添加一条记录，并使用 commit 语句结束事务。（**答案位置：资源包\TM\sl\16\11**）

第 17 章

管理数据库与数据表

可以使用 SQL 语句创建数据库、修改数据库、删除数据库，以及创建数据表、查看数据表、修改数据表和删除数据表等。本章将对以上内容做详细介绍。

本章知识架构及重难点如下：

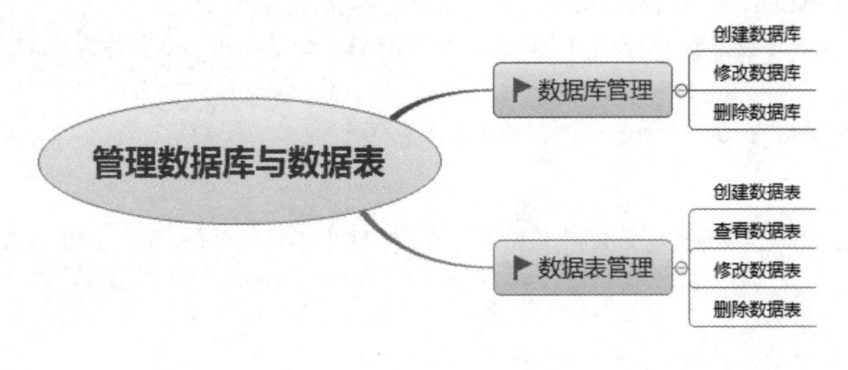

17.1 数据库管理

17.1.1 创建数据库

使用 CREATE DATABASE 语句来创建数据库。语法格式如下：

```
CREATE DATABASE database_name
  [ON[PRIMARY]]
          [<filespec>[,…n]]
          [,<filegroup>[,…n]]
]
  [LOG ON {<filespec>[,…n]}]
  [COLLATE collation_name]
  [FOR LOAD|FOR ATTACH]
<filespec>::=
  ([NAME=logical_file_name,]
FILENAME='os_file_name'
  [,SIZE=size]
  [,MAXSIZE={max_size|UNLIMITED}]
  [,FILEGROWTH=growth_increment])[,…n]
```

```
<filegroup>::=
FILEGROUP filegroup_name<filespec>[,…n]
```

参数说明如下。

- ☑ Database_name：新建数据库的名称。在一台服务器中，数据库的名称必须是唯一的，限制在123个字符以内。
- ☑ ON：指定存储数据库数据的文件名或文件组名，其后紧跟一个或多个文件名、文件组名。
- ☑ n：数据库可包含的最大文件数目。
- ☑ LOG ON：指定存放日志文件的文件列表，各日志文件之间以逗号间隔。当用户未指定日志文件名时，系统将自动产生一个单独的日志文件。
- ☑ FOR LOAD：表示只在用户使用该数据库时才进行加载。
- ☑ FOR ATTACH：表示附加数据库，其后紧跟需要附加的文件。

例如，在 db_mrsql 数据库中，使用 CREATE DATABASE 命令创建一个名称为 STU 的数据库，SQL 语句如下：

```
CREATE DATABASE   STU
```

注意

在创建数据库时，所要创建的数据库名称必须是系统中不存在的。如果存在相同名称的数据库，系统将会报错。

另外，数据库的名称也可以是中文名称。

例如，使用 CREATE DATABASE 命令创建一个名称为“学生管理”的数据库，SQL 代码如下：

```
CREATE DATABASE 学生管理
```

注意

在创建数据库时，所要创建的“学生管理”数据库必须是系统中不存在的。

【例 17.1】 使用 CREATE DATABASE 命令创建一个数据库。（**实例位置：资源包\TM\sl\17\1**）

在 db_mrsql 数据库中，使用 CREATE DATABASE 命令创建一个名称为“mrsoft”的数据库。SQL 语句如下：

```
CREATE DATABASE mrsoft --使用 CREATE DATABASE 命令创建一个名称是“mrsoft”的数据库
```

运行结果如图 17.1 所示。

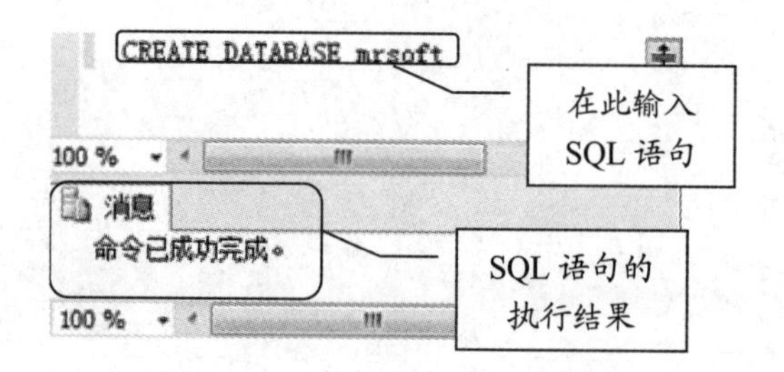

图 17.1　创建一个名称为 mrsoft 的数据库

本例创建的数据库 mrsoft，由于没有设定任何参数，所有参数均取默认值。所以创建的 mrsoft 数据库完全是由 db_mrsql 数据库复制过来的，其文件大小与 db_mrsql 数据库完全相同。这种建立数据库的方法是最简单的，数据文件和日志均存放在 SQL Server 默认的程序安装路径下，如在本例中在 E:\Program Files (x86)\Microsoft SQL Server\MSSQL12.MRSQLSERVER\MSSQL\DATA\目录下可以找到创建数据库的所有文件。

通过自定义的方式创建数据库，用户可以动态地改变数据库空间的大小和数据库文件所存放的位置。

【例 17.2】 自定义选项创建数据库。(**实例位置：资源包\TM\sl\17\2**)

在 db_mrsql 数据库中，使用 CREATE DATABASE 命令创建名为 mrsoft 的数据库。其中，主数据文件名称是 mrsoft.mdf，初始大小是 10MB，最大存储空间是 100 MB，增长大小是 5 MB。而日志文件名称是 mrsoft.ldf，初始大小是 8MB，最大的存储空间是 50 MB，增长大小是 8 MB。SQL 语句如下：

```
DROP DATABASE mrsoft
CREATE DATABASE mrsoft
ON
(NAME=mr_dat,
FILENAME='E:\Program Files (x86)\Microsoft SQL Server\MSSQL12.MRSQLSERVER\MSSQL\DATA \mrsoft.mdf',
SIZE=10MB,
MAXSIZE=100MB,
FILEGROWTH=5MB)
LOG ON
(NAME=mingri_log,
FILENAME='E:\Program Files (x86)\Microsoft SQL Server\MSSQL12.MRSQLSERVER\MSSQL\DATA \mrsoft.ldf',
SIZE=8MB,
MAXSIZE=50MB,
FILEGROWTH=8MB )
```

运行结果如图 17.2 所示。

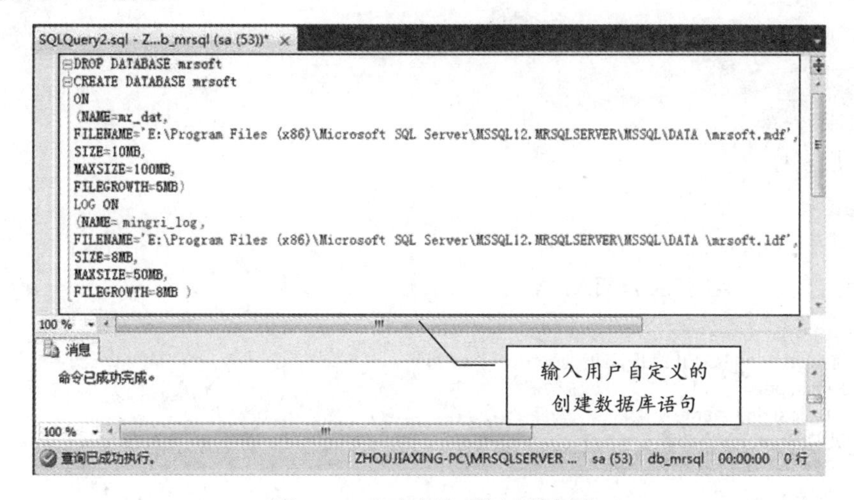

图 17.2　自定义选项创建数据库

本例创建了一个存储于 E:\Program Files (x86)\Microsoft SQL Server\MSSQL12.MRSQLSERVER\MSSQL\DATA\目录下的 mrsoft.mdf 数据文件，日志则存放在相同目录下的 mrsoft.ldf 日志文件中。

注意

运行本示例之前，磁盘中应存在“E:\Program Files (x86)\Microsoft SQL Server\MSSQL12.MRSQLSERVER\MSSQL\DATA\”路径，否则会出现“目录查找失败”错误信息。

在示例 17.2 的实现语句中，首先删除了数据库 mrsoft，这是因为在示例 17.1 中已经创建了相同名字的数据库。如果待创建的数据库名称已经存在，那么在执行创建数据库操作的时候会提示如图 17.3 所示的错误信息。

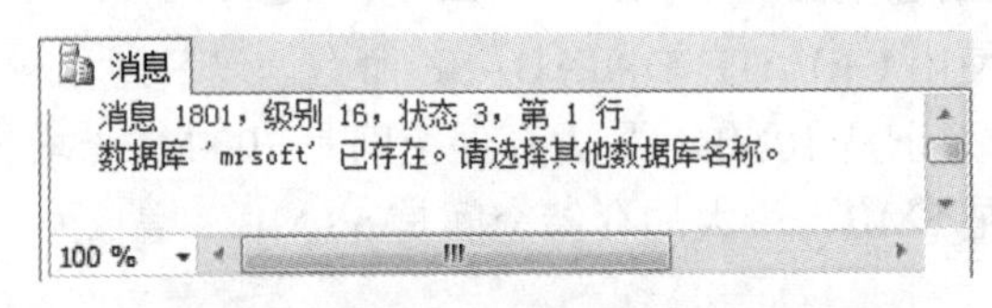

图 17.3　重复创建数据库的错误信息

解决这个错误的方法是：重新指定一个与 mrsoft 不同的数据库名称；或者如示例 17.2 的第一行语句那样，先删除已经存在的 mrsoft 数据库。

17.1.2　修改数据库

数据库创建完成以后，在使用过程中可以根据需要对其原始定义进行修改。修改的内容主要包括以下几项：

☑ 更改数据库文件。
☑ 添加和删除文件组。
☑ 更改选项。
☑ 更改跟踪。
☑ 更改权限。
☑ 更改扩展属性。
☑ 更改镜像。
☑ 更改事务日志传送。

修改数据库的命令为 ALTER DATABASE。语法格式如下：

```
ALTER DATABASE database_name
{ADD FILE<filespec>[,…n][TO FILEGROUP filegroup_name]
|ADD LOG FILE<filespec>[,…n]
|REMOVE FILE logical_file_name
|ADD FILEGROUP filegroup_name
|REMOVE FILEGROUP filegroup_name
|MODIFY FILE<filespec>
|MODIFY NAME=new_dbname
|MODIFY FILEGROUP filegroup_name{filegroup_property|NAME=new_filegroup_name}
|SET<optionspec>[,…n][WITH<termination>]
|COLLATE<collation_name>
}
```

参数说明如下。

☑ ADD FILE：指定要增加的数据库文件。
☑ TO FILEGROUP：指定要增加文件到哪个文件组。
☑ ADD LOG FILE：指定要增加的事务日志文件。
☑ REMOVE FILE：从数据库系统表中删除指定文件的定义，并且删除其物理文件。文件只有为空时才能被删除。
☑ ADD FILEGROUP：指定要增加的文件组。
☑ REMOVE FILEGROUP：从数据库中删除指定文件组的定义，并且删除其包含的所有数据库文件。文件组只有为空时才能被删除。
☑ MODIFY FILE：修改指定文件的文件名、容量大小、最大容量、文件增容方式等属性，但一次只能修改一个文件的一个属性。使用此选项时应注意，在文件格式 filespec 中必须用 NAME 明确指定文件名称，如果文件大小是已经确定了的，那么新定义的 SIZE 必须比当前的文件容量大；FILENAME 只能指定在 tempdbdatabase 中存在的文件，并且新的文件名只有在 SQL Server 重新启动后才发生作用。
☑ MODIF YFILEGROUP<filegroup_name><filegroup_property>：修改文件组属性，其中属性 filegroup_property 的取值若为 READONLY，表示指定文件组为只读，要注意的是主文件组不能指定为只读，只有对数据库有独占访问权限的用户才可以将一个文件组标志为只读；若取值为 READWRITE，表示使文件组为可读写，只有对数据库有独占访问权限的用户才可以将一个文件组标志为可读写；若取值为 DEFAULT，表示指定文件组为默认文件组，一个数据库中只能有一个默认文件组。
☑ SET：设置数据库属性。
☑ ALTER DATABASE：可以修改数据库大小、缩小数据库、更改数据库名称等。

1. 向数据库中添加文件

【例 17.3】 向数据库中添加文件。（**实例位置：资源包\TM\sl\17\3**）

在 db_mrsql 数据库中，使用 ALTER DATABASE 命令修改 db_mrsql 数据库，并向数据库中添加名为 mrkj 的文件，该数据文件的大小为 10MB，最大的文件大小为 100MB，增长速度为 2MB，tb_mrdata 数据库的物理地址为 E 盘文件夹下。SQL 语句如下。

```
ALTER DATABASE db_mrsql                            --要更改的数据库
ADD FILE                                           --添加文件
(
        NAME=mrkj,                                 --文件名
        FILENAME='E:\mrkj.ndf',                    --路径
        SIZE=10MB,                                 --大小
        MAXSIZE=100MB,                             --最大值
        FILEGROWTH=2MB                             --标识增量
)
```

运行结果如图 17.4 所示。

2. 修改数据库文件的大小

可以使用 ALTER DATABASE 命令修改数据库的文件大小。

【例 17.4】 使用 ALTER DATABASE…MODIFY 命令修改数据库的文件大小。（**实例位置：资源包\TM\sl\17\4**）

在 db_mrsql 数据库中，使用 ALTER DATABASE…MODIFY 命令将数据库 db_mrsql 中 mrkj 文件的大小修改为 40MB。SQL 语句如下：

```
ALTER DATABASE db_mrsql
MODIFY FILE(
        NAME=mrkj,
        SIZE=40MB
   )
```

运行结果如图 17.5 所示。

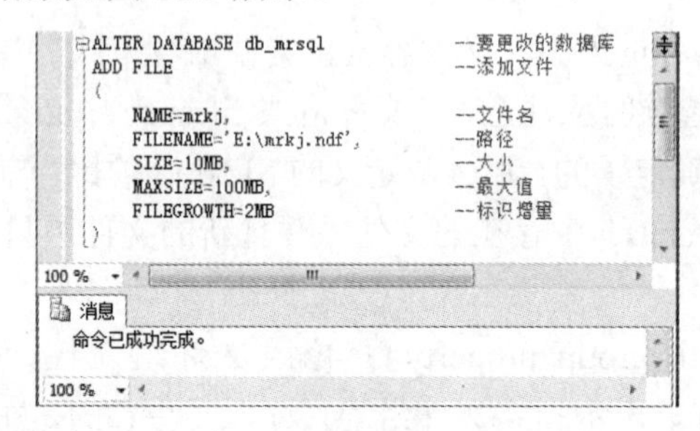

图 17.4　向 db_mrsql 数据库中添加数据库文件

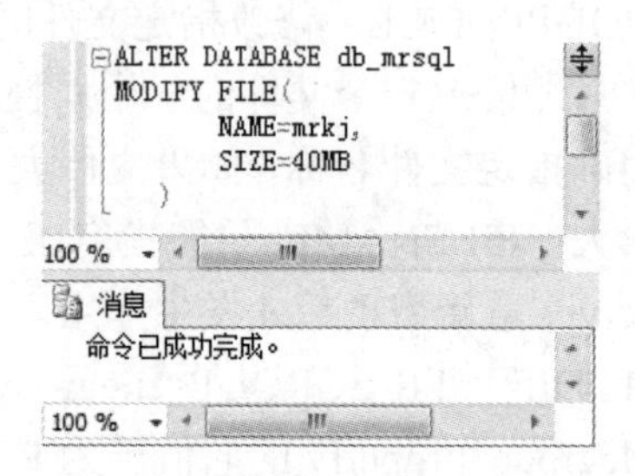

图 17.5　修改数据库的文件大小

注意

为了防止文件中的信息被损坏，文件大小只能增加，不能减小。

3. 修改数据库时将数据库更名

使用系统存储过程 sp_renamedb，可以修改数据库的名字。语法格式如下：

```
sp_renamedb [ @dbname = ] 'old_name' ,
[ @newname = ] 'new_name'
```

参数说明如下。

☑ [@dbname=] 'old_name'：数据库的当前名称。old_name 为 sysname 类型，无默认值。

☑ [@newname=] 'new_name'：数据库的新名称。new_name 必须遵循标识符规则。new_name 为 sysname 类型，无默认值。

例如，在 mrkj 数据库中，使用系统存储过程 sp_renamedb 将数据库名称 mrkj 更名为 db_mrkj，代码如下：

```
EXEC sp_renamedb 'mrkj', 'db_mrkj'                --数据库重命名
```

运行结果如图 17.6 所示。

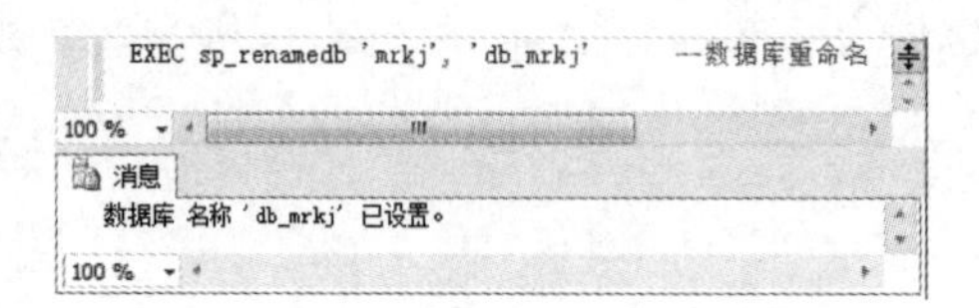

图 17.6　将数据库 mrkj 更名为 db_mrkj

注意

为数据库重命名时，mrkj 须为已经存在的数据库，db_mrkj 则必须是系统中不存在的数据库。

17.1.3　删除数据库

当一个数据库不再使用的时候，用户便可删除这个数据库。数据库一旦被删除，它的所有信息，包括文件和数据均会从磁盘上被物理删除掉。

注意

除非使用了备份，否则被删除的数据库是不可恢复的。所以用户在删除数据库的时候一定要慎重。

使用 DROP DATABASE 命令可以删除一个或多个数据库。当某一个数据库被删除后，这个数据库的所有对象和数据都将被删除，所有日志文件和数据文件也都将删除，所占用的空间将会释放给操作系统。语法格式如下：

```
DROP DATABASE database_name [ ,...n ]
```

其中，database_name 是要删除的数据库名称。

注意

使用 DROP DATABASE 命令删除数据库时，系统中必须存在该数据库，否则系统将会出现错误。

1. 使用 DROP DATABASE 命令删除一个数据库

【例 17.5】 使用 DROP DATABASE 命令删除数据库。（**实例位置：资源包\TM\sl\17\5**）

在 db_mrsql 数据库中，使用 DROP DATABASE 命令删除数据库名为 test 的数据库。SQL 语句如下：

```
DROP DATABASE test
```

运行结果如图 17.7 所示。

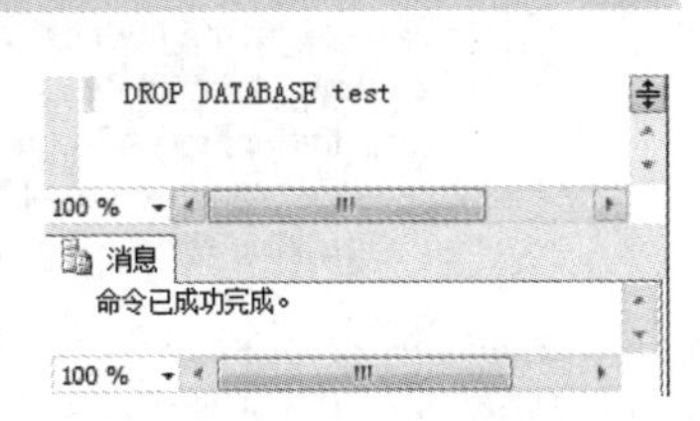

图 17.7　删除一个数据库

2. 使用 DROP DATABASE 命令批量删除数据库

【例 17.6】 使用 DROP DATABASE 命令将 mrkj、tb_person、BookManage 这 3 个数据库批量删除。（**实例位置：资源包\TM\sl\17\6**）

在 db_mrsql 数据库中，使用 DROP DATABASE 命令批量删除数据库，删除的数据库名称分别是 mrkj、tb_person、BookManage。SQL 语句如下：

```
DROP DATABASE mrkj,tb_person,BookManage
```

运行结果如图 17.8 所示。

另外，如果删除正在使用的数据库，系统将报错。

例如，不能在 db_mrsql 数据库中删除 db_mrsql 数据库，SQL 语句如下：

```
use db_mrsql                                        --使用 db_mrsql 数据库
DROP DATABASE db_mrsql                              --删除正在使用的数据库
```

删除 db_mrsql 数据库的操作没有成功，系统报错，运行结果如图 17.9 所示。

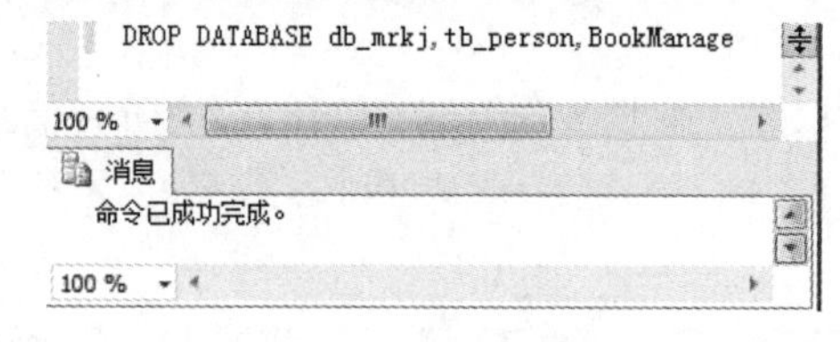

图 17.8　批量删除数据库

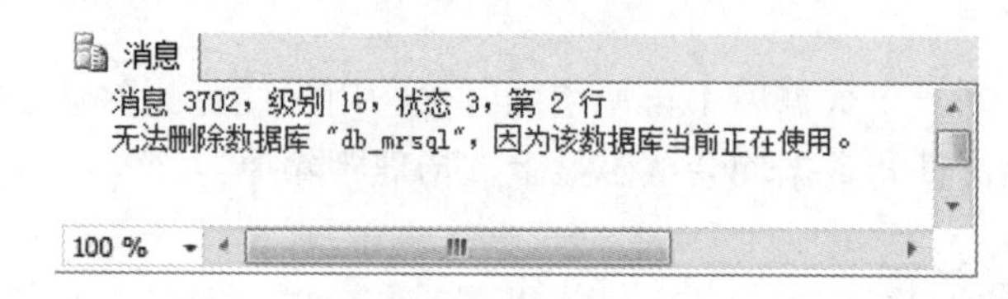

图 17.9　删除正在使用的数据库，系统报错

17.2　数据表管理

在关系数据库中最重要的是表，它以行、列组成的二维表格形式，来存储、显示和组织数据库中的所有数据信息。

在数据库中，表可以看成是一种关于特定主题的数据集合。表是以行（记录）和列（字段）所形成的二维表格式来组织表中的数据。字段是表中包含特定信息内容的元素类别，如货物总类、货物数量等。在有些数据库系统中，“字段”往往也被称为“列”。记录则是关于人员、地点、事件或其他相关事项的数据集合。

本节从创建数据表、查看数据表、修改数据表和删除数据表 4 个方面来详细介绍如何对数据表进行管理。

17.2.1　创建数据表

使用 CREATE TABLE 命令可以创建数据表。语法格式如下：

```
CREATE TABLE
     [database_name.[owner].|owner.]table_name
     ({<column_definition>
         |column_name AS computed_column_expression
         |<table_constraint>::=[CONSTRAINT constraint_name]}
           |[{PRIMARY KEY |UNIQUE}[,…n]
     )
[ON{filegroup|DEFAULT}]
[TEXTIMAGE_ON{fileguoup|DEFAULT}]
<column)definition>::={column_name data_type}
     [COLLATE<collation_name>]
     [[KEFAULT constant_expression]
          |[IDENTITY[(seed,increment)[NOT FOR REPLICATION]]]
     ]
     [ROWGUIDCOL]
     [,column_constraint>][…n]
<column_constraint>::=[CONSTRAINT constraint_name]
```

```
    {[NULL|NOT NULL]
        |[{PRIMARY KEY|UNIQUE}
            [CLUSTERED|NONCLUSTERED]
            [WITH FILLFACTOR=fillfactor]
            [ON {fileguoup|DEFAULT}]]
      ]
    |[[FOREIGN KEY]
    REFERENCES ref_table[(ref_column)]
    [ON DELETE{CASCADE|ON ACTION}]
    [ON UPDATE{CASCADE|ON ACTION}]
    [ONT FOR REPLICATON]
   ]
    |CHECK[NOT FOR REPLICATION]
    (logical_expression)
    }
<table_constraint>::=[CONSTRAINT constraint_name]
    {[{PRIMARY KEY|UINQUE}
        [CLUSTERED|NONCLUSTERED]
        {(column[ASC|DESC][,…n])}
      [WITH FILLFACTOR=fillfactor]
      [ON{filegroup|DEFAULT}]
    ]
    |FOREIGN KEY
      [(column[,…n] ) ]
      REFERENCES ref_table[ref_column[,…n] ) ]
      [ON DELETE{CASADE|NO ACTION}]
      [ON UPDATE{CASADE|NO ACTION}]
      [NOT FOR REPLICATION]
    |CHECK[NOT FOR REPLICATION]
          (search_conditions)
    }
```

参数说明如下。

☑ database_name：指定新建的表属于哪个数据库。如果不指定数据库名，就会将新创建的表存放在当前数据库中。

☑ owner：指定数据库所有者的用户名。

☑ table_name：指定新建的表的名称，最长不超过 128 个字符。对数据库来说，database_name.owner_name.object_name 应该是唯一的。

☑ column_name：指定列的名称。

☑ computed_column_expression：指定计算列（computedcolumn）的列值的表达式。表达式可以是列名、常量、变量、函数等或它们的组合。计算列是一个虚拟的列，它的值并不实际存储在表中，而是通过对同一个表中其他列进行某种计算而得到的结果。

☑ ON{filegroup|DEFAULT}：指定存储表的文件组名。如果使用了 DEFAULT 选项或省略了 ON 子句，则新建的表会存储在默认文件组中。

☑ TEXTIMAGE_ON：指定 TEXT、NTEXT 和 IMAGE 列的数据存储的文件组。如果无此子句，这些类型的数据就和表一起存储在相同的文件组中。

☑ data_type：指定列的数据类型。

☑ default：指定列的默认值。当输入数据时，如果没有指定列值，系统将使用该值作为列的默认值。如果该列没有指定默认值但允许 NULL 值，则 NULL 值就会作为默认值。默认值可以为常数、NULL 值、SQL Server 内部函数（如 GETDATE()函数）和 NILADIC 函数等。

☑ constant_expression：列默认值的常量表达式，可以为一个常量、系统函数或 NULL。
☑ IDENTITY：指定列为 IDENTITY 列，一个表中只能有一个 IDENTITY 列。
☑ seed：指定 IDENTITY 列的初始值。
☑ increment：指定 IDENTITY 列的初始值。
☑ NOT FOR REPLICATION：指定列的 IDENTITY 属性，在把从其他表中复制的数据插入表中时不发生作用，即不生成列值，使得复制的数据行保持原来的列值。
☑ ROWGUIDCOL：指定列为全球唯一鉴别行号列（ROWGUIDCOL 是 Row Global UniqueIdentifier Column 的缩写）。此列的数据类型必须为 UNIQUEIDENTIFIER 类型。一个表中数据类型为 UNIQUEIDENTIFIER 的列中只能有一个。ROWGUIDCOL 属性不会使列值具有唯一性，也不会自动生成一个新的数据值给插入行。需要在 INSERT 语句中使用 NEWID() 函数或指定列的默认值为 NEWID()函数。
☑ COLLATE：指明表使用的校验方式。
☑ column_constraint 和 table_constraint：指定列约束和表约束。

1. 创建数据表时指定列

数据表必须有一个或多个列，指定列时必须指定列名和相应的数据类型。同一个数据表中，字段名必须是唯一的，但是这些名字可以与其他表中的字段名相同。

【例 17.7】 使用 CREATE TABLE 命令创建数据表时指定列。（**实例位置：资源包\TM\sl\17\7**）

在 db_mrsql 数据库中，使用 CREATE TABLE 命令创建一个名称为 teacher 的数据表，并且给数据表指定列，列的名称分别为“教师编号”“教师姓名”“教师年龄”和“所教课程”。SQL 语句如下：

```
use db_mrsql                                    --使用 db_mrsql 数据库
CREATE   TABLE teacher                          --创建 teacher 数据表
(
        教师编号   int,
        教师姓名   varchar(10),
        教师年龄   int,
        所教课程   varchar(30)
)
```

运行结果如图 17.10 所示。

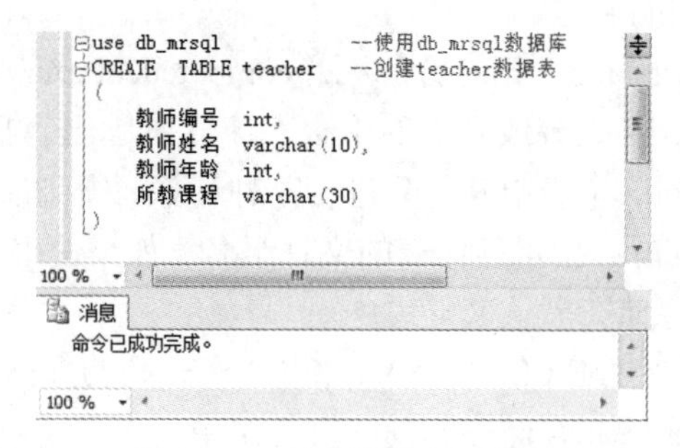

图 17.10　创建数据表 teacher

2. 创建数据表时指定约束

每一列都可以有一个或多个约束，常见约束规则如下。

☑ PRIMARY KEY：为主键列，即所有的列值必须是唯一的，且列不能包含 NULL 值。

☑ UNIQUE：列中的所有值必须是不同的值，但 NULL 值是允许的。

☑ NOT NULL：列中不允许有 NULL 值。

☑ CHECK：列中输入的数据需进行检验。例如："年龄"列值不允许小于零。

【例 17.8】 使用 CREATE TABLE 命令创建一个带有 PRIMARY KEY 约束的数据表。(**实例位置：资源包\TM\sl\17\8**)

在 db_mrsql 数据库中，使用 CREATE TABLE 命令创建一个名称为 shopping 的数据表，其中使用 PRIMARY KEY 约束将"商品编号"字段设置为主键列。SQL 语如下：

```
use db_mrsql
CREATE TABLE shopping
(
        商品编号 int PRIMARY KEY,            --使用 PRIMARY KEY 将"商品编号"字段设置为主键列
        商品类别 varchar(10),
        商品数量 int,
        商品备注 text
)
```

运行结果如图 17.11 所示。

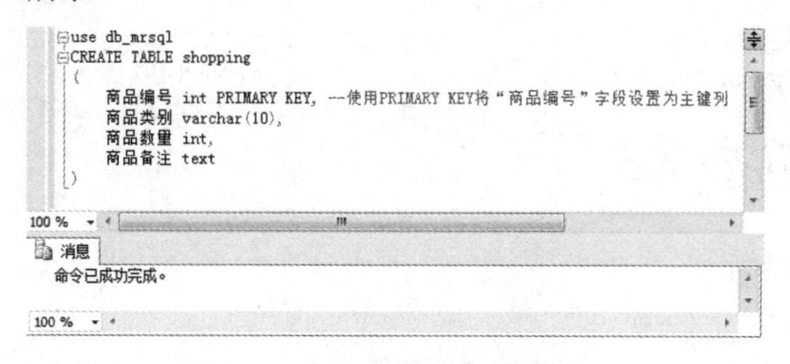

图 17.11　创建带有主键列的数据表

【例 17.9】 创建表时指定检验性列的约束。(**实例位置：资源包\TM\sl\17\9**)

在 db_mrsql 数据库中，使用 CREATE TABLE 命令创建一个名称为 tb_pupil 的数据表，其中定义具有唯一值（UNIQUE）的"学生姓名"列，并且使用检验约束（CHECK）检验"学生年龄"列的值是否在 8 到 15 之间。

SQL 语句如下：

```
use db_mrsql                                  --使用 db_mrsql 数据库
CREATE TABLE tb_pupil                         --创建 tb_pupil 数据表
(
        学生学号 varchar(8),
        学生姓名 varchar(10) UNIQUE,          --定义具有唯一值（UNIQUE）的"学生姓名"列
                                              --创建一个检验约束（CHECK）检验"学生年龄"列的值是否在 8 到 15 之间
        学生年龄 int CHECK(学生年龄>=8 and 学生年龄<=15),
        学生性别 int,
        备注 text
)
```

运行结果如图 17.12 所示。

```
use db_mrsql                --使用db_mrsql数据库
CREATE TABLE tb_pupil       --创建tb_pupil数据表
(
    学生学号  varchar(8),
    学生姓名  varchar(10) UNIQUE,-- 定义具有唯一值（UNIQUE）的“学生姓名”列
    -- 创建一个检验约束(CHECK)检验“学生年龄”列的值是否在8到15之间
    学生年龄  int CHECK(学生年龄>=8 and 学生年龄<=15),
    学生性别  int,
    备注 text
)
100 %
消息
命令已成功完成。
100 %
```

图 17.12　创建表时指定检验性列的约束

创建表时，如果不指定列值为 NOT NULL，则默认的情况允许有 NULL 值。

【例 17.10】 创建表的列值不为 NULL 值。(**实例位置：资源包\TM\sl\17\10**)

在 db_mrsql 数据库中，使用 CREATE TABLE 命令创建一个名称是 tb_student 的数据表。其中，指定“学号”和“性别”列为 NOT NULL 约束；“姓名”列为 UNIQUE 约束；“年龄”列为 CHECK 约束（将年龄限制在 10 到 20 之间）。SQL 语句如下：

```
use db_mrsql                                    --使用 db_mrsql 数据库
CREATE   TABLE tb_student                       --创建学生信息表 tb_student
(
        学号   varchar(8) NOT NULL,             --指定学号列不能为空
        姓名   varchar(10) UNIQUE,              --定义具有唯一值（UNIQUE）的“姓名”列
                                                --创建一个检验约束（CHECK）检验“年龄”列的值是否在 10 到 20 之间
        年龄   int CHECK(年龄>=10 and 年龄<=20),
        性别   char(2) NOT NULL                 --指定性别列不能为空
)
```

运行结果如图 17.13 所示。

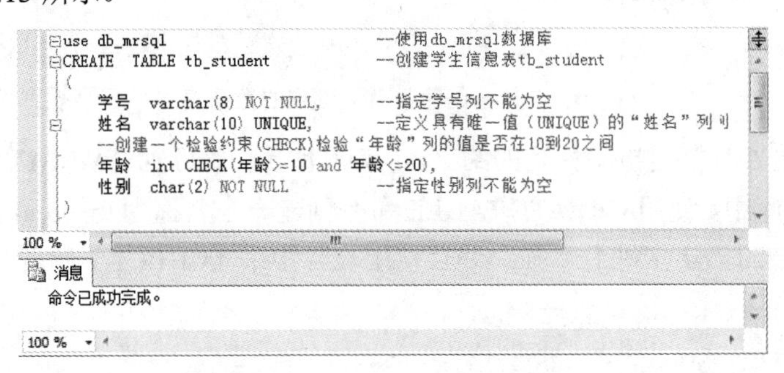

图 17.13　指定列值不为 NULL 值

3. 创建数据表时为列指定一个默认值

在创建表时，可以为列指定一个默认值。给表输入数据时，如果不指定该列的值，则该列使用默认值。

【例 17.11】 创建数据表的列中带有默认值。(**实例位置：资源包\TM\sl\17\11**)

在 db_mrsql 数据库中，创建一个名称为 tb_member 的数据表，为“会员性别”列指定默认值，将默认值设置为“男”。SQL 语句如下：

```
use db_mrsql                                  --使用 db_mrsql 数据库
CREATE TABLE tb_member                        --创建信息表 tb_member
(
```

```
        会员编号 int,
        会员名称 varchar(20),
        --为"会员性别"列指定默认值,将默认值设置为"男"
        会员性别 char(2) DEFAULT '男',
        会员年龄 int,
        备注 text
)
```

运行结果如图 17.14 所示。

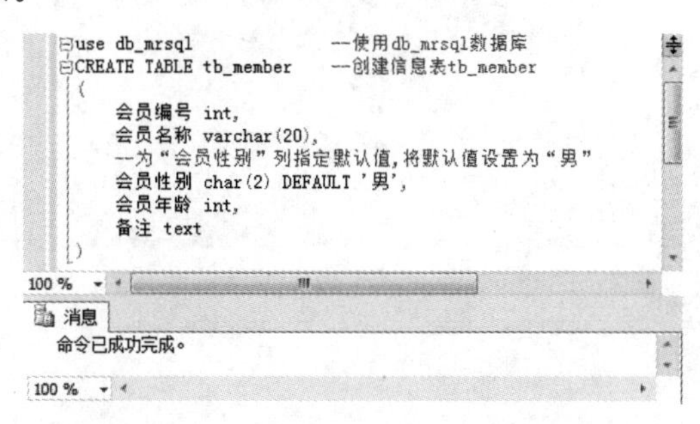

图 17.14　创建列有默认值的数据表

17.2.2　查看数据表

创建表格以后，服务器在系统表 sysobjects 中记录表格名称、对象 ID、表格类型、表格创建时间和拥有者 ID 等信息，同时在表 syscolumns 中记录列名、列 ID、列的数据类型、列长度等与列相关的信息。

1. 使用系统存储过程 sp_help 查看表的信息

可以使用系统存储过程 sp_help 查看系统表中与表和表中数据列有关的信息。语法格式如下：

```
sp_help table_name
```

其中，table_name 为数据表的名称。

【例 17.12】 使用系统存储过程 sp_help 查看药品销售信息表中的信息。（**实例位置：资源包\TM\sl\17\12**）

在 db_mrsql 数据库中，通过系统存储过程 sp_help 查看药品销售信息表 tb_sell 中的信息。SQL 语句如下：

```
--使用系统存储过程 sp_help 来查看药品销售信息表 tb_sell 中的信息
EXEC    sp_help 'tb_sell'
```

运行结果如图 17.15 所示。

2. 使用系统存储过程 sp_spaceused 查看表的行数和存储空间

使用系统存储过程 sp_spaceused 可以查看表格的行数以及表格所用的存储空间的信息。语法格式如下：

```
sp_spaceused    TABLE_NAME
```

其中，TABLE_NAME 为表的名称。

结果 消息

	Name	Owner	Type	Created_datetime
1	tb_sell	dbo	user table	2018-07-11 09:48:24.703

	Column_name	Type	Computed	Length	Prec	Scale	Nullable	TrimTrailingBlanks	FixedLenNullInSource	Collation
1	药品编号	int	no	4	10	0	no	(n/a)	(n/a)	NULL
2	药品名称	varchar	no	20			yes	no	yes	Chinese_PRC_CI_AS
3	药品数量	float	no	8	53	NULL	no	(n/a)	(n/a)	NULL
4	价格	float	no	8	53	NULL	no	(n/a)	(n/a)	NULL
5	状态	varchar	no	20			yes	no	yes	Chinese_PRC_CI_AS
6	金额	float	no	8	53	NULL	yes	(n/a)	(n/a)	NULL

	Identity	Seed	Increment	Not For Replication
1	No identity column defined.	NULL	NULL	NULL

	RowGuidCol
1	No rowguidcol column defined.

	Data_located_on_filegroup
1	PRIMARY

图 17.15　查看数据表的信息

【例 17.13】 查看学生信息表的行数和存储空间。（**实例位置：资源包\TM\sl\17\13**）

在 db_mrsql 数据库中，使用系统存储过程 sp_spaceused 查看学生信息表 tb_student 中的行数及表格所用的存储空间。SQL 语句如下：

```
--使用系统存储过程 sp_spaceused 来查看学生信息表 tb_student 中的行数及表格所用的存储空间
EXEC sp_spaceused 'tb_student'
```

运行结果如图 17.16 所示。

3. 使用系统存储过程 sp_depends 查看表格的相关性

使用系统存储过程 sp_depends 可以查看表格的相关性关系。语法格式如下：

```
sp_depends   TABLE_NAME
```

其中，TABLE_NAME 为数据表的名称。

【例 17.14】 查看学生信息表的相关性。（**实例位置：资源包\TM\sl\17\14**）

在 db_mrsql 数据库中，使用系统存储过程 sp_depends 查看学生信息表 tb_student 和其他表的相关性。SQL 语句如下：

```
--使用系统存储过程 sp_depends 来查看学生信息表 tb_student 和其他表的相关性
EXEC sp_depends 'tb_student'
```

运行结果如图 17.17 所示。

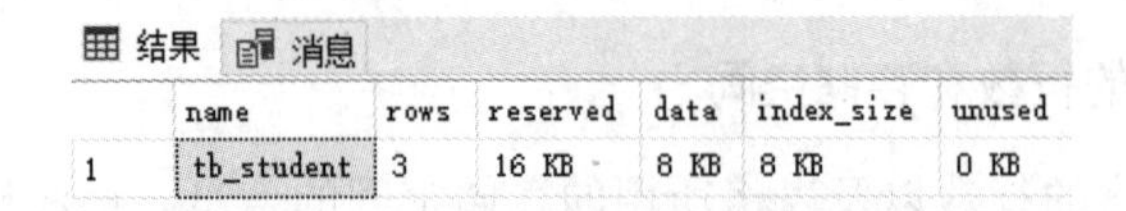

结果 消息

	name	rows	reserved	data	index_size	unused
1	tb_student	3	16 KB	8 KB	8 KB	0 KB

图 17.16　查看表的行数和存储空间

图 17.17　查看表的相关性

即学生信息表 tb_student 和其他表之间没有关联。

17.2.3　修改数据表

一个表使用了一段时间后，经常会发现该表需要添加列、约束等问题。使用 SQL 中的 ALTER TABLE 命令可以从多个方面修改数据表，如添加列、删除列、添加主键、更改主键、添加约束、删除约束、修改列的默认值等。

ALTER TABLE 命令的语法格式如下：

```
ALTER TABLE table
{[ALTER COLUMN column_name
    {new_data_type[(precision[,scale] )]
        [COLLATE<collation_name>]
        [NULL|NOT NULL]
        |{ADD|DROP}ROWGUIDCOL}
    ]
    |ADD
        {[<column_defimition>]
        |column_name As computed_column_expression
        }[,…n]
    |[WITH CHECK|WITH NOCHECK]ADD
        {Ctable_constraint>}[,…n]
    |DROP
        {[CONSTRAINT]constraint_name
                |COLUMN column}[,…n]
    |{CHECK|NOCHECK}CONSTRAINT
        {ALL|trigger_name[,…n]}
    |{ENABLE|KISABLE}TRIGGER
         {ALL|trigger_name[,…n]
}
<column_definition>::=
    {column_name data_type}
    [[DEFAULT constant_expression][WITH VALUES]
    |[IDENTITY[(seed,increment)[NOT FOR REPLICATION]]]
        ]
    [ROWGUIDCOL]
    [COLLATE<collation_name>]
    [<column_constraint>][…n]
<column_constraint>::=
    [CONSTRAINT constraint_name]
    {[NULL|NOT NULL]
        |[{PRIMARY KEY|UNIQUE}
            [CLUSTERED|NONCLUSTERED]
            [WITH FILLFACTOR=fillfactor]
            [ON {filegroup|DEFAULT}]
            ]
        |[[FOREIGN KEY]
            REFERENCES ref_table[(ref_column)]
            [ON DELETD{CASCADE|NO ACTION}]
            [ON UPDATE{CASCADE|NO ACTION}]
            [NOT FOR REPLICATION]
            ]
        |CHECK[NOT FOR REPLICATION]
            (lofical_expression)
    }
<table_constraint>::=
```

```
[CONSTRAINT constraint_name]
{[{PRIMARY KEY|UNIQUE}
    [CLUSTERED|NONCLUSTERED]
    {(column[,…n] }
     [WITH FILLFACTOR=fillfactor]
     [ON{filegroup|DEFAULT}]
     ]
     |       FOREIGN KEY
             [(column[,…n]
             REFERENCES ref_table[(ref_column[,…n])]
             [ON DELETE{CASCADE|NO ACTION}]
             [ON UPDATE{CASCADE|NO ACTION}]
             [NOT FOR REPLICATION]
     |DEFAULT constant_expression
             [FOR column][WITH VALUES]
     |    CHECK[NOT FOR REPLICATION]
          (search_conditions)
    }
```

参数说明如下。

☑ table：指定要修改的表的名称。如果表不在当前数据库中或表不属于当前的用户，还必须指明其所属数据库名称和所有者名称。

☑ ALTER COLUMN：说明给出的列需要被变更或修改数据类型。

☑ new_data_type：指定新的数据类型名称。

☑ precision：指定新数据类型的位数。

☑ scale：指定新数据类型的小数位数。

☑ NULL|NOT NULL：指明列是否允许为 NULL 值。如果指定为 NOT NULL，则必须指定此列的默认值，选择此项后，new_data_tpe[(precision[,scale])]选项就必须指定。即使 precision 和 scale 选项均不变，当前的数据类型也需要指定完。

☑ WITH CHECK|WITH NOCHECK：指定已经存在于表中的数据是否使用新添加的或刚启用的 FOREIGN KEY 约束或 CHECK 约束来验证。如果不指定 WITH CHECK 为新添加约束的默认选项，则 WITH NOCHECK 作为启用的默认选项。

☑ {ADD|DROP}ROWGUIDCOL：添加或删除列的 ROWGUIDCOL 属性。ROWGUIDCOL 属性只能指定给一个 UNIQUEIDENTIFIER 列。

☑ ADD：添加一个或多个列、计算列表或表约束的定义。

☑ computed_column_expression：计算列的计算表达式。

☑ DROP{[CONSTRAINT]constraint_name|COLUMN column } [,…n]：指定要删除的约束或列的名称。

☑ {CHECK|NOCHECK}CONSTRAINT：启用 FOREIGN KEY 或 CHECK 约束。

☑ ALL：使用 NOCHECK 选项禁用所有的约束，或使用 CHECK 选项启用所有的约束。

☑ trigger_name：指触发器名称。

1. 修改表时向数据表中添加列

使用 ALTER TABLE 命令可以把一个列添加到现有的数据表中，新列被添加到表结构的末尾。

【例 17.15】 给学生成绩表添加“理综”列。（**实例位置：资源包\TM\sl\17\15**）

在 db_mrsql 数据库的学生成绩表 tb_score 中，使用 ALTER TABLE 命令把“理综”列添加到学生成绩表中。SQL 语句如下：

```
--给学生成绩表 tb_score 添加“理综”列
ALTER TABLE tb_score ADD 理综 char(2)
```

运行结果如图 17.18 所示。

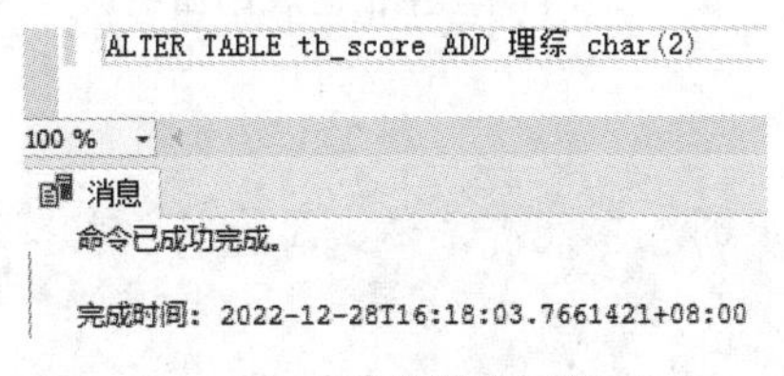

图 17.18　给数据表添加列

注意

给数据表添加列时，不能声明新添加的列为 NOT NULL。ALTER TABLE 命令中只允许添加包含 NULL 值的列。

2. 修改列的数据类型和大小

在一个现有的表的列中，可以改变列的数据类型，还可以改变列的大小。

【例 17.16】 修改列的数据大小。（**实例位置：资源包\TM\sl\17\16**）

在 db_mrsql 数据库的学生信息表 tb_student 中，将“年龄”字段的 varchar(3)数据类型修改为 varchar(5)，即由原来的 3 个字节改为 5 个字节。SQL 语句如下：

```
ALTER TABLE tb_student
ALTER COLUMN 年龄 varchar(5)
```

运行结果如图 17.19 所示。

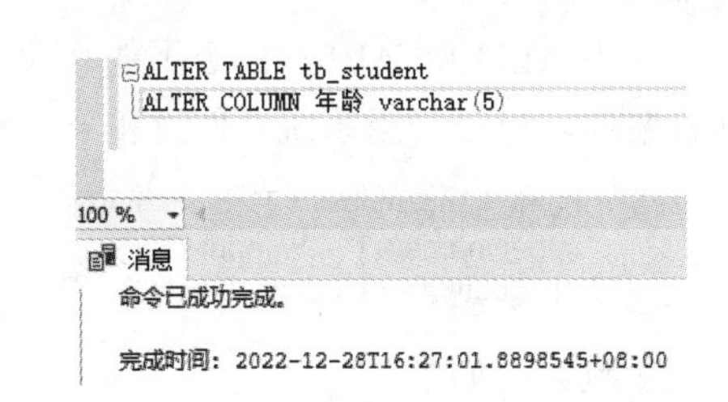

图 17.19　改变数据表中列的数据类型的数值

3. 修改表时向表中添加主键

使用 ALTER TABLE…ADD 命令可以向数据表中添加主键。用 PRIMARY KEY 关键字定义的列实现所有该列的值必须唯一，并且不能为 NULL 值。

【例 17.17】 使用 ALTER TABLE…ADD 向学生信息表中添加主键。（**实例位置：资源包\TM\sl\17\17**）

在 db_mrsql 数据库的学生信息表 tb_student 中，将“编号”字段添加为主键。SQL 语句如下：

```
USE  db_mrsql --使用 db_mrsql 数据库
--将“编号”字段设置为不为空
ALTER TABLE tb_student ALTER COLUMN 编号 int NOT NULL
--在学生信息表 tb_student 中，将“编号”字段设置为主键
ALTER TABLE tb_student ADD PRIMARY KEY(编号)
```

运行结果如图 17.20 所示。

```
USE  db_mrsql --使用db_mrsql数据库
--将“编号”字段设置为不为空
ALTER TABLE tb_student ALTER COLUMN 编号 int NOT NULL
--在学生信息表tb_student中，将“编号”字段设置为主键
ALTER TABLE tb_student ADD PRIMARY KEY(编号)

100 %
消息
命令已成功完成。

完成时间: 2022-12-28T16:32:46.9741175+08:00
```

图 17.20　给学生信息表添加主键

注意

给现有的表添加主键时，现有的表不能有主键，因为一个表只能有一个主键，同时被定义为主键的列值不能为 NULL。

4．修改表时向现有的表中添加检验约束

使用 ALTER TABLE…ADD 命令可以向现有的表添加检验约束，检验约束是每次试图修改表的内容时检查的检验条件。如果修改数据之后检验条件为 TRUE，就允许修改；否则，不允许对数据进行修改，并返回一个出错信息。

【例 17.18】 向已有的数据表中添加检验约束。（**实例位置：资源包\TM\sl\17\18**）

在 db_mrsql 数据库的住房信息表 tb_home 中，为“住房编号”列添加检验约束“住房编号>=1000 AND 住房编号<=9999”。SQL 语句如下：

```
use db_mrsql
ALTER TABLE tb_home ADD CONSTRAINT 住房编号
CHECK (住房编号 >=1000 AND 住房编号<=9999)
```

运行结果如图 17.21 所示。

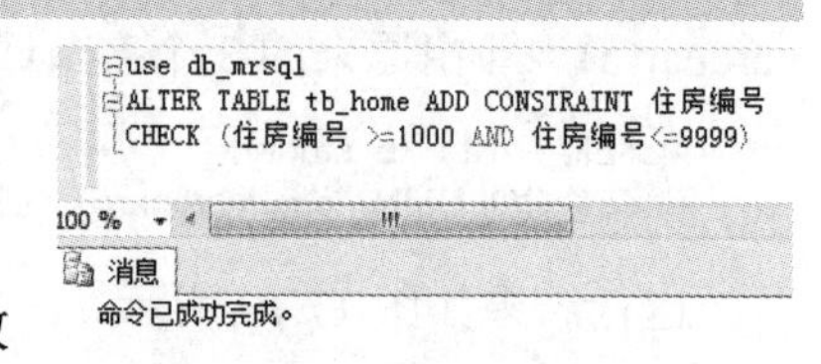

图 17.21　添加检查约束

5．修改数据表时给数据表重命名

使用 ALTER TABLE 命令不能修改数据表的名称。如果要修改数据表名称，可以使用系统存储过程 sp_rename。语法格式如下：

```
sp_rename [ @objname = ] 'object_name' ,
    [ @newname = ] 'new_name'
    [ , [ @objtype = ] 'object_type' ]
```

参数说明如下。

☑ [@objname =] 'object_name'：用户对象（表、视图、列、存储过程、触发器、默认值、数据库、对象或规则）或数据类型的当前名称。如果要重命名的对象是表中的一列，那么 object_name 必须为 table.column 形式。如果要重命名的是索引，那么 object_name 必须为 table.index 形式。object_name 为 nvarchar(776) 类型，无默认值。

☑ [@newname =] 'new_name'：指定对象的新名称。new_name 必须是名称的一部分，并且要遵循标识符的规则。newname 是 sysname 类型，无默认值。

☑ [@objtype =] 'object_type'：要重命名的对象的类型。object_type 为 varchar (13) 类型，其默认值为 NULL，可以取如表 17.1 所示的值。

表 17.1　object_type 的取值

值	说　明
COLUMN	要重命名的列
DATABASE	用户自定义的数据库。要重命名数据库时需用此选项
INDEX	用户自定义的索引
OBJECT	在 sysobjects 中跟踪的类型的项目。例如，OBJECT 可用来重命名约束（CHECK、FOREIGN KEY、PRIMARY/UNIQUE KEY）、用户表、视图、存储过程、触发器和规则等对象
USERDATATYPE	通过 sp_addtype 添加的用户自定义数据类型

返回值为 0，表示重命名成功；非零数字表示重命名失败。

【例 17.19】 用 EXEC sp_rename 关键字给数据表重命名。（**实例位置：资源包\TM\sl\17\19**）

在 db_mrsql 数据库中，使用 EXEC sp_rename 关键字将数据表名称 stu 改成 student。SQL 语句如下：

```
use db_mrsql                                              --使用 db_mrsql 数据库
--使用 EXEC sp_rename 关键字将数据表名称 stu 改成 student
EXEC sp_rename 'stu', 'student'
```

运行结果如图 17.22 所示。

6．修改表时从已有的表中删除列

ALTER TABLE…DROP COLUMN 命令可以从已有的表中删除一个或多个不再需要的列。

【例 17.20】 使用 ALTER TABLE…DROP COLUMN 命令从学生信息表中删除“性别”列。（**实例位置：资源包\TM\sl\17\20**）

在 db_mrsql 数据库中，使用 ALTER TABLE…DROP COLUMN 命令从现有的学生信息表 tb_student 中删除“性别”列。SQL 语句如下：

```
use db_mrsql            --使用 db_mrsql 数据库
--使用 ALTER TABLE 命令从现有的学生信息表 tb_student 中删除"性别"列
ALTER TABLE tb_student DROP COLUMN 性别
```

运行结果如图 17.23 所示。

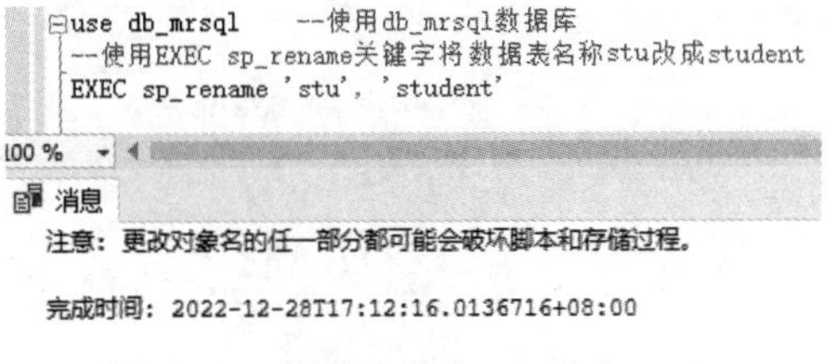

```
use db_mrsql     --使用db_mrsql数据库
--使用EXEC sp_rename关键字将数据表名称stu改成student
EXEC sp_rename 'stu', 'student'
100 %
消息
注意：更改对象名的任一部分都可能会破坏脚本和存储过程。
完成时间：2022-12-28T17:12:16.0136716+08:00
```

图 17.22　数据表名称 stu 改成 student

```
use db_mrsql     --使用db_mrsql数据库
--使用ALTER TABLE命令从现有的学生信息表tb_student中，删除“性别”列
ALTER TABLE tb_student DROP COLUMN 性别
100 %
消息
命令已成功完成。
完成时间：2022-12-28T17:17:08.3179728+08:00
```

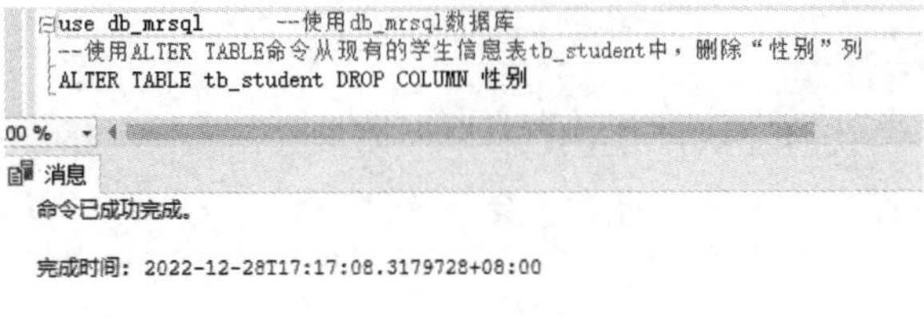

图 17.23　删除表中的列

17.2.4　删除数据表

可以使用 DROP TABLE 命令来删除一个或者多个数据表，下面分别进行介绍。

【例 17.21】 使用 DROP TABLE 命令删除一个数据表。（**实例位置：资源包\TM\sl\17\21**）

在 db_mrsql 数据库中，使用 DROP TABLE 命令删除数据表 tb_storage。SQL 语句如下：

```
use db_mrsql
DROP TABLE tb_storage
```

运行结果如图 17.24 所示。

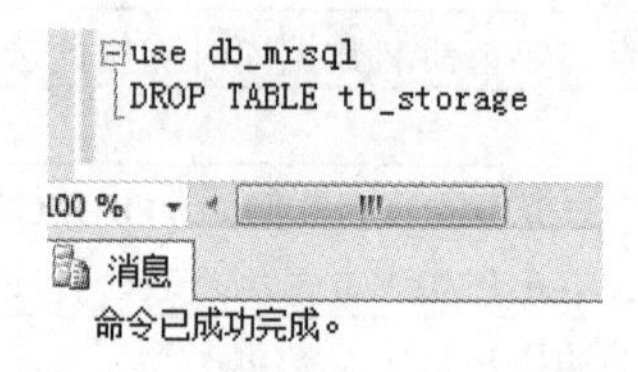

图 17.24　使用 DROP TABLE 命令删除一个数据表

注意

使用 DROP TABLE 命令删除数据表时，要删除的数据表必须存在，如果不存在将会报错。

【例 17.22】 使用 DROP TABLE 命令批量删除数据表。（**实例位置：资源包\TM\sl\17\22**）

在 db_mrsql 数据库中，使用 DROP TABLE 命令同时删除 tb_storage、tb_stunum 和 tb_booksell 这 3 个数据表。SQL 语句如下：

```
--使用 db_mrsql 数据库
use db_mrsql
--删除 tb_storage、tb_stunum、tb_booksell 这 3 个数据表
DROP TABLE tb_storage,tb_stunum,tb_booksell
```

运行结果如图 17.25 所示。

```
--使用db_mrsql数据库
use db_mrsql
--删除tb_storage、tb_stunum、tb_booksell这3个数据表
DROP TABLE tb_storage,tb_stunum,tb_booksell
```

100 %

消息

命令已成功完成。

图 17.25　使用 DROP TABLE 命令批量删除数据表

注意

使用 DROP TABLE 命令删除数据表时，tb_storage、tb_stunum 和 tb_booksell 这 3 个数据表必须存在，如果不存在将会报错。

17.3　实践与练习

1．在房屋信息表 tb_home 中，删除名称是“住房编号”的约束。（**答案位置：资源包\TM\sl\17\23**）

2．将房屋信息表 tb_home 中的“住房备注”列名称修改为“备注信息”。（**答案位置：资源包\TM\sl\17\24**）

第 18 章

数据库安全

安全性对于任何一个数据库管理系统来说都非常重要。本章以 SQL Server 数据库的安全性为例，详细讲解数据库的登录管理、用户及权限管理等数据库安全问题。

本章知识架构及重难点如下：

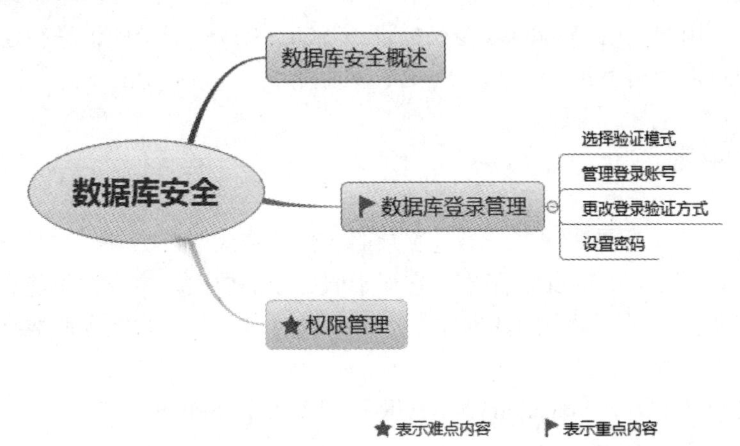

18.1　数据库安全概述

提供内置的安全性和数据保护，可以根据用户的权限不同，来决定用户是否可以登录到当前的 SQL Server 数据库，以及可以对数据库实现哪些操作，在一定程度上避免了数据因使用不当或非法访问而造成泄露和破坏。

18.2　数据库登录管理

要对 SQL Server 中的数据库进行操作，需要先使用登录名登录 SQL Server，然后再对数据库进行操作。然而，在对数据库进行操作时，其所操作的数据库中还要存在与登录名相应的数据库用户。本节将介绍登录名的创建与删除，以及更改登录用户的验证方式等。

18.2.1 选择验证模式

验证模式指数据库服务器如何处理用户名与密码，SQL Server 的验证方式包括 Windows 验证模式与混合验证模式。用户可根据需要选择相应的验证模式。

☑ Windows 验证模式

Windows 验证模式是 SQL Server 使用 Windows 操作系统中的信息验证账户名和密码。这是默认的身份验证模式，比混合验证模式安全。Windows 验证使用 Kerberos 安全协议，通过强密码的复杂性验证提供密码策略强制，提供账户锁定与密码过期功能。

☑ 混合验证模式

混合验证模式允许用户使用 Windows 身份验证或 SQL Server 身份验证进行连接。通过 Windows 用户账户连接的用户可以使用 Windows 验证的受信任连接。

18.2.2 管理登录账号

在 SQL Server 中有两个登录账户：一类是登录服务器的登录名；另外一类是使用数据库的用户账号。登录名是指能登录到 SQL Server 的账号，它属于服务器的层面，本身并不能让用户访问服务器中的数据库，而登录者要使用服务器中的数据库时，必须要有用户账号才能存取数据库。本节介绍如何创建、修改和删除服务器登录名。

管理员可以通过 SQL Server Management Studio 工具对 SQL Server 中的登录名进行创建、修改、删除等管理。

1．创建登录名

可通过执行 CREATE LOGIN 语句创建登录名。该语句语法格式如下：

```
CREATE LOGIN login_name
  {
    WITH
      <
        PASSWORD = 'password'
        [ HASHED ]
        [ MUST_CHANGE ]
        [
          ,
          <
            SID = sid
            |
            DEFAULT_DATABASE = database
            |
            DEFAULT_LANGUAGE = language
            |
            CHECK_EXPIRATION = { ON | OFF}
            |
            CHECK_POLICY = { ON | OFF}
            [ CREDENTIAL = credential_name ]
          >
```

```
        [ ,... ]
      ]
    >
  |
  FROM
  <
    WINDOWS
      [
        WITH
          <
            DEFAULT_DATABASE = database
            |
            DEFAULT_LANGUAGE = language
          >
        [ ,... ]
      ]
    |
    CERTIFICATE certname
    |
    ASYMMETRIC KEY asym_key_name
    >
}
```

该语句语法格式中参数的说明如表 18.1 所示。

表 18.1　CREATE LOGIN 语句语法格式中参数的说明

参　数	说　明
login_name	指定创建的登录名。有四种类型的登录名：SQL Server 登录名、Windows 登录名、证书映射登录名和非对称密钥映射登录名。如果从 Windows 域账户映射 login_name，则 login_name 必须用方括号（[ ]）括起来
PASSWORD = 'password'	仅适用于 SQL Server 登录名。指定正在创建的登录名的密码。此值提供时可能已经过哈希运算
HASHED	仅适用于 SQL Server 登录名。指定在 PASSWORD 参数后输入的密码已经过哈希运算。如果未选择此选项，则在将作为密码输入的字符串存储到数据库之前，对其进行哈希运算
MUST_CHANGE	仅适用于 SQL Server 登录名。如果包括此选项，则 SQL Server 将在首次使用新登录名时提示用户输入新密码
SID = sid	仅适用于 SQL Server 登录名。指定新 SQL Server 登录名的 GUID。如果未选择此选项，则 SQL Server 将自动指派 GUID
DEFAULT_DATABASE = database	指定将指派给登录名的默认数据库。默认设置为 master 数据库
DEFAULT_LANGUAGE = language	指定将指派给登录名的默认语言，默认语言设置为服务器的当前默认语言。即使服务器的默认语言发生更改，登录名的默认语言仍保持不变
CHECK_EXPIRATION = { ON | OFF }	仅适用于 SQL Server 登录名。指定是否对此登录名强制实施密码过期策略。默认值为 OFF
CHECK_POLICY = { ON | OFF }	仅适用于 SQL Server 登录名。指定应对此登录名强制实施运行 SQL Server 的计算机的 Windows 密码策略。默认值为 ON
CREDENTIAL = credential_name	将映射到新 SQL Server 登录名的凭据名称。该凭据必须已存在于服务器中
WINDOWS	指定将登录名映射到 Windows 登录名
CERTIFICATE certname	指定将与此登录名关联的证书名称。此证书必须已存在于 master 数据库中

续表

参　数	说　明
ASYMMETRIC KEY asym_key_name	指定将与此登录名关联的非对称密钥的名称。此密钥必须已存在于 master 数据库中

【例 18.1】 使用 CREATE 语句创建以 SQL Server 方式登录的登录名。（**实例位置：资源包\TM\sl\18\1**）

SQL 语句如下：

```
CREATE LOGIN Mr WITH PASSWORD = 'MrSoft'
```

运行结果如图 18.1 所示。

图 18.1　执行 SQL 语句创建登录名

2. 修改登录名

1）手动修改登录名

（1）选择“开始”→“所有程序”→“Microsoft SQL Server”→“SQL Server Management Studio”命令，启动“SQL Server Management Studio”工具。

（2）在弹出的“连接到服务器”窗口中输入服务器名称，并选择登录服务器使用的身份验证模式，输入用户名与密码，单击“连接”按钮，连接到服务器中。

（3）单击“对象资源管理器”中的“⊞”按钮，依次展开服务器名称→“安全性”→“登录名”。

（4）选择“登录名”下需要修改的登录名，单击鼠标右键，在弹出的快捷菜单中选择“属性”命令，如图 18.2 所示。

（5）在弹出的“登录属性”窗口中修改有关该登录名的信息，单击“确定”按钮即可完成修改，如图 18.3 所示。

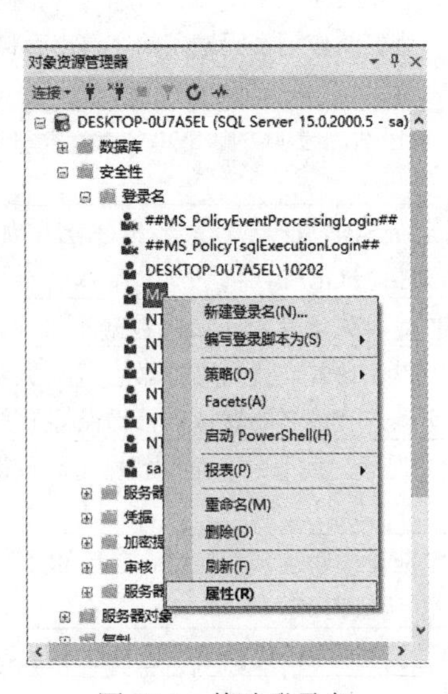

图 18.2　修改登录名

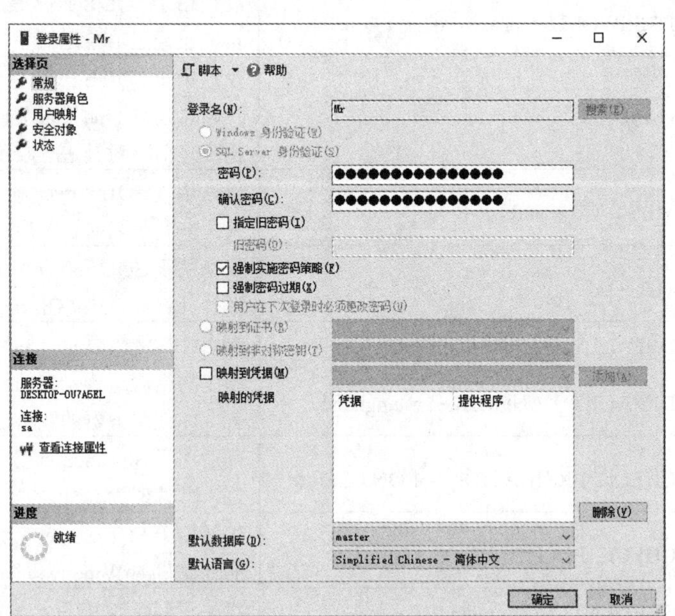

图 18.3　“登录属性”窗口

2）执行 SQL 语句修改登录名

通过执行 ALTER LOGIN 语句，也可以修改 SQL Server 登录名的属性。该语句语法格式如下：

```
ALTER LOGIN login_name
  {
    <
      ENABLE | DISABLE
    >
    |
    WITH
      <
        PASSWORD = 'password'
        [
          OLD_PASSWORD = 'oldpassword'
          | <MUST_CHANGE | UNLOCK>
          [ <MUST_CHANGE | UNLOCK> ]
        ]
        | DEFAULT_DATABASE = database
        | DEFAULT_LANGUAGE = language
        | NAME = login_name
        | CHECK_POLICY = { ON | OFF }
        | CHECK_EXPIRATION = { ON | OFF }
        | CREDENTIAL = credential_name
        | NO CREDENTIAL
      >
      [ ,... ]
  }
```

该语句语法格式中参数的说明如表 18.2 所示。

表 18.2　ALTER LOGIN 语句语法格式中参数的说明

参　　数	说　　明
login_name	指定正在更改的 SQL Server 登录的名称
ENABLE | DISABLE	启用或禁用此登录
PASSWORD = 'password'	仅适用于 SQL Server 登录账户。指定正在更改的登录的密码
OLD_PASSWORD = 'oldpassword'	仅适用于 SQL Server 登录账户。要指派新密码的登录的当前密码
MUST_CHANGE	仅适用于 SQL Server 登录账户。如果包括此选项，则 SQL Server 将在首次使用已更改的登录时提示输入更新的密码
UNLOCK	仅适用于 SQL Server 登录账户。指定应解锁被锁定的登录
DEFAULT_DATABASE = database	指定将指派给登录的默认数据库
DEFAULT_LANGUAGE = language	指定将指派给登录的默认语言
NAME = login_name	正在重命名的登录的新名称。如果是 Windows 登录，则与新名称对应的 Windows 主体的 SID 必须匹配与 SQL Server 中的登录相关联的 SID。SQL Server 登录的新名称不能包含反斜杠字符（\）
CHECK_POLICY = { ON | OFF }	仅适用于 SQL Server 登录账户。指定应对此登录账户强制实施运行 SQL Server 的计算机的 Windows 密码策略。默认值为 ON
CHECK_EXPIRATION = { ON | OFF }	仅适用于 SQL Server 登录账户。指定是否对此登录账户强制实施密码过期策略。默认值为 OFF
CREDENTIAL = credential_name	将映射到 SQL Server 登录的凭据的名称。该凭据必须已存在于服务器中
NO CREDENTIAL	删除登录到服务器凭据的当前所有映射

【例 18.2】 使用 ALTER 语句更改登录名密码。（**实例位置：资源包\TM\sl\18\2**）

SQL 语句如下：

```
ALTER LOGIN Mr WITH PASSWORD = 'MrSoft'
```

运行结果如图 18.4 所示。

图 18.4 执行 SQL 语句修改登录名属性

3. 删除登录名

在 Microsoft SQL Server Management Studio 中删除登录名的步骤如下。

（1）使用 Microsoft SQL Server Management Studio 连接到需要删除登录名的 SQL Server。

（2）选择服务器名称→“安全性”→“登录名”展开所连接的服务器，并在登录名界面列中选择需要删除的登录名，单击鼠标右键，在弹出的快捷菜单中选择“删除”命令，如图 18.5 所示。

（3）在弹出的“删除对象”对话框中单击“确定”按钮，即可删除该登录名，如图 18.6 所示。

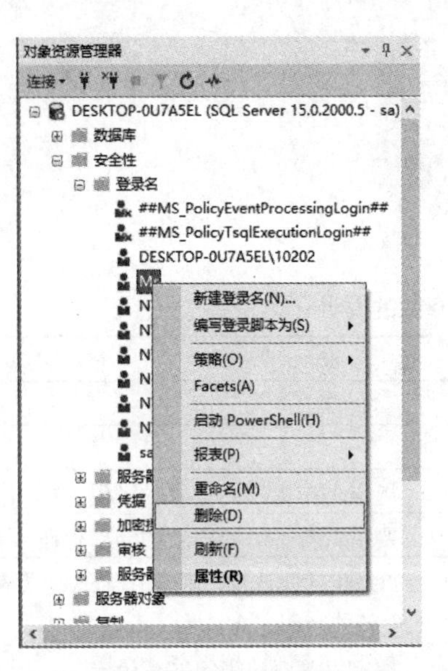

图 18.5 选择要删除的登录名

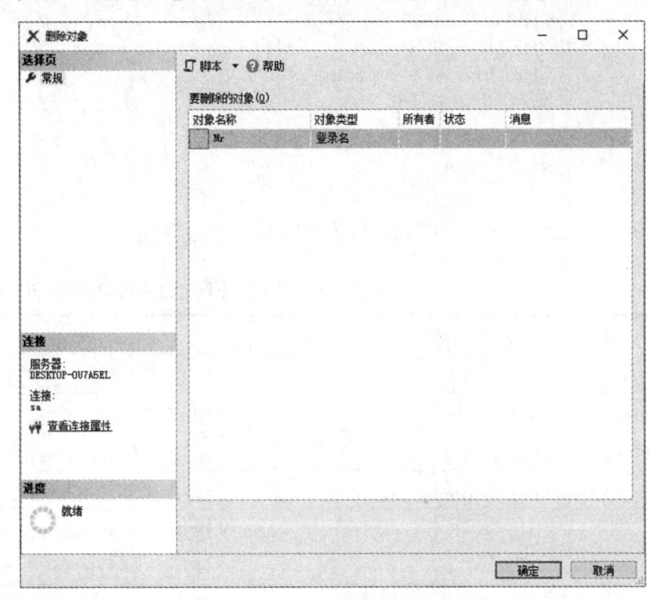

图 18.6 “删除对象”对话框

（4）单击“确定”按钮，在弹出的“Microsoft SQL Server Management Studio”提示框中单击“确定”按钮，即可完成登录名的删除，如图 18.7 所示。

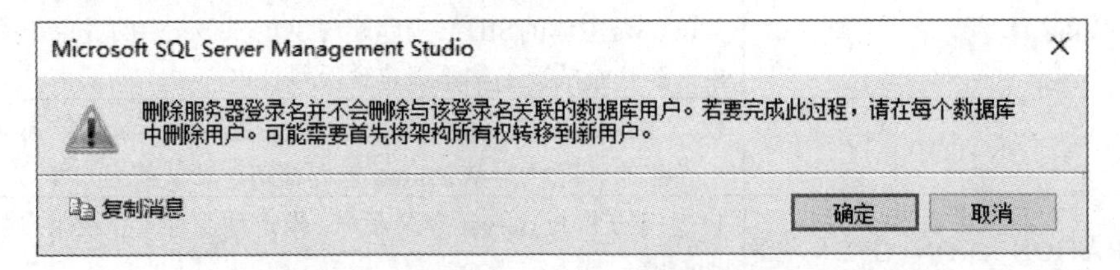

图 18.7 “Microsoft SQL Server Management Studio”提示框

通过执行 DROP LOGIN 语句可以删除 SQL Server 中的登录名。该语句语法格式如下：

```
DROP LOGIN login_name                    --login_name 为指定要删除的登录名
```

【例 18.3】 使用 DROP 语句删除 Mr 登录名。（**实例位置：资源包\TM\sl\18\3**）

SQL 语句如下：

```
DROP LOGIN Mr
```

运行结果如图 18.8 所示。

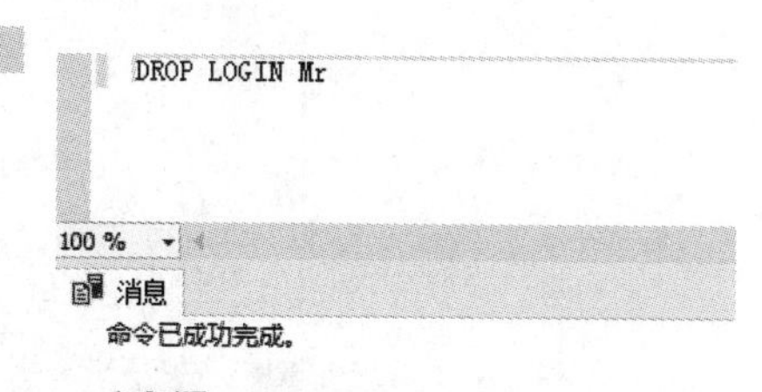

图 18.8　执行 SQL 语句删除登录名

18.2.3　更改登录验证方式

登录用户的验证方式一般是在 SQL Server 安装时被确定的。如果需要改变登录用户的验证方式，可以通过 SQL Server Management Studio 改变服务器的验证方式。改变登录用户验证方式步骤如下。

（1）选择“开始”→“所有程序”→“Microsoft SQL Server”→“SQL Server Management Studio”命令，打开“SQL Server Management Studio”工具。

（2）通过“连接到服务器”对话框连接到需要改变登录用户验证方式的 SQL Server 服务器，如图 18.9 所示。

（3）若连接正确，SQL Server Management Studio 中的“对象资源管理器”面板将出现刚刚所连接的服务器。选中这个服务器，单击鼠标右键，在弹出的快捷菜单中选择“属性”命令，如图 18.10 所示。

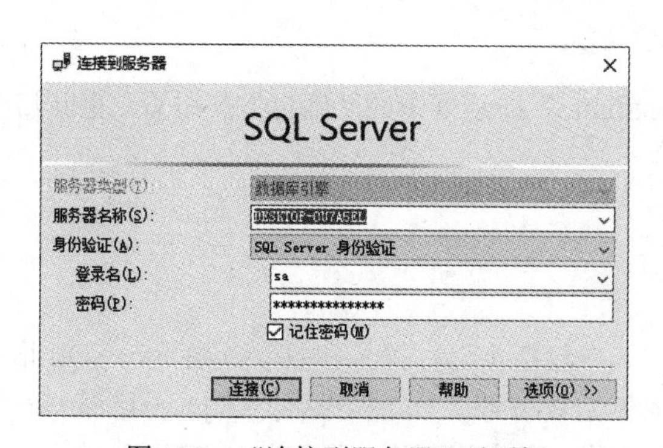

图 18.9　“连接到服务器”对话框

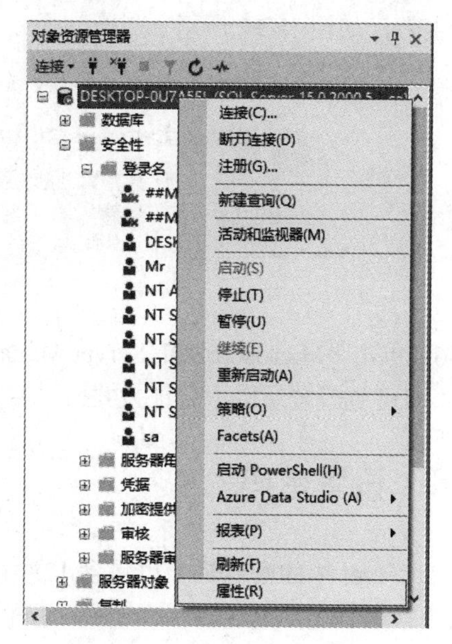

图 18.10　选择“属性”命令

（4）在弹出的“服务器属性”对话框中的“选择页”区域中选择“安全性”，如图 18.11 所示。

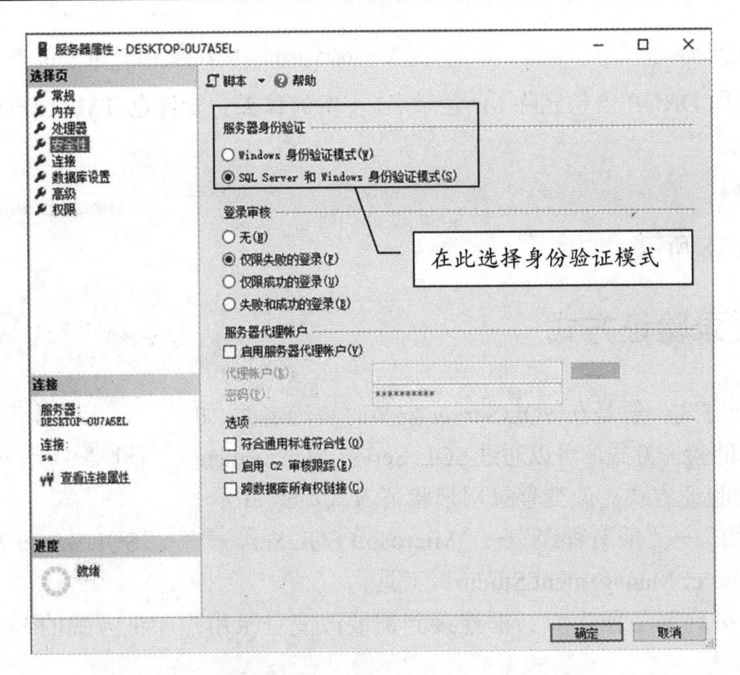

图 18.11　“服务器属性”对话框显示的“安全性”页面

（5）在“服务器身份验证”框架内重新选择登录用户的验证方式。选择完成后单击“确定”按钮，这时会弹出“Microsoft SQL Server Management Studio”提示框，提示重新启动 SQL Server 后所做的更改才会生效，如图 18.12 所示。

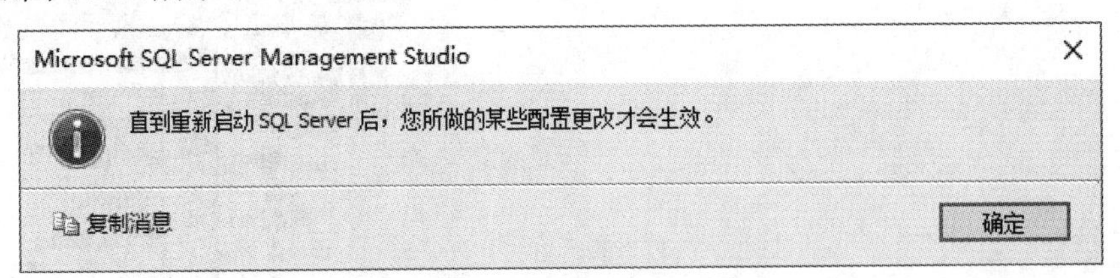

图 18.12　提示框

（6）单击“Microsoft SQL Server Management Studio”提示框中的“确定”按钮后，重新启动 SQL Server，即可更改登录用户验证方式。

18.2.4　设置密码

SQL Server 中的密码最多可包含 128 个字符，其中包括字母、符号和数字。由于在 SQL 语句中经常使用登录名、用户名、角色和密码，所以必须用英文双引号（"）或方括号（[ ]）分隔某些符号。例如，SQL Server 登录名、用户、角色或密码中含有空格、以空格开头、以$或@字符开头等，都需要在 SQL 语句中使用分隔符。

1）密码复杂性策略

密码复杂性策略通过增加可用的密码数量来阻止强力攻击，实施该策略时，密码必须符合以下原则。

☑ 密码不得包含全部或“部分”用户账户名。部分账户名是指 3 个或 3 个以上两端用“空白”（空格、制表符、回车符等）或“-”“_”“#”等字符分隔的连续字母数字字符。

☑ 密码长度至少为 6 个字符。

☑ 密码包含英文大写字母（A～Z）、英文小写字母（a～z）、10 个基本数字（0～9）、非字母数字（如!、$、#或%）等 4 类字符中的 3 类。

2）密码过期策略

密码过期策略用于管理密码的使用期限。如果选中了密码过期策略，则系统将提醒用户更改旧密码和账户，并禁用过期的密码。

18.3　权 限 管 理

创建完相应的登录名后，还需要为其分配相应的管理权限。为登录名设置角色权限的步骤如下：

（1）使用 Microsoft SQL Server Management Studio 连接到需要分配角色权限的 SQL Server。

（2）选择服务器名称→“安全性”→“登录名”展开所连接的服务器，选择需要设置权限的登录名，单击鼠标右键，在弹出的快捷菜单中选择“属性”命令。打开“登录属性”对话框，如图 18.13 所示。

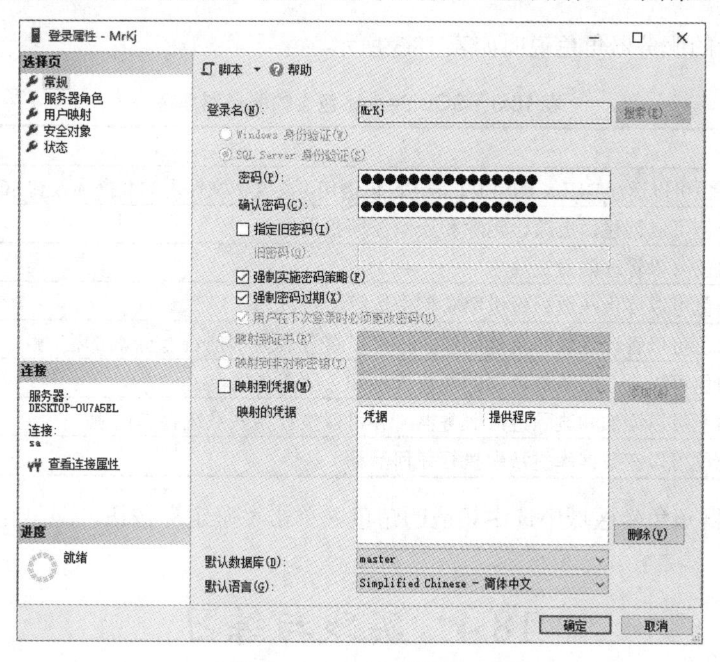

图 18.13　“登录属性”对话框

（3）在“登录属性”对话框中的“选择页”区域中选择“服务器角色”，如图 18.14 所示。“服务器角色”页面包含的角色都是 SQL Server 固有的，不允许改变。这些角色的权限涵盖了 SQL Server 管理中的各个方面。

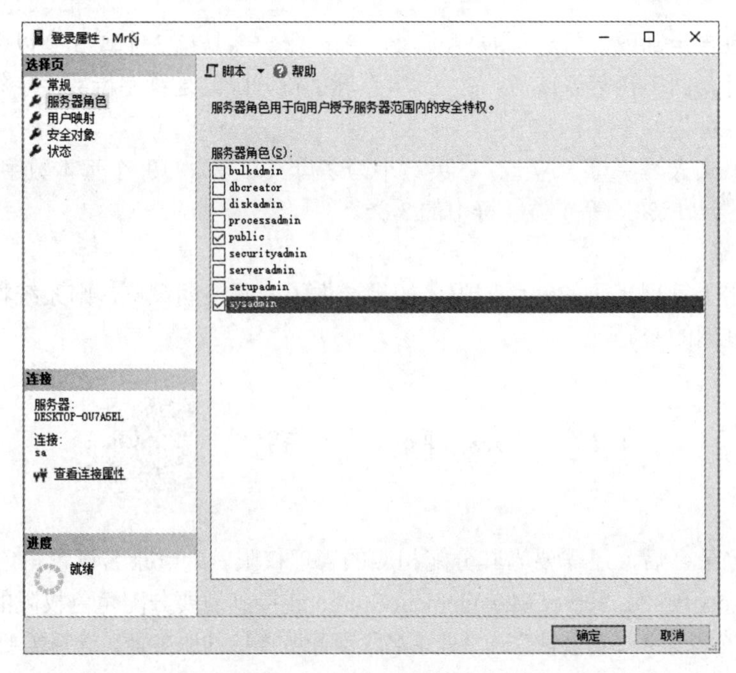

图 18.14 “登录属性”对话框显示的“服务器角色”页面

SQL Server 包含的服务器角色说明如表 18.3 所示。

表 18.3 SQL Server 包含的服务器角色

角 色 名	描 述
bulkadmin	该角色可以运行 BULK INSERT 语句。该语句可将文本文件内的数据导入到 SQL Server 的数据库中
dbcreator	该角色可以创建、更改、删除和还原任何数据库
diskadmin	该角色可以管理磁盘文件
processadmin	该角色可以终止在数据库引擎实例中运行的进程
securityadmin	该角色可以管理登录名及其属性，还可以重置 SQL Server 登录名的密码
serveradmin	该角色可以更改服务器范围的配置选项和关闭服务器
setupadmin	该角色可以添加和删除链接服务器，并可以执行某些系统存储过程
sysadmin	该角色可以在数据库引擎中执行任何活动

（4）在“服务器角色”区域中选中相应的角色，单击“确定”按钮，即可完成角色设置。

18.4 实践与练习

1．创建用户账户 MrKj。（**答案位置：资源包\TM\sl\18\4**）

2．设置数据库 db_mrsql 的访问权限，使数据库用户 MrKj 可以在数据库 db_mrsql 中创建表和插入记录。（**答案位置：资源包\TM\sl\18\5**）

附录 A 安装 SQL Server 数据库

安装 SQL Server 2022 数据库，首先需要下载其安装文件。微软官方网站提供了 SQL Server 2022 的安装引导文件，下载步骤如下。

说明

微软官方网站只提供最新版本的 SQL Server 下载，当前最新版本为 SQL Server 2022，如果后期版本进行更新，可以直接下载使用。另外，本书适用于 SQL Server 2005 及之后的所有版本，包括 2008、2012、2014、2016、2017、2019 等，如果要下载安装以前版本的 SQL Server 数据库，可以在 https://msdn.itellyou.cn/网站中的“服务器”菜单下进行下载。

（1）在浏览器中输入 https://www.microsoft.com/zh-cn/evalcenter/download-sql-server-2022，进入网页后，单击 EXE 下载下的“64 位版本”链接，下载安装引导文件，如图 A-1 所示。

说明

Developer 版是微软官方提供的一个全功能免费 SQL Server 2022 版本，允许用户在非生产环境下用来开发和测试数据库。学习过程中可以使用该版本。

（2）下载完成的 SQL Server 2022 安装引导文件是一个名称为 SQL2022-SSEI-Eval.exe 的可执行文件，如图 A-2 所示。

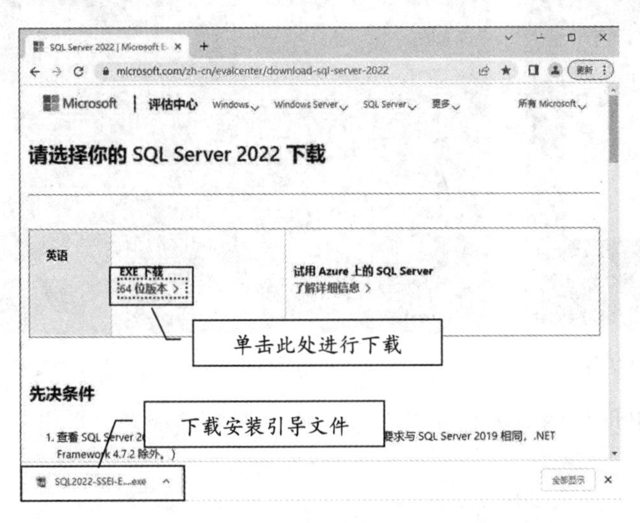

图 A-1　单击 Developer 版的“立即下载”按钮

图 A-2　SQL2022-SSEI-Eval.exe 文件

通过安装引导文件下载 SQL Server 2022 的安装文件的步骤如下。

（1）双击 SQL2022-SSEI-Eval.exe 文件，进入 SQL Server 2022 的安装界面。该界面中有 3 种安装类型，这里选择“基本”选项来安装 SQL Server 2022，如图 A-3 所示。

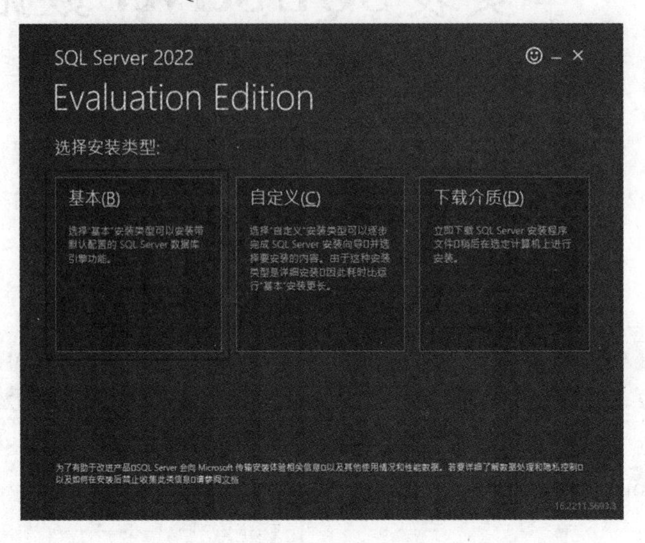

图 A-3　在安装界面单击“基本”按钮

（2）进入 Microsoft SQL Server 许可条款界面，单击“接受”按钮，如图 A-4 所示。

（3）进入指定 SQL Server 安装位置窗口，在该窗口中可以指定 SQL Server 的安装位置，并且显示所选磁盘的剩余空间大小和要下载的安装包大小。单击“安装”按钮，在下载安装程序包界面等待安装程序包下载完毕，如图 A-5 所示。

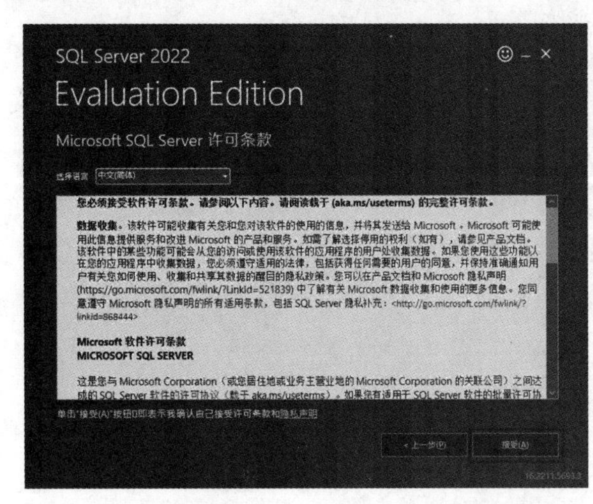

图 A-4　接受 Microsoft SQL Server 许可条款

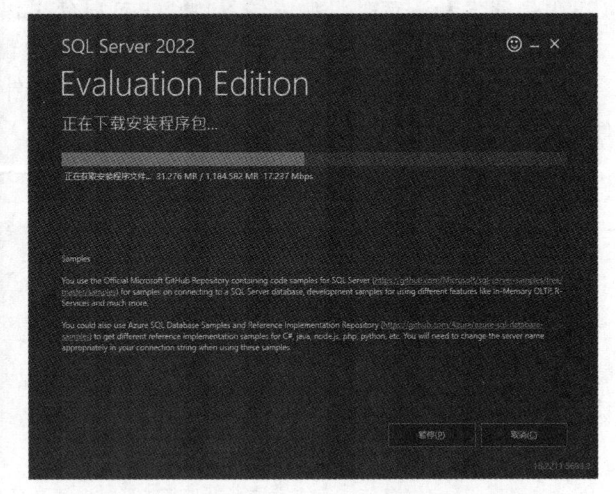

图 A-5　下载 SQL Server 2022 安装文件

（4）等待下载安装程序包，如果出现如图 A-6 所示的界面，则说明安装成功，单击“自定义”按钮。

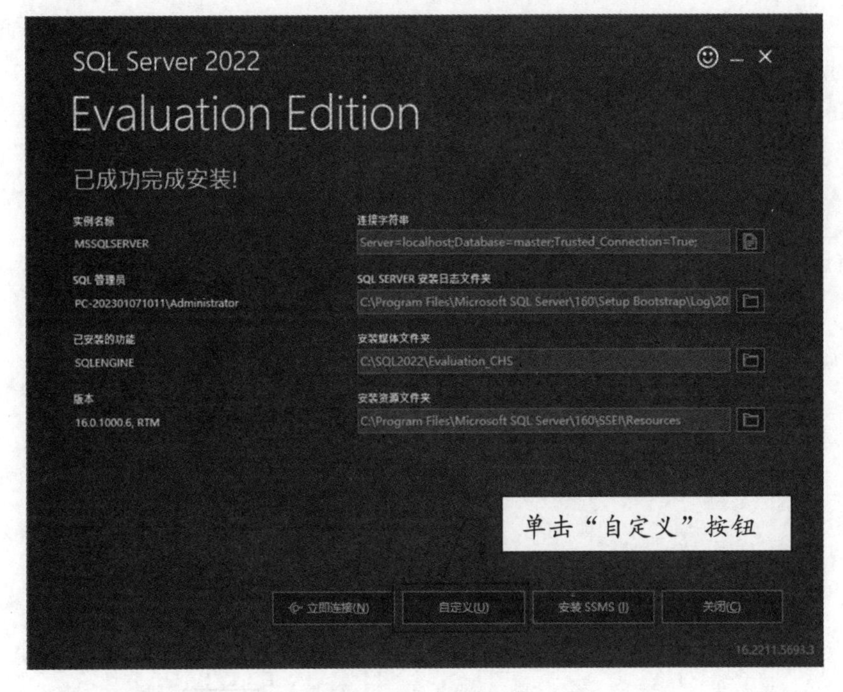

图 A-6　安装成功

（5）接下来安装数据库实例，进入“Microsoft 更新”界面，在该界面中保持默认设置，如图 A-7 所示，然后单击“下一步”按钮。

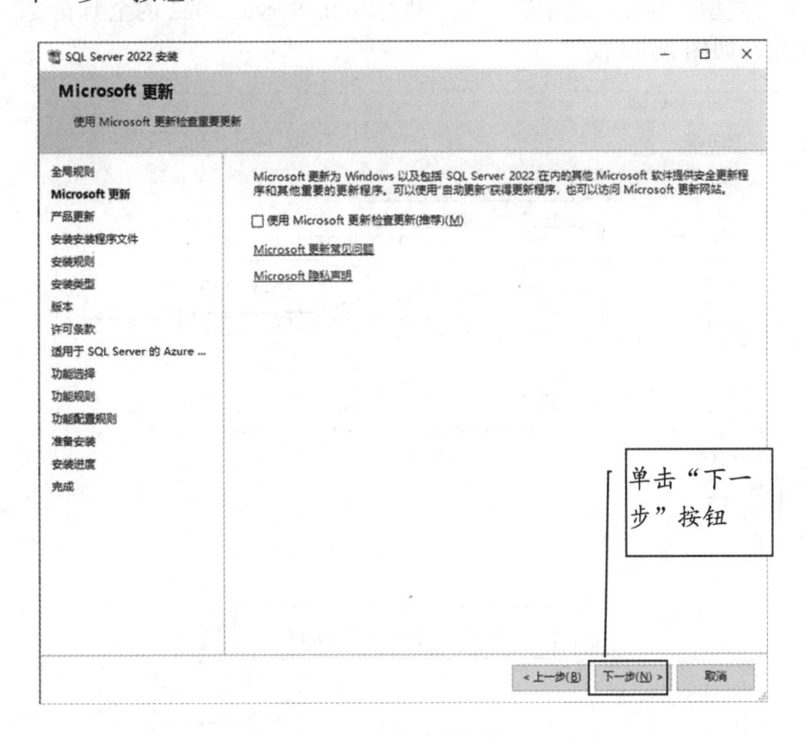

图 A-7　“Microsoft 更新”界面

（6）进入“安装规则”界面，计算机检测在运行安装程序时可能会发生的问题，单击“下一步”按钮，如图 A-8 所示。

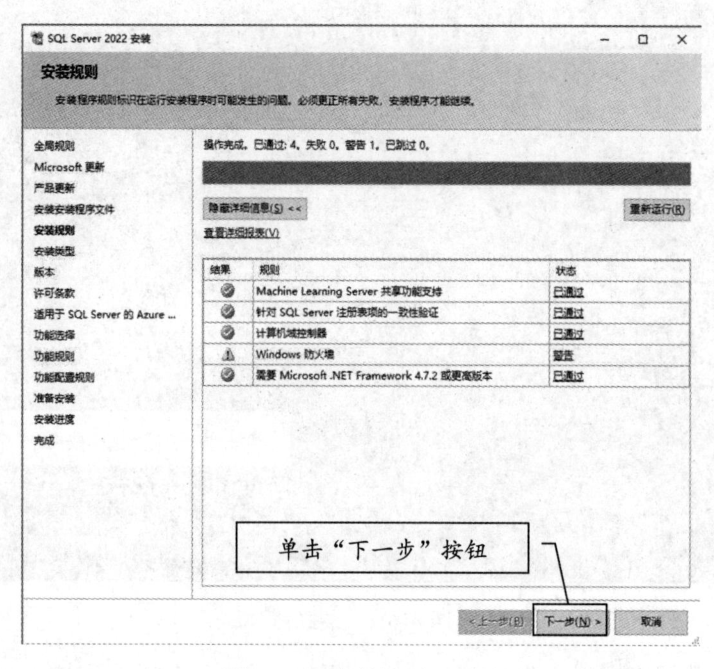

图 A-8 “安装规则”界面

（7）进入“安装类型”界面，选中第一项“执行 SQL Server 2022 的全新安装”单选按钮，然后单击“下一步”按钮，如图 A-9 所示。

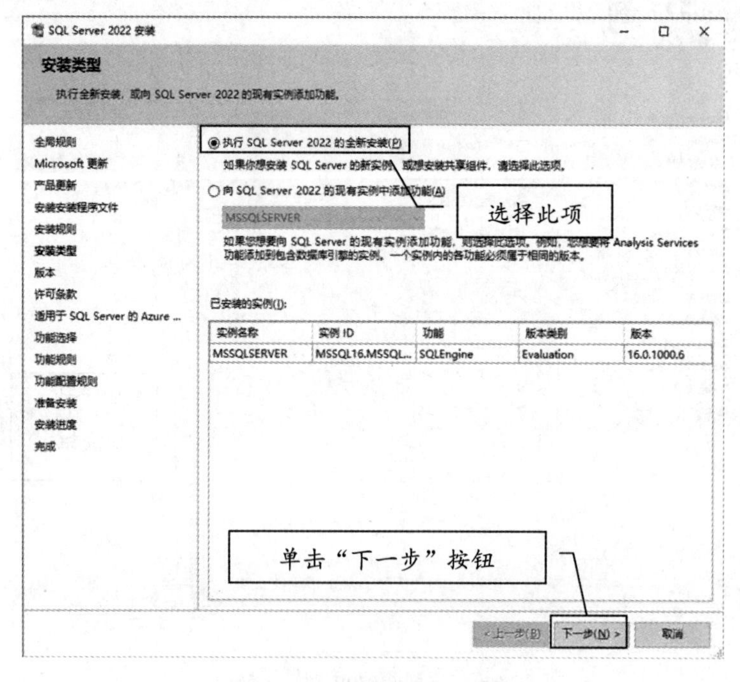

图 A-9 “安装类型”界面

（8）进入“版本”界面，选择安装的 SQL Server 2022 版本，这里选中第一项“指定可用版本”单选按钮，在下拉框中选择“Evaluation”选项，然后单击“下一步”按钮，如图 A-10 所示。

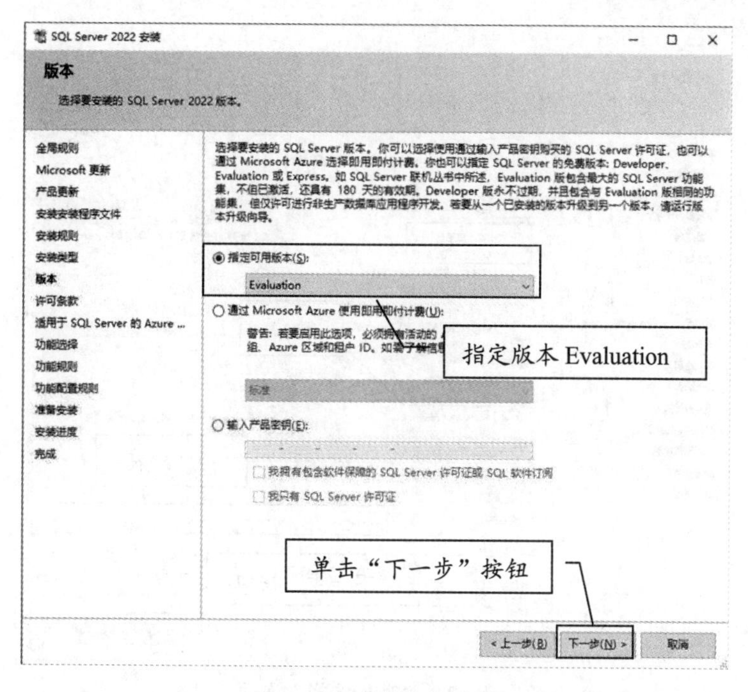

图 A-10　“版本”界面

（9）进入“许可条款”界面，选中“我接受许可条款和隐私声明”复选框，然后单击“下一步”按钮，如图 A-11 所示。

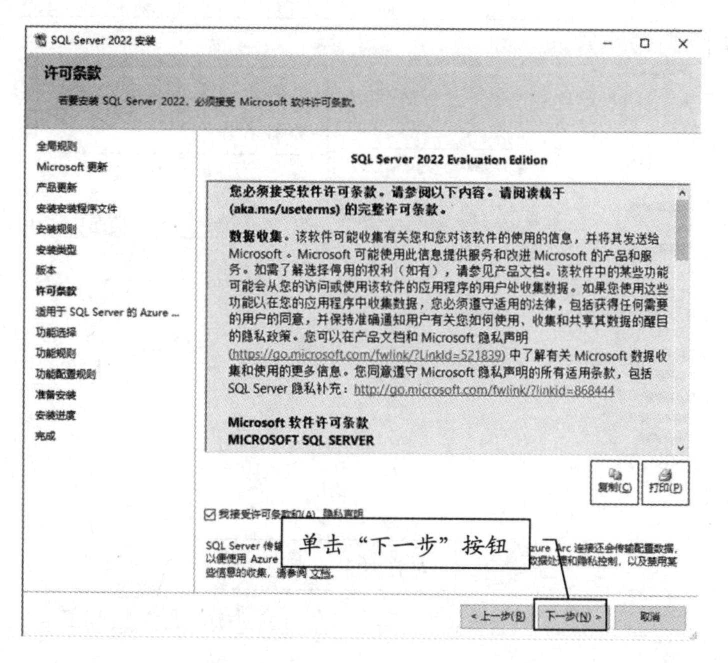

图 A-11　“许可条款”界面

（10）进入“功能选择”界面，按照图 A-12 所示选择要安装的功能，并设置好实例根目录后，单击“下一步”按钮。

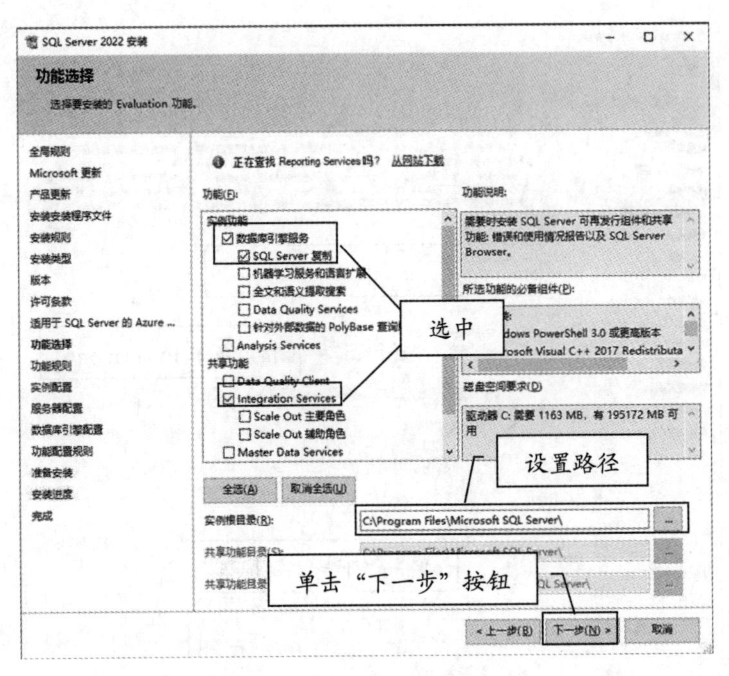

图 A-12　“功能选择”界面

（11）进入“实例配置”界面，选中“命名实例”单选按钮，在其后文本框中设置实例名称，单击“下一步”按钮，如图 A-13 所示。

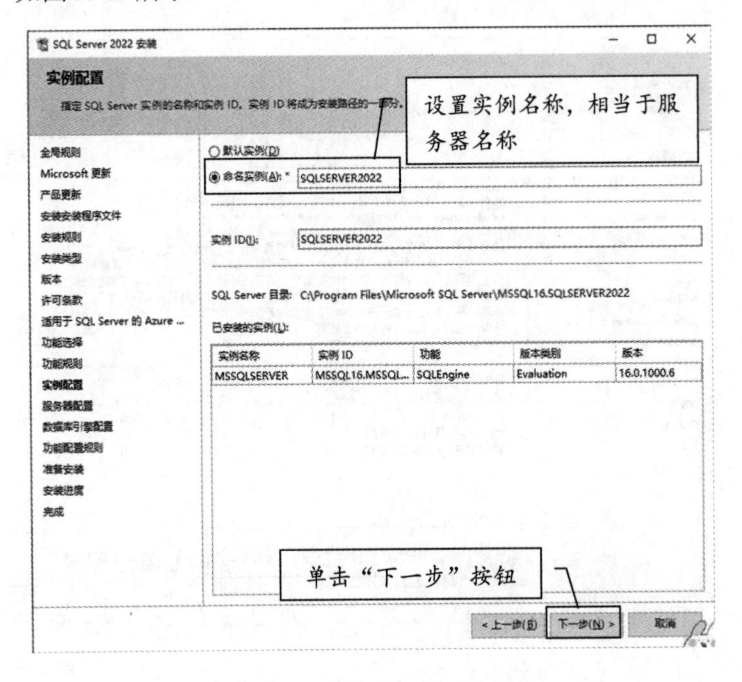

图 A-13　“实例配置”界面

（12）进入“服务器配置”界面，如图A-14所示。保持默认不变，单击“下一步”按钮。

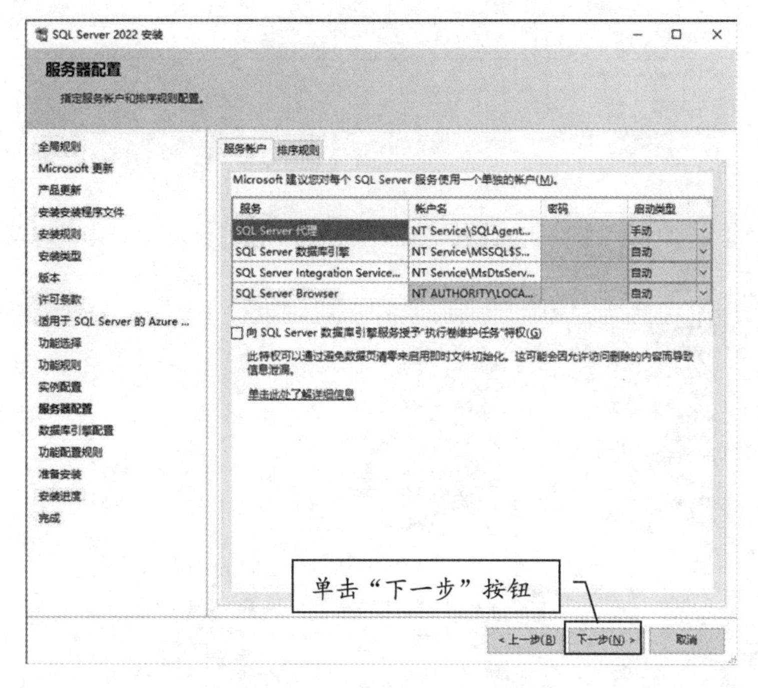

图A-14　“服务器配置”界面

（13）进入“数据库引擎配置”界面，在该界面选中“混合模式”单选按钮，并设置密码，然后单击“添加当前用户”按钮，如图A-15所示。最后，单击“下一步”按钮。

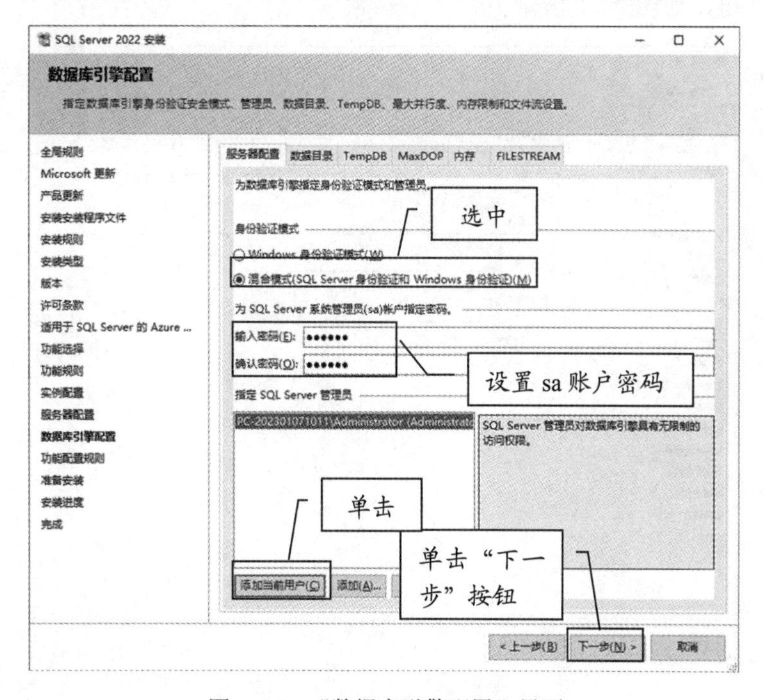

图A-15　“数据库引擎配置”界面

（14）进入“准备安装”界面，该界面中显示了即将安装的 SQL Server 2022 功能。单击“安装”按钮，如图 A-16 所示。

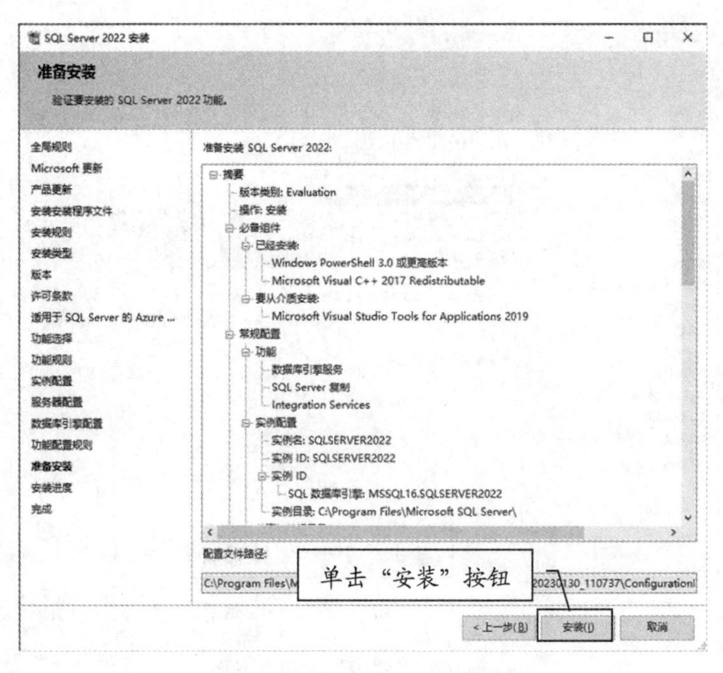

图 A-16 “准备安装”界面

（15）进入“安装进度”界面，在该界面中将显示 SQL Server 2022 的安装进度，如图 A-17 所示。等待安装完成关闭即可，如图 A-18 所示。

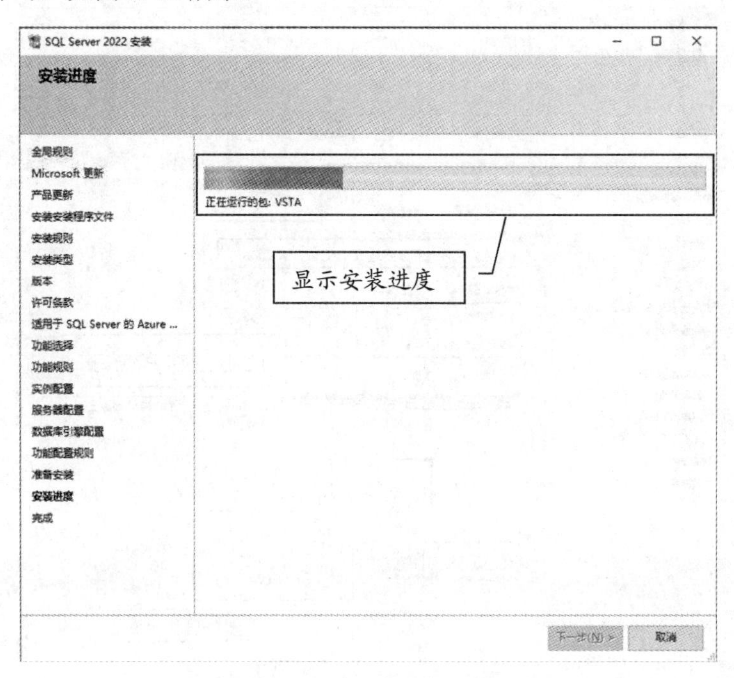

图 A-17 “安装进度”界面

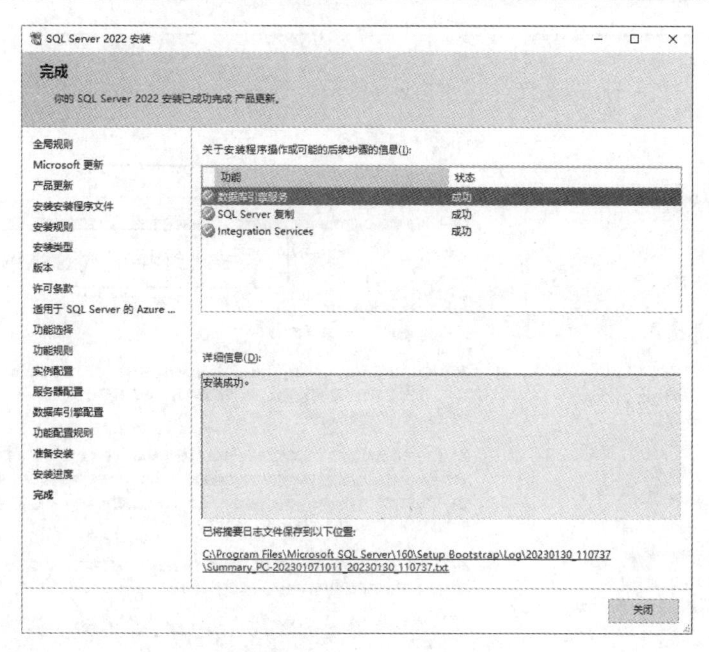

图 A-18　“完成”界面

安装 SQL Server 2022 服务器后，要使用可视化工具管理 SQL Server 2022，还需要安装 SQL Server Management Studio 管理工具，步骤如下。

（1）回到 SQL Server 2022 的安装引导界面，如图 A-19 所示。

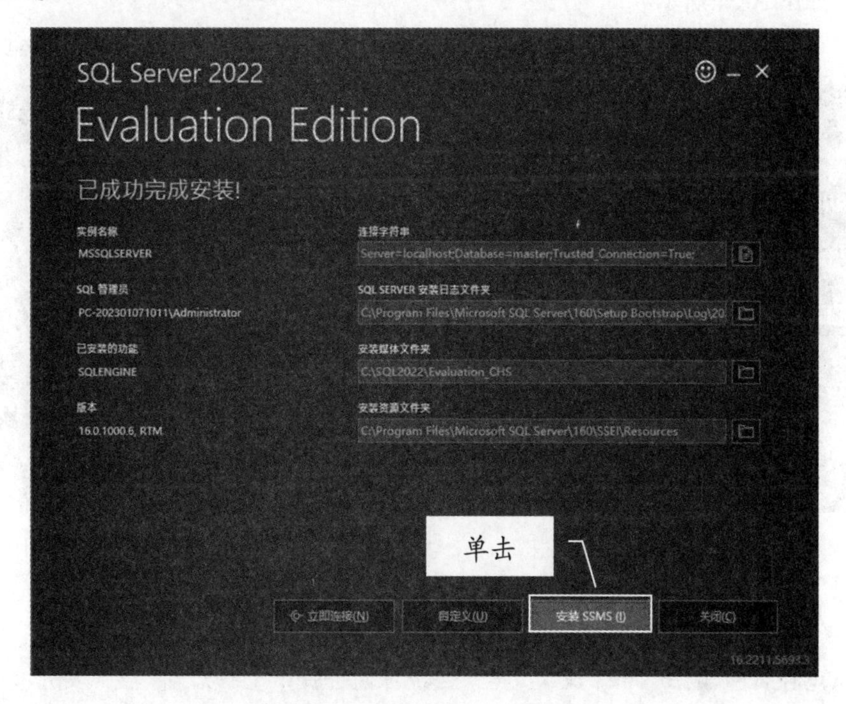

图 A-19　单击“安装 SSMS”按钮

（2）单击“安装 SSMS”按钮，即可打开下载 SSMS 安装包的网页，如图 A-20 所示。

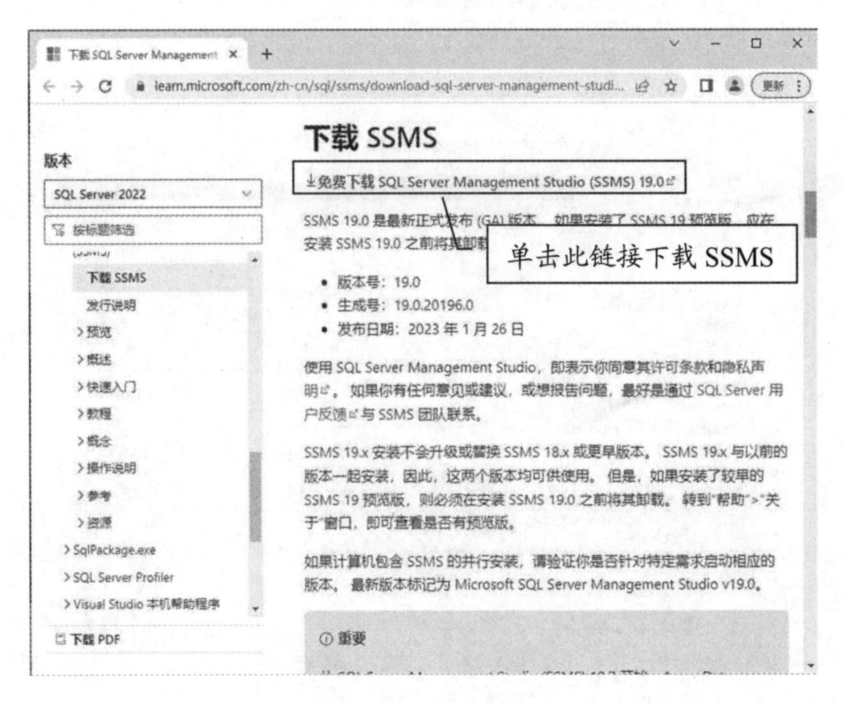

图 A-20　下载 SSMS 安装包

（3）双击下载完成的 SSMS-Setup-CHS.exe 可执行文件，进入安装向导窗口，在该窗口中可以设置安装的路径，如图 A-21 所示。

（4）单击“安装”按钮，开始安装并显示安装的进度，等待安装完成即可，如图 A-22 所示。

图 A-21　安装向导窗口

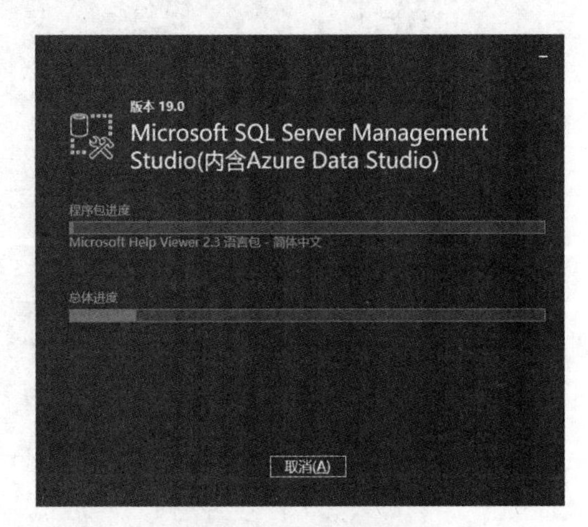

图 A-22　安装进度窗口

说明

安装完 SQL Server 数据库和管理工具后，系统可能会提示重新启动，按照提示重启系统即可正常使用。

附录 B

安装 Oracle 数据库

Oracle Database 19c，是 Oracle Database 12c 和 18c 系列产品的最终版本，因此也是长期支持版本（以前称为终端版本）。“长期支持”意味着 Oracle Database 19c 提供 4 年的高级支持（截至 2023 年 1 月底）和至少 3 年的延长支持（截至 2026 年 1 月底）。

Oracle 19c 数据库服务器由 Oracle 数据库软件和 Oracle 实例组成。安装数据库服务器就是将管理工具、实用工具、网络服务和基本的客户端等组件从安装盘复制到计算机硬盘的文件夹结构中，并创建数据库实例、配置网络和启动服务等。

下面对 Oracle 19c 的安装过程进行详细的说明，具体安装过程如下。

（1）将 Oracle 19c 的安装包文件 WINDOWS.X64_193000_db_home.zip 进行解压缩，在解压后的文件夹中双击 setup.exe 可执行文件，即可安装 Oracle 19c，如图 B-1 和图 B-2 所示。

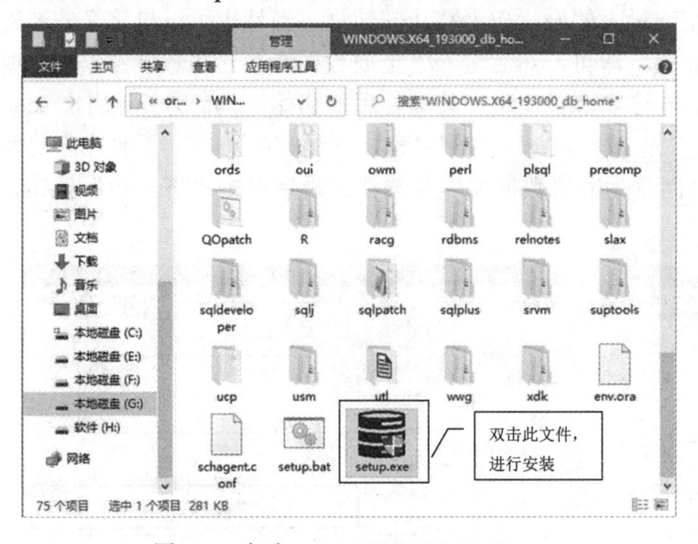

图 B-1　启动 Oracle Universal Installer

图 B-2　启动 Oracle 19c 安装界面

（2）打开安装程序后，进入“选择配置选项”界面，该界面用于选择“安装选项”，这里选中“创建并配置单实例数据库”单选按钮，然后单击“下一步”按钮，如图 B-3 所示。

（3）单击“下一步”按钮后，打开“选择系统类”界面，如图 B-4 所示。该界面用来选择数据库被安装在哪种操作系统平台（Windows 主要有桌面类和服务器类两种）上，这要根据当前机器所安装的操作系统而定。本演示实例使用的是 Windows 10 操作系统（属于桌面类系统），所以选中“桌面类”单选按钮，然后单击“下一步”按钮。

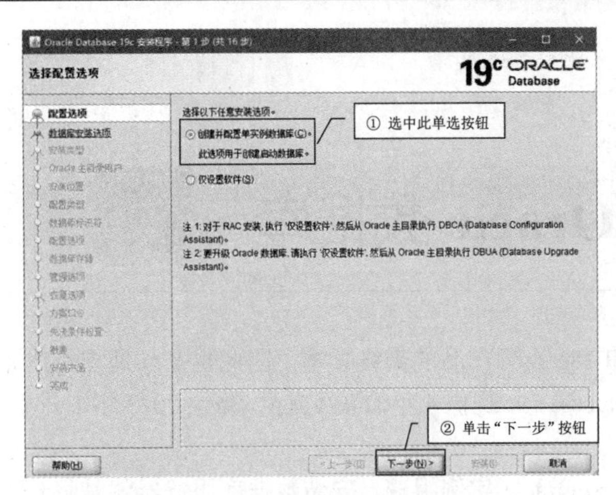

图 B-3　“选择配置选项”界面

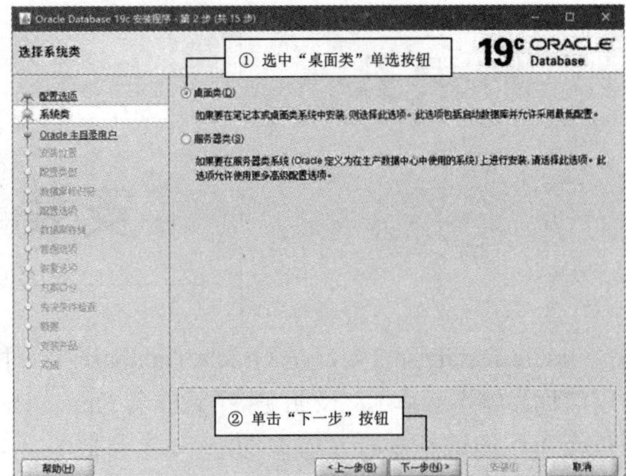

图 B-4　“选择系统类”界面

（4）单击“下一步”按钮后，打开“指定 Oracle 主目录用户”界面。在该界面中，需要指定 Oracle 主目录用户，这里选中“创建新 Windows 用户”单选按钮创建一个新用户，然后单击“下一步”按钮，如图 B-5 所示。

（5）单击“下一步”按钮后，打开“典型安装配置”界面。在该界面中首先设置文件目录，默认情况下，安装系统会自动搜索出剩余磁盘空间最大的磁盘作为默认安装盘，当然也可以自定义安装磁盘；接着选择数据库版本，通常选择“企业版”即可；然后输入“全局数据库名”和登录密码（需要记住，该密码是 system、sys、sysman、dbsnmp 这 4 个管理账户共同使用的初始密码。另外，用户 scott 的初始密码为 tiger），其中“全局数据库名”也就是数据库实例名称，它具有唯一性，不允许出现两个重复的“全局数据库名”；再取消选中“创建为容器数据库”复选框；最后单击“下一步”按钮，如图 B-6 所示。

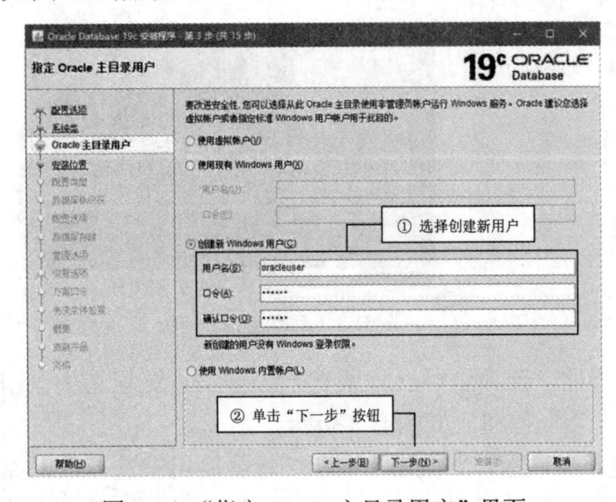

图 B-5　“指定 Oracle 主目录用户”界面

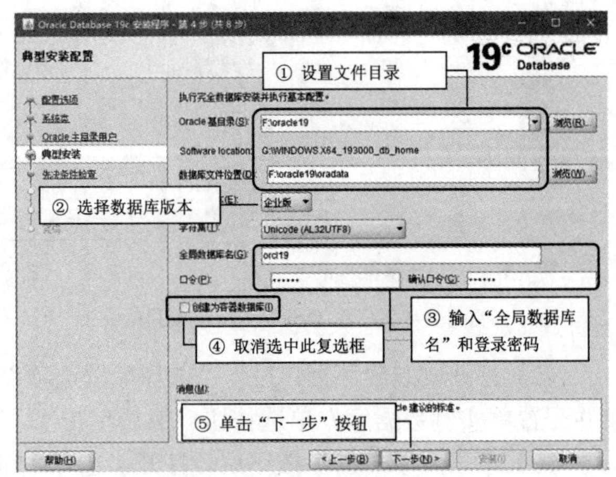

图 B-6　“典型安装配置”界面

一般将全局数据库名设置为 orcl，因为笔者电脑中已有名为 orcl 的全局数据库名，为了避免重名，将 Oracle 19c 的全局数据库名设置为 orcl19。

在“口令”和“确认口令”文本框中输入一样的密码，即为 system 账户的密码。此为本书中设置

的密码，读者可自行设置此密码。由于此口令过于简单，单击“下一步”按钮之后，会出现如图 B-7 所示的确认口令界面，在此界面单击“是”按钮。

Oracle Database 19c 安装程序
[INS-30011] 输入的 ADMIN 口令不符合 Oracle 建议的标准。
是否确实要继续?
是(Y)　否(N)　详细资料(D)

图 B-7　确认口令

（6）接下来会打开“执行先决条件检查”界面，该界面用来检查安装本产品所需要的最低配置，检查结果如图 B-8 所示。

（7）检查完毕后，弹出如图 B-9 所示的“概要”界面，在该界面中会显示安装产品的概要信息，若在步骤（6）中检查出某些系统配置不符合 Oracle 安装的最低要求，则会在该界面的列表中显示出来，以供用户参考，然后单击“安装”按钮。

（8）单击“安装”按钮后，会打开“安装产品”界面，在该界面中会显示产品的安装进度，过程比较缓慢，请耐心等待，如图 B-10 所示。

（9）当“安装产品”界面中的进度条到达 100%后，会出现如图 B-11 所示的“完成”界面，表示 Oracle 19c 已经安装成功，单击“关闭”按钮即可退出安装程序。

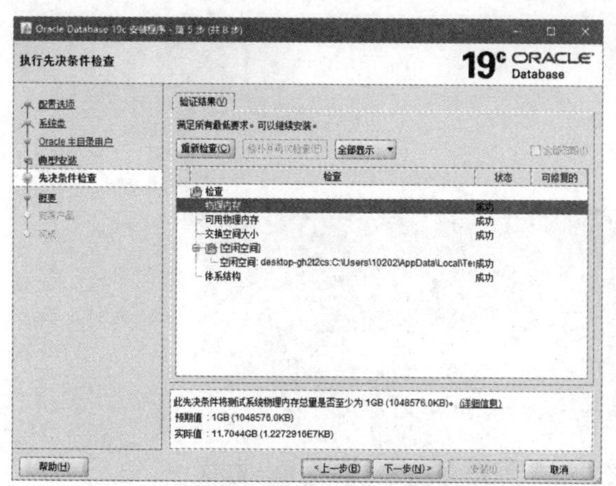

图 B-8　“执行先决条件检查”界面

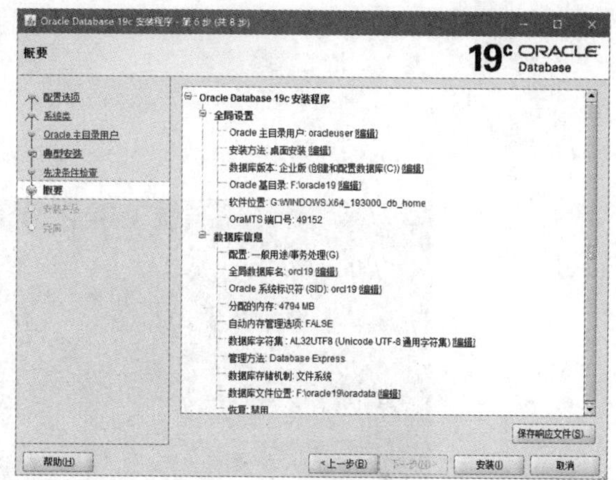

图 B-9　“概要”界面

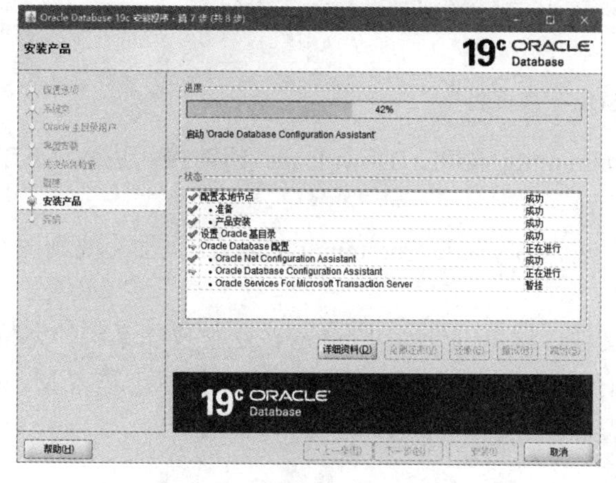

图 B-10　“安装产品”界面

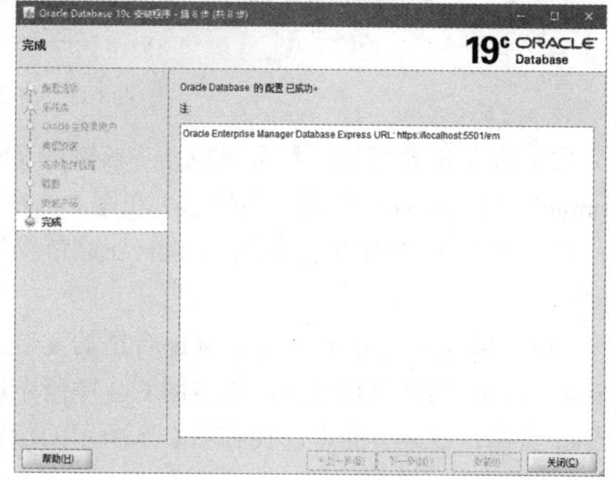

图 B-11　“完成”界面

附录 C

安装 MySQL 数据库

1. MySQL 下载

MySQL 服务器的安装包下载的具体步骤如下。

（1）在浏览器的地址栏中输入地址 https://www.mysql.com/downloads/，进入 MySQL 下载页面，如图 C-1 所示。

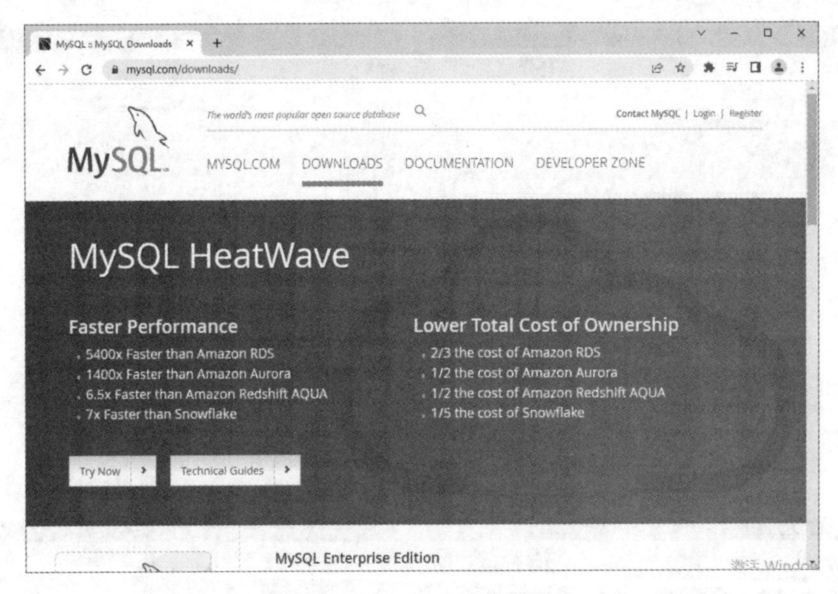

图 C-1　MySQL 下载页面

（2）向下滚动鼠标，找到并单击 MySQL Community (GPL) Downloads 超链接，进入 MySQL Community Downloads 页面，如图 C-2 和图 C-3 所示。

（3）单击 MySQL Community Server 超链接，进入 MySQL Community Server 页面，找到图 C-4 所示的位置。

（4）根据自己的操作系统来选择合适的安装文件，这里以针对 Windows 32 位操作系统的完整版 MySQL Server 为例进行介绍，单击图 C-4 中所示的 MySQL Installer for Windows 图片，进入 MySQL Installer 页面，在该页面中，找到图 C-5 所示的位置。

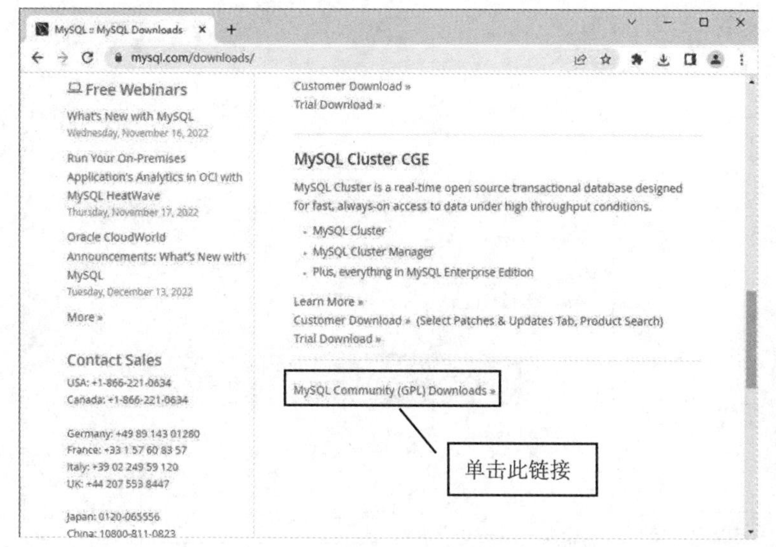

图 C-2　MySQL Downloads 页面

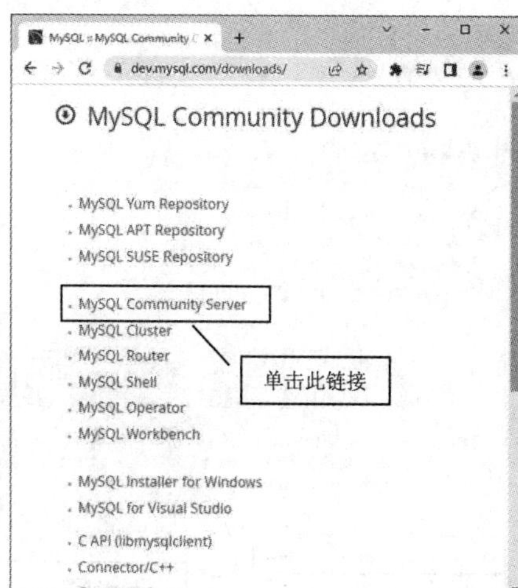

图 C-3　MySQL Community Downloads 页面

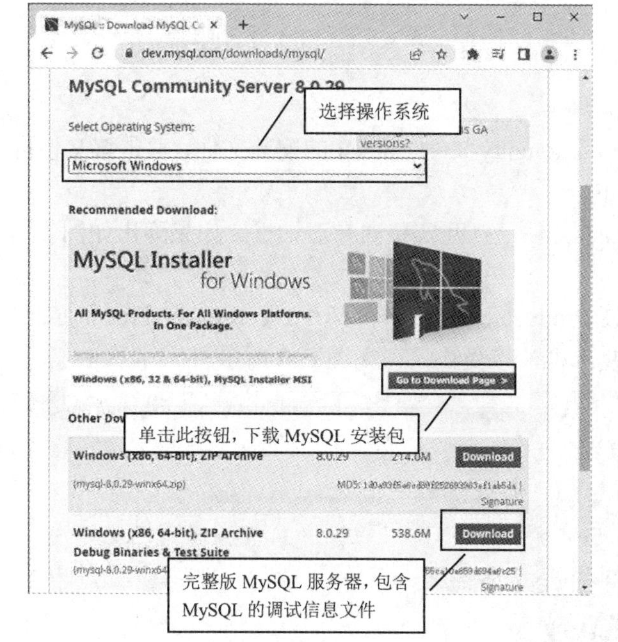

图 C-4　MySQL Community Server 页面

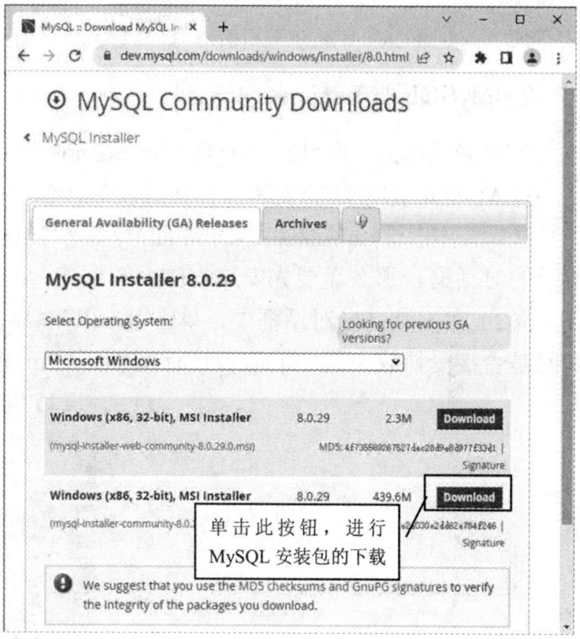

图 C-5　MySQL Installer 页面

（5）单击 Download 按钮，进入如图 C-6 所示的准备下载页面。

（6）单击 No thanks, just start my download.超链接，即可看到安装文件的下载信息，如图 C-7 所示。

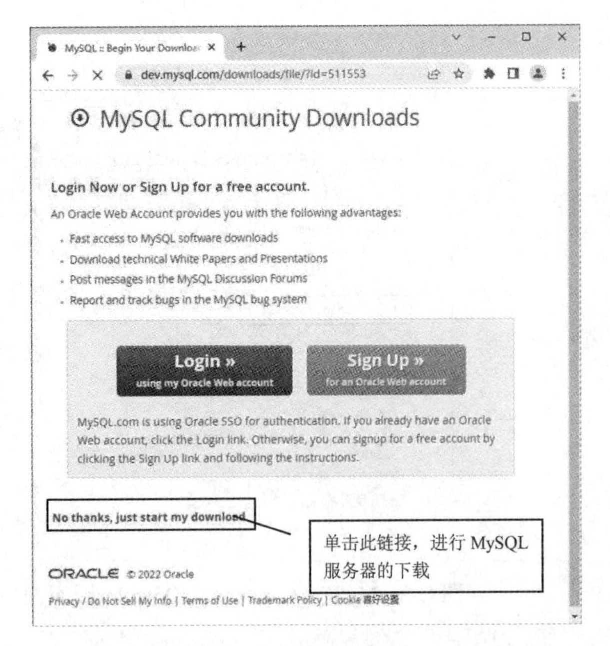

图 C-6　准备下载页面

图 C-7　开始下载页面

2．MySQL 服务器安装

下载完成以后，将得到一个名为 mysql-installer-community-8.0.11.0.msi 的安装文件，双击该文件可以进行 MySQL 服务器的安装，具体的安装步骤如下。

（1）双击 mysql-installer-community-8.0.11.0.msi 文件，打开安装向导对话框。如果弹出如图 C-8 所示的对话框，那么需要先安装.NET 4.5 框架。

（2）在安装向导对话框中，单击 Install MySQL Products 超链接，将打开 License Agreement 界面，询问是否接受协议，选中 I accept the license terms 复选框，接受协议，如图 C-9 所示。

图 C-8　需要安装.NET 4.5 框架的提示对话框

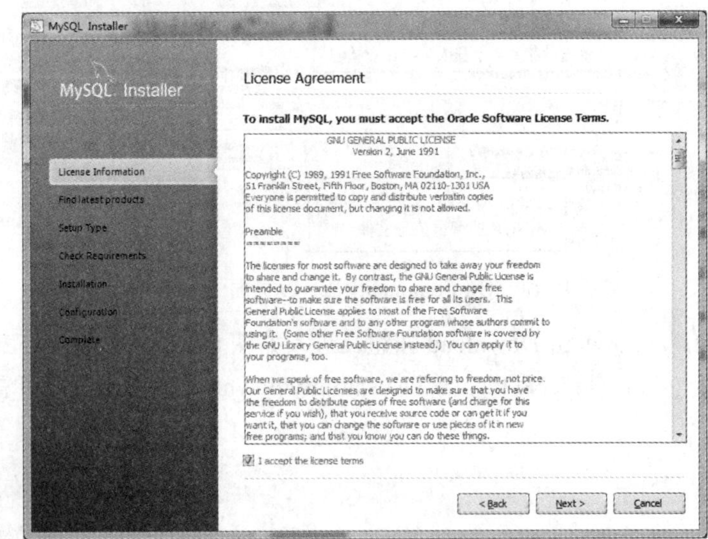

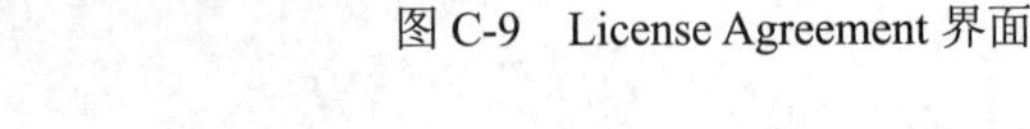

图 C-9　License Agreement 界面

（3）单击 Next 按钮，将打开 Choosing a Setup Type 界面，选中 Developer Default 单选按钮，接着选中 Install all Droducts 单选按钮，安装全部产品，如图 C-10 所示。

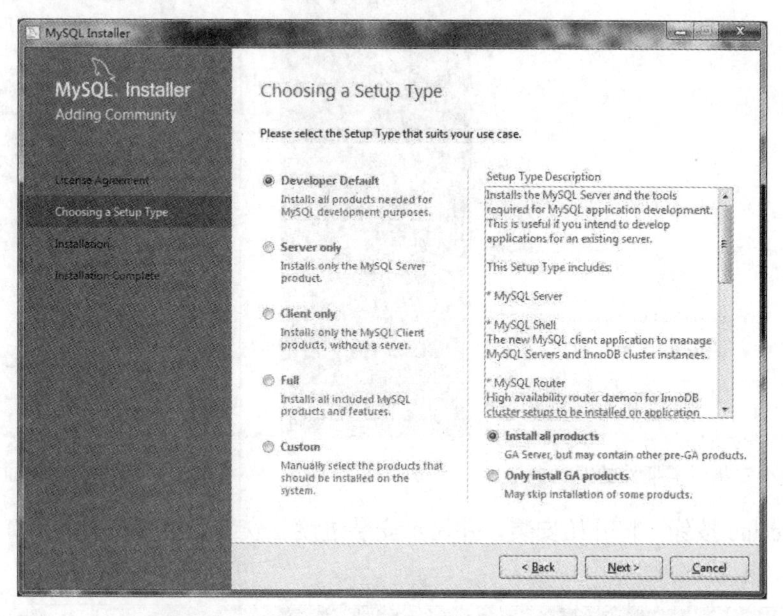

图 C-10　Choosing a Setup Type 界面

（4）单击 Next 按钮，将打开 Check Requirements 界面，在该界面中检查系统是否具备所必需的插件，如图 C-11 所示。

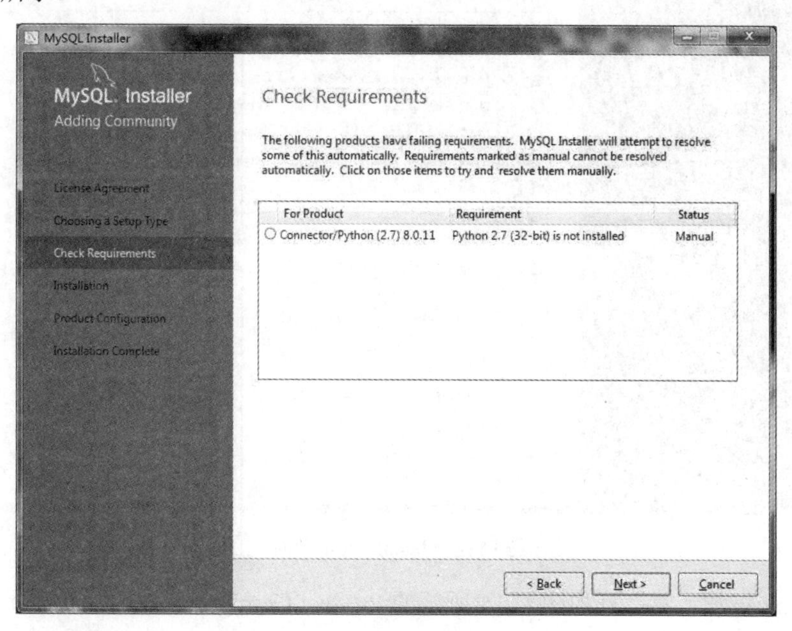

图 C-11　Check Requirements 界面

（5）单击 Next 按钮，将打开如图 C-12 所示的对话框，单击 Yes 按钮，将在线安装所需插件，安装完成后，将显示如图 C-13 所示的预备安装界面。

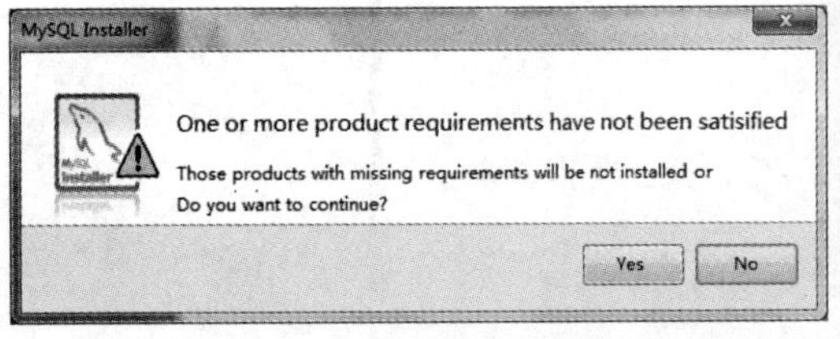

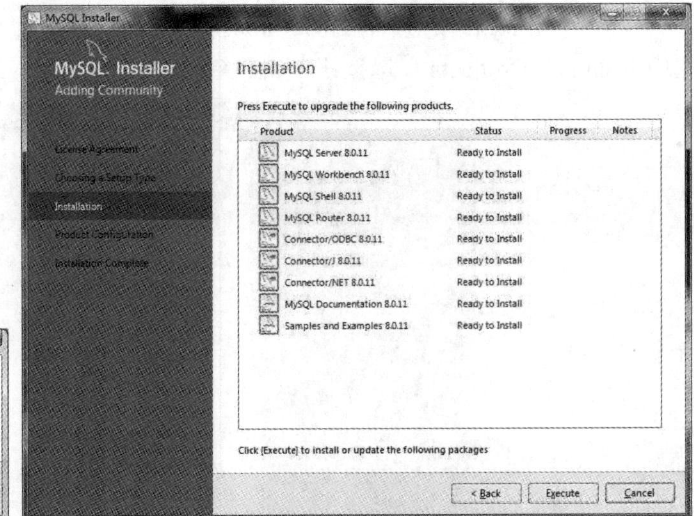

图 C-12　提示缺少安装所需插件的对话框　　　　图 C-13　预备安装界面

（6）单击 Execute 按钮，将开始安装，并显示安装进度。安装完成后，将显示如图 C-14 所示的安装完成界面。

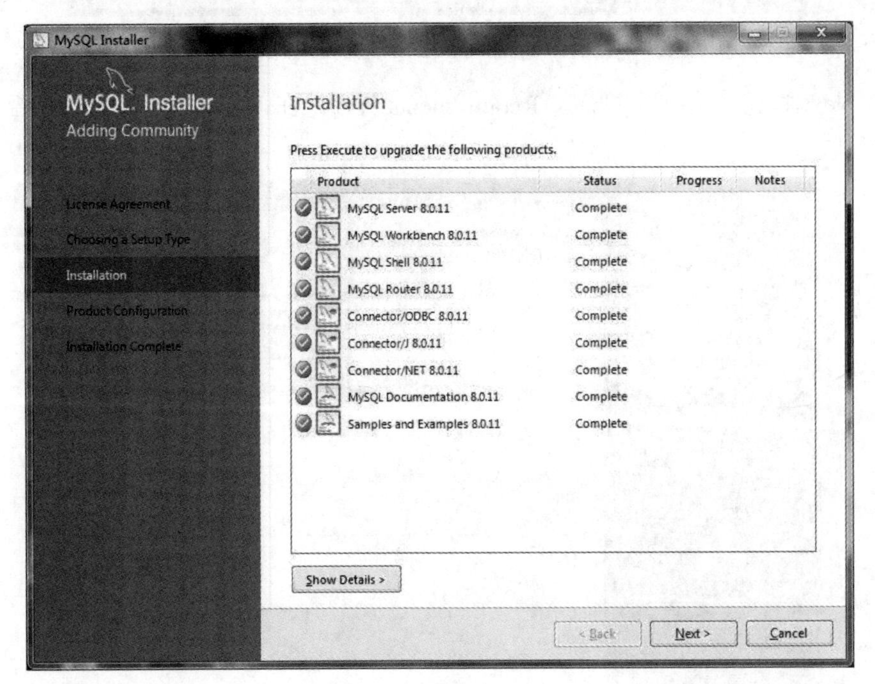

图 C-14　Installation 界面

（7）单击 Next 按钮，将打开如图 C-15 所示的 Product Configuration 界面，对数据库进行配置。

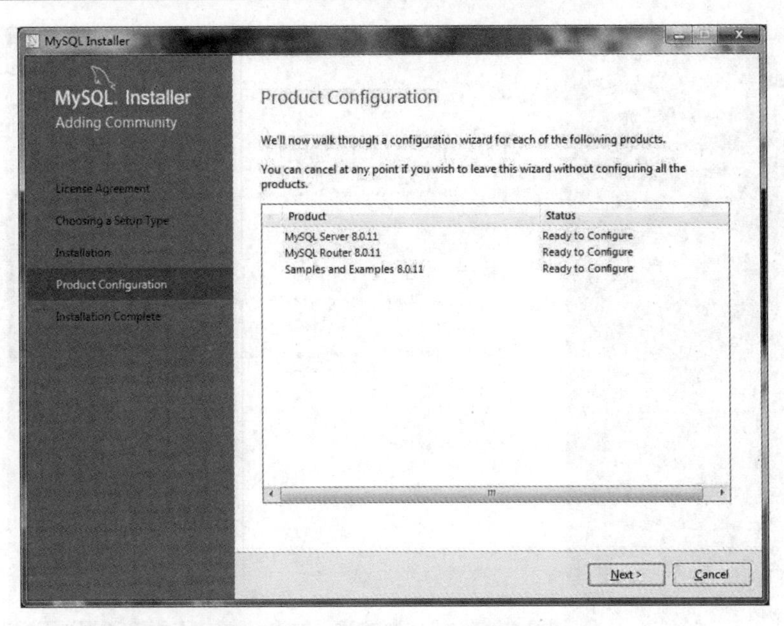

图 C-15　Product Configuration 界面

（8）单击 Next 按钮，将打开 Group Replication 界面，其中有两种 MySQL 服务的类型：Standalone MySQL Server/Classic MySQL Replication 为独立的 MySQL 服务器/经典的 MySQL 复制；Sandbox InnoDB Cluster Setup(for testing only)为 InnoDB 集群沙箱设置（仅用于测试）。这里选择第一种，如图 C-16 所示。

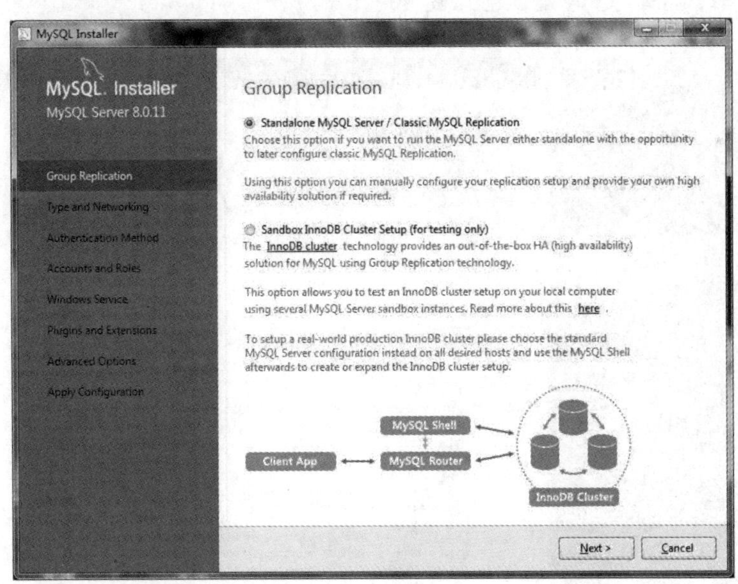

图 C-16　Group Replication 界面

（9）单击 Next 按钮，将打开 Type and Networking 界面，可以在其中设置服务器类型以及网络连接选项，最重要的是设置端口，这里保持默认的 3306 端口，如图 C-17 所示。单击 Next 按钮，将打开如图 C-18 所示的 Authentication Method 界面。

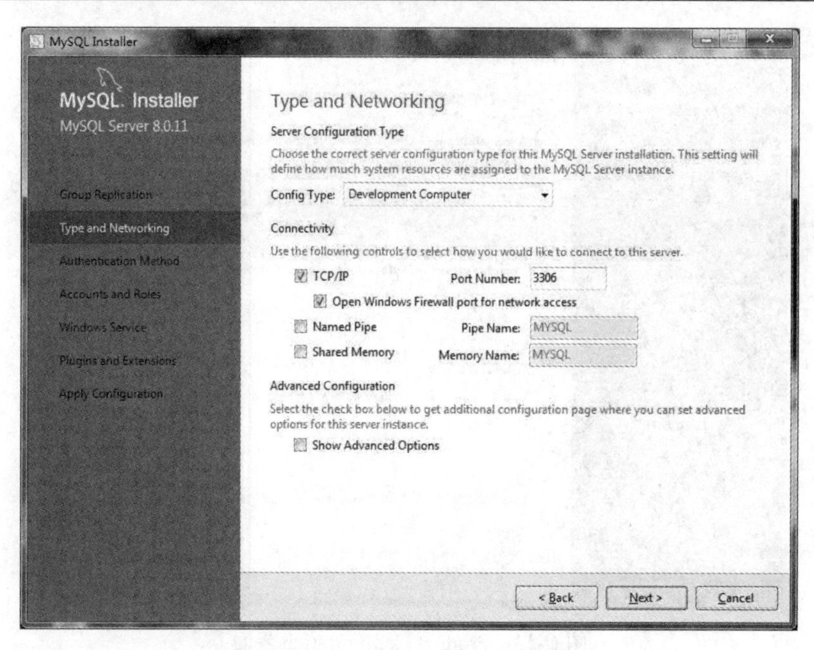

图 C-17　Type and Networking 界面

说明

MySQL 使用的默认端口是 3306，在安装时可以进行修改，如改为 3307。但是一般情况下，不要修改默认的端口号，除非 3306 端口已经被占用。

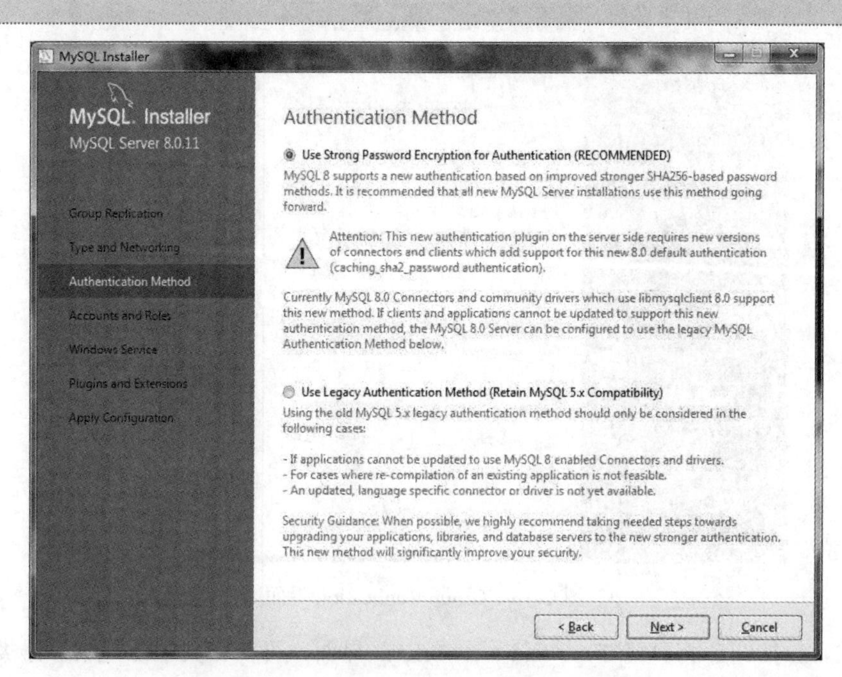

图 C-18　Authentication Method 界面

（10）单击 Next 按钮，将打开 Accounts and Roles 界面，可以设置 root 用户的登录密码，也可以

添加新用户，这里只设置 root 用户的登录密码为 root，其他采用默认设置，如图 C-19 所示。

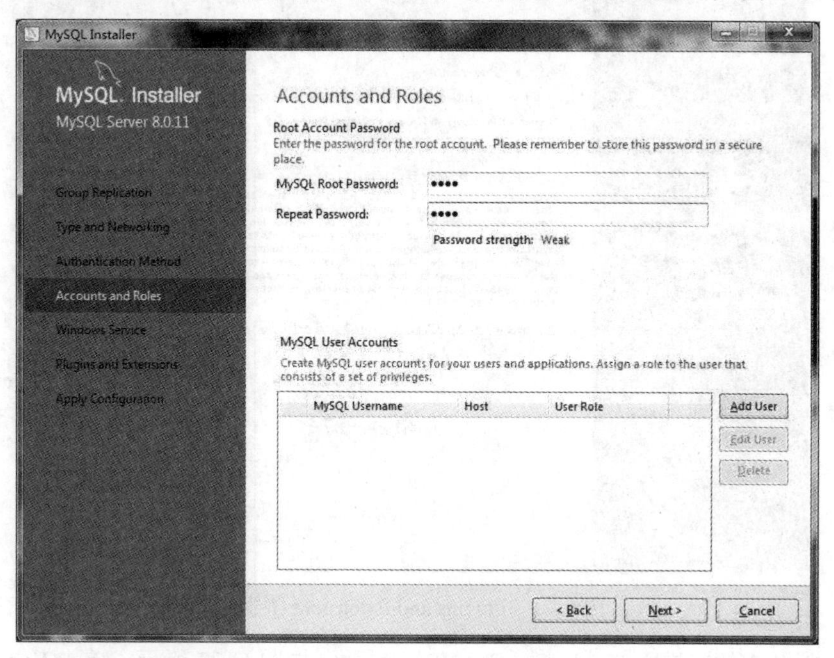

图 C-19　设置用户安全的账户和角色对话框

（11）单击 Next 按钮，将打开 Windows Service 界面，开始配置 MySQL 服务器，这里采用默认设置，如图 C-20 所示。

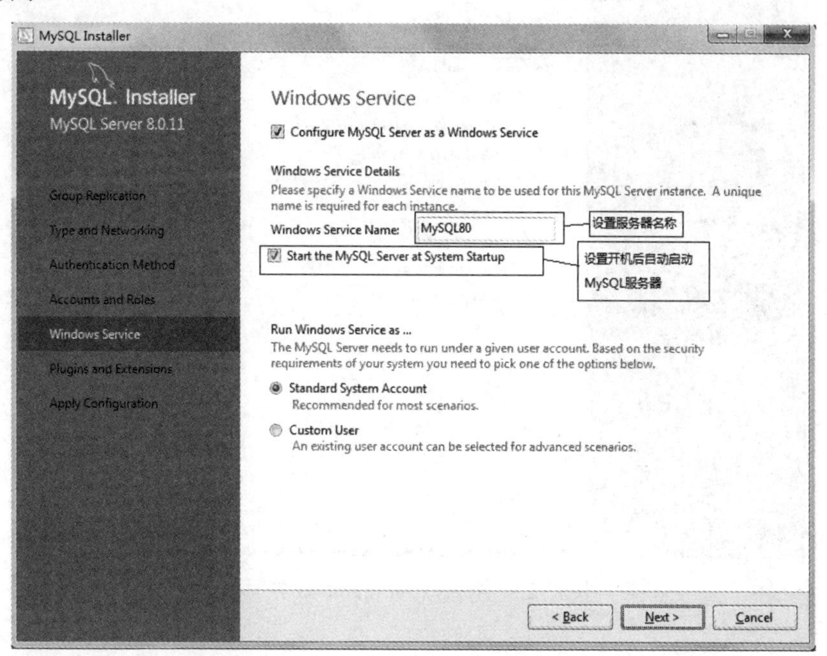

图 C-20　Windows Service 界面

（12）单击 Next 按钮，将显示如图 C-21 所示的 Plugins and Extensions（插件和扩展）界面。

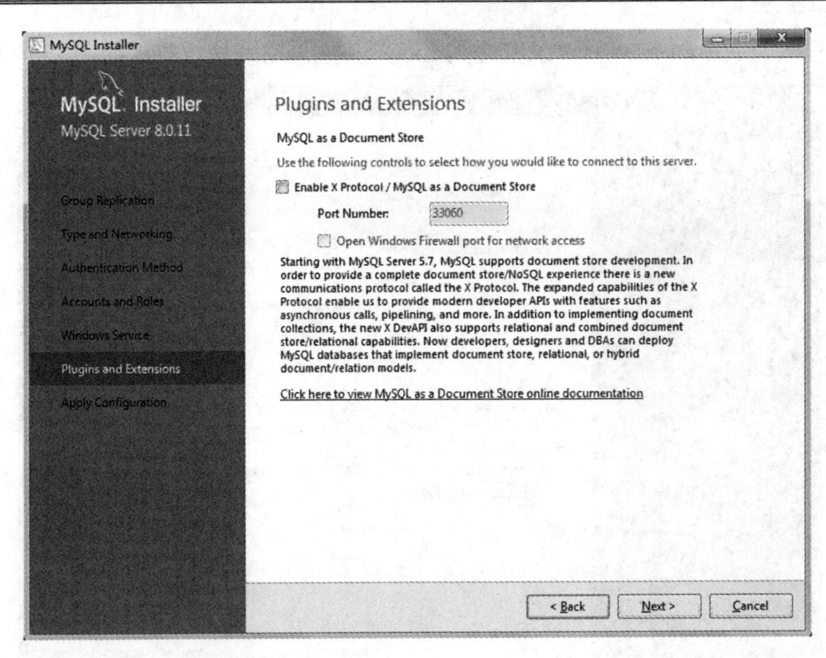

图 C-21　Plugins and Extensions 界面

（13）单击 Next 按钮，进入 Apply Configuration 界面，如图 C-22 所示。单击 Execute 按钮，进行应用配置，配置完成后如图 C-23 所示。

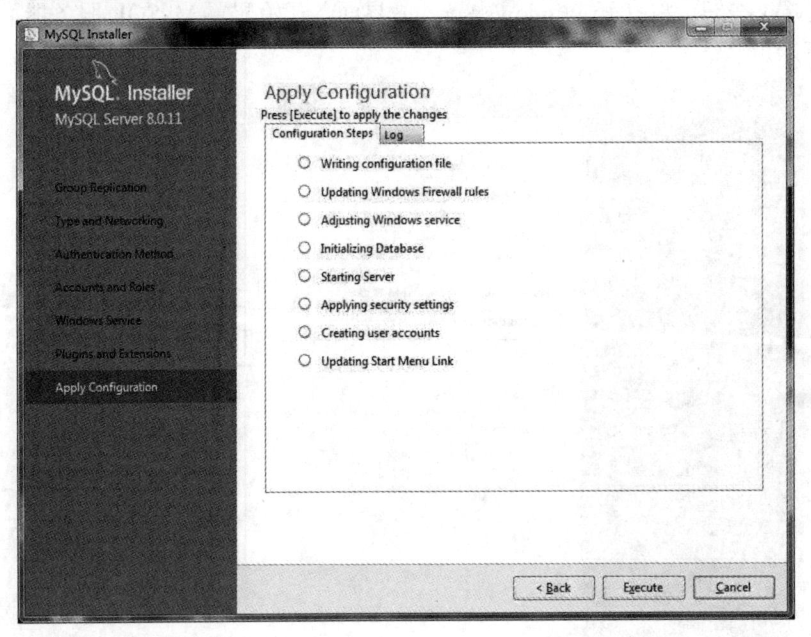

图 C-22　Apply Configuration 界面

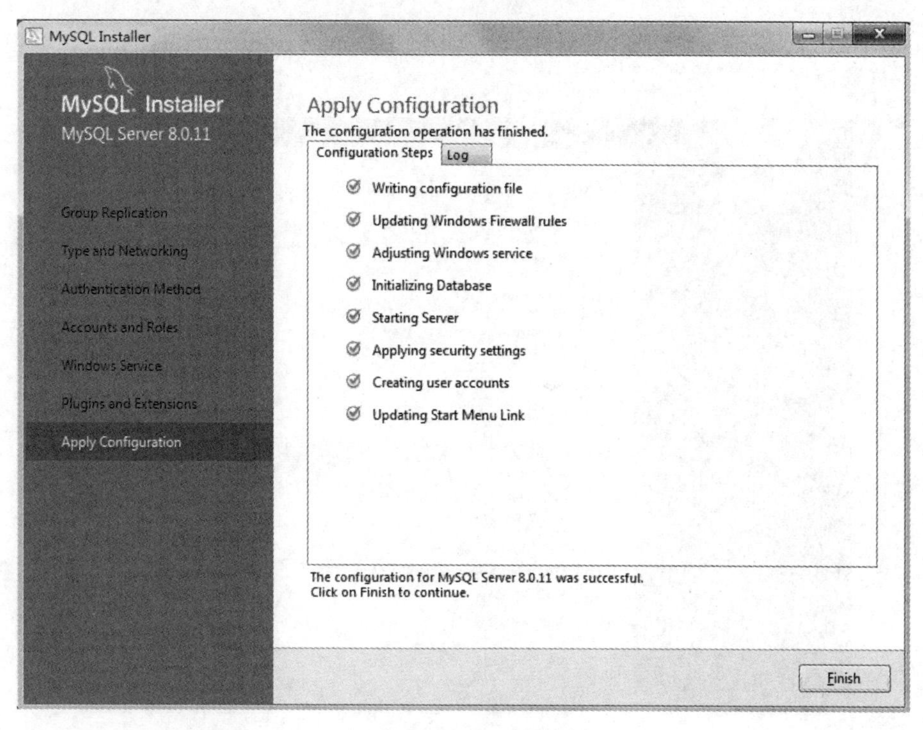

图 C-23　配置完成界面

（14）单击 Finish 按钮，安装程序又回到如图 C-24 所示的 Product Configuration 界面，此时出现 MySQL Server 安装成功的提示。

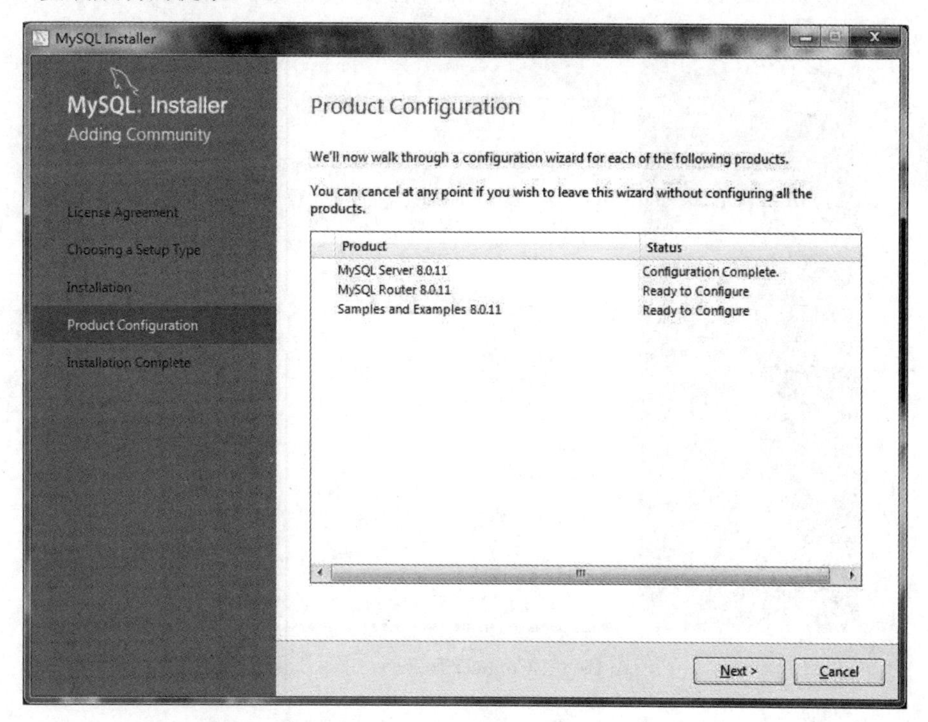

图 C-24　Product Configuration 界面

（15）单击 Next 按钮，打开如图 C-25 所示的 MySQL Router Configuration 界面，可以在其中配置路由。

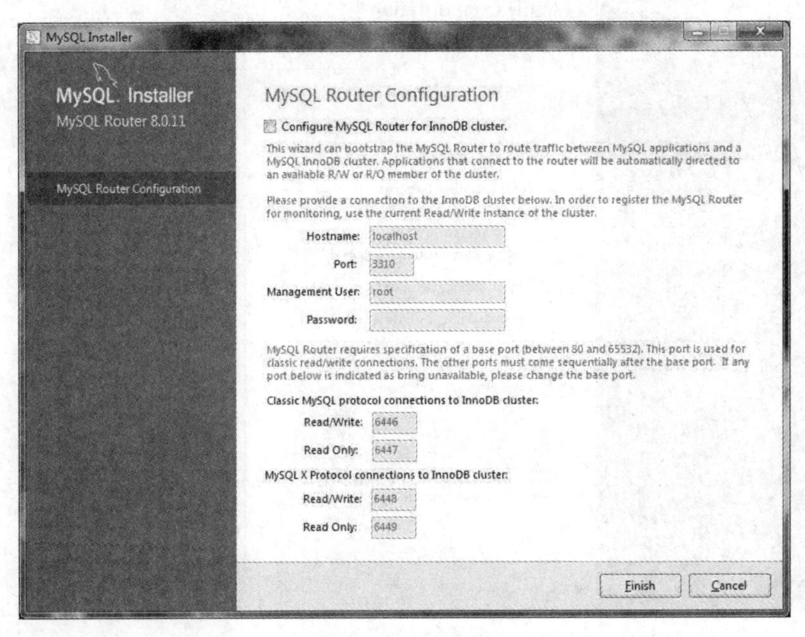

图 C-25　MySQL Router Configuration 界面

（16）单击 Finish 按钮，打开 Connect To Server 界面，输入数据库用户名 root，密码 root，单击 Check 按钮，进行 MySQL 连接测试，可以看到数据库测试连接成功，如图 C-26 所示。

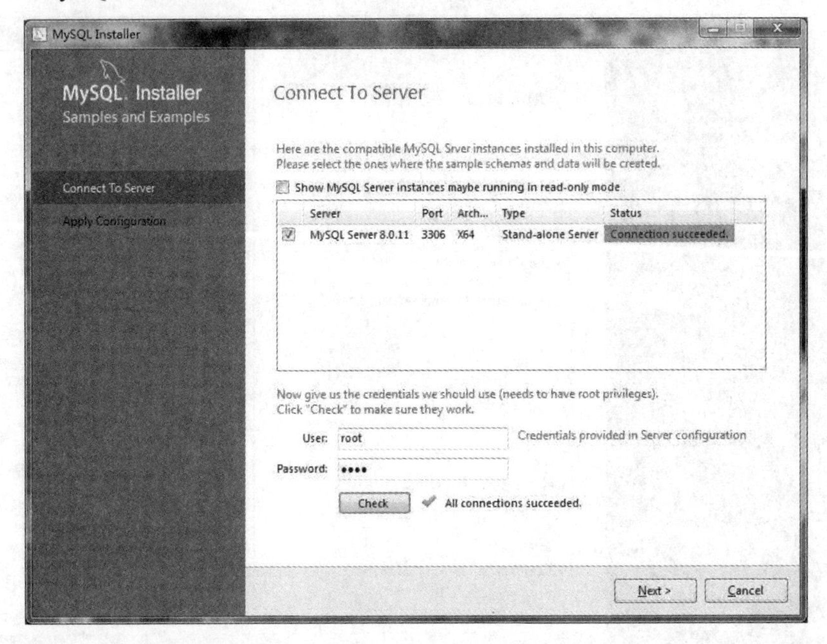

图 C-26　Connect To Server 界面

（17）单击 Next 按钮，进入如图 C-27 所示的 Apply Configuration 界面，单击 Execute 按钮进行配置，此过程需等待几分钟。

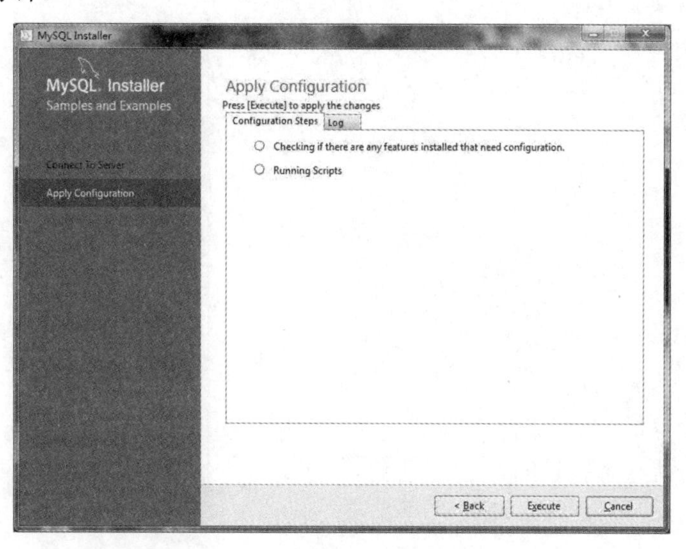

图 C-27　Apply Configuration 界面（配置进行中）

（18）运行完毕后，出现如图 C-28 所示的配置完成界面。单击 Finish 按钮，打开如图 C-29 所示的安装完毕界面，单击 Finish 按钮，至此安装完毕。

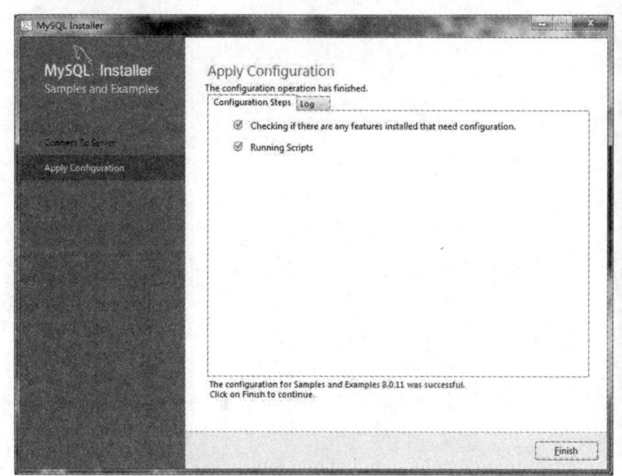

图 C-28　Apply Configuration 界面（配置完成）

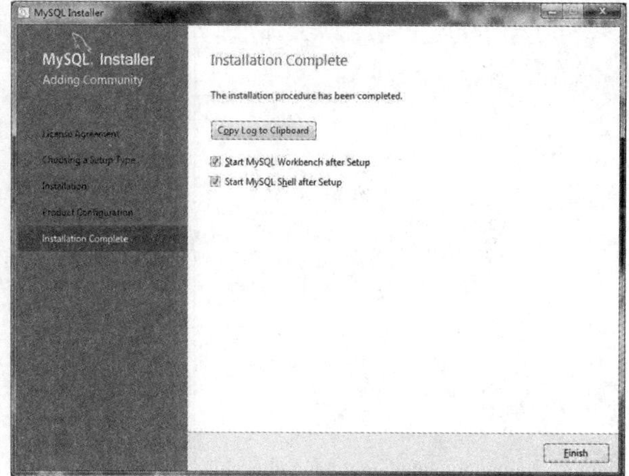

图 C-29　安装完毕界面